W0268926

HANDBUCH DER WISSENSCHAFTLICHEN UND ANGEWANDTEN PHOTOGRAPHIE

HERAUSGEGEBEN VON
ALFRED HAY †

WEITERGEFÜHRT VON
M. v. ROHR

BAND VI

WISSENSCHAFTLICHE ANWENDUNGEN DER PHOTOGRAPHIE

ERSTER TEIL

STEREOPHOTOGRAPHIE · ASTROPHOTOGRAPHIE
DAS PROJEKTIONSWESEN

SPRINGER-VERLAG WIEN GMBH

1931

WISSENSCHAFTLICHE ANWENDUNGEN DER PHOTOGRAPHIE

ERSTER TEIL

STEREOPHOTOGRAPHIE · ASTROPHOTOGRAPHIE DAS PROJEKTIONSWESEN

BEARBEITET VON

L. E. W. VAN ALBADA · W. E. BERNHEIMER
CH. R. DAVIDSON · F. PAUL LIESEGANG

MIT 265 ABBILDUNGEN IM TEXT
UND AUF 2 TAFELN

SPRINGER-VERLAG WIEN GMBH
1931

Dieser Reprint erscheint in einer einmaligen
numerierten Auflage von 650 Exemplaren
zuzüglich einiger unnumerierter Rezensionexemplare.

Dieses Exemplar trägt die Nummer   **140**

Vorwort

Das vorliegende Handbuch soll über den heutigen Stand der wissenschaftlichen und angewandten Photographie unterrichten. Durch zweckmäßige Unterteilung des Stoffes, durch Heranziehung erster Fachleute auf den in Betracht kommenden Einzelgebieten, durch Beschaffung einwandfreien Bild- und Tabellenmaterials wurde eine zeitgemäße umfassende Darstellung der wissenschaftlichen und angewandten Photographie unter besonderer Hervorhebung alles Wesentlichen angestrebt.

Das Handbuch ist nicht nur für den Forscher auf dem Gebiete der Photographie (als besondere Wissenschaft), sondern auch für alle jene bestimmt, die sich der Photographie als Hilfsmittel oder Hilfswissenschaft bedienen; auch dem in der photographischen Industrie Tätigen soll das Handbuch von Nutzen sein.

Der Herausgeber

Inhaltsverzeichnis

Stereophotographie

Von

L. E. W. van Albada, Amsterdam

Mit 140 Abbildungen im Text und auf 2 Tafeln

A. Grundlagen

1. Einleitung. Das beidäugige Sehen unterscheidet sich vom einäugigen durch eine **besonders** deutliche Tiefenempfindung, welche die Entfernungsunterschiede an nahen Gegenständen sowie ihre Körperlichkeit (ihre Tiefendimensionen) mit gleich großer Sicherheit wie ihre Höhe und Breite erkennen läßt.

Diese Art der Tiefenwahrnehmung werden wir als die **direkte** bezeichnen, im Gegensatz zu allen anderen Erscheinungen, die unser Urteil über die Tiefenverhältnisse unterstützen und die wir unter der Bezeichnung **indirekte** Tiefenwahrnehmung zusammenfassen.

Die direkte Tiefenempfindung verschwindet ganz, sobald ein Auge geschlossen wird oder kein wahrnehmbarer Unterschied zwischen den Netzhautbildern in beiden Augen besteht, weil sie ausschließlich auf den Unterschieden in den perspektivischen Zeichnungen der beiden Netzhautbilder infolge der räumlich getrennten Lage ihrer Perspektivitätszentren beruht.

Zweck der Stereophotographie ist, die direkte Tiefenempfindung dadurch künstlich hervorzurufen, daß in beiden Augen durch zwei perspektivisch verschiedene photographische Bilder geeignete Netzhautbilder erzeugt werden.

Bevor wir die systematische Herstellung solcher Bilder näher behandeln, ist es zum richtigen Verständnis der Vorgänge bei Anwendung der einschlägigen Apparate notwendig, den Bau und die optische Funktion des Auges sowie die Grundlagen des monokularen und binokularen Sehens kurz zu besprechen.

2. Das menschliche Auge. Abb. 1 stellt einen Horizontalschnitt durch ein rechtes Normalauge dar. Der Augapfel ist von einer festen hornartigen Haut *Lh* umgeben, die nur auf der Vorderseite *Hh* durchsichtig und dort stärker gewölbt ist (Krümmungsradius etwa 8 mm). Hinter der Hornhaut sieht man die farbige Regenbogenhaut oder Iris *Rh* mit einer ganz schwarz erscheinenden kreisförmigen Öffnung, **Pupille** genannt.

Unmittelbar hinter dieser Öffnung befindet sich die Kristallinse *Kl*, deren Rand zwischen zwei ringförmigen durchsichtigen elastischen Membranen, die im Normalspannungszustand die Linse bis zu einem gewissen Grad (Ruhezustand) verflachen, aufgehängt ist. Die gleichfalls elastische Kristallinse ist stärker brechend als die Flüssigkeit, mit der die ganze Augenkammer gefüllt ist. Sie wölbt sich stärker, ihre Brechkraft wird also vermehrt, wenn die Spannung der sie umgebenden elastischen Befestigungsbänder durch den ebenfalls ringförmigen Ziliarmuskel *Cm* mehr oder weniger aufgehoben wird (**Akkommodation**).

Die hintere Innenwand des Auges, die sogenannte **Netzhaut** *Nh*, wird vom Sehnerv *Sn* durchstoßen, dessen feine Fasern sich von der Eintrittsstelle nach allen Richtungen über die Innenfläche der Netzhaut ausbreiten.

Die Enden dieser Fasern, die sogenannten Stäbchen und Zapfen, welche dicht nebeneinander senkrecht zur Netzhautfläche stehen, bilden die eigentliche lichtempfindliche Schicht, die an einer bevorzugten, nahezu in der Augenachse liegenden Stelle, der **Netzhautgrube** (fovea centralis) *gF*, ihre größte Empfind-

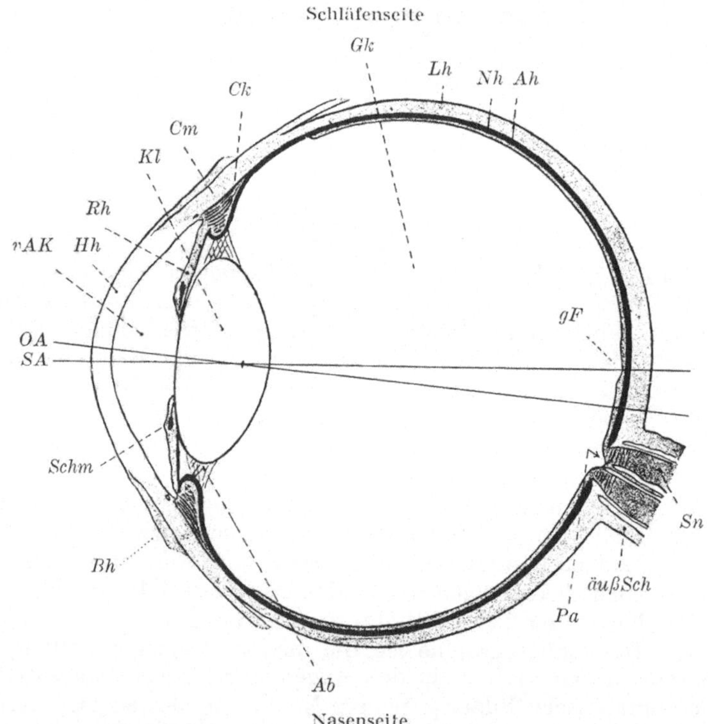

Abb. 1. Horizontalschnitt durch ein rechtes Normalauge. *Bh* Bindehautansatz am Hornhautrand, *Hh* Hornhaut, *Lh* Lederhaut, *Ah* Aderhaut, *Nh* Netzhaut, *gF* gelber Fleck, *Sn* Sehnerv, *Pa* Papille (Sehnervenkopf), *äußSch* äußere Sehnervenscheide (Fortsetzung der Lederhaut), *vAK* vordere Augenkammer, *Rh* Regenbogenhaut, *Kl* Kristallinse, *Ab* Aufhängeband der Linse, *Gk* Glaskörper, *Schm* Schließmuskel der Regenbogenhaut, *Cm* Ziliarmuskel, *Ck* Ziliarkörper, *OA* Optische Achse, *SA* Sehachse

lichkeit und das schärfste Unterscheidungsvermögen besitzt. Die Empfindlichkeit und das Unterscheidungsvermögen der die Fovea umgebenden Stellen der Netzhaut nimmt mit ihrer Entfernung von der Fovea ab.

Die Lichtstrahlen, die von jedem Punkte eines Gegenstandes auf das Auge fallen, werden zunächst durch die Hornhaut (als sammelnde Fläche) und die Flüssigkeit der vorderen Augenkammer, dann durch die sammelnde Kristallinse und die Flüssigkeit der hinteren Augenkammer (den Glaskörper) gebrochen, und zwar so, daß ein von einem weit entfernten Punkt kommendes Lichtstrahlenbündel im Ruhezustand eines normalen Auges in einem Punkt auf der Netzhaut vereinigt wird.

Beim Betrachten eines Gegenstandes nimmt das Auge immer eine solche Stellung ein, daß das Bild des Gegenstandes bzw. der genau zu betrachtenden Stelle desselben auf die Netzhautgrube fällt.

Die gerade Linie, die das Zentrum der Netzhautgrube mit dem Mittelpunkt der Pupille verbindet, fällt nicht genau mit der optischen Achse des Auges zusammen; sie wird als Sehachse oder Blicklinie bezeichnet.

3. Das Sehen mit einem Auge (indirekte Tiefenwahrnehmung). Das auf der Netzhaut entstehende Bild der Außenwelt reizt die Stäbchen und Zapfen, welche die bezüglich Intensität und Farbe verschiedenen Reize gesondert zum Gehirn leiten. Infolge eines psycho-physiologischen Prozesses kommen diese Reize nicht in der Netzhaut selbst, sondern im Raume außer, und zwar vor dem Auge zum Bewußtsein, als ob das Netzhautbild nach außen projiziert würde.

Diese Verlegung erfolgt so, daß man glauben könnte, das Vorhandensein und das Aussehen der Gegenstände trete unmittelbar ins Bewußtsein, obwohl tatsächlich an Stelle der Gegenstände doch nur ihre Netzhautbilder empfunden werden. Sind die Netzhautbilder aus irgendeinem Grunde unscharf, verschwommen oder verzerrt, so erscheinen auch die Gegenstände unscharf, verschwommen oder verzerrt, obgleich sie in Wirklichkeit ganz anders beschaffen sind.

Die gedachte Verlegung der verschiedenen Stellen des Netzhautbildes nach außen wird besonders durch zwei Momente bestimmt:

a) durch die Richtung, b) durch die Entfernung.

Für die Beurteilung der Richtung, in welcher wir die Gegenstände der Außenwelt sehen, kommen beim einäugigen Sehen drei Möglichkeiten in Betracht:

α) Körper, Kopf und Auge sind unbewegt, β) Körper und Kopf sind unbewegt, das Auge wird gedreht, γ) Körper unbewegt, Kopf und Auge werden gedreht.

Im ersten Fall ist die Mitte der Augenpupille als Perspektivitätszentrum zu betrachten. Bei unbeweglichem Auge wird nun der Gegenstand, dessen Bild auf die Netzhautgrube fällt, d. i. innerhalb eines Sehfeldes von etwa 1⁰, deutlich gesehen. Die benachbarten Teile des Sehfeldes erscheinen um so undeutlicher und unschärfer, je weiter die Bilder von der Netzhautgrube

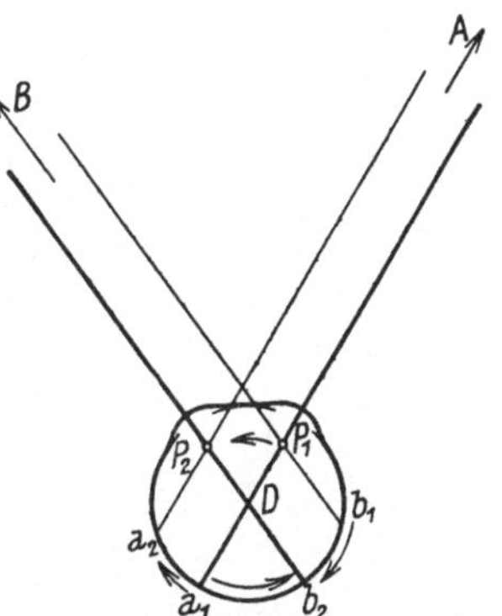
Abb. 2. Bewegung des Netzhautbildes bei Drehung des Auges

entfernt liegen, so daß die Aufmerksamkeit des Beobachters sich in der Regel ausschließlich auf den in der Netzhautgrube abgebildeten Gegenstand beschränkt.[1]

Um mehrere oder größere Gegenstände deutlich sehen zu können, müssen also entweder das Auge oder der Kopf oder beide gedreht werden.

Dreht sich das Auge allein, so bewegt sich die Mitte der Pupille auf einer Kugeloberfläche, deren Mittelpunkt, der Augendrehpunkt, etwa 10 mm hinter der Pupille liegt.

Das optische Bild verschiebt sich über die Netzhaut im gleichen Sinne wie die Pupille z. B. nach der Nase hin, indem die Netzhaut sich zu gleicher Zeit schläfenwärts dreht.

Wendet man den Blick von einem entfernten Punkt A (Abb. 2) nach einem

---

[1] Im allgemeinen nennt man die Betrachtung des auf der Netzhautgrube abgebildeten Gegenstandes direktes Sehen, die weniger deutliche und weniger aufmerksame Wahrnehmung der auf anderen Netzhautteilen abgebildeten Dinge bezeichnet man als indirektes Sehen. Weil wir es aus mehreren Gründen für zweckmäßig erachten, an der schon eingangs angegebenen Unterscheidung zwischen direkter und indirekter Tiefenwahrnehmung festzuhalten, werden wir im folgenden zur Vermeidung von Mißverständnissen das direkte Sehen als achsiales, das indirekte Sehen als außerachsiales Sehen bezeichnen.

ebenfalls entfernten Punkte B, so entfernt sich das Bild a_1 des zuerst betrachteten Gegenstandes von der Netzhautgrube in der Richtung a_2 doppelt so schnell als die Netzhautgrube sich bewegt, während das Bild b_1 des Gegenstandes B der Netzhautgrube bei der Bewegung entgegeneilt und in die Lage b_2 kommt.

Trotz dieser starken Bewegungen der Bilder über die Netzhaut hin bleiben die bewegungslosen Gegenstände A und B für unser Bewußtsein ruhig stehen, soweit das Netzhautbild an sich unverändert bleibt; wir bemerken die Bewegungen nur dann, wenn Änderungen im Netzhautbild an sich auftreten oder das Auge zu abnormalen Bewegungen gezwungen wird.

Liegen die Gegenstände A und B (Abb. 3) dem Auge ganz nahe, so wird bei aufeinanderfolgender Betrachtung derselben ihre gegenseitige Anordnung im Bilde ein wenig geändert. Die Strecke AB wird in P_1 unter einem größeren Winkel gesehen als in P_2. Das Bild $a_1 b_1$ ist also ein wenig größer als $a_2 b_2$.

Diese Änderung nehmen wir als eine (parallaktische) Verschiebung wahr. Der Drehungswinkel ADB des Auges ist immer etwas kleiner als der Sehwinkel, unter dem die Strecke AB erscheint, dieser Unterschied ist aber so gering, daß er, wie eingehende Versuche gezeigt haben, für die Tiefenwahrnehmung praktisch vernachlässigt werden kann. Weil die Augendrehungen ungeachtet der Entfernungen von A und B immer genau durch den Winkel ADB bestimmt werden, ist bei dem sich bewegenden Auge der Drehpunkt D allgemein als Perspektivitätszentrum zu betrachten.

Wird nur der Kopf gedreht, so werden die parallaktischen Verschiebungen ungleich entfernter Gegenstände viel stärker; diesfalls werden sie auch als Bewegungen bemerkt, welche für die Wahrnehmung von Entfernungsunterschieden beim einäugigen Sehen von großer Bedeutung sind. Ob das Auge sich zu gleicher Zeit in der Augenhöhle dreht oder nicht, macht keinen merklichen Unterschied.

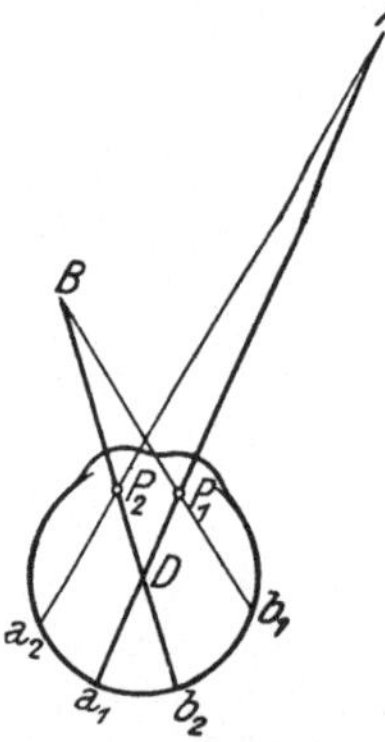
Abb. 3. Änderung des Netzhautbildes bei Augendrehung

Bei Drehungen des Kopfes bildet — in analoger Weise wie der Drehpunkt beim bewegten Auge — das Kopfgelenk das perspektivische Zentrum.

In der Stereophotographie spielt die Kopfbewegung fast keine Rolle, weil die verwendeten Apparaturen in der Regel nur geringe Kopfbewegungen erlauben.

Im allgemeinen werden bei Normalsichtigen die verschiedenen Teile des Netzhautbildes in jene Richtungen verlegt, in denen die abgebildeten Gegenstände tatsächlich liegen, und zwar etwa in die Verlängerungen der geraden Linien, welche die betreffenden Netzhautstellen mit der Mitte der Pupille verbinden.

Bezüglich der Entfernungen, in welche die Teile des Netzhautbildes verlegt und in denen die betreffenden Gegenstände gesehen werden, gibt es drei Möglichkeiten. Die Verlegung findet statt:

a) in die richtige Entfernung,
b) in eine zu kurze Entfernung,
c) in eine zu weite Entfernung.

Diese Tatsache ist für die Stereophotographie von der größten Bedeutung, weil die scheinbare Größe der gesehenen Gegenstände zu der Entfernung, in die ihre Netzhautbilder verlegt werden, direkt proportional ist.

In Abb. 4 stellt G einen wirklichen Gegenstand dar, der das Netzhautbild g erzeugt. Wird letzteres bei der psychischen Deutung in die richtige Entfernung (nach G) verlegt, so wird der Gegenstand in seiner natürlichen Größe gesehen, wird es nicht weiter als nach G_1 verlegt, so erscheint der Gegenstand kleiner, als er wirklich ist, und wird ihm die weitere Entfernung G_2 zugeschrieben, so erscheint er größer. Der letztgenannte Fall ergibt sich z. B. beim Visieren mit einer Feuerwaffe, wobei das Korn ins Ziel verlegt wird und so bedeutend vergrößert erscheint.

Die Größe und das Aussehen der ganzen Außenwelt, die wir uns mittels des von ihr erzeugten Netzhautbildes aufbauen, hängt in erster Linie von den Entfernungen ab, in die wir seine einzelnen Teile verlegen, was beim einäugigen Sehen von allen jenen Umständen abhängig ist, die unser Urteil über die absoluten und relativen Entfernungen beeinflussen und so die indirekte Tiefenwahrnehmung bestimmen.

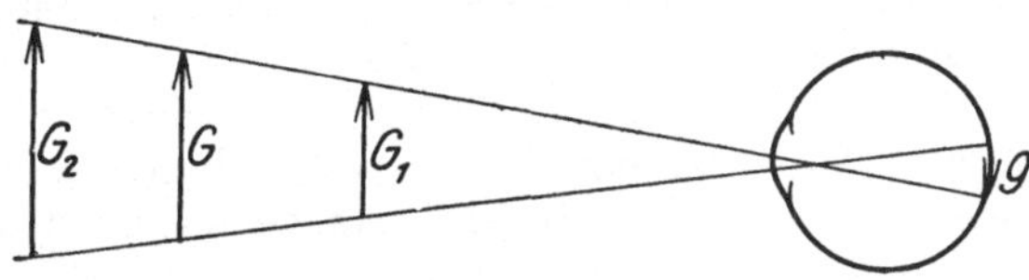

Abb. 4. Scheinbare Größe eines Gegenstandes

Zu diesen Umständen sind u. a. zu rechnen:

a) Die Änderung der Größe des Netzhautbildes von Gegenständen bekannter Größe; d. h. der Sehwinkel, unter dem sie erscheinen, ist ihren Entfernungen verkehrt proportional.

Das Netzhautbild einer bekannten Person, die sich z. B. in 2 m Entfernung von uns befindet, ist zweimal so groß als das Netzhautbild der gleichen Person in 4 m Entfernung. Weil wir wissen, daß die betreffende Person ihre Größe nicht geändert hat, können wir aus der Größenänderung des Netzhautbildes auf die größere Entfernung derselben schließen.

b) Die Sichtbarkeit bestimmter Einzelheiten an bekannten Gegenständen, die der Erfahrung gemäß erst aus einer bestimmten Entfernung zu erkennen sind.

c) Die Unterschiede in der Akkommodation für nahe in verschiedenen Entfernungen liegende Gegenstände.

Die Brechkraft des normalen (emmetropen) Auges ist so beschaffen, daß sich im Ruhezustand der Linse, d. h. bei entspannter Akkommodation, die von einem etwa 10 m oder weiter entfernten Gegenstand (Punkt P in Abb. 5) ausgehenden Strahlen in der Netzhautgrube zu einem scharfen Bilde p vereinigen, während von einem näher gelegenen Punkt Q ausgehende Strahlen sich erst in q hinter der Netzhaut vereinigen. Der Punkt Q wird also nicht als Punkt, sondern als Zerstreuungskreis, d. h. unscharf, abgebildet.

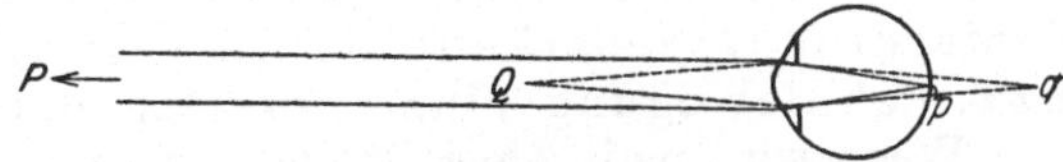

Abb. 5. Lageunterschied der Bilder eines Fern- und eines Nahpunktes

Will man den Punkt Q scharf sehen, so wird die Brechkraft der Linse durch Zusammenziehen des Ziliarmuskels erhöht, d. h. man gibt der elastischen Linse Gelegenheit, sich zu wölben und ihre Brechkraft der Entfernung des Gegenstandes anzupassen.

Weil diese Anpassung oder Einstellung, Akkommodation genannt, ausschließlich mit der Entfernung des betrachteten Gegenstandes zusammenhängt, könnte sie dazu dienen, Entfernungsunterschiede wahrzunehmen; durch zahlreiche Versuche hat man aber erkannt, daß der Einfluß der Akkommodation auf die Tiefenwahrnehmung so gering ist, daß sie außer Acht gelassen werden kann.

Obgleich wir im folgenden ausschließlich normale oder durch Brillen voll korrigierte Augen voraussetzen, wollen wir kurz erläutern, inwiefern kurzsichtige und übersichtige Augen sich vom normalsichtigen Auge unterscheiden.

Man nennt ein Auge kurzsichtig (myop), wenn sich die von einem entfernten Punkt P (Abb. 6) kommenden Strahlen wegen zu großer Länge (Tiefe) des eiförmigen Auges nach erfolgter Brechung durch die Augenlinse schon vor der Netzhaut vereinigen, und übersichtig (hypermetrop), wenn im Ruhestand des zu kurz gebauten zwiebelförmigen Auges (Abb. 7) die Vereinigung der von einem weit entfernten Punkt kommenden Strahlen erst hinter der Netzhaut erfolgt.

Während das kurzsichtige Auge einen entfernten Gegenstand nicht ohne künstliche Hilfsmittel scharf wahrnehmen kann, kann das übersichtige jugendliche Auge in der Regel vermöge seiner Akkommodationsfähigkeit entfernte und nicht allzunahe Gegenstände scharf sehen.

Der im Ruhestand der Linse scharf abgebildete Punkt heißt Fernpunkt, der dem Auge am nächsten gelegene durch starke Akkommodationsanstrengung scharf sichtbare Punkt wird Nahpunkt genannt; der Abstand zwischen diesen Punkten ist das Akkommodationsgebiet. Mit zunehmendem Alter nimmt die Akkommodationsfähigkeit stetig ab, so daß der Nahpunkt dem Fernpunkt immer näher rückt.

d) Die Verschleierung entfernter Gegenstände durch in der Luft schwebende Staub- und Wasserdampfteilchen ist der Ent-

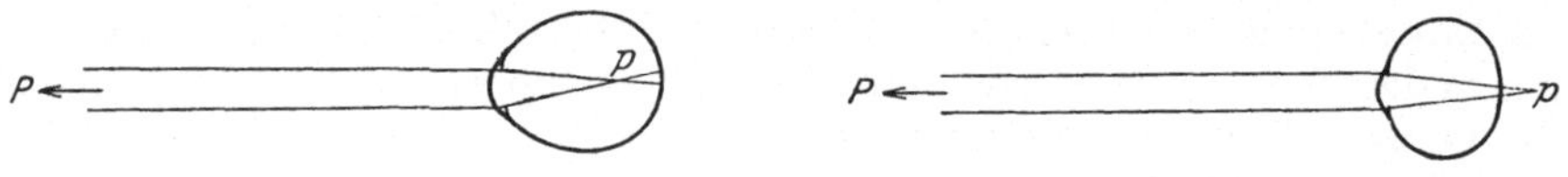

Abb. 6. Kurzsichtiges Auge   Abb. 7. Übersichtiges Auge

fernung dieser Gegenstände proportional; man spricht hier von Luftperspektive.

Z. B. erscheinen Berge bei trübem Wetter weiter und dementsprechend höher als bei klarem Wetter.

e) Das teilweise Überdecken weiter entfernter durch näher gelegene Gegenstände.

f) Die scheinbare gegenseitige Verschiebung und ungleich schnelle Zu- oder Abnahme der scheinbaren Größe ungleich weit entfernter Gegenstände bei Bewegung der wahrnehmenden Person bzw. bei Bewegung einzelner Gegenstände.

Wenn wir uns in einer Straße fortbewegen, so verkleinern sich unsere Entfernungen von nahen Gegenständen relativ stärker als von entfernteren Dingen; aus diesem Grunde wachsen auch die scheinbaren Größen der ersteren stärker als die der letzteren.

g) Die perspektivischen Merkmale für ungleiche Entfernungen. Die Lage der Durchstoßpunkte senkrechter Linien mit wagrechten Ebenen sowie das Aussehen der perspektivischen Projektion vieler bekannter Gegenstände z. B. Alleen, Straßen und Häuser) bieten gewisse Anhaltspunkte zur Beurteilung von Entfernungsunterschieden.

h) Die Schattenbildung sowohl im zerstreuten Lichte als auch bei einseitiger Beleuchtung durch natürliche oder künstliche Lichtquellen (Schlagschatten).

Die Beobachtung von Schattenbildungen ist für die indirekte Tiefenwahrnehmung ein sehr wirksames Hilfsmittel.

Trotzdem uns alle vorstehend angeführten Umstände in den Stand setzen, auch beim einäugigen Sehen die Gegenstände ziemlich gut ihren Entfernungen nach richtig zu lokalisieren, so daß speziell die Gegenstände, auf die wir unsere

Aufmerksamkeit richten, in ihrer natürlichen Größe erscheinen, so haftet den einäugigen Schätzungen von Entfernungen (besonders aber von Entfernungsunterschieden) doch eine große Unsicherheit an; sie sind manchen Täuschungen unterworfen.

Niemals können alle vorstehend angeführten Umstände die ganz eigenartige direkte Wahrnehmung der Tiefe, besonders aber der Tiefenunterschiede, hervorrufen oder ersetzen, sie können aber die direkte Tiefenwahrnehmung unterstützen (beim gewöhnlichen Sehen) oder ihr entgegenwirken (beim pseudoskopischen Sehen, vgl. S. 72).

Um die direkte Tiefenwahrnehmung, das eigentliche stereoskopische Sehen, hervorzurufen, ist unbedingt das Zusammenwirken beider Augen nötig.

4. Das beidäugige Sehen (direkte Tiefenwahrnehmung). In jedem der beiden Augen entsteht ein Netzhautbild der Außenwelt; diese zwei Bilder weisen in Richtung der Verbindungslinie der beiden Augendrehpunkte geringe Abweichungen (Parallaxen) bezüglich der perspektivischen Zeichnung auf, weil die beiden perspektivischen Zentren räumlich (etwa 65 mm) voneinander getrennt sind.

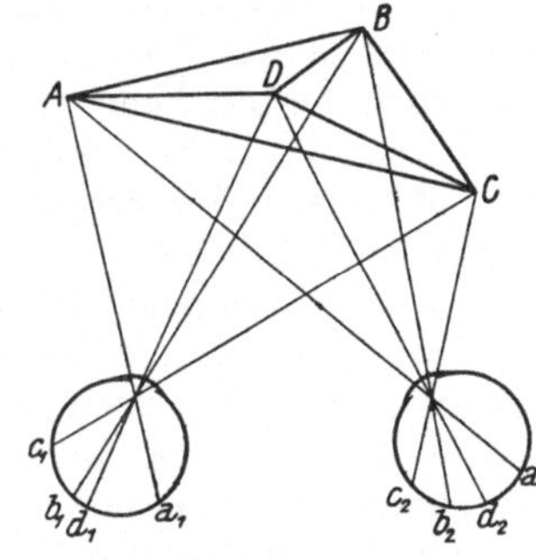
Abb. 8. Verschiedenheit des rechten und des linken Netzhautbildes

Aus Abb. 8 ist leicht ersichtlich, daß die beiden Netzhautbilder eines nahen körperlichen Gegenstandes $ABCD$ unmöglich identisch sein können. Je weiter der Gegenstand vom Beschauer entfernt ist, um so mehr ähneln sich die beiden Netzhautbilder, um schließlich, wenn die perspektivischen Unterschiede so klein geworden sind, daß man sie nicht mehr wahrzunehmen vermag, praktisch identisch zu werden. Die mit dem Vorhandensein perspektivischer Unterschiede untrennbar verbundene direkte Tiefenwahrnehmung hört damit auf und es bleibt nur die indirekte Tiefenwahrnehmung übrig.

Wir nehmen an, daß jedes Auge die Teile seines eigenen Netzhautbildes auf die beim einäugigen Sehen angegebene Art (vgl. S. 3) vor sich hin projiziert; geschieht dies in den richtigen Richtungen, so müssen sich die zusammengehörigen Visierlinien an jenem Ort, an dem sich der betreffende Gegenstand wirklich befindet, schneiden und dort zu einem einheitlichen Ganzen, dem betreffenden Gegenstand mit seinen drei Dimensionen, verschmelzen.

Denkt man sich z. B. im einfachen in Abb. 8 dargestellten Falle die Punkte jedes Netzhautbildes in entgegengesetzte Richtung, als die Lichtstrahlen wirklich ins Auge eintraten, und in die richtige Entfernung projiziert, so müssen die beiden Netzhautbilder die Vorstellung von einem körperlichen Gegenstand hervorrufen.

Obgleich diese einfache Vorstellungsweise, wie wir unten sehen werden, nicht ganz einwandfrei ist, können wir sie praktisch unter normalen Umständen und unter gewissen Einschränkungen als zutreffend gelten lassen; jedenfalls bildet sie die unentbehrliche mathematische Grundlage für eine Theorie des stereoskopischen Sehens, mit der die wirklichen Erfahrungen verglichen werden können.

Die Einwände, welche sich gegen diese Vorstellungsweise erheben lassen, sind folgende: abgesehen davon, daß wir auf Ungenauigkeiten und Täuschungen im psycho-physiologischen Sehvorgang, mit denen wir uns hier nicht näher beschäftigen können, keine Rücksicht nahmen, haben wir in Abb. 8 die Augen stillschweigend als zwei mit Weitwinkelobjektiven ausgerüstete Kameras angesehen, in denen alle Teile der Netzhaut (in ihrer ganzen Ausdehnung) einander gleichwertig sind. Wäre dies der Fall, so brauchten die Augen in ihren Höhlen nicht beweglich zu sein, um konvergieren und seitlich gelegene Dinge betrachten zu können.

Wir wissen, daß es in der Netzhaut nur eine kleine bevorzugte Stelle, die Netzhautgrube, gibt, in der das Bild am schärfsten und deutlichsten erscheint, und daß wir unsere Augen immer so richten, daß der Gegenstand, dem wir unsere Aufmerksamkeit widmen (der Fixationspunkt), auf beiden Netzhautgruben abgebildet wird, so daß die Augen sich je nach der Richtung und Entfernung, in der sich die einzelnen Gegenstände befinden, fortwährend drehen und die Sehachsen oder Blicklinien ihre gegenseitige Lage, d. h. ihre Konvergenzstellung, jedesmal ändern.

Wir haben schon beim einäugigen Sehen bemerkt, daß diese Augenbewegungen bei unbewegtem Kopfe — so lange sie zwanglos und normal vor sich gehen — keine Änderung bezüglich der Richtungen, in die wir die Gegenstände verlegen, verursachen. Die normalen Augenbewegungen werden sozusagen psychologisch vollkommen ausgeglichen — das gleiche gilt beim beidäugigen Sehen.

Aus diesem Grunde bilden die normalen Augendrehungen kein Hindernis, die oben besprochene vereinfachte Vorstellungsweise für das Zustandekommen des stereoskopischen Sehens zu benutzen.

Bezüglich der Projektion in die richtige Entfernung liegen die Verhältnisse etwas anders.

Beim einäugigen Sehen machen sich Fehler in dieser Hinsicht wenig bemerkbar, weil sie sich nur durch die unnatürliche Größe nicht fixierter Gegenstände zu erkennen geben; wir verbessern diesen Fehler, sobald wir einen solchen Gegenstand fixieren, und bemerken dies eigentlich gar nicht, weil die sich dabei ergebende Größenänderung ohne Bewegungserscheinungen vor sich geht.

Beim beidäugigen Sehen äußern sich Fehler bezüglich der Verlegung in die richtige Entfernung sofort durch das Auftreten von Doppelbildern.

Eine nähere Betrachtung der Abb. 8 lehrt uns folgendes: sobald ein Teil eines Netzhautbildes nicht in die richtige Entfernung verlegt wird, muß der betreffende Gegenstand doppelt erscheinen; die beiden dem gleichen Gegenstand angehörigen Netzhautbilder erscheinen dann immer in der gleichen (unrichtigen) Entfernung und nicht stereoskopisch. Ist die unrichtige Entfernung kürzer als der wahre Abstand, so erscheint das linke Bild links vom rechten (beide verkleinert), im entgegengesetzten Falle überkreuzen die Bilder einander und es erscheint das Bild des rechten Auges links vom Bild des linken Auges (beide vergrößert).

Die Doppelbilder werden beim normalen Sehen nicht ohneweiters wahrgenommen. Wenn man an die Doppelbilder nicht denkt, bemerkt man die Verdoppelung nicht, und zwar deshalb, weil entweder die Verlegung in die richtige Entfernung und somit die stereoskopische Verschmelzung stattfindet oder weil eines der Bilder ganz oder zum größten Teil im Bewußtsein unwillkürlich unterdrückt wird. Viele Menschen haben diese Doppelbilder niemals wahrgenommen. Es erfordert anfangs einige Übung, sie hervorzurufen; wir müssen die Doppelbilder in die durch den fixierten Punkt gelegte lotrechte Ebene verlegen und, ohne die Konvergenzstellung der Augen zu ändern, die Aufmerksamkeit auf den außerachsialen Teil des Sehfeldes lenken. Dies gelingt nur dann, wenn die Gegenstände, welche als Doppelbilder erscheinen sollen, wesentlich näher oder weiter als der fixierte Punkt liegen und von diesem durch einen leeren Raum getrennt sind oder sich durch ihre Form zur Auslösung von Doppelbildern besonders eignen. Solche Objekte sind z. B. dünne senkrechte Stäbe, die genügend weit voneinander entfernt sind, Figuren aus Draht oder dgl.

Punkte, die bei einer gewissen Konvergenzstellung der Augen zufällig so gelegen sind, daß ihre Netzhautbilder in beiden Augen auf sogenannte identische Netzhautstellen fallen, d. s. Stellen, die in bezug auf die Netzhautgruben der beiden Augen die gleiche Lage haben, werden überhaupt nicht doppelt gesehen. Im allgemeinen sind es diejenigen Punkte, welche in etwa gleicher Entfernung wie der Fixationspunkt liegen und für welche die Konvergenzwinkel beim Fixieren gleich groß sind (z. B. die Punkte des großen Kreises in Abb. 9). Theoretisch liegen diese Punkte bei Richtung der Blicklinien parallel geradeaus in einer unendlich weit entfernten zur Verbindungslinie der Augen parallelen vertikalen Ebene, der Horopterebene, bei symmetrischer oder asymmetrischer Konvergenz der Blicklinien, also für die Nähe, auf einem Kreis, dem MÜLLERschen Horopterkreis, und dem durch den Fixationspunkt laufenden PRÉVOST-BURCKHARDTschen Lot. Ist z. B. P Fixationspunkt und liegt Q auf dem Horopterkreis, so fallen die Bilder q_1 und q_2 des Punktes auf identische Netzhautstellen und Q (außerachsial) wird einzeln gesehen. Die Punkte S und R erscheinen unter günstigen Umständen doppelt bei S_1 und S_2 bzw. R_1 und R_2, weil ihre Bilder sehr verschieden weit von den betreffenden Netzhautgruben liegen, also auf nicht-identische Netzhautstellen fallen.

Weil außerachsial gelegene Gegenstände nur unter günstigen Umständen doppelt und dann nicht stereoskopisch erscheinen und der fixierte Gegenstand sowie die in und nahe der Horopterebene gelegenen Gegenstände einfach und plastisch gesehen werden, hat schon bei einer Konvergenzstellung das deutlich stereoskopisch gesehene Gebiet eine gewisse Ausdehnung der Breite und Tiefe nach. Diese Ausdehnung hängt von der Form, Größe und Entfernung der betreffenden Gegenstände ab, worauf wir hier nicht näher eingehen wollen.

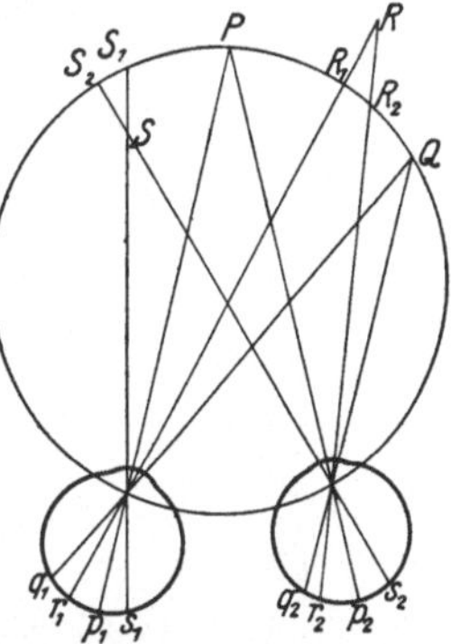

Abb. 9. MÜLLERscher Horopterkreis

Sobald man beide Augen unbeweglich auf irgendeinen Punkt richtet, sieht man nicht nur diesen Punkt und seine Umgebung stereoskopisch, man gewinnt vielmehr auch eine gewisse, wenn auch etwas unbestimmte Raumvorstellung von der Außenwelt in ihrer ganzen Ausdehnung, eine Raumvorstellung, die sich nicht ändert, wenn man den Blick nacheinander auf verschiedene Gegenstände richtet, um sie genauer zu betrachten.

Es bewegt sich dabei im Raume nichts, es ist vielmehr so, als nähmen alle Gegenstände schon von Anfang an einen bestimmten, festen Ort ein.

Hieraus können wir folgendes schließen: soweit die Gegenstände sich körperlich oder stereoskopisch zeigen, findet die Verlegung jedes einzelnen Punktes ihrer Netzhautbilder in die richtige oder nahezu richtige Richtung und Entfernung statt; ferner: es ist nicht nötig, jeden einzelnen Punkt des Blickfeldes zu fixieren, um das ganze Blickfeld deutlich stereoskopisch zu übersehen, es genügen dazu vielmehr schon einige wenige Augenbewegungen. Da diese Augenbewegungen, wie bereits bemerkt, keine Bewegungserscheinungen hervorrufen, können wir für das Studium der normalen stereoskopischen Erscheinungen im ganzen stereoskopisch gesehenen Gebiet unsere früher erwähnte einfache Vorstellungsweise gelten lassen und als Grundlage für die folgenden geometrischen Betrachtungen verwenden.

5. Geometrische Ortsbestimmung mittels der Netzhautbilder. Wir nehmen in einer Entfernung F (Abb. 10) vor der Verbindungslinie $D_l D_r$ der Augendrehpunkte und parallel zu dieser eine lotrechte Glasscheibe GG an und denken uns auf diese die Augendrehpunkte nach D_l'' und D_r'' senkrecht projiziert; überdies denken wir uns auf die nämliche Scheibe die Netzhautbilder eines Gegenstandes ABC perspektivisch projiziert. $a_1''b_1''c_1''$ und $a_2''b_2''c_2''$ sind die Durchstoßpunkte der Geraden, welche die Augendrehpunkte mit den einzelnen Punkten des Gegenstandes verbinden.

Dazu sei noch bemerkt, daß die senkrechten Projektionen D_l'' und D_r'' der Augendrehpunkte zugleich die perspektivischen Projektionen eines unendlich weit entfernten Objektpunktes mit den Augendrehpunkten als Projektionszentren sind.

Daß wir nach unserer vereinfachten Vorstellungsweise die Netzhautbilder bzw. den Gegenstand durch seine Projektionen ersetzen dürfen, findet seine Begründung darin, daß umgekehrt diese Projektionen die gleichen Netzhautbilder wie der Gegenstand selbst erzeugen.

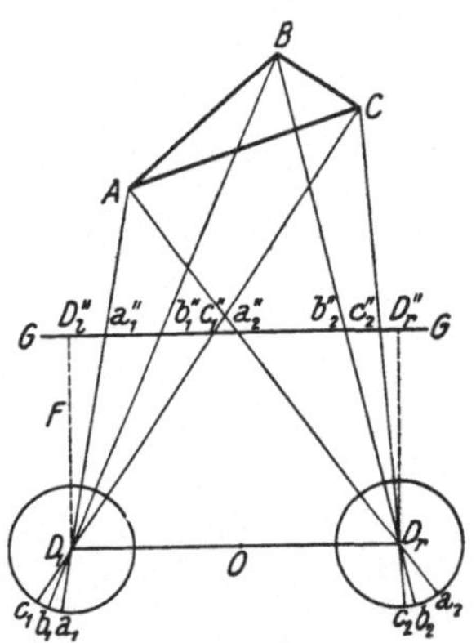

Abb. 10. Projektion der Netzhautbilder

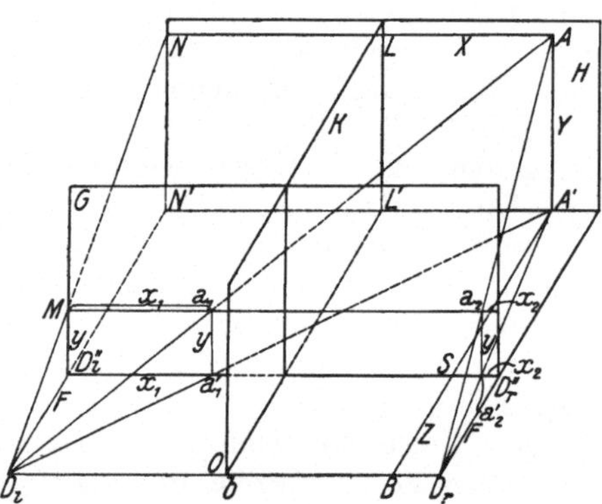

Abb. 11. Geometrische Ortsbestimmung eines
Objektpunktes

Wie wir früher gesehen haben, können wir uns die Mittelpunkte der Augenpupillen für diese Betrachtungen der Einfachheit wegen in die Augendrehpunkte verlegt denken oder die Augenpupillen als feste Blenden in unbeweglichen Augen ansehen.

In den beiden Projektionsbildern finden wir alle Daten, um den Ort und die Gestalt des Gegenstandes (in seinen drei Dimensionen) geometrisch festzulegen.

Es genügt, wenn wir zeigen, daß wir den Ort eines beliebigen Punktes A aus der Lage seiner perspektivischen Projektionen a_1 und a_2 in bezug auf ein im Mittelpunkt O der Verbindungslinie $D_l D_r$ gedachtes, dreiachsiges, rechtwinkliges Koordinatensystem ermitteln können.

Es seien in Abb. 11, D_l und D_r die Augendrehpunkte in einem Abstand b voneinander; G sei die lotrechte Glasscheibe in einer Entfernung F vor der Verbindungslinie der Augendrehpunkte und parallel zu dieser; H sei eine dazu parallele Ebene durch den beliebigen Punkt A des Gegenstandes; a_1 und a_2 sind die Durchstoßpunkte der Blicklinien AD_l und AD_r mit der Glasscheibe in einer Höhe y über der horizontalen Ebene durch $D_l D_r$ und in einem seitlichen Abstand x_1 bzw. x_2 von den Projektionen D_l'' und D_r'' der auf die Glasscheibe senkrecht projizierten Augendrehpunkte; K ist die durch den Mittelpunkt O der Verbindungslinie der Drehpunkte senkrecht zu dieser Linie gelegte Ebene.

Wir wollen nun die Abstände X, Y und Z des Punktes A von den durch den Punkt O gelegten drei Koordinatenebenen durch F, b, x_1, x_2 und y ausdrücken.

Zuerst bestimmen wir die Größe der Koordinate Z, d. h. die Entfernung des Punktes A oder seiner horizontalen Projektion A', von der durch D_l und D_r gehenden vertikalen Ebene.

In den ähnlichen Dreiecken $D_l A' D_r$ und $a_1' A' a_2'$ bestehen folgende Beziehungen:

$$A'B : A'S = D_l D_r : a_1' a_2'$$

$$Z : Z - F = b : b - x_1 + x_2 \,{}^1$$

$$bZ + (x_2 - x_1)\,Z = bZ - bF$$

$$(x_1 - x_2)\,Z = bF$$

$$Z = \frac{bF}{x_1 - x_2} \tag{1}$$

Die Koordinate X oder $A'L'$ läßt sich aus den ähnlichen Dreiecken $D_l D_l'' a_1'$ und $D_l N' A'$ ableiten, und zwar aus folgender Proportion:

$$A'N' : a_1' D_l'' = D_l N' : D_l D''_l$$

$$X + \frac{1}{2}\,b : x_1 = Z : F$$

$$X = \frac{Z x_1}{F} - \frac{1}{2}\,b$$

$$X = \frac{b\,(x_1 + x_2)}{2\,(x_1 - x_2)} \tag{2}$$

Die Koordinate Y ergibt sich unmittelbar aus den ähnlichen Dreiecken $D_l M D_l''$ und $D_l N N'$:

$$Y : y = Z : F$$

$$Y = \frac{Z y}{F} = \frac{b y}{x_1 - x_2} \tag{3}$$

6. Genauigkeit der direkten Tiefenwahrnehmung. Bei der Beantwortung der Frage nach der Genauigkeit der direkten Tiefenwahrnehmung müssen wir wohl unterscheiden zwischen der Beurteilung von a b s o l u t e n Entfernungen und von Entfernungs u n t e r s c h i e d e n.

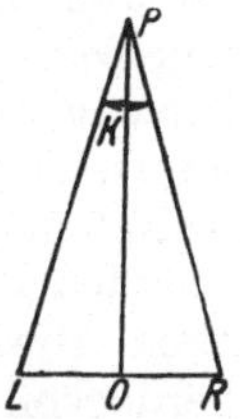

Zunächst wollen wir die tatsächlichen absoluten Entfernungen mit den geometrisch — etwa durch Vorwärtseinschneiden — ermittelten Entfernungen vergleichen, wobei die Ermittlung der Entfernung eines Punktes P durch die Messung einer Basis LR (Abb. 12) und der Winkel bei L und R erfolgt. Liegt P in oder nahe der Medianlinie durch O und ist LR klein im Verhältnis zu OP, so ist OP der Größe des Winkels LPR oder k annähernd verkehrt proportional.

Sind nun L und R die Augendrehpunkte, so sind LP und LR die beiden auf P gerichteten Blicklinien und k der sogenannte K o n v e r g e n z w i n k e l.

Abb. 12. Beziehung zwischen der Entfernung eines Objektpunktes und dem Konvergenzwinkel am Orte desselben

Wir sind durch zahlreiche täglich sich ergebende und einander ergänzende Erfahrungen aller Sinnesorgane zu einer leidlich genauen Beurteilung von absoluten Entfernungen im Zimmer, auf der Straße und in der Landschaft wohl fähig, vielfach wiederholte Versuche haben jedoch gezeigt, daß die Beurteilung der absoluten Entfernungen ausschließlich auf Grund des Konvergenzgrades äußerst unsicher und ungenau ist und in hohem Maße von anderen Umständen beeinflußt werden kann.

---

^{1} Die Strecke x_2 ist hier negativ.

Zu parallelen Blicklinien bzw. zu einem Konvergenzwinkel Null gehört der Eindruck einer unendlich großen oder zumindestens sehr großen Entfernung. Betrachtet man z. B. ein in freier Hand gehaltenes Stereoskopbild ohne Stereoskop mit parallelen Blicklinien, so sollten wenigstens die abgebildeten, weit entfernten Gegenstände (wie Berge usw.) in großer Entfernung erscheinen. Tatsächlich erscheinen sie kaum weiter als die das Bild haltende Hand und dementsprechend kaum größer als bei normaler Betrachtung eines Einzelbildes mit konvergenten Blicklinien, weil wir die absoluten Entfernungen viel zu klein deuten. Daran sind die nachher zu besprechenden abnormalen Verhältnisse schuld, unter denen die Betrachtung stattfindet.

Mit vorstehendem wollen wir nicht sagen, daß der Konvergenzgrad für die absolute Entfernungsschätzung oder die allgemeine Tiefenvorstellung des Raumes ohne Bedeutung ist, er bietet vielmehr in richtiger Verbindung mit den Hilfsmitteln der indirekten Tiefenwahrnehmung ein sehr wertvolles Mittel zur Unterstützung dieser Wahrnehmung bzw. Vorstellung, indem unter sonst gleichen Umständen Vergrößerung der Konvergenz den Eindruck der Annäherung, Verkleinerung der Konvergenz den Eindruck einer Entfernungszunahme eines Gegenstandes vermittelt.

Man kann sich davon leicht überzeugen, wenn man die Halbbilder eines Stereoskopbildes trennt und die Hälften bei der Betrachtung in freier Hand oder im Stereoskop einander nähert oder ein wenig voneinander entfernt. Es wird sich dabei zeigen, daß man sogar bei divergenten Blicklinien noch einen einheitlichen Eindruck gewinnen kann; Divergenz der Blicklinien kommt allerdings für gewöhnlich nicht vor.

So unsicher die Beurteilung der absoluten Entfernung einerseits und die allgemeine Tiefenvorstellung des Raumes andererseits auf Grund der Konvergenz allein ist, so genau ist die direkte Empfindung der relativen Entfernungen, d. h. der Tiefenunterschiede am fixierten Gegenstand und seiner Umgebung.

Auf Grund des Gesagten ist es klar, daß die Genauigkeit der Wahrnehmung von Tiefenunterschieden sich nicht aus der genauen Vergleichung unsicherer absoluter Entfernungen ergeben kann, also nicht auf äußerst geringen Konvergenzänderungen (ihre Abstufung ist tatsächlich nicht sehr fein) beruht, vielmehr auf eine äußerst empfindliche gleichzeitige Vergleichung der Unterschiede in beiden Netzhautbildern zurückzuführen ist. Es ist so, als wären die Netzhautbilder übereinander gelagert, wobei die in den Netzhautgruben liegenden Bilder des Fixationspunktes genau zusammenfallen; die kleineren seitlichen Abweichungen zwischen den ähnlichen sich jedoch nicht vollkommen überdeckenden übrigen Teilen der beiden Netzhautbilder schrumpfen zusammen und werden als direkte Tiefenunterschiede empfunden.

Der Umstand, daß weder die getrennte Lage beider Netzhautbilder, noch die mosaikartige Struktur der Netzhaut zum Bewußtsein kommen, und daß beide Sehnerven sich rückwärts zu einem ins Gehirn eintretenden Strang vereinigen, macht es wahrscheinlich, daß im Gehirn eine Art psycho-physiologische Überlagerung der Netzhautbilder im oben erwähnten Sinne stattfindet.

Es fragt sich nun, wie weit solche seitliche Lageunterschiede beim einäugigen Sehen erkannt werden und wie weit diese Erkennung die Wahrnehmung von Tiefenunterschieden beim beidäugigen Sehen vermittelt.

Abb. 13 stellt schematisch einige stark vergrößerte, nebeneinander angeordnete, lichtempfindliche Elemente der Netzhaut dar.

Für die Lokalisation eines Punktes beim einäugigen Sehen macht es keinen Unterschied, ob sein Bild links bei *a* oder rechts bei *b* auf den Zapfen der Netzhaut fällt, weil der Zapfen nur einen Lichtreiz zum Gehirn leiten kann. Werden zwei unmittelbar benachbarte Elemente c und d gereizt, so erzeugen die Reize den Eindruck einer sehr kurzen leuchtenden Linie.

Um zwei Punkte einäugig getrennt zu sehen, muß sich wenigstens ein nicht oder ein anders gereiztes Netzhautelement zwischen den gereizten Stellen e und f befinden, so daß die untere Grenze des einäugigen Auflösungsvermögens von der Größe eines Netzhautelementes abhängt.

Ganz anders gestaltet sich die Frage nach den kleinsten wahrnehmbaren Tiefenunterschieden.

Während das Zusammenfließen der Lichtreize benachbarter Elemente ein und derselben Netzhaut auf die Homogenität der Netzhaut zurückzuführen ist, ist die binokulare Verschmelzung zweier den Elementen verschiedener Netzhäute angehöriger Reize zum Eindruck eines Punktes ganz anderer Natur, weil die beiden Netzhautbilder physiologisch und psychologisch verschieden charakterisiert sind und die Verschmelzung dieser Reize eben deswegen nicht den Eindruck einer Ausdehnung der Breite nach, sondern den einer Tiefengliederung gegenüber dem Fixationspunkt erzeugt.

Überdecken bei der gedachten Übereinanderlagerung der beiden Netzhautbilder zwei außerachsiale, übereinstimmende Teile beider Bilder einander genau, so empfindet man auch keine Tiefenunterschiede in bezug auf den Fixationspunkt. Sobald derartige Bildelemente einander nicht vollkommen überdecken und doch zu einem Punkte verschmelzen, entsteht die Empfindung eines Tiefenunterschiedes gegenüber dem Fixationspunkt bzw. gegenüber benachbarten Partien, die einander vollkommen überdecken. Nach der Meinung des Verfassers ist kein Grund dafür vorhanden, daß diese relative Tiefenempfindung erst anfangen sollte, wenn der erwähnte Lageunterschied die Größe

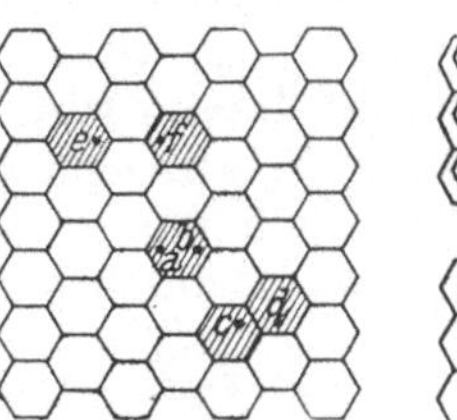 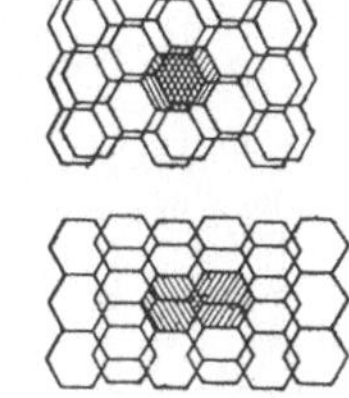

Abb. 13. Kleinster wahrnehmbarer Lageunterschied zweier Punkte (monokular)

Abb. 14. Kleinster wahrnehmbarer Tiefenunterschied zwischen zwei Punkten (binokular)

eines Netzhautelementes erreicht oder überschreitet. So kann nach seinem Erachten auch in den beiden in Abb. 14 dargestellten Fällen die binokulare Verschmelzung die Empfindung eines relativen Tiefenunterschiedes auslösen, so daß eine bestimmte untere Grenze für diese Erscheinung nicht gegeben scheint.

In der Tat zeigt sich, daß zahlreiche Personen unter günstigen Umständen noch Tiefenparallaxen von etwa 10″ — ja noch kleinere — wahrnehmen, obgleich die Größe der mosaikartig aneinandergereihten Netzhautelemente vom hinteren Knotenpunkt des Auges aus unter einem Winkel von etwa einer Bogenminute erscheint.

Bei einem mittleren Augenabstand von 65 mm würde sich für etwa 1350 m Entfernung eine Parallaxe von 10″ ergeben; in dieser Entfernung liegt also praktisch die Grenze, innerhalb welcher die betreffende Person noch direkte Tiefenunterschiede zu bemerken imstande ist. Eine Parallaxe von 10″ entspricht einem Entfernungsunterschied vom Unendlichen bis zu 1350 m, für geringere Entfernungen bedeutet sie selbstverständlich kleinere Tiefenunterschiede.

In Abb 15 sind einige um die gleiche Größe zunehmende Parallaxen dargestellt; ersichtlich ist z. B. der Tiefenunterschied EF viel kleiner als der Tiefenunterschied AB, obgleich beide gleich großen Konvergenzunterschieden δ entsprechen.

In den Dreiecken EFR und ABR gilt:

$EF : FR = \sin\,\delta : \sin\,\measuredangle\,OER$ und

$AB : BR = \sin\,\delta : \sin\,\measuredangle\,OAR$, so daß

$$\frac{EF}{AB} : \frac{FR}{BR} = 1 : \frac{AR}{ER}\quad\text{oder}\quad \frac{EF}{AB} = \frac{FR \times ER}{BR \times AR}$$

Da, wenn δ klein ist, FR und ER nahezu gleich OE, BR und AR nahezu gleich OA sind, gilt angenähert folgende Gleichung:

$$EF : AB = OE^2 : OA^2,$$

d. h. der durch eine bestimmte kleine Zunahme der Parallaxe verursachte Tiefenunterschied ist etwa der zweiten Potenz der absoluten Entfernung proportional.

Bei gegebenen Parallaxen eines Stereobildes hängt die Größe der wahrgenommenen Tiefenunterschiede, d. h. die plastische Wirkung, in hohem Maße von den absoluten Entfernungen ab, in die sie verlegt werden

7. Die Ausdehnung des stereoskopischen Gesichtsfeldes. Bei unbewegtem Kopf übersieht das ruhende Auge in horizontaler Richtung etwas mehr als 180° und in vertikaler Richtung etwa 135°. Davon wird nur ein ziemlich kleiner Teil in der Umgebung des Fixationspunktes (die Grenzen sind nicht genau definiert) deutlich stereoskopisch gesehen. Je weiter die Bildpunkte vom Fixationspunkt entfernt sind, um so undeutlicher erscheinen die Gegenstände und ihre Tiefengliederung.

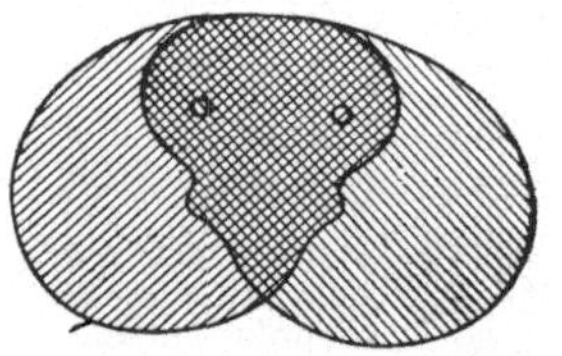

Die beiden Sehfelder haben nur den in Abb. 16 doppelt schraffierten Teil, das beidäugige Sehfeld, miteinander gemein, weil die Nase das linke Feld rechts und das rechte Feld links abschließt. Nur dieser in horizontaler Richtung etwa 90° umfassende Raum kann durch Augenbewegungen stereoskopisch übersehen werden, wobei zu bemerken ist, daß die schläfenwärts liegende Grenze der beiden monokularen Sehfelder sich mitbewegt und die nasenseitige Grenze nahezu unverändert bleibt.

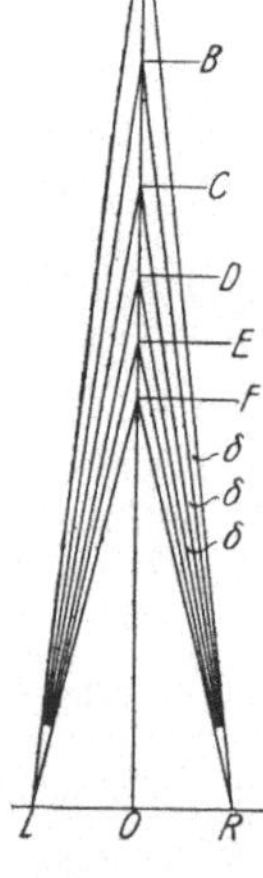

Abb. 15. Verschiedene Tiefenunterschiede bei gleichen Parallaxen

Abb. 16. Monokulares und binokulares Sehfeld

Die in Abb. 16 einfach schraffierten Teile werden nur mit einem Auge, also nicht stereoskopisch gesehen. Die weit außerachsial liegenden Gebiete werden unscharf und gehen unmerklich in den stereoskopischen Gesichtsraum über.

Die nasenwärts liegenden Eintrittsstellen des Sehnervs, die Stellen der blinden Flecke, sind lichtunempfindlich. Bilder, welche auf die im anderen Auge mit diesem Fleck korrespondierende Netzhautstelle fallen, können eigentlich nur einäugig, also nicht stereoskopisch gesehen werden; dennoch schließen sich auch diese Bilder unmerklich an die stereoskopisch gesehene Umgebung an.

8. Stereobilder und ihre Herstellung (Allgemeines). Unter einem Stereobild verstehen wir ein Bilderpaar, das aus zwei seitlich nebeneinander angeordneten und nur wenig voneinander verschiedenen, perspektivischen Zeichnungen ein und desselben Gegenstandes besteht.

Für einen Beschauer, dessen Augendrehpunkte einen Abstand b voneinander haben, kann ein Stereobild nach folgenden Regeln hergestellt werden.

Man denke sich (wie in Abb. 11) ein dreiachsiges, rechtwinkliges Koordinatensystem im Mittelpunkte O der Verbindungslinie der beiden Augendrehpunkte, welche die X-Achse darstellt; man denke sich ferner in einem Abstand F von dieser Achse eine zu ihr parallele senkrecht stehende Ebene G, in welche das Stereobild zu stellen ist, sowie einen Punkt A, dessen Koordinaten X, Y und Z sind und von dem man in der Ebene G ein derartiges Stereobild herstellen will, daß es auf den beiden Netzhäuten des Beschauers an den gleichen Stellen Bilder erzeugt, wie der Punkt A selbst.

Zu diesem Zwecke müssen wir die Orte der Punkte a_1 und a_2, in denen die Linien AD_l und AD_r die Ebene G durchstoßen, durch ihre horizontalen Abstände x_1 und x_2 von D_l'' bzw. D_r'' und deren Höhe y über den senkrechten Projektionen D_l'' bzw. D_r'' der Augendrehpunkte festlegen; mit anderen Worten: wir müssen umgekehrt, als dies auf S. 11 geschah, die Werte x_1, x_2 und y aus den Werten X, Y, Z, F und b ableiten, wozu die Formeln (1), (2) und (3) dienen können.

Wir finden also für:

$$x_1 = \frac{F}{Z}\left(X + \frac{1}{2}b\right) \tag{4}$$

$$x_2 = \frac{F}{Z}\left(X - \frac{1}{2}b\right) \tag{5}$$

$$y = \frac{F}{Z}Y \tag{6}$$

Auf ähnliche Weise läßt sich die richtige Lage der perspektivischen Bilder einer beliebigen Anzahl von Punkten sowie die Lage etwa zwischen ihnen ver-

Abb. 17. Stereoskopische Abstandsskala

laufender gerader Linien bestimmen, so daß sich jeder Gegenstand, wo er sich auch im Blickfelde des Beschauers befinden mag, in einem Stereobilde abbilden läßt, das die gleichen Netzhautbilder hervorruft, wie der Gegenstand selbst. Hiebei wird von etwaiger Akkommodation und geringen Parallaxen durch die Bewegung der Augenpupillen bei der großen Nähe des Stereobildes abgesehen.

Dieses Verfahren wäre für die Praxis natürlich viel zu umständlich und käme nur für gedachte, nicht aber für wirklich existierende Gegenstände in Betracht; es eignet sich z. B. zur Anfertigung einer stereoskopischen Abstandsskala (Abb. 17).

Wünscht man von einem Körper z. B. $ABCE$ in Abb. 18, dessen sämtliche Dimensionen bekannt sind, ein Stereobild solcher Art anzufertigen, daß der Körper, von einem bestimmten Punkt aus betrachtet, an einem bestimmten Ort erscheint, so ist dies auf Grund oberwähnter Konstruktion möglich. Zu diesem Zweck stelle man zuerst den Körper, sowie die Augendrehpunkte nach den Prinzipien der darstellenden Geometrie durch ihre Projektionen auf eine horizontale und vertikale Projektionsebene dar. Die vertikale Projektionsebene wähle man in geeigneter Entfernung von den Augendrehpunkten und dem abzubildenden Körper und ordne sie parallel zur Verbindungslinie der Augendrehpunkte an.

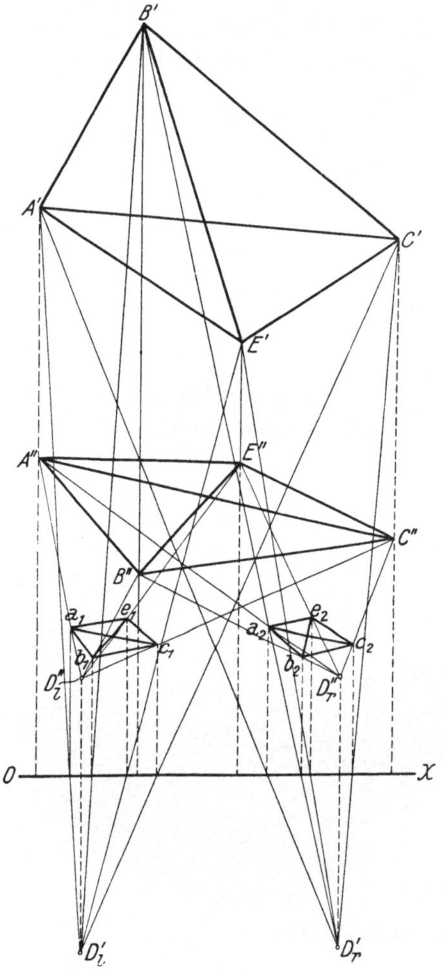

Im angenommenen Beispiel erhält man auf diese Weise als horizontale und vertikale Projektionen für den Körper: $A'B'C'E'$ und $A''B''C''E''$, für die Augendrehpunkte D_l', D_l'' und D_r', D_r''.

Die Augendrehpunkte werden nun mit jedem einzelnen Punkt des Körpers verbunden, für jede Verbindungslinie wird der Schnittpunkt mit der vertikalen Projektionsebene, welche zugleich die Ebene des Stereobildes darstellt, konstruiert. Man erhält auf diese Weise in der vertikalen Ebene nebeneinander die zwei perspektivischen Zeichnungen $a_1 b_1 c_1 d_1$ und $a_2 b_2 c_2 d_2$ des Körpers, die sich in der nachher zu erläuternden Weise zum gewünschten stereoskopischen Raumbild vereinigen lassen.

Dieses allgemein gültige, jedoch ziemlich umständliche Verfahren läßt sich in besonderen Fällen, wenn es sich um regelmäßig geformte Gegenstände handelt, auf Grund der Gesetze der Perspektive bedeutend vereinfachen. Wir verweisen diesbezüglich auf die einschlägigen Lehrbücher der Darstellenden Geometrie.

Wenn man keinen Wert darauf legt, die Gegenstände genau stereoskopisch abzubilden, sondern nur stereoskopisch verschmelzbare Bilder zu erzielen wünscht, so können diese einfach aus freier Hand gezeichnet werden, wobei vor allem zu bedenken ist, daß die beiden zusammengehörigen Bilder eines Punktes nie weiter voneinander entfernt liegen dürfen als die beiden Augendrehpunkte, also etwa 65 mm, und daß ein Punkt um so näher erscheint, je näher sein rechtes und linkes Bild einander liegen.

Abb. 18. Konstruktion eines Stereobildes

Die gedachte Verbindungslinie zusammengehöriger Bilder eines Punktes soll immer zur Verbindungslinie der Augendrehpunkte parallel sein.

Abb. 19 und 20 veranschaulichen einfache Beispiele. Abb. 19 stellt eine vierseitige Pyramide dar, deren Grundfläche zur Bildebene parallel liegt; ihre Bilder zeigen in beiden Halbbildern keine Unterschiede. Die Spitze der Pyramide erscheint dem Beschauer näher, weil die Lateraldistanz der Spitzenbilder kleiner ist als diejenige der Grundflächen.

Abb. 20 zeigt einige beliebig gezeichnete Punkte, Striche und Buchstaben, von denen sich je zwei bei stereoskopischer Betrachtung vereinigen; die stereoskopischen Bilder erscheinen in verschiedenen Entfernungen.

In allen oberwähnten Fällen handelte es sich nur um die Herstellung von Bildern ziemlich grob gegliederter Objekte; es ist nämlich ohne Präzisionsgeräte nicht möglich, Parallaxen von einigen Bogensekunden zeichnerisch darzustellen. Durch Zeichnen in großem Maßstab und nachheriges photographisches Verkleinern lassen sich hohe Grade der Genauigkeit erzielen. Dafür gibt Abb. 21 ein Beispiel, die als einfache Prüfungstafel für das stereoskopische Sehvermögen dienen kann.

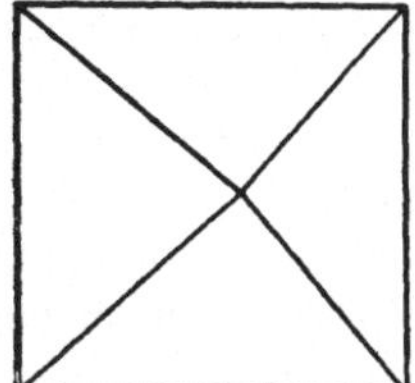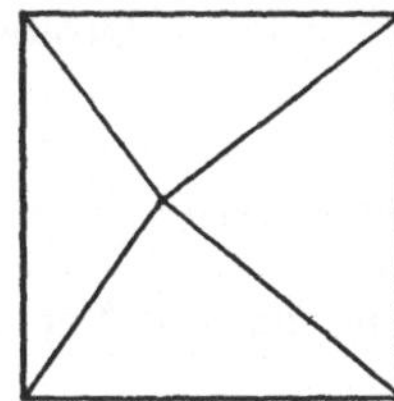

Abb. 19. Stereobild einer vierseitigen Pyramide

Bei stereoskopischer Verschmelzung derartiger Bilder ergibt sich die direkte Tiefenwahrnehmung in vollkommener Reinheit, weil man bei Betrachtung dieser Bilder aller sonstigen Mittel zur Unterstützung der Tiefenwahrnehmung entbehrt.

Die Herstellung von Stereobildern komplizierterer Gegenstände (Stillleben, Interieurs, Landschaften) ist folgendermaßen durchführbar:

Eine durchsichtige Glasplatte, welche so präpariert ist, daß man auf ihr zeichnen kann, wird parallel zur Verbindungslinie der Augendrehpunkte (Augenbasis) zwischen den Augen und dem abzubildenden Gegenstand in geeigneter Entfernung von den Augen lotrecht aufgestellt. Die Orte der Augen werden durch zwei fest angebrachte Gucklöcher markiert (Abb. 22).

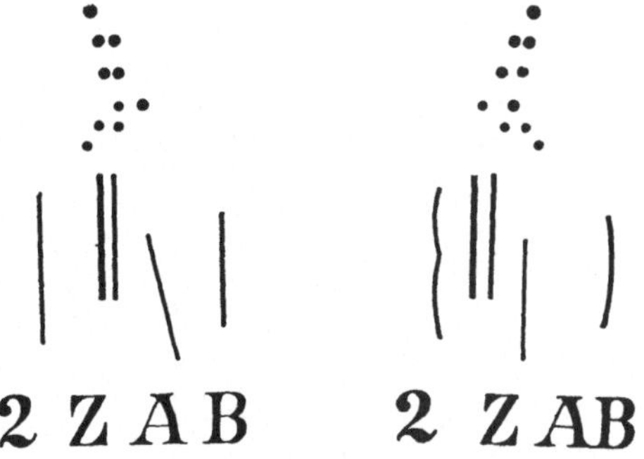

Abb. 20. Verschiedene Tiefenlagerung einzelner Punkte, Linien und Buchstaben (reine direkte Tiefenwahrnehmung)

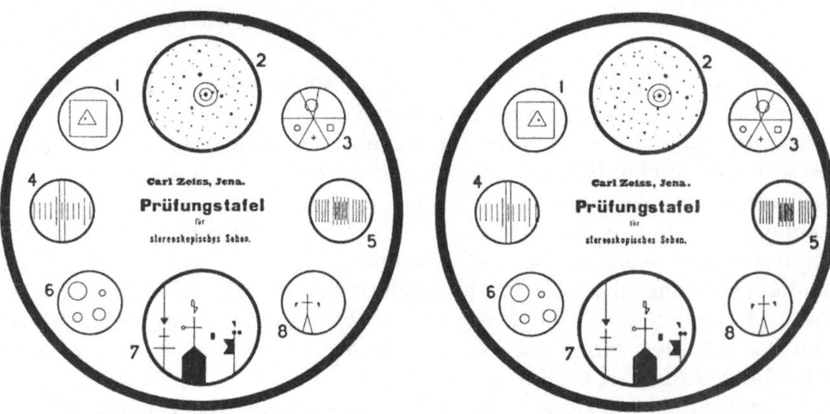

Abb. 21. Prüfungstafel für stereoskopisches Sehen

Nun zeichnet man den Gegenstand auf die Glasscheibe genau so, wie er sich auf diese projiziert, wenn man durch das eine der Gucklöcher nach ihm schaut; hierauf zeichnet man ihn noch einmal auf die nämliche Scheibe, wie er durch das andere Guckloch erscheint. Damit ist das Stereobild fertig.

Wird nun der Gegenstand weggenommen und schaut man mit beiden Augen durch die Gucklöcher, so erzeugen die beiden Zeichnungen in den beiden Augen die gleichen Netzhautbilder wie der Gegenstand selbst und man erhält den Eindruck, der Gegenstand sei noch da; man sieht ihn vollkommen körperlich in natürlicher Größe und an derselben Stelle, wo man ihn beim Zeichnen hingestellt hatte.

Wenn wir von den schon früher erwähnten bedeutungslosen kleinen Unterschieden (s. S. 4) absehen, so ist kein Grund vorhanden, warum es anders sein sollte, als wir es im vorstehenden dargetan haben, da wir doch die Außenwelt aus unseren Netzhautbilderpaaren aufbauen und identische Netzhautbilderpaare identische Vorstellungen erzeugen müssen.

Es sei darauf aufmerksam gemacht, daß keine der beiden Zeichnungen breiter als der Augenabstand (etwa 65 mm) werden darf, weil sie einander sonst nach der Mitte hin überdecken und — wie die kreisförmigen, einander überdeckenden Bildfelder in Abb. 23 zeigen — zu

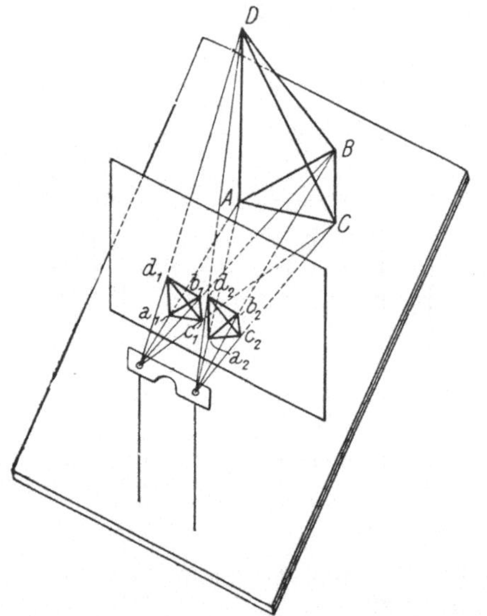

Abb. 22. Zeichnung eines Stereobildes nach einem Modell

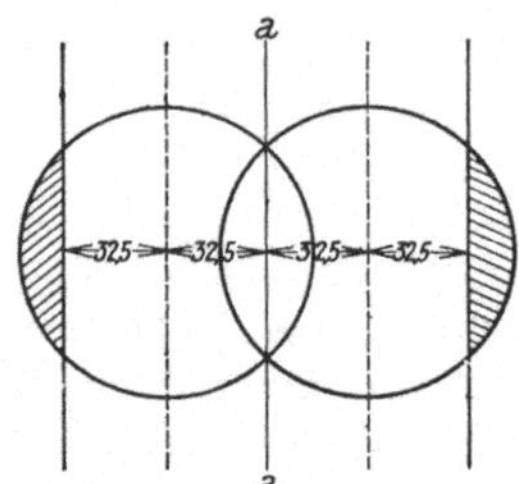

Abb. 23. Größe des stereoskopischen Bildfeldes

Verwirrungen Anlaß geben. Die Zeichnungen dürfen also nach der Mitte hin nicht über die Trennungsline $a\,a$ hinausragen.

Nach außen hin können sich die Bilder beliebig ausdehnen, woraus man aber für eine stereoskopische Betrachtung keinen Nutzen ziehen kann, weil diesem in Abb. 23 schraffiert gezeichneten Außenteil im einen Bild im anderen Halbbild nichts entspricht; die Außenteile würden also nur einäugig gesehen werden. Nichtsdestoweniger würden sie nicht stören, weil sie sich, wie wir schon bemerkt haben, unmerklich an das binokulare Sehfeld anschließen.

Diese Erwägungen führen dazu, daß nebeneinandergestellte Stereohalbbilder im horizontalen Sinne eine maximale Breite von 65 mm haben dürfen; ihre Höhe kann unbegrenzt sein.

Weil das Bildfeld bei dem in Betracht kommenden Abstand der Bildebene von den Augen (wenigstens etwa 25 cm) sehr beschränkt ist, haben Rollmann, D'Almeida u. a. die Zeichnungen in verschiedenen (vorzugsweise komplementären) Farben ausgeführt (am besten in Rot und Grün), so daß das Bildfeld für beide Halbbilder — ohne Rücksicht auf den Abstand der Bildebene — die Größe des Blickfeldes des einzelnen Auges erreichen kann. Solche gefärbte Stereobilder, welche, wie wir nachher sehen werden, durch komplementär gefärbte Gläser

betrachtet werden, um das dem betreffenden Auge n i c h t zugehörige Halbbild
unsichtbar zu machen, werden A n a g l y p h e n genannt.

Zumeist werden die auf photographischem Wege gewonnenen Anaglyphen
von größeren Gegenständen (Interieuren und Landschaften) unrichtig übereinander gedruckt, weil man die beiden Bilder des Fern-
punktes nicht in einem Abstand von 65 mm voneinander
anordnet, sondern ganz nahe nebeneinander oder sogar
aufeinander druckt. S o l c h e Anaglyphen müßte man nicht
durch eine Brille mit verschieden gefärbten Gläsern, sondern
durch sogenannte pantoskopische Linsen betrachten, um
die Augenachsen nahezu parallel zu stellen.

Anstatt der in Abb. 22 angedeuteten Anordnung kann
man sich zur Erzielung richtiger perspektivischer Abbildungen auch eines vom Verfasser vorgeschlagenen
Zeichenprismas nach Abb. 24 bedienen.

Das nach zweimaliger Spiegelung in der oberen Hälfte
des Prismas entstandene Netzhautbild des links gedachten
Gegenstandes oder der Landschaft wird vom Auge auf die
Zeichenebene projiziert; das Auge sieht gleichzeitig die
Zeichenebene, auf welcher die Konturen nachgezeichnet werden, und den
Zeichenstift.

Abb. 24. Zeichenprisma
nach VAN ALBADA

Die Eintrittsfläche des Prismas ist hohl angeschliffen, damit das gespiegelte
Bild in der Entfernung der Zeichenebene scharf erscheint. Das Prisma kann auch
in umgekehrter. Stellung benutzt werden.
Anstatt dieses Prismas kann man sich auch
des als Camera lucida bekannten Zeichenprismas bedienen, das in der oberen Hälfte
der Pupille die Landschaft, in der unteren
Hälfte der Pupille die Zeichenebene zeigt.

Um eine störende Überlagerung großer
Halbbilder zu vermeiden, kann man sie
auch n a c h einander auf zwei getrennten
Platten, die nacheinander in die Bildebene
gestellt werden, abbilden, muß aber dann
durch eine (später zu erläuternde) besondere Anordnung dafür Sorge tragen, daß
sie richtig betrachtet werden können.

Wird die Bildebene, wie in Abb. 22,
zwischen den Augen und dem abzubildenden
Gegenstand angeordnet, so sind die Halbbilder immer kleiner als der Gegenstand selbst;
das dem linken Auge zugehörige Halbbild
liegt dann immer links. Je näher ein
Punkt des Gegenstandes liegt, um so mehr
nähern sich seine beiden Bilder in der
Bildebene.

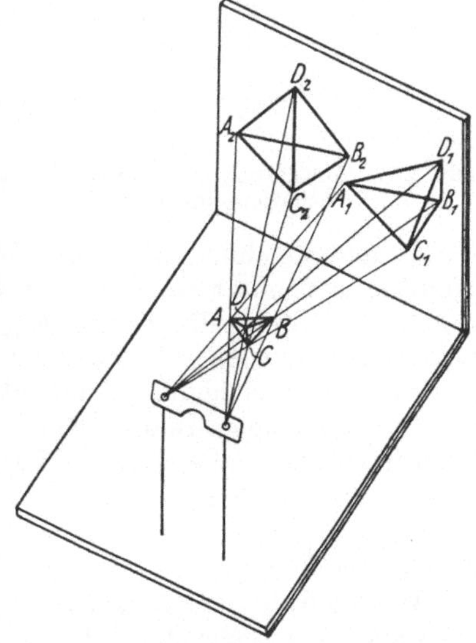

Abb. 25.   Stereoskopische Schattenprojektion eines Körpers

Für diesen Abbildungsvorgang gelten ohne weiteres die Formeln (4), (5) und
(6) auf S. 15.

Man kann die vertikale Bildebene auch h i n t e r den abzubildenden Gegenstand stellen, wie dies Abb. 25 zeigt. Darin stellt $ABCD$ den Gegenstand, $A_2B_2C_2D_2$
das rechte Projektionsbild und $A_1B_1C_1D_1$ das linke Projektionsbild vor. Letzteres
liegt also rechts vom ersteren. Diese Projektionsbilder, die sich ihrer Entstehung

nach mit Schattenbildern vergleichen lassen, wie sie z. B. bei der Röntgenstereophotographie verwendet werden, sind immer größer als der Gegenstand. Je näher ein Punkt des Gegenstandes den Projektionszentren liegt, um so weiter liegen seine Projektionsbilder auseinander.

Auch für diesen Abbildungsvorgang sind die Formeln (4), (5) und (6) gültig, nur ist jetzt F größer als Z.

Es lassen sich nicht nur vertikale Ebenen, sondern auch Flächen in jeder beliebigen Lage und von jeder beliebigen Form, ebenso auch getrennte und für jedes Projektionszentrum verschieden gelagerte oder von den Projektionszentren verschieden weit entfernte Ebenen als Bild- oder Projektionsebenen verwenden, falls dies notwendig erscheint.

Die Koordinaten der Durchstoßpunkte der Projektionsgeraden mit den Projektionsflächen lassen sich auch auf analytisch-geometrischem Wege finden. Weil diese mühsame Methode nur sehr selten praktisch von Nutzen sein dürfte (z. B. bei der Projektion auf eine Horopterfläche oder auf zwei Kugelflächen, deren Mittelpunkte behufs unveränderlicher Akkommodation mit den Perspektivitätszentren zusammenfallen, soll hier nicht weiter darauf eingegangen werden.

Wir beschränken uns auf den sehr einfachen Fall, daß die horizontale Ebene, auf welcher der abzubildende Gegenstand ruht, als Projektionsfläche dient.

In diesem Falle überdecken die Halbbilder einander teilweise und müssen entweder als Anaglyphen oder gesondert nacheinander hergestellt werden.

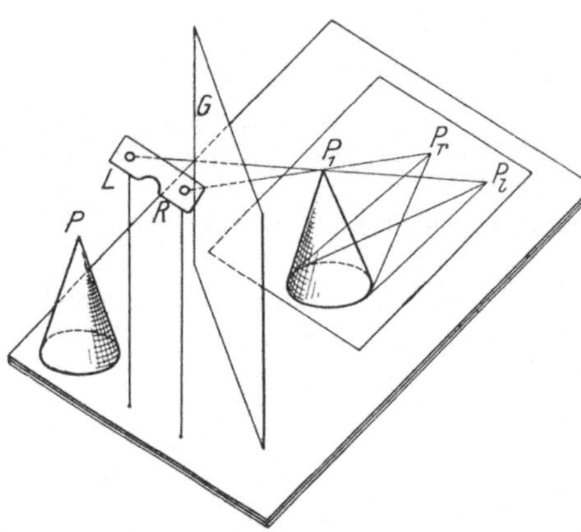

Abb. 26. Vorrichtung zur stereoskopischen Schattenprojektion

Damit der darzustellende Gegenstand dem Zeichner nicht im Wege stehe, kann die in Abb. 26 dargestellte Anordnung benutzt werden. Der Gegenstand selbst wird in P eine senkrechte klare oder halbversilberte Spiegelglasplatte bei G so aufgestellt, daß man durch die festen Gucklöcher L und R das Spiegelbild des Gegenstandes in P_1, scheinbar auf dem Zeichenblatt ruhend, wahrnimmt.

Das linksäugige Bild P_l werde z. B. grün, das rechtsäugige P_r rot ausgeführt. Auch in diesem Falle sind die Halbbilder größer als der Gegenstand; das dem linken Auge zugehörige Halbbild liegt immer rechts und die beiden Abbildungen eines Objektpunktes liegen umso weiter auseinander, je näher dieser Punkt dem Beobachter liegt.

Weil man bei einmaliger Spiegelung eine spiegelverkehrte Abbildung erhält, kann man den Gegenstand P eventuell vorher noch in einem versilberten Planspiegel sich spiegeln lassen.

Schließlich läßt sich die (wieder vertikal gedachte) Bildebene auch hinter den Gucklöchern angeordnet denken, so daß letztere sich zwischen Gegenstand und Bildebene befinden. Der Gegenstand wird in diesem Falle durch die perspektivischen Zentren nach rückwärts hin auf die Bildebene projiziert. Dies ist tatsächlich bei den Augen der Fall, wobei die beiden Netzhäute als Bildebene wirken, sowie bei photographischen Aufnahmen mittels einer Stereokammer, wobei die Projektionsbilder auf die photographische Platte fallen.

Hiebei hängt die Größe der Halbbilder außer vom Objektabstand von der

Entfernung der Platte von den rückwärtigen Hauptpunkten der Objektive ab und ist zu dieser Entfernung proportional; die Bilder können also kleiner oder größer als der Gegenstand sein.

Je näher ein Objektpunkt den Objektiven bzw. Projektionszentren liegt, um so weiter liegen seine beiden Projektionen auf der Bildebene (Trockenplatte) voneinander entfernt.

Für eine etwaige Verwendung der Projektionsformeln (4), (5) und (6) sei bemerkt, daß F bei diesem Projektionsvorgang negativ gezählt wird, wenn es bei den früher angeführten Projektionsarten ein positives Vorzeichen hatte.

Die Herstellung von Stereobildern auf photographischem Wege ist viel bequemer, genauer und vollkommener als die Herstellung durch Zeichnung. Es werden einfach zwei (perspektivisch verschiedene) photographische Aufnahmen $a_1 b_1 c_1 d_1$ und $a_2 b_2 c_2 d_2$ des Gegenstandes $ABCD$ (Abb. 27) auf einer Platte P gemacht, und zwar aus zwei in geeignetem Abstand (meist 65 mm) voneinander angeordneten Perspektivitätszentren K_1 und K_2, den vorderen Hauptpunkten der beiden Objektive.

Nach Anfertigung der beiden Kopien (Positive) werden diese in der Ebene S so nebeneinander aufgeklebt oder abgedruckt, daß das mit dem links stehenden Objektiv aufgenommene Bild links liegt; die Anordnung der Kopien erfolgt im allgemeinen so, daß die zwei Bilder eines unendlich weit entfernten Objektpunktes genau so weit wie die perspektivischen Zentren voneinander entfernt liegen.

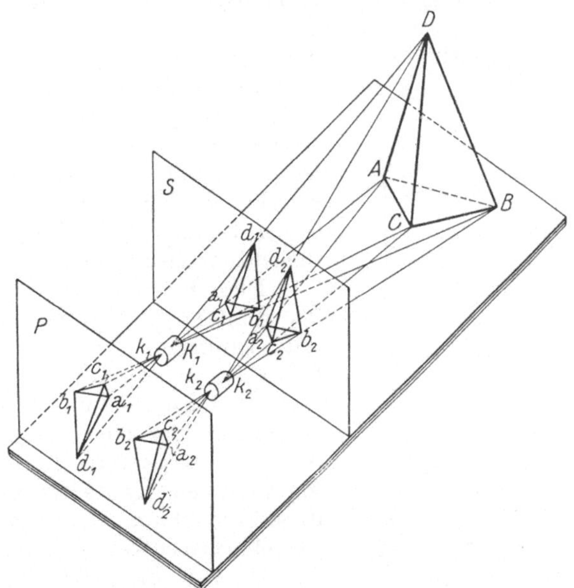

Abb. 27. Stereophotographische Abbildung eines Gegenstandes. Man beachte die Beziehung zwischen Stereonegativ P und Stereobild S

Das so erhaltene Stereobild ist vollkommen identisch mit demjenigen, das man nach dem in Abb. 22 angegebenen Verfahren bei Verwendung der gleichen perspektivischen Zentren K_1 und K_2 erhalten würde, wobei die Bildebene in der gleichen Entfernung vor den Zentren aufgestellt wird, in welcher sie sich bei der photographischen Aufnahme hinter den Projektionszentren befand. Abb. 27, in der k_1 und k_2 die beiden hinteren Hauptpunkte des Objektivs vorstellen, erläutert ohne weiteres diese einfache für das Verständnis der praktischen Stereophotographie sehr wichtige Tatsache.

9. Die Betrachtung von Stereobildern. Um ein nach obigen Angaben richtig hergestelltes Stereobild möglichst richtig zu betrachten, muß es in eine solche Stellung und in eine solche Entfernung von den Augen gebracht werden, daß die Augendrehpunkte des Beschauers die Lage der beiden perspektivischen Zentren einnehmen, die der Konstruktion des Bildes zugrunde lagen, wobei verausgesetzt wird, daß der gegenseitige Abstand dieser perspektivischen Zetrenn (der Haupt-

oder Knotenpunkte der betreffenden Aufnahmeobjektive) mit dem der Augendrehpunkte des Beschauers übereinstimmt.

Diese Bedingung wird in genügendem Maße erfüllt, wenn das Stereobild in die gleiche Entfernung von den Augendrehpunkten gebracht wird, wie die beiden Perspektivitätszentren (hinteren Knotenpunkte der Aufnahmeobjektive) bei der Herstellung des Bildes von der Bildebene (Platte) entfernt waren.

Die Augenachsen werden zunächst parallel gestellt, als wollte man durch das Stereobild hindurch nach einem weit entfernten Objekt schauen.

Wenn wir von der Akkommodation absehen, werden solcherart auf den beiden Netzhäuten der Augen die gleichen Bilder entstehen, die der abgebildete wirkliche Gegenstand erzeugen würde; so gewinnt man den Eindruck, man sähe den Gegenstand selbst.

Eigentlich sieht man drei ähnliche Bilder nebeneinander; davon erscheint nur das mittlere stereoskopisch, weil jedes Auge z w e i Bilder sieht und weil nur die beiden inneren Bilder zu e i n e m plastischen Bild verschmelzen. Da die beiden äußeren Bilder störend wirken, ist es empfehlenswert, diese durch eine dunkle Scheidewand zwischen den Halbbildern (sie wird senkrecht zu deren Ebene angeordnet) für das nicht zugehörige Auge unsichtbar zu machen.

Diese Betrachtungsweise eines Stereobildes ist zweifellos richtig, es ergeben sich dabei aber einige geringe Abweichungen von der normalen Betrachtung körperlicher Dinge, worauf wir etwas näher eingehen wollen.

Zunächst ist zu bemerken, daß die „künstlichen" Netzhautbilder ein wenig größer werden als die „natürlichen" bei Betrachtung des Gegenstandes selbst, weil die vorderen Knotenpunkte der Augen dem Stereobilde ungefähr 10 mm näher stehen als die an den Ort der Projektionszentren gebrachten Augendrehpunkte.

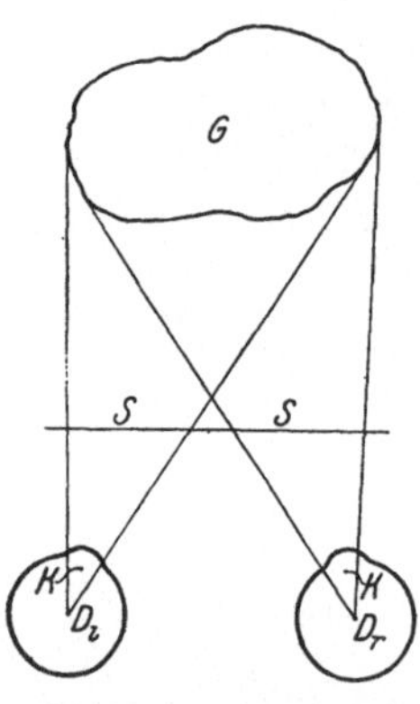

Abb. 28. Beziehung zwischen den „natürlichen" und „künstlichen" Netzhautbildern

In Abb. 28 sei G der wirkliche Gegenstand und S das richtig hergestellte und richtig betrachtete Stereobild; die Aufnahmen erfolgten von den vorderen Objektiv- (Haupt-) Knotenpunkten aus (D_l und D_r), an deren Ort die beiden Augendrehpunkte gebracht werden; auf diese Art sieht das Auge den Gegenstand selbst unter einem im Verhältnis $\dfrac{D\,G}{K\,G}$ größeren Winkel als das Objektiv. Wird nun der Gegenstand durch das Stereobild S ersetzt, so sieht man das Bild in einem im Verhältnis $DS : KS$ vergrößerten Maßstab.

In b e i d e n Fällen sind die Winkel, um welche man die Augen d r e h e n muß, um die verschiedenen Punkte des Gegenstandes oder des Stereobildes zu fixieren, einander g l e i c h; auf diesen Umstand muß zwecks richtiger Tiefenwahrnehmung größerer Wert gelegt werden, als auf die Erzielung richtiger Netzhautbildgrößen.

Bei der oben beschriebenen Betrachtungsweise können die Stereobilder aus keiner geringeren Entfernung als 25 cm aufgenommen und betrachtet werden, was einer Vergrößerung von höchstens 4% entspricht.

Daß die Aufnahme- und Betrachtungsdistanz für das Stereobild nicht kürzer als 25 cm gewählt werden kann, rührt daher, daß bei kürzeren Entfernungen im allgemeinen die Akkommodation bei Personen mittleren Alters nicht ausreicht, um scharfe Netzhautbilder zu erzielen, und weil beim Fixieren entfernter Objektpunkte zu große Mißverhältnisse zwischen Akkommodation und Konvergenz entstehen.

Beim gewöhnlichen beidäugigen Sehen gehört zu einer bestimmten Entfernung des Fixationspunktes eine bestimmte Konvergenz und eine bestimmte Akkommodation. Beim Betrachten eines Stereobildes besteht nur eine Akkommodation, nämlich für den kurzen Abstand dieses Bildes, wobei die Konvergenz fortwährend zwischen 0^0 und 15^0 hin und her schwankt, je nachdem man in großer oder geringer Entfernung liegende Objektpunkte betrachtet.

Die angewöhnte enge Beziehung zwischen Konvergenz und Akkommodation ist es, welche es vielen Personen unmöglich macht, zwei Stereohalbbilder in der angegebenen Weise stereoskopisch zu vereinigen. Es erfordert zweifellos eine gewisse Übung, sich vom normalen Zusammenhang zwischen Konvergenz und Akkommodation freizumachen, was aber beim Betrachten eines Stereobildes unumgänglich notwendig ist.

Im Interesse des Unterrichtes in der Stereometrie und der darstellenden Geometrie sowie zur Erleichterung der Vorstellung verschiedener Körper (Maschinen, Werkzeuge, Blumen, Tiere, Kristalle usw.) wäre es sehr wünschenswert, wenn schon auf der Schule mit den Kindern die Betrachtung von Stereogrammen mit parallelen Augenachsen systematisch geübt würde, damit diese ausgezeichnete Darstellungsweise an Stelle oder neben den Einzelbildern in Lehrbüchern verwendet werden kann.

A. Köhler hat zur Erleichterung der Verschmelzung der Stereohalbbilder ohne Verwendung des Stereoskops vorgeschlagen, über dem auf dem Tisch liegenden Stereobild eine gewöhnliche Glasplatte unter einem Winkel von etwa 45^0 zu halten, so daß sich darin weit entfernte Gegenstände spiegeln. Bei Betrachtung dieses Spiegelbildes sind die Augenachsen nahezu parallel, haben also jene Stellung, die zur Verschmelzung der gleichzeitig durch die Platte hindurch gesehenen Stereohalbbilder notwendig ist.

Die Schwierigkeit der Bildvereinigung hat die Anwendung von Hilfsinstrumenten notwendig gemacht, die als Stereoskope bezeichnet werden und in mehr oder weniger vollkommener Weise die erwähnten Schwierigkeiten überwinden helfen.

10. Spiegelstereoskope. Alle im vorstehenden genannten Schwierigkeiten werden geringer, sobald der Aufnahme- und Betrachtungsabstand des Stereobildes größer gewählt wird; da die Breite eines Stereohalbbildes im allgemeinen nicht größer sein kann als der Augenabstand (also etwa 65 mm), würde eine Vergrößerung des Aufnahme- und Betrachtungsabstandes zu sehr kleinen Bild- und Blickfeldern führen. Es würden z. B. bei einem Aufnahme- und Betrachtungsabstand von 30 cm horizontal nur $12\frac{1}{2}^0$ von dem etwa 90^0 umfassenden binokularen Blickfeld sichtbar werden.

Um diesen Nachteil zu beheben, konstruierte Wheatstone (wahrscheinlich zwischen 1832 und 1840) das in Abb. 29 schematisch dargestellte sogenannte Spiegelstereoskop.

Die unter einem Winkel von 45^0 zu den parallelen, horizontalen Hauptsehrichtungen angeordneten vertikalen Spiegel S erzeugen von den großen Halbbildern L und R einander teilweise überlagernde Spiegelbilder L'

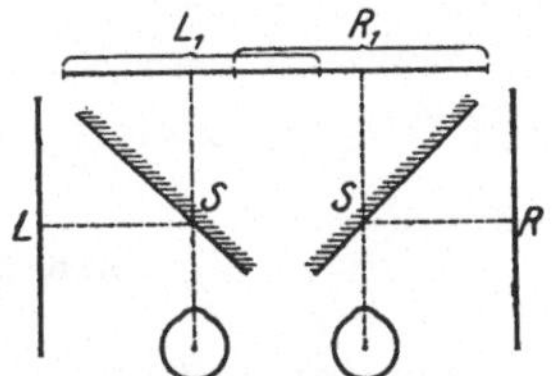

Abb. 29. Wheatstonesches Spiegelstereoskop

und R' in einer Ebene; die Lateraldistanz der einem Fernpunkt angehörigen Bilder ist dabei dem Abstand der Augendrehpunkte gleich.

Das diesem ältesten Stereoskop zugrunde liegende Prinzip kann noch heute als einwandfrei bezeichnet werden; dieses Stereoskop hat später mehrfache Modifikationen erfahren, die zweifellos als technische Verbesserungen anzusehen sind.

Zunächst sei das in Abb. 30 schematisch dargestellte (eigentlich auf W. Hardie zurückgehende) Telestereoskop von Helmholtz erwähnt, das aus zwei unter einem Winkel von 45⁰ zu den parallelen horizontalen Hauptsehrichtungen angeordneten senkrechten Spiegelpaaren besteht.

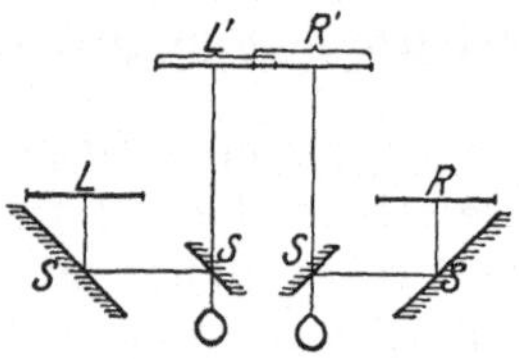

Die Halbbilder in L und R werden hier nach doppelter Spiegelung in L' und R' vor den Augendrehpunkten abgebildet.

Abb. 30. Telestereoskop nach von Helmholtz

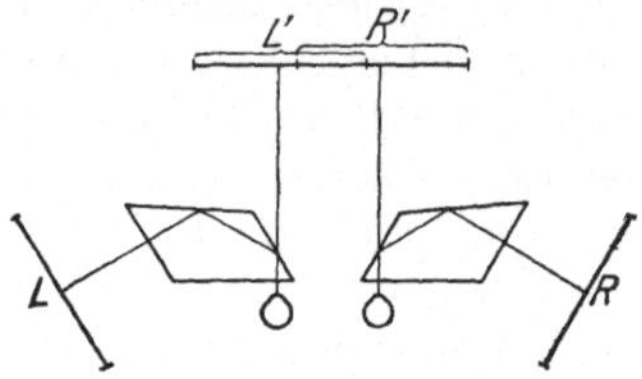

Abb. 31. Spiegelprismenstereoskop nach C. Pulfrich (schematisch)

Die doppelte Spiegelung bringt den Vorteil mit sich, daß die Bilder L' und R' und somit das plastische Bild nicht spiegelverkehrt gesehen werden.

Gewöhnliche (an der Rückseite versilberte) Planspiegel haben den Nachteil, daß auch die vordere Glasfläche bei streifendem Einfall der Lichtstrahlen sichtbare Spiegelbilder erzeugt, so daß störende Doppelbilder entstehen. Aus diesem Grunde verwendet C. Pulfrich zweimal total reflektierende Prismen, wie sie

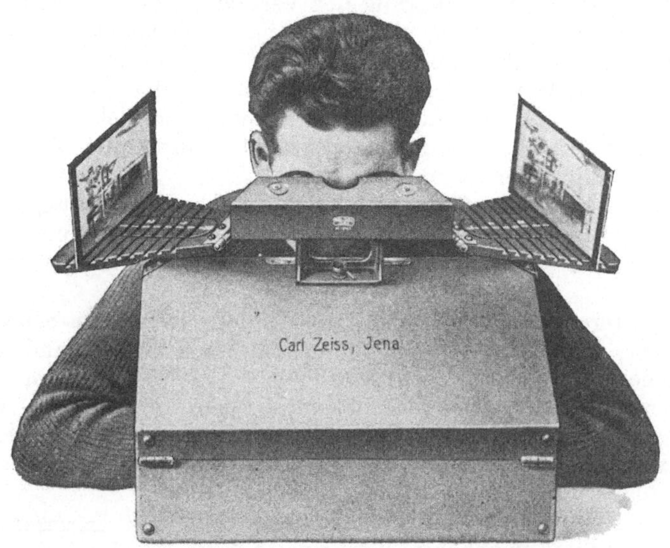

Abb. 32. Spiegelprismenstereoskop nach C. Pulfrich

in Abb. 31 und 32 dargestellt sind; die Halbbilder werden in geeignete schräge Stellung zu den Prismen gebracht. Auf diese Art gewinnt man nicht nur vollkommene Spiegelbilder, sondern kann auch eine gleichmäßige Beleuchtung der Halbbilder bei Papierbildern von vorne, bei durchsichtigen Bildern von rückwärts erzielen, was bei der Wheatstoneschen Anordnung weniger leicht zu erreichen ist.

Pigeon (vor ihm eigentlich schon Brewster und Dove) hat das Wheatstonesche Stereoskop insofern vereinfacht, als er das eine der Halbbilder direkt und das andere durch einen Spiegel betrachtet. also spiegelverkehrt sieht

(Abb. 33). Solche Halbbilder lassen sich in Buchform sammeln. Es ist wohl darauf zu achten, daß das Spiegelbild L' eines weit entfernten Dingpunktes L, nicht näher als in Augenabstand (etwa 65 mm) neben seinem direkt gesehenen zweiten Bild zu liegen kommt. Die beiden einander gegenüberliegenden Seiten des Buches dürfen also nicht, wie dies gewöhnlich geschieht, symmetrisch bedruckt werden.

Werden die Stereobilder als Anaglyphen (z. B. rechts rot und links grün) ausgeführt, so braucht man zu ihrer Betrachtung nur eine Brille, die links ein rotes und rechts ein grünes Glas (Gelatinefolie) enthält. Die Farben der Bilder und Brillengläser sollen möglichst genau komplementär sein, damit sie das dem Auge nicht zugehörige Halbbild unsichtbar machen. In der Regel gibt die binokulare Vereinigung dieser Farben eine dem Weiß ziemlich nahe kommende Mischfarbe.

Selbstverständlich sollen die Augendrehpunkte, damit der Gegenstand in richtiger Form, Größe und Entfernung erscheine, die Orte der ursprünglichen Projektionszentren einnehmen.

Wurde ein stereoskopisches Schattenbild angefertigt, wie dies in Abb. 25 dargestellt ist, so daß die Halbbilder einander nicht teilweise überlagern, so erfolgt die Betrachtung so, daß die Hauptsehrichtungen einander an der Stelle, wo das Raumbild des Gegenstandes erscheint, überkreuzen.

Wenn die Halbbilder einander teilweise überdecken, wenn sie also als Anaglyphen oder gesondert nacheinander ausgeführt wurden, so ergibt sich folgendes: für Anaglyphen ist keine Änderung in der Betrachtungsweise notwendig; wurden die Halbbilder nacheinander auf gesonderten

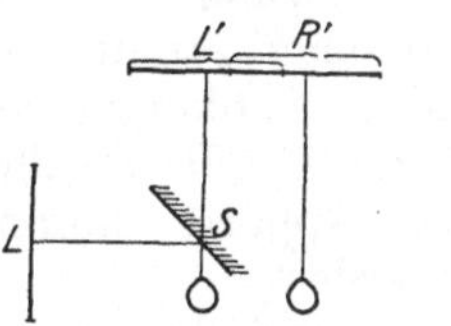
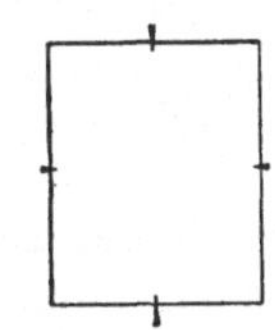

Abb. 33. Spiegelstereoskop nach PIGEON

Abb. 34. Koordinatenachsen im Röntgenbild

Platten ausgeführt, wie dies z. B. bei Röntgenaufnahmen geschieht, so können diese in einem der ob erwähnten Spiegelstereoskope betrachtet werden, wobei darauf zu achten ist, daß jedes Auge nur das ihm zugehörige Bild zu sehen bekommt und daß die Spiegelbilder — will man eine richtige Vorstellung von den räumlichen Verhältnissen gewinnen — in bezug auf die Augen genau so gelegen sind, wie die Bilder sich ursprünglich auf der Bildebene zeigten. Aus diesem Grunde empfiehlt es sich, bei der Anfertigung getrennter Röntgen- oder Schattenbilder eine feste Marke (vgl. Abb. 34) in der Projektionsebene anzubringen, die in den beiden getrennten Platten abgebildet wird und die Projektion des perspektivischen Zentrums darstellt.

Beim Spiegelstereoskop bringe man eine materielle feste Marke in eine solche Lage und Entfernung gegenüber den Augen, daß die gespiegelten Plattenmarken der Halbbilder mit der direkt über den Spiegeln gesehenen materiellen Marke für jedes Auge zur Koinzidenz gebracht werden können.

In dieser Beziehung ist die PIGEONsche Anordnung (Abb. 33) sehr bequem, weil eines der Halbbilder seine ursprüngliche Lage gegenüber dem zugehörigen Auge behalten kann, somit nur die Marke des anderen (gespiegelten) Bildes mit der des ersteren zur Koinzidenz zu bringen ist. Da bei einmaliger Spiegelung ein spiegelverkehrtes Bild entsteht, müssen die Bilder spiegelverkehrt abgedruckt werden.

Wurden die Halbbilder auf durchsichtigen Glasplatten oder Filmen als Negative oder Diapositive hergestellt, so erfolgt die Spiegelverkehrung einfach durch Umdrehen der Glasplatte bzw. des Films.

Außer den oben beschriebenen Spiegelstereoskopen gibt es noch zahlreiche Abarten, welche man in dem Quellenwerk von M. von Rohr, Die binokularen Instrumente, mit Nennung ihrer Erfinder angeführt findet.

Man kann verschiedene Abarten des Spiegelstereoskops leicht selbst finden, wenn man von dem richtig gelagerten Halbbild B (Abb. 35) ausgeht und sich dessen Ecken durch Geraden mit dem Augendrehpunkt verbunden denkt; es

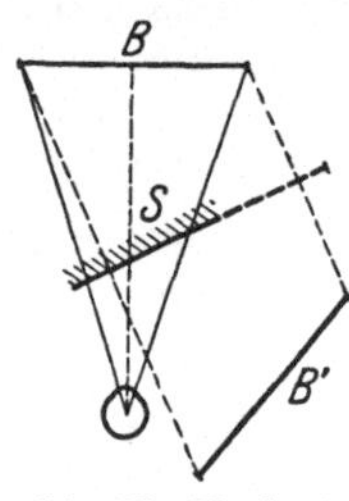

Abb. 35. Variante des Spiegelstereoskops

entsteht so eine vierseitige Pyramide. Denkt man sich nun einen Planspiegel S dem Bilde B mit der spiegelnden Vorderseite in den verschiedensten Lagen (Neigungen) zugewendet, so läßt sich zu jeder beliebigen Lage des Spiegels das zugehörige Spiegelbild B' leicht konstruieren. Bringt man nun das wirkliche Halbbild nach B' und denkt man sich die B' zugewendete Seite des Spiegels spiegelnd, so hat man die richtige Anordnung für die gewünschte Abart des Spiegelstereoskops gefunden.

Im vorstehenden beschränkten wir uns lediglich auf die Beschreibung derjenigen Formen, welche für die Praxis von größerer Bedeutung sind.

11. Linsenstereoskope. Die Spiegelstereoskope ermöglichen es wohl, die Forderung nach einer raumtreuen Wiedergabe mittels eines Stereobildes am einfachsten und in vollkommener Weise zu erfüllen, erfordern aber für ein Blickfeld mittlerer Größe im allgemeinen große und getrennte Halbbilder, wodurch der ganze Apparat umfangreich wird und eine ziemlich umständliche Behandlung erfordert.

Aus diesem Grunde hat man schon in den frühesten Zeiten der Stereoskopie darnach gestrebt, mit kleinen Halbbildern das Auslangen zu finden.

Man kann mit kleinen Halbbildern die gleichen Netzhautbilder erzeugen und ebenso große Sehfelder raumtreu abbilden wie mit großen Halbbildern: man braucht nur das richtig montierte Stereobild in die gleiche kurze Entfernung von den Augen zu bringen, in welcher es sich bei der Aufnahme von den Objektiven befand.

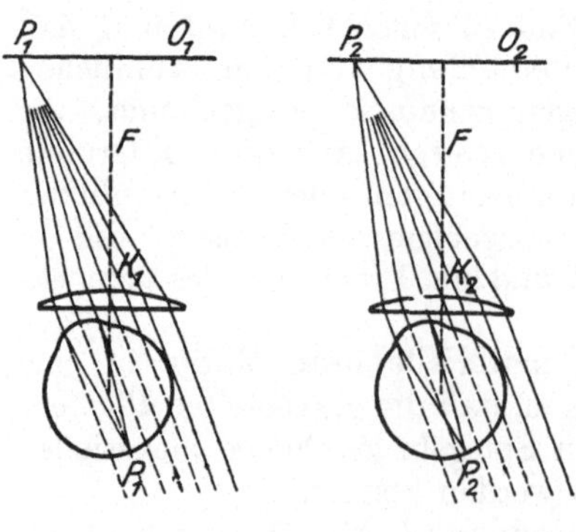

Abb. 36. Allgemeines Schema eines Linsenstereoskops

Die hiebei sich ergebenden Schwierigkeiten sind nicht auf die Kleinheit der Halbbilder, sondern darauf zurückzuführen, daß die Augen nicht imstande sind, für so kurze Entfernungen passend zu akkommodieren, d. h. die Bilder aus so geringer Entfernung scharf zu sehen. Aus diesem Grunde braucht man Linsen, d. h. eine Brille, deren Gläsern keine andere Aufgabe zufällt, als die Brechkraft des Auges zu erhöhen; mit der Verschmelzung der Halbbilder haben sie nichts zu tun. Die optischen Achsen dieser Linsen sollen, ganz wie bei einer gewöhnlichen Brille, parallel zueinander verlaufen und durch die Augendrehpunkte gehen (Abb. 36).

Im übrigen sollen diese Linsen so korrigiert sein, daß sie an der Größe, Gestalt und Lage der Netzhautbilder, wie sie bei richtiger Lage des Stereobildes gegenüber den unbewaffneten Augen entstehen, nichts ändern; mit anderen Worten, sie sollen verzeichnungsfrei abbilden und statt der infolge des unzulänglichen Akkommodationsvermögens des unbewaffneten Auges auf der Netzhaut entstehenden Zerstreuungskreise Bildpunkte erzeugen.

Solche (ideale) Linsen — in Abb. 36 sind sie schematisch als einfache Linsen dargestellt — erfüllen die gestellten Forderungen dann, wenn jedes Halbbild in die Brennebene der betreffenden Linse fällt und wenn die Bildmitte, d. h. die senkrechte Projektion des zugehörigen Perspektivitätszentrums auf die Bildebene, auf der Linsenachse in einer Entfernung vom nächsten (Haupt-) Knotenpunkt K_1 der Linse liegt, die dem Aufnahmeabstand F der Formeln (4), (5) und (6) gleich ist. In diesem Falle werden alle von einem beliebigen Bildpunkt P_1 ausgehenden Lichtstrahlen durch die Linse in einer zu $P_1 K_1$ parallelen Richtung gebrochen, so daß in der Richtung $K_1 P_1$ im Unendlichen eine virtuelle Abbildung von P entsteht.

Die parallel ins Auge tretenden Lichtstrahlen vereinigen sich zu einem Bildpunkt p_1 auf der Netzhaut, und zwar genau so, als ob der Drehpunkt des unbewaffneten Auges nach K_1 verlegt wäre.

Das Gleiche gilt für jeden anderen beliebigen Bildpunkt O_1, so daß das Auge, durch die Linse blickend und den Blick von P_1 nach O_1 wendend, sich um genau den gleichen Winkel drehen muß, als ob sich bei freiäugiger Betrachtung der Augendrehpunkt in K_1 befände; das Auge dreht sich also um den gleichen Winkel, den es beim Betrachten des Gegenstandes selbst zu durchlaufen hätte.

Weil das virtuelle Bild der Halbbilder im Unendlichen liegt, kann sich das Auge auch frei hinter der idealen Linse bewegen, ohne daß sich dabei die Richtungen, in denen die einzelnen Teile des Bildes erscheinen, sowie ihre scheinbare Größe ändern. Auch die auf S. 22 erwähnten Folgen der Tatsache, daß die Augenpupille dem Stereobilde näher liegt als der Augendrehpunkt, werden auf diese Art vollkommen beseitigt; überdies wird die Akkommodation entspannt — das Auge blickt ohne alle Anstrengung.

Um einem vielfach vorkommenden Mißverständnis vorzubeugen, sei bemerkt, daß das virtuelle Bild des Punktes P_1 wohl im Unendlichen liegt, aber psychologisch doch nicht immer in unendliche Entfernung verlegt wird. Wir empfinden höchstens, daß die Akkommodation entspannt wird, was praktisch schon bei 10 m Entfernung stattfindet; weil die Akkommodation, wie wir gesehen haben, die Tiefenwahrnehmung nicht oder nicht nennenswert beeinflußt, gewinnt das Auge aus ihr gar keinen Anhaltspunkt für die Entfernung, in welcher der betreffende Punkt liegt. Das Urteil über die absolute Entfernung, in welcher der Punkt gesehen wird, wird direkt durch die Lage des Schnittpunktes der auf P_1 bzw. P_2 gerichteten Blickrichtungen des linken bzw. rechten Auges und indirekt durch das Aussehen des ganzen Bildes bestimmt, wie schon auf S. 5 und 7 erläutert wurde.

Aus dem Vorstehenden ergibt sich, daß die Verwendung idealer Linsen auf die angegebene Art für das Stereoskop beträchtliche Vorteile mit sich bringt.

Es mag wundernehmen, daß es, obgleich diese Vorteile schon von WHEATSTONE, dem Vater der Stereoskopie, insbesondere aber auch von HELMHOLTZ erkannt wurden, bis zu unserer Zeit gedauert hat, ehe die Erkenntnis der angeführten Tatsachen praktische Verwertung fand.

Die Ursache ist wohl darin zu suchen, daß ein Zeitgenosse WHEATSTONES, der Physiker BREWSTER, in den ersten Jahren der Stereoskopie eine Form des Linsenstereoskops konstruierte, die durch ihre Handlichkeit und Billigkeit bis in unsere Zeit eine große Verbreitung fand, aber in keinerlei Hinsicht den Bedingungen einer raumtreuen Abbildung Rechnung trug.

In diesem sogenannten BREWSTERschen Prismenstereoskop (in Abb. 37 schematisch dargestellt), werden nicht korrigierte einfache Linsen (eigentlich Linsenhälften) verwendet; da der Abstand ihrer optischen Mittelpunkte O_1 und O_2

größer gemacht wird als der Augenabstand, können die Augen nur durch die Ränder der Linsen schauen und alle Fehler, die einfachen Linsen anhaften, treten in der denkbar stärksten Weise zutage.

Von diesen Fehlern ist für die Stereoskopie die Verzeichnung wohl einer der schädlichsten, weil er die Bildpunkte in falschen Richtungen erscheinen läßt, und zwar um so mehr, je weiter vom optischen Zentrum entfernt die Lichtstrahlen die Linse durchsetzen. So zeigt z. B. die linke bzw. rechte Hälfte der Abb. 38 sche-

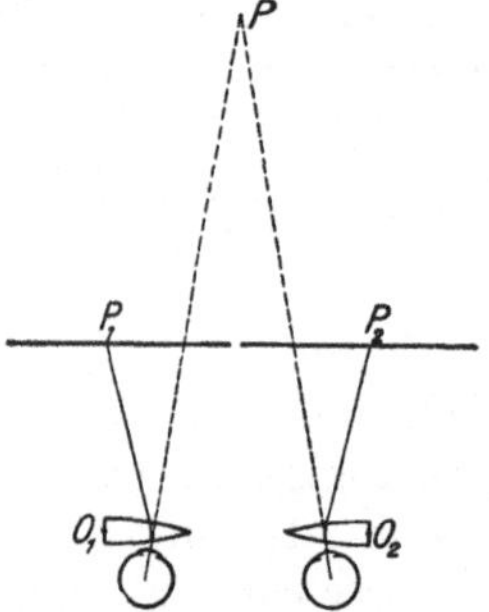

Abb. 37. Prismenstereoskop
nach Brewster (schematisch)

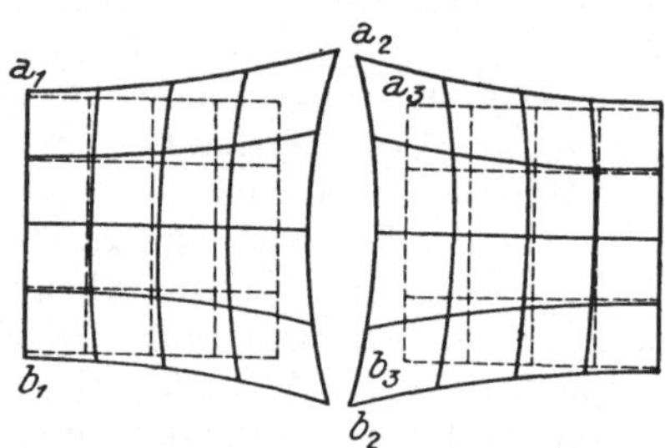

Abb. 38. Verzerrung im Prismenstereoskop

matisch das Aussehen eines gradlinigen Kreuzrasters bei Betrachtung durch eine linke bzw. rechte Brewstersche prismatische Linse.

Wenn man bedenkt, daß alle kleinen Quadrate in Abb. 38 in der nämlichen Größe — wie durch die strichlierten Linien angedeutet — hätten erscheinen sollen, daß aber z. B. die Gerade $a_1 b_1$ mit der stark gekrümmten Geraden $a_2 b_2$ anstatt mit $a_3 b_3$ verschmilzt und daß in einem normalen Stereobild der ganze Tiefenunterschied zwischen Unendlich und etwa 2 m Entfernung durch eine Lateraldifferenz der entsprechenden Bildpunkte von nur 2 mm zustande kommt, so wird es klar, welch beträchtliche Verfälschungen in der Tiefenwahrnehmung durch größere Verzeichnungen hervorgerufen werden können. Dazu kommt noch, daß die Verzeichnung bei diesen Linsen auch große Höhenfehler mit sich bringt, so daß eine stark gekrümmte, längere Linie stereoskopisch mit einer kürzeren, weniger und bisweilen entgegengesetzt gekrümmten Linie verschmelzen muß, was, sobald dies überhaupt geschieht, einen unangenehmen Wettstreit der Sehfelder verursacht.

Da die angeführten Fehler nur die Ausnutzung eines kleinen Sehwinkels gestatten, muß der Betrachtungsabstand (die Linsenbrennweite) in der Regel wesentlich größer als die Brennweite der Aufnahmeobjektive gewählt werden, so daß, obgleich die prismatische Ablenkung der Lichtstrahlen Halbbilder zuläßt, die breiter sind als 65 mm, das subjektive Sehfeld kaum größer als 30⁰ wird und das Raumbild bedeutend verkleinert erscheint.

Endlich hat die prismatische Wirkung der Halblinsen, durch welche die beiden Bildpunkte P_1 und P_2 eines weit entfernten Objektes oft sogar in der sogenannten deutlichen Sehweite (von etwa 30 cm) zu einem Raumbild P vereinigt werden, noch die falsche Ansicht herbeigeführt, die Verschmelzung der Halbbilder sei auf die prismatische Verschiebung zurückzuführen, die prismatische Wirkung sei somit unentbehrlich. Auf diese Art wurde die Entwicklung eines rationellen Linsenstereoskops stark gehemmt.

Jeder Brillenträger, der auf die Fassung seiner auf der Nase sitzenden Brille achtet, während er in die Ferne blickt, kann sich davon überzeugen, daß er die beiden Fassungsringe als einen großen, in großer Entfernung erscheinenden

Fassungsring wahrnimmt.[1] Die beiden Fassungsringe haben sich also ohne prismatische Verschiebung und ohne Konvergenz der Augen ganz zwanglos stereoskopisch zu einem Ring vereinigt, Konvergenz der Blicklinien würde sogar bewirken, daß sich die Fassungsringe scheinbar voneinander entfernen.

Wie bereits bei der Besprechung des beidäugigen Sehens erwähnt wurde, erfolgt die Vereinigung der Bilder im Gehirn infolge eines psycho-physiologischen Prozesses; die Linsen haben damit gar nichts zu tun.

Das beschriebene Prismenstereoskop ist ein Beispiel dafür, wie ein Linsenstereoskop nicht sein soll; bessere Argumente für die zentrische Verwendung möglichst gut korrigierter Linsen, als die erwähnten vielen Mängel der Prismenstereoskope lassen sich kaum ins Treffen führen.

Obgleich HELMHOLTZ sein Linsenstereoskop nur mit einfachen plan-konvexen Linsen ausstattete, was schon WHEATSTONE empfohlen hatte, bedeutete dies wegen der zentrischen Benutzung (vgl. Abb. 36) einen sehr bedeutenden Fortschritt; auch die Kombination zweier solcher Linsen zu einer Linsenfolge kürzerer Brennweite ist als Fortschritt zu werten.

Daß man mit achromatischen plan-konvexen Linsen von der idealen Linse noch ziemlich weit entfernt ist, zeigt Abb. 39.

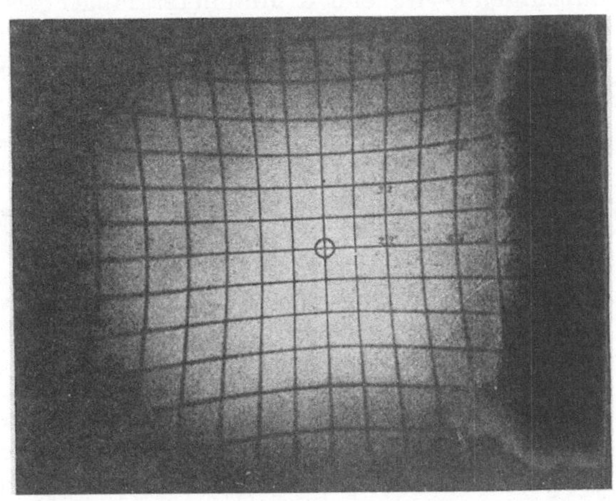

Abb. 39. Verzerrung durch eine einzelne achromatische Linse

Wohl behebt die zentrische Benutzung die Höhenfehler und den Wettstreit der Sehfelder, aber die nicht unbedeutende Verzeichnung verursacht nahe dem Bildrand bedeutende Tiefen- und Formenverfälschungen, welche die nutzbare Sehfeldgröße auf einen Winkel von 45° bis 50° beschränken.

Erst als M. v. ROHR im Jahre 1902 seine Doppelverantlinsen errechnete, die bis zu einem Bildwinkel von 57° verzeichnungsfreie Bilder liefern und bei denen auf die richtige Lage des Augendrehpunktes auf der Achse Rücksicht genommen ist, konnte von einem zweckmäßig gebauten Stereoskop gesprochen werden. Die Verantlinsen wurden in der in Abb. 40 angedeuteten Form mit einer Brennweite von 7 cm ausgeführt.

Eine möglichst richtige Wiedergabe des Raumbildes wurde dadurch gefördert, daß die beiden Halbbilder einzeln auf je einen verschiebbaren mit der Linse verbundenen Träger gelegt wurden, so daß ihre Mittelpunkte genau zentriert und in

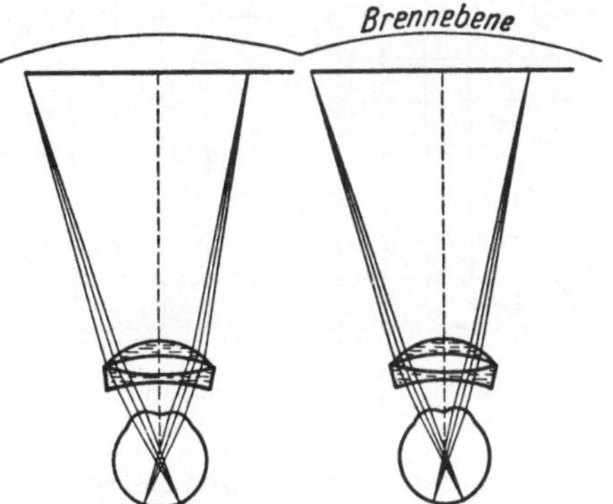

Abb. 40. Verantstereoskop nach M. VON ROHR (schematisch)

[1] Dieser Versuch bildet übrigens eine gute Probe für die richtige Zentrierung und Anpassung eines Brillengestelles.

den richtigen Abstand voneinander (Augenabstand des Beobachters) gebracht werden konnten.

Da die Brennebene der Linsenfolge, wie bei allen Lupensystemen, eine gewisse Wölbung (hohle Seite der Linse zugekehrt) besitzt, muß das Halbbild der Linse ein wenig näher als der Achsenbrennpunkt liegen, damit die Ränder und Ecken des Bildes in die gewölbte Bildebene und in den Akkommodationsbereich emmetroper Beobachter fallen.

Die Akkommodationsunterschiede zwischen der Mitte und den Ecken des Bildes sind sehr gering und beeinflussen die Tiefenwahrnehmung nicht im geringsten. Hieraus ergibt sich, daß für eine streng raumähnliche Wiedergabe die Lupenbrennweite einige Millimeter länger als die Brennweite der Aufnahmeobjektive gewählt werden soll, damit vollkommene Übereinstimmung des Aufnahme- und Betrachtungsabstandes erreicht werde.

Abb. 41. Weitwinkellupe
nach van Albada

Abb. 42   Abb. 43
Weitwinkellupen nach van Albada

Im Jahre 1911 schlug der Verfasser der Firma Carl Zeiss in Jena vor, das Sehfeld für noch größere Winkel genügend verzeichnungsfrei zu machen, und zwar durch Kombination einer achromatischen Linse mit einer schwächeren, von dieser ein wenig entfernten Linse negativer Brennweite, die zugleich vollkommene Farbenfreiheit herbeiführte (Abb. 41).

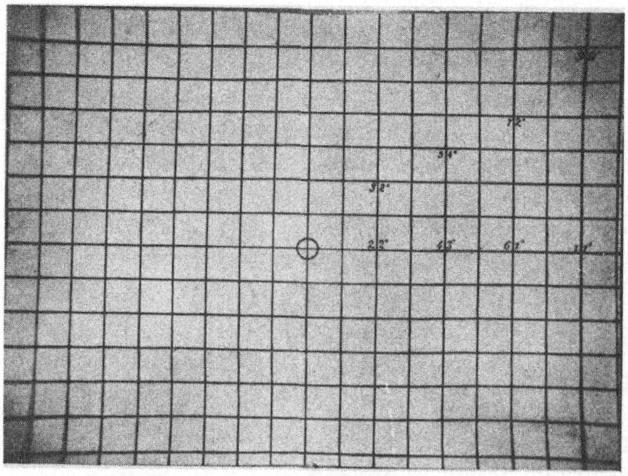

Später hat der Verfasser noch zwei Formen von Weitwinkellupen vorgeschlagen (Abb. 42 und 43); die eine liefert einem Emmetropen bei dem kurzen Betrachtungsabstand von 6 cm ein genügend verzeichnungs- und ganz farbenfreies Bildfeld von nahezu 90°, wie die Aufnahme eines geradlinigen Kreuzrasters durch diese Lupe (Abb. 44) zeigt; die andere Weitwinkellupe besteht aus zwei einfachen Linsen der gleichen Glasart und liefert bei 6 cm Betrachtungsabstand noch ein brauchbares Bildfeld von etwa 80°; dieser Lupentypus ist sehr einfach und bietet bei längerer Brennweite einen noch größeren brauchbaren Bildwinkel.

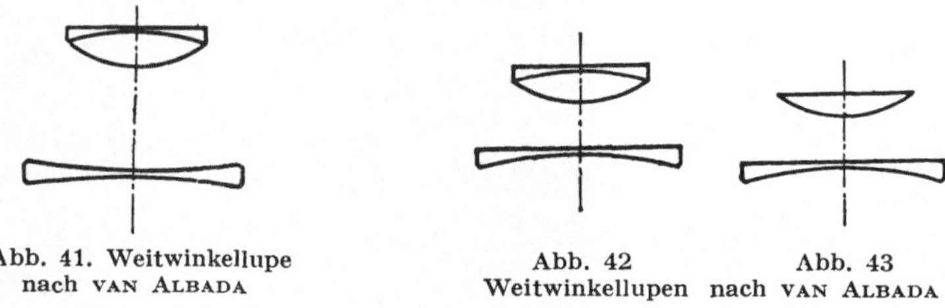

Abb. 44. Geringe Verzerrung durch eine Weitwinkellupe

Weil die Augendrehungen sich selten über einen größeren Winkel als etwa 30° gegenüber der sogenannten Primärstellung erstrecken, erfolgt die Betrachtung der Bildränder in natürlicher Weise durch Mitbewegung des Kopfes (der Durchblick erfolgt durch eine Öffnung von etwa 25 mm Durchmesser).

Abb. 45 gibt eine vergleichende Übersicht über die Größe der nutzbaren Sehfelder eines BREWSTERschen Stereoskops, eines Stereoskops mit gewöhnlichen achromatischen Linsen und eines Stereoskops mit Weitwinkellupen; der Vergleich ergibt sich durch photographische Aufnahmen eines geradlinigen Kreuzrasters mit den genannten Linsen.

Nimmt man als Maximalformat des Stereobildes das Format 65 × 90 mm und als kürzesten verwendbaren Betrachtungsabstand 6 cm an, so ergibt sich für ein Linsenstereoskop als maximal verwendbarer Bildwinkel ein solcher von etwas mehr als 80° (über die Diagonale gemessen), welcher dank den vorzüglichen lichtstarken Weitwinkelanastigmaten für die Aufnahme ohne jede Schwierigkeit vollkommen ausgenutzt werden kann. Aus diesem Grunde übertrifft das Linsenstereoskop das Spiegelstereoskop bezüglich praktischer Verwendbarkeit ganz wesentlich.

12. Ratschläge für die Wahl und den Gebrauch eines Linsenstereoskops. Im nachstehenden geben wir für die richtige Wahl eines Linsenstereoskops und dessen Gebrauch einige praktische Ratschläge.

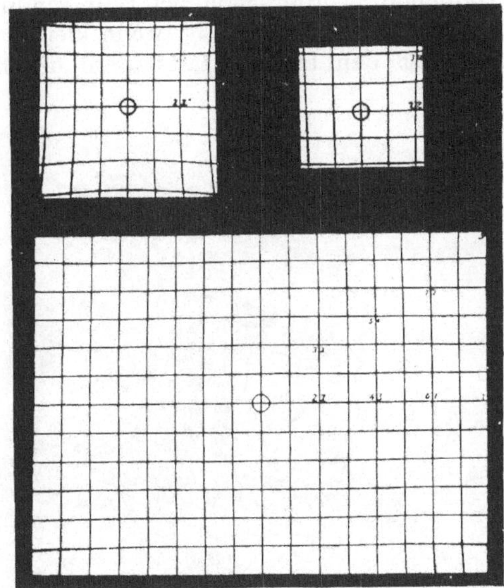

Abb. 45. Nutzbare Sehfelder eines BREWSTERschen, eines achromatischen und eines Weitwinkelstereoskops

a) Man überzeuge sich davon, daß die Brennweite (der Betrachtungsabstand) der Stereoskoplinsen (keine sogenannten prismatischen Linsen) der Brennweite der Aufnahmeobjektive möglichst nahe kommt und letztere keinesfalls um mehr als 10% übertrifft.

b) Die Stereoskoplinsen sollen frei von den üblichen Linsenfehlern, insbesondere aber verzeichnungsfrei sein (Verantlinsen, Weitwinkellupen); jede für sich soll ein Sehfeld von 65 × 90 mm bequem überblicken lassen. Man überzeugt sich davon leicht durch genaue Betrachtung der geraden Bildränder, die gerade erscheinen sollen.

c) Die gegenseitige Entfernung der Stereoskoplinsen soll sich dem Augenabstand anpassen lassen; die Breite der Halbbilder soll nicht größer als der Augenabstand sein, damit die Linsen zentrisch benutzt werden können.

d) Ist die Halbbildbreite oder der Abstand zweier korrespondierender Bildpunkte eines weit entfernten Punktes etwa größer oder kleiner als der Augenabstand und nicht veränderlich, so versuche man zuerst folgendes: man bringe die Zentren der Stereoskoplinsen in den gleichen Abstand voneinander, den die erwähnten Bildpunkte haben, weil nur auf diese Art weit entfernte Gegenstände mit parallelen Augenachsen betrachtet werden; tritt in diesem Falle störender Astigmatismus auf, so versuche man eine Kompromißstellung, indem man die Linsenachsen in die Mitte zwischen Fernpunkt- und Augenabstand bringt.

In der Regel lassen gute Stereoskoplinsen eine exzentrische Benutzung mit einer Abweichung von einigen wenigen Millimetern von der Linsenmitte ohne merkliche Nachteile zu. Ist dieses Ergebnis jedoch unbefriedigend oder ist die Vereinigung der Halbbilder wegen der sich dabei notwendig erweisenden Divergenz der Augenachsen unmöglich, so ist eine Anpassung an den Augenabstand unvermeidlich und zweifellos vernünftiger als die Verwendung einer größeren Brennweite der Stereoskoplinsen. Auf den Vorteil der Trennung der Halbbilder wurde schon bei Besprechung der Verantlinsen hingewiesen.

e) Es ist sehr günstig, wenn kleine, oft unvermeidliche Höhenunterschiede zwischen den beiden Halbbildern durch entsprechende Höhenverstellung der Linsen oder schwache Schrägstellung des Stereobildes ausgeglichen werden können.

f) Es ist auch erwünscht, daß der Bildabstand kleinen Refraktionsanomalien (Kurz- und Übersichtigkeit ohne Astigmatismus) z. B. bis zu zwei Dioptrien durch Verschiebung des Bildträgers angepaßt werden kann. Ist beim Beobachter Astigmatismus vorhanden oder ist die Refraktionsabweichung größer als zwei Dioptrien, so ist der Gebrauch einer Fernbrille zu empfehlen, deren Linsen den Stereoskoplinsen zentriert möglichst nahe zu bringen sind.

Wünscht ein Kurzsichtiger das Sehfeld einer Weitwinkellupe, deren Brennweite der Brennweite des Aufnahmeobjektivs gleichkommt, weitgehend auszunutzen, so ist es

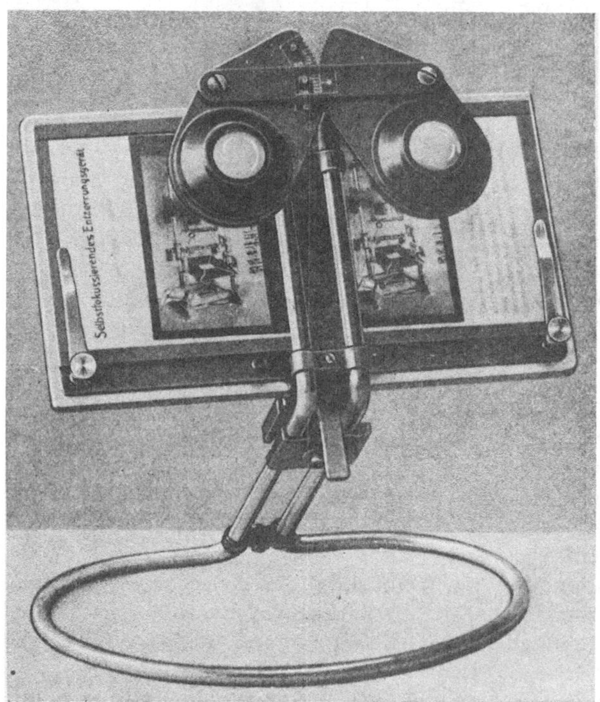

Abb. 46. Neues Carl Zeiss-Stereoskop nach Bauersfeld und Pfeiffer

wünschenswert, daß auch er seine Fernbrille aufsetzt oder, was noch besser ist, den Augenlinsen der Lupe dünne negative (plankonkave oder bikonkave) Linsen der gleichen Brechkraft hinzufügen läßt.

g) Beim Gebrauch von Glasdiapositiven als Stereobilder empfiehlt es sich, zwecks gleichmäßiger Beleuchtung derselben nicht eine Mattscheibe oder eine wenig lichtdurchlässige Milchglasplatte zu verwenden, sondern eine sogenannte Emailglasplatte zu benutzen, die sehr lichtdurchlässig und kornfrei ist und dabei doch ein vorzügliches Zerstreuungsvermögen besitzt. Dabei ist darauf zu achten, daß Licht nur durch das Diapositiv hindurchtreten kann. Auffallendes Licht soll von den Diapositiven möglichst abgehalten werden, weshalb sich für solche Bilder ein Betrachtungskästchen als sehr zweckmäßig erweist.

In Abb. 46 ist das neueste Zeiss-Stereoskop nach Bauersfeld und Pfeiffer dargestellt, das mit Recht Universalstereoskop genannt werden könnte, weil es nicht nur für alle Formate innerhalb 10 × 15 cm, sondern sowohl für Papierbilder als auch für Glasdiapositive verwendbar ist; es ist für alle Lupenbrennweiten zwischen 15 und 6 cm sowie für alle Augenabstände eingerichtet. Trotz seiner einfachen Konstruktion wird es allen wesentlichen Anforderungen gerecht.

Stereobilder in Büchern und Druckschriften, welche sich nicht in Stereoskope stecken lassen, kann man auch mit einer gewöhnlichen Meniskenbrille von etwa 6½ Dioptrien (15 cm Brennweite) betrachten. Diese Brennweite wird in vielen Fällen nicht mit der Brennweite des Aufnahmeobjektivs übereinstimmen, eine kürzere Brennweite bietet aber wegen des Rasters der gedruckten Bilder in der Regel keinen Nutzen; man muß sich daher mit gewissen Abweichungen abfinden. Wem die Bildervereinigung mit einer solchen Brille Schwierigkeiten macht, der halte zwischen die beiden Halbbilder senkrecht zu diesen ein Stück Pappe.

13. Kombinierte Stereoskopformen. Außer den Spiegel- und Linsenstereoskopen gibt es noch Kombinationen dieser beiden Formen; überdies ist es möglich, eines der Halbbilder **direkt** mit unbewaffnetem Auge, das andere Halbbild

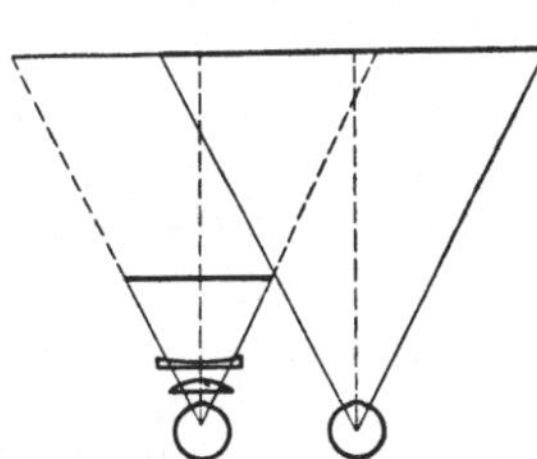

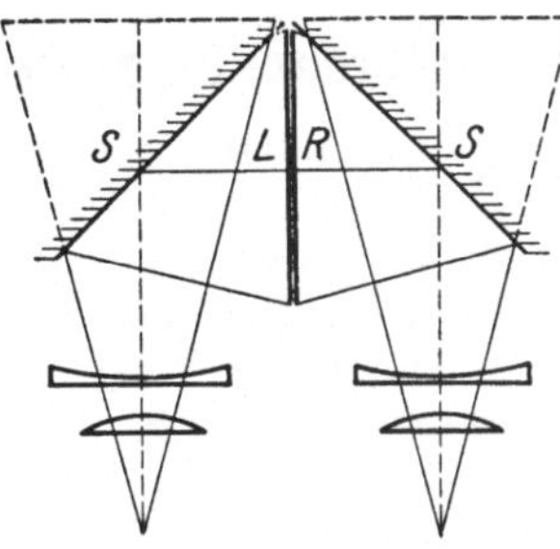

Abb. 47. Stereoskop mit Halbbildern verschiedener Größe

Abb. 48. Linsenspiegelstereoskop

durch einen Spiegel oder eine Linse zu betrachten. Das schon besprochene PIGEONsche Stereoskop (Abb. 33) gehört zu den Stereoskopen der letztgenannten Art.

Bei allen Spiegelstereoskopen empfiehlt sich die Verwendung von Betrachtungslinsen mit einer Brennweite, die dem Betrachtungsabstand gleichkommt, und zwar auch dann, wenn der Betrachtungsabstand innerhalb des Akkommodationsbereiches liegt, weil auf diese Art eine entfernten Gegenständen bzw. nahezu parallelen Blicklinien entsprechende Akkommodationsentspannung herbeigeführt wird.

Ist der Abstand des Stereoskopbildes von den Augen größer als 1 m (z. B. bei Projektion auf einen Schirm), so bringen Linsen keinen merklichen Nutzen.

Im Gegensatz zum PIGEONschen Stereoskop ist folgende Anordnung möglich: es läßt sich die direkte Betrachtung eines großen Halbbildes mit der Betrachtung eines kleinen Halbbildes durch eine Linse kombinieren (Abb. 47), wobei die Brennweite dieser Linse und der Betrachtungsabstand des kleinen Bildes derart zu wählen sind, daß beide Augen gleichartig akkommodieren; mit anderen Worten: das virtuelle Bild des kleinen Halbbildes soll in die Ebene des größeren Bildes fallen. Selbstverständlich muß diese Linse verzeichnungsfrei abbilden bzw. es darf nur ein so kleiner Bildwinkel ausgenutzt werden, daß keine störende Verzeichnung auftritt. Diese Anordnung ist sehr wirkungsvoll, wenn das große Bild auf einen Schirm projiziert wird.

Raumersparnis und Arbeitsersparnis beim Montieren der Bilder bietet die in Abb. 48 dargestellte vom Verfasser angegebene mit Linsen ausgestattete

Modifikation des Wheatstoneschen Spiegelstereoskops, das von Wheatstone ohne Linsen zur Betrachtung symmetrischer, geometrischer Abbildungen mit gekreuzten Blicklinien verwendet wurde.

Die unzerschnittenen Papierbilder werden um die Mittellinie gefaltet; hierauf werden die Halbbilder mit der Rückseite aufeinander geklebt und mit der gekniffenen Mittellinie nach oben in die Medianebene gesteckt. Die Betrachtung erfolgt mit parallelen Blicklinien, wobei sich allerdings ein spiegelverkehrtes Raumbild ergibt, außer wenn schon der Aufnahmeapparat in ähnlicher Weise eingerichtet war oder die Platte verkehrt in den Apparat eingelegt wurde.

Dieses Stereoskop hat die bemerkenswerte Eigenschaft, daß der seitliche Abstand der gespiegelten Halbbilder nach Belieben vergrößert oder verkleinert werden kann; trotzdem also die Halbbilder fest aufeinander geklebt sind, kann das Stereobild durch einfache Verschiebung in seiner Ebene jedem Augenabstand genau angepaßt werden. Selbstverständlich muß für die gleichmäßige Beleuchtung der Halbbilder gesorgt werden.

B. Allgemeine Einteilung der Stereophotographie

Das Gesamtgebiet der Stereophotographie läßt sich in zwei Teile gliedern, und zwar:

a) **Die stereoskopische Abbildung solcher Gegenstände, die man mit unbewaffneten Augen betrachtet (Gegenstände in Entfernungen vom irdischen Unendlich bis etwa 25 cm).**

b) **Die stereoskopische Abbildung von Gegenständen, die vorzugsweise mit bewaffnetem Auge betrachtet werden.**

Nur im Falle a) kann von einer naturgetreuen Abbildung die Rede sein, denn im Falle b) wird man fast immer die natürlichen Netzhautbilder vergrößern und zugleich die Konvergenzstellung und Akkommodation der Augen ändern müssen.

Jede Gruppe zerfällt wieder in zwei Unterabteilungen, und zwar:

a, α. **Entfernungen auf der Erde größer als 1 m.**

a, β. **Entfernungen kleiner als 1 m.**

b, α. **Der Raum innerhalb der sogenannten deutlichen Sehweite (etwa 25 cm), der diejenigen Gegenstände umfaßt, welche mittels Lupen oder Mikroskopen betrachtet werden.**

b, β. **Der Raum auf und außer der Erde, der diejenigen Gegenstände enthält, welche vorzugsweise mit Fernrohren betrachtet werden.**

Die Gruppe a, α umfaßt die gewöhnliche Landschafts- und Interieurphotographie; in der Praxis braucht man für Aufnahmen dieser Art nur eine bestimmte Brennweite für die Aufnahmeobjektive und Stereoskoplinsen und einen dem Augenabstand gleich zu wählenden Objektivabstand.

In Gruppe a β handelt es sich um die stereoskopische Abbildung einzelner Gegenstände, die in dasjenige Gebiet fallen, das die richtigste Beurteilung der Tiefengliederung ermöglicht. Hier benötigt man streng genommen Aufnahmeobjektive und Stereoskoplinsen verschiedener Brennweite.

Die Gruppe b, α umfaßt diejenigen Aufnahmen kleinerer Objekte, welche mit verringertem Objektivabstand (gegenüber dem Augenabstand) und kleinen Objektivbrennweiten ausgeführt werden, während die Gruppe b, β hauptsächlich Stereoaufnahmen von irdischen Gegenständen und Himmelskörpern mit vergrößertem Objektivabstand (gegenüber dem Augenabstand) und großen Objektivbrennweiten umfaßt.

Wir werden uns zuerst mit der Gruppe a, α ausführlicher befassen, weil ihr die ausgedehnteste Anwendung zukommt; die anderen Gruppen wollen wir nur insoweit besprechen, als bei ihnen gegenüber der Gruppe a, α Abweichungen bestehen.

14. Die Landschafts- und Interieurstereophotographie. a) Aufnahmeobjektive. Für die Stereophotographie sind die praktisch verzeichnungsfreien symmetrischen Weitwinkelanastigmate wohl am geeignetsten, wobei es selbstverständlich sehr erwünscht ist, daß diese Objektive auch tunlichst lichtstark sind.

Folgende Objektive sind hier besonders erwähnenswert: Die Doppelanastigmate vom Dagortypus mit den Lichtstärken 1 : 6,8 und 1 : 9, die Doppelanastigmate vom Typus der Aristostigmate mit den gleichen Lichtstärken und das Protar 1 : 9.

Wo mittlere und kleinere Bildfelder verlangt werden, sind außer den genannten Typen auch andere verzeichnungsfreie Anastigmate (z. B. vom Tessartypus) verwendbar.

Das ideale photographische Stereobild soll über seine ganze Fläche hin möglichst scharf ausgezeichnet sein; dabei soll nicht nur die Abbildung einer achsensenkrechten Ebene scharf sein, vielmehr muß auch die Tiefenschärfe befriedigen, und zwar deshalb, weil uns auch in der Wirklichkeit jeder Gegenstand — ob nah oder fern — haarscharf erscheint, sobald wir ihn ins Auge fassen (fixieren).

Die künstlerische Unschärfe des Hintergrundes bei Einzelaufnahmen ist nur als ein Ersatz für die natürliche (durch den unbestimmten Wirrwarr der Doppelbilder verursachte) Unschärfe beim beidäugigen Sehen zu betrachten, die sich auf ganz ähnliche Weise im Stereoskop entwickelt. Für die Stereophotographie hat daher die künstlerische Unschärfe des Hintergrundes keinen Sinn, eine Unschärfe des Hinter- oder Vordergrundes wirkt sich vielmehr so aus, als ob Kurz- bzw. Übersichtigkeit vorläge.

Das Unterscheidungsvermögen für Tiefenunterschiede wird schon durch Unschärfe in einem der Bilder herabgemindert, und zwar, nach HEINE, im gleichen Maße, als ob beide Bilder diese Unschärfe hätten.

Die erwünschte große Schärfe (auch Tiefenschärfe) des Stereobildes ist nur durch Vermeidung großer Blendenöffnungen und langer Brennweiten zu erreichen.

Da die Tiefenschärfe eines Objektivs dem Quadrat der Brennweite umgekehrt proportional ist und die Stereophotographie große Tiefenunterschiede wiederzugeben bestrebt ist, ist eine kurze Brennweite als sehr zweckmäßig zu bezeichnen.

Wie wir schon früher sahen, kann die Breite der nebeneinander gestellten Halbbilder nicht größer als der Augenabstand (etwa 65 mm) sein; weil man nun auch gern einen möglichst weiten Überblick über eine Landschaft zu gewinnen sucht, trachtet man darnach, mit einem Objektiv möglichst kurzer Brennweite zu arbeiten; dieses Bestreben findet allerdings eine Grenze beim Erreichen der natürlichen Grenzen des beidäugigen Blickfeldes (vgl. S. 14); um in horizontaler Richtung ein Blickfeld zu erreichen, das sich über ungefähr 90° erstreckt, würde man eine Objektivbrennweite von etwa 3 cm benötigen.

Die Größe der photographischen Abbildung eines Gegenstandes ist der benützten Objektivbrennweite proportional; Einzelheiten in der Abbildung werden daher durch das Korn der Platte um so mehr zerstört, je kleiner die Brennweite des Objektivs ist. Das Kollodiumverfahren macht zwar die Herstellung fast kornloser Bilder möglich, kommt aber wegen seiner unbequemen Handhabung nicht für allgemeine Verwendung in Betracht. Da man somit das Korn der üblichen Platten in Kauf nehmen muß, wird man auf Grund der gemachten praktischen Erfahrungen wohl keine kleinere Brennweite als 6 cm wählen.

Die Verundeutlichung durch das Korn ist dem Quadrat der Brennweite verkehrt proportional.

Es ist auch zu bedenken, daß die Brennweite der Stereoskoplupe nicht wie die des Objektivs nach Belieben herabgesetzt werden kann: die Lupe ist nämlich ein Linsensystem mit äußerer Blende; die in den Augendrehpunkt verlegte Augenpupille und der Augendrehpunkt können der nächsten Glasfläche nicht näher als etwa 20 mm gebracht werden. Auch dieser Umstand macht es vorderhand unmöglich, die Lupenbrennweite kürzer als 6 cm zu wählen, ohne die Blickfeldgröße, die Bildgüte oder die Brauchbarkeit der Lupe zu beeinträchtigen.

Wir wollen deshalb — auf Grund vieljähriger Erfahrung — eine Brennweite von 6 cm als die für die Landschaftsphotographie noch gut verwendbare kürzeste Brennweite betrachten.

b) Objektivabstand. Das höchste Ziel der allgemeinen Landschaftsstereophotographie ist wohl eine möglichst naturwahre Wiedergabe der Landschaft, wie sie sich den beiden unbewaffneten Augen darbietet.

Um diesem Ziel möglichst nahe zu kommen, gibt es nur ein Mittel: die im Stereoskop hervorzurufenden Netzhautbilder sollen den natürlichen in jeder Hinsicht möglichst gleich sein; eine der wichtigsten Bedingungen zur Erreichung dieses Zieles ist die, daß wir die vorderen Knotenpunkte der Objektive an die Orte der Augendrehpunkte bringen, wie dies in Abb. 27 veranschaulicht ist.

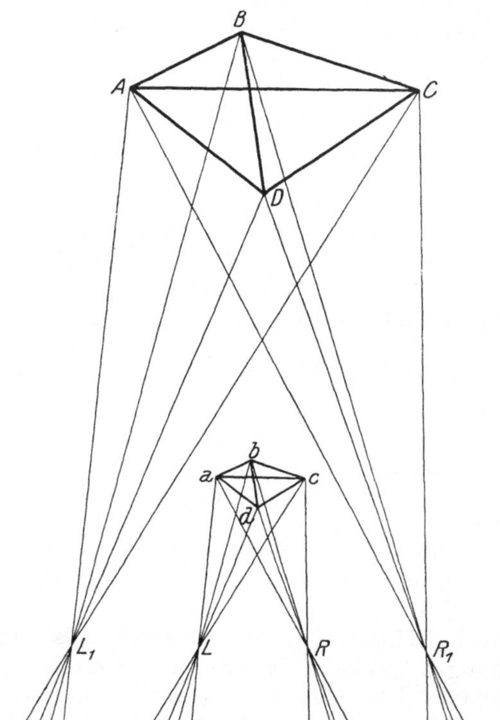

Abb. 49. Vergrößerter und verkleinerter Objektivabstand (schematisch)

Die vorderen Knoten- (Haupt-) Punkte K_1 und K_2 der Objektive sind in bezug auf das Objekt, die hinteren Knotenpunkte k_1 und k_2 in bezug auf das Bild als Perspektivitätszentren zu betrachten.

Ein größerer oder kleinerer Objektivabstand muß notwendig zu Bilderpaaren führen, die denen beim natürlichen Sehen niemals gleich sein können.

Denken wir uns, $ABCD$ in Abb. 49 sei ein reelles Objekt, L_1 und R_1 seien die in n-fach vergrößertem Augenabstand angeordneten Objektive, welche von diesem Objekt die photographischen Bilder $a_1 b_1 c_1 d_1$ und $a_2 b_2 c_2 d_2$ erzeugen. Außerdem denken wir uns ein n-fach verkleinertes Modell $abcd$ des Objektes in n-fach verkleinerter Entfernung von zwei in den Punkten L und R in Augenabstand voneinander angeordneten Objektiven, die das verkleinerte Modell auf gleich weit wie früher hinter ihnen aufgestellten Platten abbilden; es bedarf wohl keines weiteren Beweises, daß das letztgenannte Bilderpaar mit dem ersten vollkommen identisch ist, mit dem erstgenannten also vertauscht werden kann.

Auch bedarf es keines Beweises, daß man bei richtiger Betrachtung dieser Bilderpaare im Stereoskop (Betrachtungsabstand = Aufnahmeabstand, Betrachtung der Fernpunkte mit parallelen Blicklinien) den Eindruck eines etwa n-fach verkleinerten und genäherten Modells des Objektes erhalten muß, was auch in der Tat der Fall ist.

Wäre umgekehrt *abcd* das reelle Objekt und *ABCD* ein n-fach vergrößertes und n-mal weiter entferntes Modell dieses Objekts, wäre ferner L_1R_1 gleich dem normalen Augenabstand, so wären die beiden Bilderpaare auch identisch, aber man würde bei der stereoskopischen Betrachtung der beiden Bilderpaare den Eindruck eines n-fach vergrößerten und n-mal weiter entfernten Modells des Objekts *abcd* gewinnen. Wir können somit folgende allgemeine Regel aufstellen:

Objektive in n- bzw. $\frac{1}{n}$-fachem Augenabstand erzeugen Bilder, die im Stereoskop den Eindruck eines Modells von $\frac{1}{n}$- bzw. n-facher Größe in $\frac{1}{n}$- bzw. n-facher Entfernung (gegenüber der Wirklichkeit) hervorrufen.

Im wesentlichen stimmt das Gesagte mit den Erfahrungen gut überein, wie aus den drei Bildern (Abb. 50), aufgenommen mit Objektiven von 75 mm Brennweite in 66 mm, 3×66 mm und $\frac{1}{3} \times 66$ mm Abstand, beim Betrachten in einem richtig konstruierten Stereoskop hervorgeht; dieser Eindruck ergibt sich besonders bei Gegenständen, welche wir an Modellen verschiedener Größe zu sehen gewohnt sind. Bei Betrachtung von Landschaftsbildern, die wir nie anders als in natürlicher Größe wahrnehmen, treten psychologische Momente ins Spiel, man modifiziert diese Modelle also mehr oder weniger je nach der individuellen Veranlagung.

Wie wir gesehen haben, gibt die Konvergenz der Blicklinien an sich nur ein sehr unsicheres und unvollkommenes Mittel zur Beurteilung der absoluten Entfernungen. Nur in der Nähe, wo die Konvergenzwinkel schon bei geringen Entfernungsunterschieden große Veränderungen erfahren, gibt ihre Größe genügend feste Anhaltspunkte zur Beurteilung der absoluten Entfernungen, um verschieden wirkenden psychologischen Einflüssen widerstehen zu können.

Bei Betrachtung von Aufnahmen mit vergrößertem Objektivabstand ergibt sich im Stereoskop etwa folgender Effekt: Infolge der psychologischen Neigung, die Stereoskopbilder einer Landschaft natürlich zu deuten, und deshalb, weil die vergrößerten Parallaxen bei weit entfernten Gegenständen wenig oder gar nicht zum Bewußtsein kommen, verlegt man den Hintergrund der Landschaft etwa in seine natürliche Entfernung, sieht ihn also in natürlicher Größe. Anderseits merkt man beim Vordergrund die vergrößerten Konvergenzen; er erscheint daher als verkleinertes und genähertes Modell. Es ist so, als ob der Vordergrund aus Gummi und von einem feststehenden Hintergrund weg nach vorne zu einer Spitze ausgezogen wäre.

Bei Betrachtung von Aufnahmen mit verkleinertem Objektivabstand zeigt sich eine umgekehrte Erscheinung. Auch hier erleidet der Hintergrund keine merkliche Änderung, aber der Vordergrund weicht sich vergrößernd vom Beschauer zurück, als würde er gegen den Hintergrund hin kulissenartig zusammengedrückt.

Wer z. B. in einer Berglandschaft zwei Aufnahmen mit stark erweitertem Objektivabstand machte und sich dabei der Hoffnung hingab, die Berge mit den Augen eines Riesen betrachten zu können, der die Berge mit erhöhter Plastik in ihrer natürlichen Größe sieht, nimmt zwei Bilder mit nach Hause, welche er

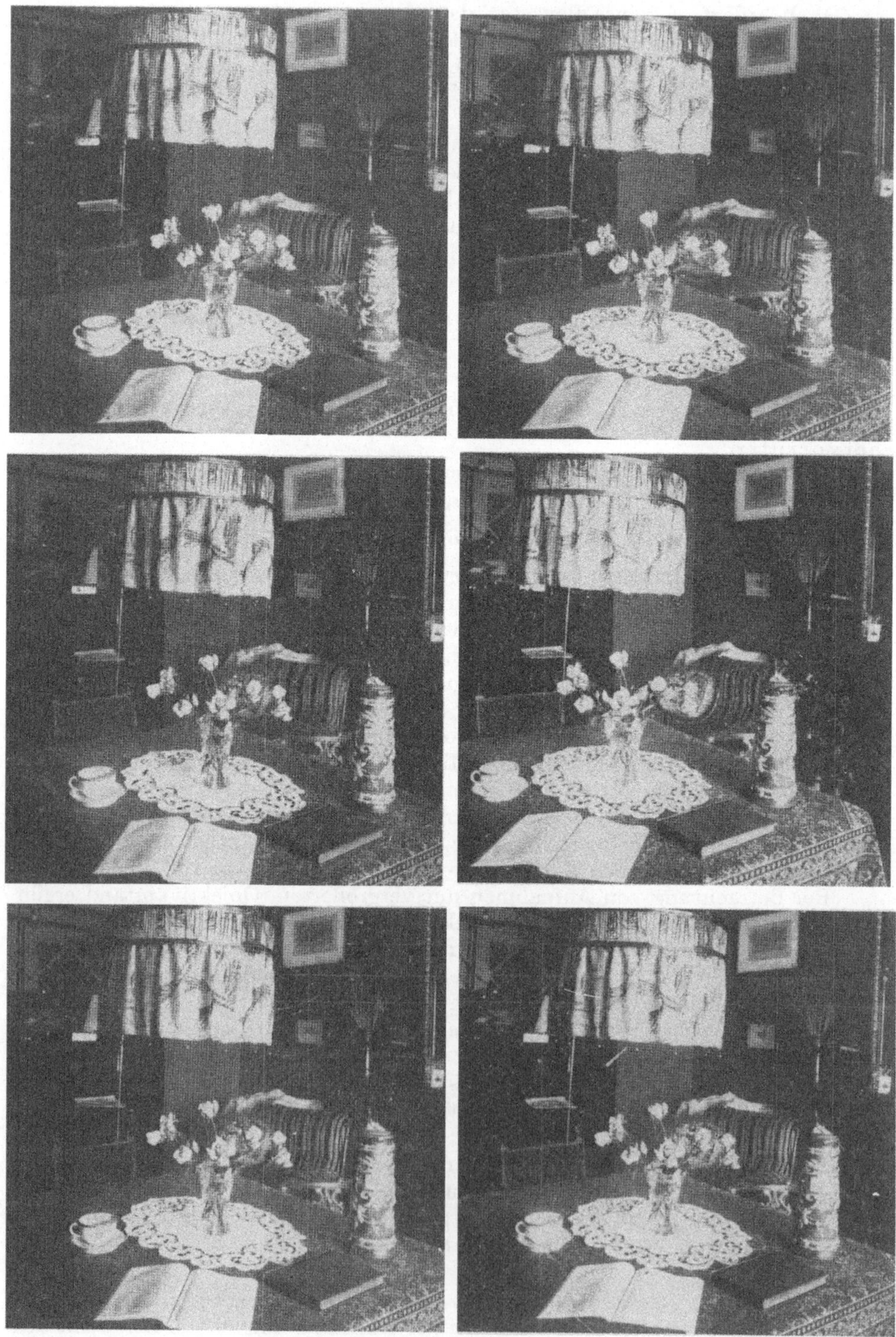

Abb. 50.　Stereobilder mit normalem (oben), vergrößertem (in der Mitte) und verkleinertem (unten) Objektivabstand

ebenso in seinem Zimmer nach einem verkleinerten Modell der Landschaft hätte machen können. Wir können uns eben weder zum Riesen noch zum Zwerg machen und bauen uns die Außenwelt aus den Netzhautbildern nach dem unveränderlichen Maßstab unseres Augenabstandes auf.

Diese Tatsachen können uns also im allgemeinen bei der Landschaftsstereophotographie nicht dazu verlocken, den natürlichen Weg zu verlassen; da wir nicht ängstlich auf einen Millimeter genau sein wollen, nehmen wir als geeigneten Mittelwert für den ziemlich stark schwankenden Augenabstand und somit für den Abstand der Objektivachsen 65 mm an. Für andere Zwecke können, wie wir nachher sehen werden, absichtliche Verkleinerungen oder Vergrößerungen des Objektivabstandes sehr nützlich sein. So zeigt Abb. 51 ein mit nur 2 mm Objektiv-

Abb. 51. Stereobild, gewonnen mit sehr verkleinertem Objektivabstand

abstand und einer Objektivbrennweite von 6 cm aufgenommenes Gipsmodell, das im Weitwinkelstereoskop den Eindruck einer Straße mit wirklichen Gebäuden macht.

c) Plattengröße. Obgleich es ganz gut möglich ist, zwei Zeitaufnahmen nacheinander mit einer gewöhnlichen Kammer für Einzelaufnahmen zu machen und vor der zweiten Aufnahme die Kammer 65 mm seitlich zu verschieben, so wird man doch im allgemeinen eine sogenannte Doppelkammer mit zwei gleichen Objektiven in etwa 65 mm Achsenabstand voneinander vorziehen, weil sie Momentaufnahmen sich bewegender Gegenstände ermöglicht.[1]

Daraus folgt, daß wir eine Platte mit zwei nebeneinander gestellten Halbbildern mit einer Gesamtbreite von 130 mm und einer beliebigen Höhe benötigen.

Es besteht keine technische oder psycho-physiologische Ursache, warum man die Bildhöhe kleiner als das natürlich erreichbare Blickfeld nehmen sollte, lassen sich doch die Augendrehungen ohne Schwierigkeit durch Kopfdrehungen in senkrechter Richtung um eine zur Augenbasis parallele Achse unterstützen.

---

[1] Die Verwendung eines Einzelobjektivs, das durch zusätzliche Spiegel oder Prismen für Stereomomentaufnahmen geeignet gemacht wird, ist in jeder Hinsicht unpraktisch und führt zu untauglichen Ergebnissen.

Nur deshalb, weil übertriebene Höhe in den meisten Fällen unbenutzt bleiben würde, gelangt man zur Wahl einer Bildhöhe von 9 cm; aus diesem Grund ist das Format 90 × 130 mm als das geeignetste Stereoformat anzusehen.

Dieses Format läßt sich durch die oberwähnten Weitwinkelanastigmate von 6 cm Brennweite scharf auszeichnen und durch Weitwinkellupen mit dem gleichen Betrachtungsabstand überblicken.

In der Praxis geht ein schmaler Rand von 3 bis 4 mm Breite rings um die Platte (wegen Randschleier, Kassettenauflage, Beschädigung bei der Entwicklung, beim Kopieren, beim Montieren) verloren, so daß eine Platte von nominell 90 × 130 mm, welche von Haus aus nur etwa 89 × 129 mm mißt, in der Regel nur ein Nettobild von höchstens 62 × 82 mm ergibt.

Diese Tatsachen machen es bei der Plattengröße 90 × 130 mm empfehlenswert, den Objektivachsenabstand, wie es der NORMENAUSSCHUSS DER DEUTSCHEN INDUSTRIE vorschlug, mit 63 mm festzusetzen.

Da sich die Ausnutzung eines möglichst großen Sehfeldes zur Gewinnung eines naturwahren Eindrucks als vorteilhaft erwiesen hat, ziehen viele die etwas größeren Plattenformate 9 × 14 cm und 10 × 15 cm dem Formate 9 × 13 cm vor, damit sie ein Nettostereobild 65 × 82 mm bzw. 65 × 90 mm erhalten und die etwas längeren Objektivbrennweiten von 70 bzw. 75 mm mit 67 bzw. 70 mm Achsenabstand verwenden können.

Es sei hier nachdrücklichst hervorgehoben, daß die ziemlich weit verbreitete Meinung, man müsse auch in der Stereoskopie Weitwinkelaufnahmen wegen der sogenannten übertriebenen Fernperspektive näherer Gegenstände vermeiden, vollkommen unrichtig ist. Ebensowenig wie beim gewöhnlichen Sehen, bei dem das Netzhautbild sich über noch viel größere Winkel ausdehnt als in der Stereophotographie in Betracht kommen, von übertriebener Perspektive usw. die Rede sein kann, kann diese Erscheinung auftreten, wenn wir das natürliche Netzhautbild künstlich durch ein vollkommen ähnliches ersetzen, das sich vom natürlichen nur durch das Fehlen der natürlichen Farben unterscheidet.

Man gibt im täglichen Leben ungern auch nur einen Bruchteil seines Sehfeldes preis und empfindet auch kein Bedürfnis nach Einschränkung desselben; ebensowenig besteht in der Stereophotographie eine Veranlassung dazu, die Sehfeldgröße stärker einzuschränken, als dies die schon erwähnten technischen Umstände unumgänglich notwendig machen.

Die Halbbilder der Plattenformate 9 × 13 cm, 9 × 14 cm und 10 × 15 cm eignen sich auch für Projektionszwecke.

Für denjenigen, der die Gedrängtheit der Apparatur höher stellt als möglichst befriedigende Wiedergabe, oder kleinere Plattenformate der Billigkeit wegen vorzieht, kommt zunächst das Plattenformat 6 × 13 cm mit 6 cm Objektivbrennweite in Betracht, weil das Format 9 × 12 cm zu wenig vom Format 9 × 13 cm abweicht, um die sehr wesentliche Einschränkung des horizontalen Sehfeldes zu rechtfertigen.

Kammern mit noch kleineren Formaten, als z. B. dem Format 4,5 × 10,7 cm sind wegen zu kleinen Objektivabstandes und sinnlos starker Beschränkung des Sehfeldes (von der viel zu kleinen Platte bleibt überdies ein breiter Streifen unbenutzt) als Spielzeug zu betrachten.

Zum Vergleich der verschiedenen Nettobildgrößen findet man in Abb. 52 eine Reihe von Bildumrissen in eine Aufnahme eingezeichnet.

d) Der Aufnahmeapparat. Die auf Grund der vorstehenden Erwägungen getroffene Wahl der Objektivbrennweite und Plattengröße ist selbstverständlich für den Bau des Aufnahmeapparates, den wir jetzt etwas näher betrachten wollen, bestimmend.

a) **Einstellbarkeit der Objektive.** Die Verschiebbarkeit der Objektive in Richtung der optischen Achse ist immer als ein Vorteil zu werten; wer sich nur auf Landschafts- und Interieuraufnahmen beschränken und mit einer Brennweite von 6 cm arbeiten will, kann, damit die Kammer billiger sei, auf Verschiebbarkeit der Objektive verzichten. Wird mit einem Objektiv von 6 cm

Abb. 52. Zum Vergleich verschiedener Nettobildgrößen
Aufgenommen mit 75 mm Brennweite

Brennweite z. B. auf 4 m Entfernung fest eingestellt, so besteht, wenn keine größere Blende als 1 : 9 benutzt wird, für die Entfernungen zwischen 2 m und Unendlich eine nahezu gleichmäßige Schärfe.

Übrigens ist die Tiefenschärfe von Objektiven mit 75 mm (und noch kürzer) Brennweite so groß, daß zur Einstellung kein Balgauszug nötig ist, vielmehr eine Schneckengangfassung genügt, die eine Objektivverschiebung von höchstens 1 cm, also eine Einstellung auf etwa ½ m Entfernung ermöglicht.

Diese geringfügige achsiale Verschiebung der Objektive macht auch eine Abänderung des Objektivabstandes, die komplizierte Manipulationen beim Kopieren der Bilder mit sich bringen würde, vollkommen überflüssig.

Auf Grund der vorstehend angeführten Tatsachen ergibt sich, daß der Bau einer zweckmäßigen Stereokammer sehr einfach sein kann.

Abb. 53 zeigt eine Stereokammer für das Format 10 × 15 cm mit Schlitzverschluß, Abb. 54 zeigt eine sehr einfache kompendiöse Stereokammer ebenfalls für das Format 10 × 15 cm mit einem Flügelverschluß und eingebautem Weitwinkelsucher. Beide Kammern sind für Objektive mit 75 mm Brennweite eingerichtet.

Abb. 55 zeigt eine Heidoskopkamera, Abb. 56 eine Nil-Mélior-Kammer, beide für das Format 6 × 13 cm. Letztere hat ein größeres Bildfeld, weil die Objektive 65 statt 75 mm Brennweite haben.

Der Sucher der Heidoskopkamera ist demjenigen der Nil-Mélior-Kammer weit überlegen.

Abb. 53. Stereokammer 10 × 15 cm mit Schlitzverschluß

β) Der Verschluß. Die Eigenschaften des Schlitzverschlusses nahe vor der Platte geben die Gewähr dafür, daß er für Stereokammern sehr gut verwendbar ist. Allerdings haftet ihm der Nachteil an, daß seine Bewegung bei diesen verhältnismäßig leichten Kammern leicht geringe Erschütterungen verursacht, welche für das bloße Auge direkt wohl unsichtbar, die Bildschärfe beeinträchtigen, wie sich bei Lupenbetrachtung des Bildes zeigt. Mit Rücksicht auf die Möglichkeit solcher Erschütterungen soll man die Kammer bei Aufnahmen aus freier Hand fest gegen die Brust drücken.

Besser erachten wir einen Verschluß, der aus einem leichten, sich um 180° drehenden propellerähnlichen Flügel besteht (Abb. 57), weil seine sich bewegende Masse ganz ausbalanciert ist und weil dieser Verschluß dem Schlitzverschluß bezüglich Lichtstärke nicht nachsteht.

Abb. 54. Stereokammer 10 × 15 cm mit Flügelverschluß

γ) Bildsucher. Ein wesentlicher und sehr wichtiger Bestandteil des Aufnahmeapparates ist der Sucher, weil die Verwendung der Mattscheibe nur in sehr seltenen Fällen möglich und bei schlechten Lichtverhältnissen (besonders bei Weitwinkelaufnahmen) sogar als unzweckmäßig zu bezeichnen ist.

Der Sucher soll eine sehr deutliche Abbildung des auch auf der Platte erscheinenden Bildes liefern, so daß auch kleine Einzelheiten darin sichtbar sind. Das Sucherbild soll eine scharfe Umrahmung des der Plattengröße entsprechenden Nettobildes aufweisen, und zwar innerhalb gewisser Grenzen unabhängig von der Stellung des Beobachterauges gegenüber dem Sucher.

Obgleich es im allgemeinen auch hier erwünscht ist, daß der Sucher die

Einstellung auf verschiedene Entfernungen ermöglicht (wie dies z. B. bei dem in Abb. 55 dargestellten Heidoskop der Fall ist, bei dem ein drittes Sucherobjektiv von der gleichen Brennweite wie das Aufnahmeobjektiv das aufzunehmende Bild wie in einer Spiegelreflexkammer mittels eines Spiegels auf eine horizontale Mattscheibe wirft), so ist dies für die Stereo-

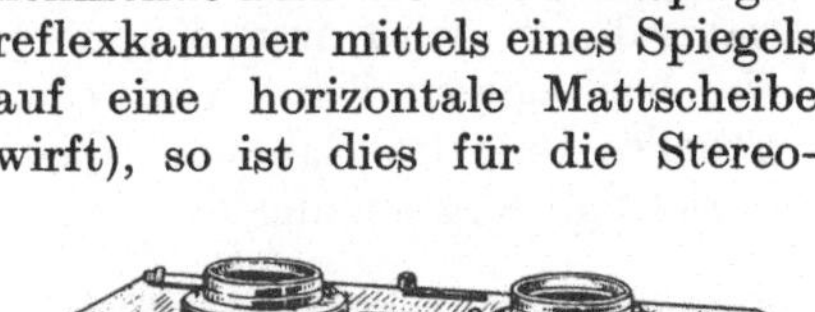

Abb. 55. Heidoskopkamera 6 × 13 cm

Abb. 56. Nil-Mélior-Kammer 6 × 13 cm

photographie von geringerer Bedeutung, weil bei den hiebei verwendeten kurzbrennweitigen Objektiven mittlerer Lichtstärke, welche eine sehr große Tiefenschärfe besitzen, eine rohe Schätzung der Entfernungen genügt.

Weil zum Zwecke der Weitwinkelstereophotographie früher keine geeigneten Sucher bekannt waren, schlug der Verfasser im Jahre 1916 der Firma C. Zeiss in Jena die Herstellung des in Abb. 58 schematisch, in Abb. 59 in der Ansicht dargestellten Suchers vor, der eine deutliche, scharf umrahmte, nahezu verzerrungsfreie Abbildung über ein Sehfeld von etwa 85° liefert.

Dieser Sucher ist nach dem Vorbild eines in umgekehrter Richtung benutzten Fernrohrs konstruiert und als ein schwach verkleinerndes Fernrohr anzusehen.

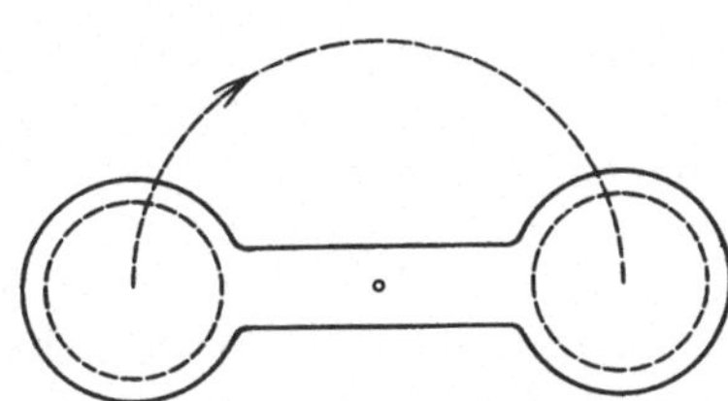

Abb. 57. Verschlußflügel

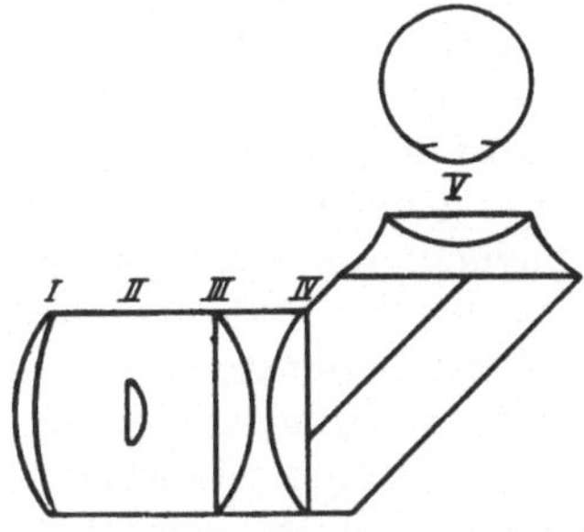

Abb. 58. Weitwinkelsucher (schematisch)

Das aus den Linsen I und II bestehende Objektiv bildet die Landschaft an die Hinterfläche der Linse IV ab, wo eine rechteckige Blende das Bildfeld begrenzt. Die Lupe V (mit einem Dachkantprisma) ermöglicht die genaue Betrachtung dieses Bildes, das alle Einzelheiten in etwa zweifacher Verkleinerung zeigt; die Austrittspupille ist immer größer als die Augenpupille. Dies macht die Einstellung auch unter dürftigen Lichtverhältnissen möglich.

Weil das Auge in unmittelbare Nähe des Suchers gebracht werden muß, wird die Kammer in Augenhöhe festgehalten; so entsteht[1] eine günstige Perspektive.

Im Jahre 1926 wurde der Firma C. Zeiss, Jena, vom Verfasser die Herstellung eines geradesichtigen Weitwinkelsuchers (Abb. 60) vorgeschlagen: ein rechteckiger Drahtrahmen wird mit einem Auge durch eine Weitwinkellupe betrachtet; beim beidäugigen Sehen erscheint im Unendlichen, also in die Landschaft, ein virtuelles Bild des Rahmens, das unabhängig von einer genauen Augenstellung die richtige Abgrenzung des Plattenbildes zeigt.

Der zentrale Teil der Lupe hat die Brennweite unendlich, damit auch das durch die Lupe schauende Auge einen Teil der Landschaft sieht, wodurch eine feste Lage des Rahmenbildes in bezug auf die Landschaft gesichert wird.

Abb. 59. Weitwinkelsucher

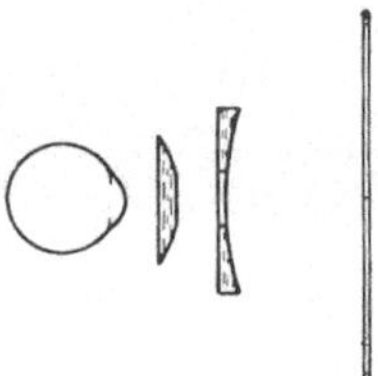

Abb. 60. Geradsichtiger Weitwinkelsucher

e) Platten und Filme. Für stereophotographische Zwecke eignen sich weder sehr hart noch sehr weich arbeitende Platten oder Filme; am besten bewähren sich wohl Negativmaterialien mit mittlerer Gradation. Da immer ein feines Korn erwünscht ist, kommen die grobkörnigen hochempfindlichen Plattensorten für uns nur ausnahmsweise in Betracht. Als Typus einer geeigneten Plattensorte nennen wir die auch für Gelb und Grün ziemlich empfindliche Agfa-Chromo-Isolarplatte, die eine reiche Abstufung der Tonwerte zeigt. Selbstverständlich gibt es noch viele andere für unsere Zwecke geeignete ausgezeichnete Plattensorten, die der obgenannten in keiner Hinsicht nachstehen; jeder einzelne wird auf Grund eigener Erfahrungen die ihm geeignet erscheinende Platte ausfindig machen.

Im allgemeinen sind für stereophotographische Aufnahmen Filme weniger zu empfehlen, weil sie oft nicht genügend flach in der Bildebene liegen, wodurch Verzerrungen im Bilde verursacht werden können. Wo es allerdings nicht auf größte Genauigkeit ankommt, sind Filme ohneweiters verwendbar.

Stereoskopische Aufnahmen in natürlichen Farben sind auf den verschiedenen Farbrasterplatten ausführbar, können aber nur mit längeren Brennweiten in befriedigender Weise gemacht werden, weil sonst das grobe Korn des Rasters stört. Die Verwendung längerer Brennweiten bringt kleine Sehfelder mit sich oder führt zu sehr großen, nur mittels Spiegelstereoskopen zu betrachtenden Halbbildern. Diese Beschränkung wird fallen, sobald es einmal gelingt, eine kornlose (feinkörnige) Farbrasterplatte herzustellen.

f) Aufnahme. Die aufzunehmende Landschaft wird im Sucher betrachtet,

---

[1] Schon im Jahre 1889 hat J. Richard nach dem nämlichen Prinzip einen für kleinere Bildfelder verwendbaren einfachen Sucher angegeben, bei dem jedoch nur die Objektivachse auf einen bestimmten Gegenstand gerichtet werden konnte (D. R. P. Nr. 117015).

die notwendige Stellung der Kammer wird mittels des Suchers festgelegt. Hierbei wird vor allem darauf geachtet, daß die aufzunehmende Partie auch im nächsten Vordergrund verschiedene Gegenstände (Gewächse, Steine usw.) möglichst stark abwechselnder Form enthält und daß das ganze Bild den Sucherrahmen in geeigneter Weise ausfüllt.

In der Regel ist es empfehlenswert, bei Landschaftsaufnahmen nicht auf Unendlich, sondern auf eine endliche Entfernung z. B. auf 5 m einzustellen, damit auch die nahen, stereoskopisch am kräftigsten wirkenden Gegenstände genügend scharf abgebildet werden. Bei einer Brennweite von 7 cm wird auf eine Ebene eingestellt, die im Bildraum mitten zwischen Unendlich und 2,5 m liegt; die zur tatsächlichen Einstellebene korrespondierende Bildebene liegt von den

Abb. 61. Durch Neigung verzerrtes Stereobild

Bildebenen für Unendlich und 2,5 m je zirka 1 mm entfernt, so daß für den Raum von Unendlich bis 2,5 m eine gleichmäßige Schärfe erreicht wird.

Die Verbindungslinie der optischen Mittelpunkte der Objektive soll waagerecht gehalten werden. Übrigens kann man der Kammer auch die gleiche Neigung nach oben oder unten geben, welche der Kopf beim bequemen Betrachten der aufzunehmende Partie eventuell einnehmen würde. In diesem Falle konvergieren die senkrechten Linien im fertigen Bilde auf der Platte nach oben bzw. unten (vgl. Abb. 61), man findet aber sehr leicht die der Neigung der Kammer gleiche Neigung des Stereoskops, indem man dieses so lange neigt, bis die senkrechten Gegenstände auch senkrecht erscheinen.

Da die Konvergenz der senkrechten Linien bei Betrachtung des Bildes ohne Stereoskop unschön wirkt, wird man von der wagerechten Lagerung der Kammer nur dann abweichen, wenn dies unvermeidlich ist.

Da die oberwähnten Weitwinkelsucher das Bild in jeder Hinsicht zu beurteilen ermöglichen, ist eine Libelle zum Horizontalstellen der Kammer nicht erforderlich.

Schlagschatten erhöhen die Tiefenwirkung, weshalb das Aufnehmen mit der Sonne im Rücken minder empfehlenswert ist. Gegenlichtaufnahmen sind sehr wirkungsvoll. Man hüte sich vor allem vor zu kurzen Belichtungen; auch die Schattenpartien sollen noch Einzelheiten zeigen. Wenn die Verhältnisse es gestatten, ist die Zeitaufnahme mit Verwendung von Stativ und kleiner Blende vorzuziehen.

Bei Momentaufnahmen aus freier Hand wird die Kammer mit beiden Händen möglichst fest gegen die Brust gedrückt, wobei das Auge immer in den Sucher schaut; auch das Kinn kann sich am Festhalten der Kammer beteiligen. Der Verschluß wird mit einem Finger wie der Drücker eines Gewehrs unter Anhaltung des Atems langsam gelöst, um Erschütterungen zu vermeiden.

g) **Negativverfahren.** Harte Entwickler verwende man für Stereoaufnahmen nicht; für diesen Zweck sind nur Entwickler zu empfehlen, die weich arbeiten und ein feines Korn erzeugen. Man entwickle besser etwas zu lange als zu kurz.

Da die Stereobilder einer starken Lupenvergrößerung unterworfen werden, sollen alle Fehler im Negativ mit peinlichster Sorgfalt durch Retusche ausgeglichen werden.

h) **Das Kopieren und Fertigstellen der Stereophotogramme.** α) **Papierbilder.** Am besten eignen sich für unsere Zwecke glänzende, nicht hart arbeitende Papiersorten mit guter Detailwiedergabe.

Kopiert man das unzerschnittene Negativ direkt, so liegen die Halbbilder für eine Betrachtung in einem Linsenstereoskop verkehrt zueinander, wie aus einer Betrachtung der Abb. 27 unmittelbar hervorgeht.

Um das Stereonegativ in ein richtiges „Betrachtungsbild" umzuwandeln, muß man jedes Halbbild für sich in seiner Ebene um die Hauptachse um 180⁰ drehen.

Man erkennt die richtige gegenseitige Lage der Halbbilder im Betrachtungsbild daran, daß die beiden korrespondierenden Bildpunkte eines nahen Gegenstandes einander näher liegen als die entsprechenden Bildpunkte eines entfernten Dinges. Abb. 27 zeigt, daß in der unzerschnittenen Kopie das Umgekehrte der Fall ist; aus diesem Grunde müssen die Papierhalbbilder getrennt und in der richtigen Entfernung nebeneinander aufgeklebt werden, und zwar so, daß die korrespondierenden Fernpunkte genau so weit voneinander entfernt liegen wie die Augenachsen und daß je zwei zusammengehörige Fernpunkte gleich hoch sind; ihre Verbindungslinie ist zu derjenigen der Augendrehpunkte parallel. Überdies sollen die Linien, welche im Negativ senkrecht zu dieser Verbindungslinie stehen, das Gleiche im Betrachtungsbild tun.

Sind die Augenachsen genau so weit voneinander entfernt wie die Objektivachsen, so können wir folgendes behaupten: alle Fernpunkte des unzerschnittenen Negativs müssen sich mit den korrespondierenden Fernpunkten des fertigen Stereobildes decken lassen; bei den Nahpunkten ist dies nicht der Fall.

Man erhält die richtige Lage der positiven Halbbilder im Betrachtungsbild auch so, daß man letzteres mittels einer Stereokammer mit doppeltem Auszug photographiert.

Obgleich es, wie bereits beim Verantstereoskop (vgl. S. 29) bemerkt wurde, richtiger ist, die Halbbilder getrennt zu lassen, damit sie verschiedenen Augenabständen angepaßt werden können, hält man in der Regel der Bequemlichkeit wegen die Halbbilder beisammen, und zwar in einer für den mittleren Augenabstand richtigen Lage. (Man vergleiche auch die Beschreibung des Stereoskops in Abb. 48.)

Einige Autoren — nach VON ROHR zuerst CLAUDET — empfehlen, die Begrenzung der Halbbilder so zu wählen, d. h. diese so zu beschneiden, daß sich durch stereoskopische Vereinigung der beiden Begrenzungsrechtecke ein Rahmen ergibt, der zwischen dem Auge und dem Raumbilde erscheint und die Bildwirkung erhöht. Dazu sei bemerkt, daß dabei ziemlich große Stücke des Hintergrundes verloren gehen und abgebildete Gegenstände, die zufällig näher als der Scheinrahmen liegen, durch letzteren (etwa wie die Spiegelbilder eines Hohlspiegels durch den Spiegelrand) scheinbar abgeschnitten werden, so daß ihre richtige Lage nicht erkannt wird.

STOLZE empfiehlt, in einen festen Schirm in kurzem Abstand vor der Bildebene innerhalb des Akkommodationsbereiches zwei rechteckige Ausschnitte zu machen.

Wünscht man z. B., daß der Scheinrahmen bei einer Lupenbrennweite bzw. einem Betrachtungsabstand von 7 cm in 1 m Entfernung erscheine, so muß der feste Schirm im Stereoskop zwecks übereinstimmender Akkommodation etwa $^1/_{14} F$, d. i. 5 mm vor dem Bilde (zwischen Lupen und Bildebene) angebracht werden. Der Abstand zweier korrespondierender Bildpunkte eines weit entfernten Gegenstandes sowie die Halbbildbreite betragen 65 mm; auf diese Art erhält der Rahmen R die in Abb. 62 durch starke Striche angedeutete Lage und Dimensionierung. Es zeigt sich, daß jede Rahmenhälfte eine totale Halbbildbreite von 60,45 oder rund 60,5 mm überblicken läßt.

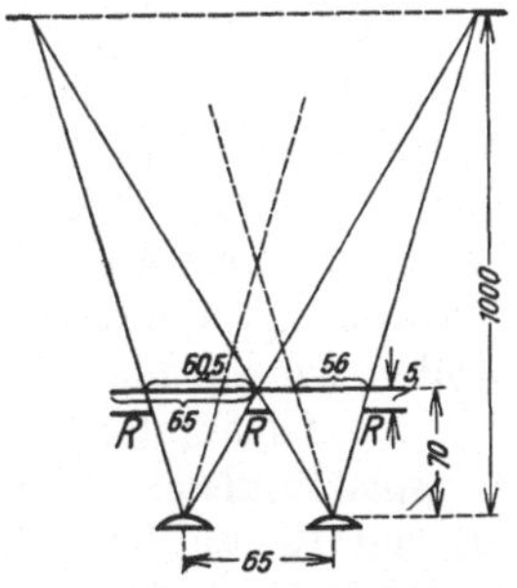

Weil entferntere Teile der Landschaft mit parallelen oder nahezu parallelen Blicklinien betrachtet werden, wie in Abb. 62 durch gestrichelte Linien angedeutet wurde, können ‘diese Teile nur über eine Halbbildbreite von 56 mm stereoskopisch gesehen werden.

Tatsächlich bedeutet dies für den größten Teil des Landschaftsbildes eine Verschmälerung der Halbbildbreite von 9 mm, d. h. ein Opfer von fast 14% des Bildfeldes.

Nach unserer und anderer Erfahrung wird die plastische Wirkung nicht im geringsten beeinträchtigt, wenn man ganz auf die Rahmenwirkung verzichtet und auch für die entfernteren Teile die volle Halbbild-

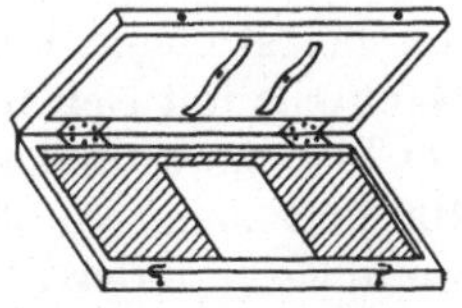

Abb. 62. Scheinrahmen im Stereoskop (schematisch)

breite ausnutzt, mit anderen Worten also einen Scheinrahmen im Unendlichen entwirft und nichts opfert. Wir können einen Scheinrahmen, den man doch auch in der Natur nicht sieht, nicht empfehlen.

β) Glasdiapositive. Wir wissen erfahrungsgemäß, daß Glasdiapositive viel wirkungsvoller als Papierbilder sind. Insofern dies nicht daher rührt, daß Glasdiapositive alle Einzelheiten und Tonwerte des Negativs besser wiedergeben als Papierbilder, kann die Ursache dafür nur eine psychologische sein, wobei vielleicht der Umstand, daß das Papierbild im reflektierten, das Glasbild im durchfallenden Licht betrachtet wird, eine Rolle spielt.

Auch hier sind feinkörnige, nicht zu hart arbeitende Emulsionen vorzuziehen.

Abb. 63. Kopierrahmen für Stereobilder

Um das vielfach beschwerliche Zerschneiden der Negative oder Diapositive und auch die ziemlich umständliche Anfertigung der Glasbilder im Aufnahmeverfahren zu vermeiden, wird für diese Zwecke ein besonderer Kopirrahmen (Abb. 63) benutzt, dessen Länge etwa drei Halbbildbreiten beträgt und der in der Mitte eine Öffnung von der Größe eines Halbbildes hat.

Das Negativ wird zuerst möglichst weit nach links, die darauf liegende Diapositivplatte möglichst weit nach rechts geschoben; hierauf wird der Rahmen geschlossen und das erste Halbbild beleuchtet. Dann wird der Rahmen geöffnet, das Negativ möglichst weit nach rechts, das Diapositiv nach links geschoben und das zweite Halbbild ebenso lange Zeit wie das erste dem Licht ausgesetzt.

Eine kurze Überlegung wird genügen, um einzusehen, daß auf diese Weise die richtige Lage der Halbbilder zueinander erzielt wird.

Müssen mehrere Kopien des gleichen Negativs angefertigt werden, so empfiehlt der Verfasser einen Kopierrahmen nach Abb. 64, worin das Negativ unver-
ändert liegen bleibt und zwei Kopien, die nach der ersten Beleuchtung ihre Lage wechseln, zugleich gemacht werden können. Dieser Kopierrahmen erleichtert die Anwendung verschiedener Diapositivformate und ermöglicht es auch, die seitlichen Halbbildabstände zu verändern.

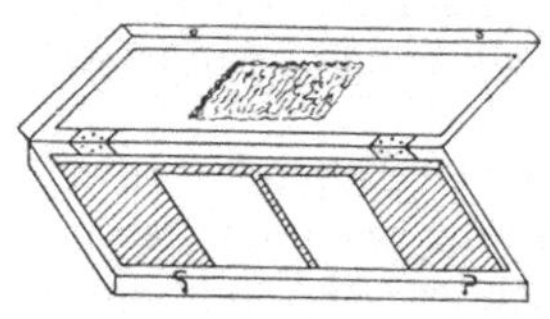

Abb. 64. Kopierrahmen
für Stereobilder

Es ist klar, daß die Dimensionen des Rahmens denjenigen der Platten und des zu erhaltenden Stereobildes genau angepaßt sein müssen, damit automatisch ein in jeder Hinsicht richtiges Stereobild resultiert. Maßgebend dafür ist immer die gegenseitige Lage der Fernpunkte, welche nahezu 65 mm voneinander entfernt sein sollen.

Dieses einfache Verfahren ist wohl das empfehlenswerteste; es gibt aber eine ganze Reihe sinnreicher Apparate (meist Stereoskope besonderer Art), um die Vertauschung der Halbbilder zu umgehen. Diesbezüglich sei wieder auf das von Rohrsche Buch, Die binokularen Instrumente, hingewiesen. Da alle diese oft recht umständlichen Apparate eine mehr oder weniger große Sehfeldbeschränkung, Verzerrungen oder Beeinträchtigung der Bildqualität herbeiführen, wollen wir sie nicht näher besprechen.

Die Glasbilder werden nach dem Trocknen und Retuschieren mit einer dünnen Glasplatte gleicher Größe überdeckt, die man mittels gummierter Papierstreifen an erstere anklebt. Diese Streifen sind so schmal zu halten, daß möglichst wenig vom Bilde verloren geht. Man sehe die Bemerkung auf S. 101.

Abb. 65 zeigt eine Straßenszene, aufgenommen mit einem Objektiv $f = 75$ mm (siehe Tafel I am Schlusse des Bandes).

15. Stereophotographische Aufnahmen von Objekten zwischen 1 m und 25 cm Entfernung. Auch dieses Gebiet wird von beiden Augen ohne besondere Hilfsmittel übersehen, es besteht daher im allgemeinen keine Veranlassung, den Objektivabstand abweichend vom Augenabstand zu wählen; dies gilt besonders dann, wenn man mit Objektiven kurzer Brennweite arbeitet.

Bei Verwendung längerer Brennweiten machen sich Umstände geltend, die bei strenger Forderung einer möglichst raumähnlichen Darstellung einige Nachteile mit sich bringen. Bei einer Objektivbrennweite von z. B. 6 cm variiert der Plattenabstand vom Objektivknoten- (Haupt-) Punkt für das Gebiet zwischen 100 und 25 cm von 64 bis 79 mm (Durchschnittswert 72 mm), bei 75 mm Brennweite variiert der Plattenabstand von 81 bis 107 mm (Durchschnittswert 94 mm).

Um eine möglichst richtige Perspektive zu erhalten, müßte man im erstgenannten Falle das Stereobild aus etwa 7 cm, im zweiten Fall aus etwa 9 cm Entfernung betrachten; weil hier stärkere Konvergenzen auftreten, soll auch eine damit übereinstimmende stärkere Akkommodationsanstrengung verbunden sein, d. h. die virtuellen Bilder, welche die Lupen von den materiellen Stereobildern erzeugen, sollen in einer Entfernung von etwa 60 cm entstehen.

Um dies zu erreichen, muß die Lupenbrennweite bei einem Betrachtungsabstand von 67 mm bzw. 86 mm eine Brennweite von 75 mm bzw. 100 mm haben, d. h. man benötigt für dieses Gebiet Betrachtungslupen von beträchtlich längerer Brennweite als bei der Betrachtung von Landschaftsphotogrammen.

Bezüglich des Abstandes zweier korrespondierender Bildpunkte voneinander ergibt sich aus Abb. 66 folgendes: bei 6 cm bzw. 7,5 cm Objektivbrennweite beträgt für eine mittlere Objektentfernung von 60 cm bei 65 mm Objektiv-abstand der seitliche Bildpunktabstand etwa 72 bzw. 74 mm. Demnach sind die korrespondierenden Bilder umso weiter von-einander entfernt, je näher das Objekt und je größer die Brenn-weite ist; auf diese Art ist für einen umfangreichen Gegenstand auf der Platte bald kein genügender Platz mehr verfügbar.

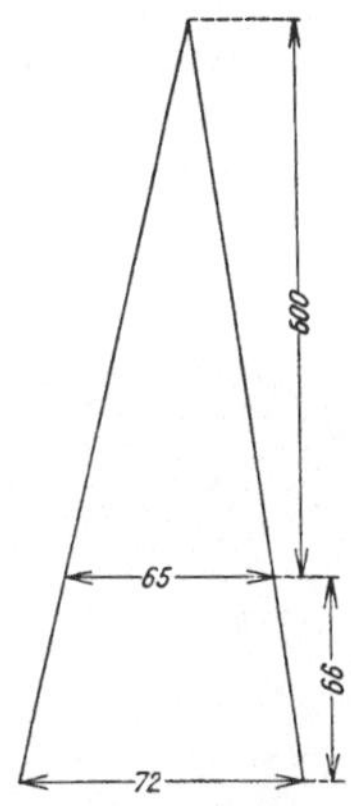
Abb. 66. Seitlicher Abstand der Negative

Man käme in diesem Falle leicht in Versuchung, entweder die Objektive einander zu nähern oder die Plattenhälften zu trennen und mit zwei gesonderten Kammern zu arbeiten, deren Achsen etwa nach Art der Augen konvergieren, aber beide Maßnahmen würden es unmöglich machen, die Forderung einer raumtreuen Wiedergabe zu erfüllen; aus diesem Grunde taucht die Frage auf, ob es nicht möglich wäre, die erwähnten Schwierig-keiten auf andere Art zu beheben. Die Antwort lautet bejahend, und zwar in folgendem Sinne: man hat die Brennweite der Auf-nahmeobjektive so weit zu verkürzen, bis der Plattenabstand vom Objektivknoten- (Haupt-) Punkt etwa so groß wird wie bei Landschaftsaufnahmen.

Die in letzter Zeit vielfach in Gebrauch gekommenen Vorsatz-linsen, z. B. die Proxarlinsen der Firma CARL ZEISS, Jena, ermög-lichen die stufenweise Verkürzung der Brennweite bis zu einer gewissen Grenze.

Hat man z. B. die Brennweite bis auf etwa 55 mm verkürzt, so wird der Plattenabstand vom Objektivknoten- (Haupt-)Punkt für die mittlere Objekt-entfernung von 60 cm etwa 60,5 mm. Daraus ergibt sich, daß nicht nur auf der Platte genügend Platz vorhanden ist, sondern daß man auch an einer raum-ähnlichen Wiedergabe festhalten und das Stereoskop mit den gleichen Betrach-tungslupen wie für Landschaftsaufnahmen benutzen kann.

Weiter sei erwähnt, daß es sich auch hier empfiehlt, auf eine Ebene ein-zustellen, deren Bild etwa mitten zwischen den Bildern der nächstgelegenen und am weitesten entfernten sichtbaren Teile des Objektes liegt.

Beim Kopieren kann man für dieses Gebiet das gleiche Verfahren anwenden, wie es bei Landschaftsaufnahmen gebräuchlich ist, und braucht gar keine be-sondere Rücksicht auf die beträchtliche Annäherung der beiden Halbbilder zu nehmen. Die Bilder liegen bei diesem Verfahren automatisch an ihrem richtigen Platz, auch wenn zugleich entfernte Objekte abgebildet werden.

Abb. 67 wurde auf diese Weise bei einem mittleren Objektabstand von 60 cm angefertigt.

Das Gebiet zwischen 100 und 25 cm ist wohl als dasjenige der größten Plastizität zu bezeichnen. Während im Gebiet zwischen ∞ und 1 m alle Tiefen-unterschiede vom Unendlichen bis zu 1 m mit Parallaxen von 0^0 bis etwa 4^0 ge-bildet werden müssen, ergeben sich im Gebiet zwischen 100 und 25 cm Parallaxen oder Konvergenzen zwischen etwa 4^0 bis 15^0, somit eine nahezu viermal stärkere Plastizität. Was die Erkennung der wahren Tiefen-, Breiten- und Höhendimen-sionen angeht, kann das zweitgenannte Gebiet als dasjenige des orthoskopischen Sehens im wahrsten Sinne des Wortes bezeichnet werden.

Im nachstehenden wollen wir einige Beziehungen angeben, die ganz all-gemein für alle Entfernungen von Unendlich bis zu 25 cm die Bedingungen für eine raumtreue Wiedergabe (auch mit Berücksichtigung der Akkommodation) festlegen.

Die Brennweite der Objektive sei F, die Entfernung eines Objektpunktes vom vorderen Objektivknoten- (Haupt-) Punkt $= z$, der Abstand der Augendrehpunkte, Objektivachsen und Stereoskoplinsenachsen $= 65$ mm.

Aus diesen Daten (in Millimetern) lassen sich alle übrigen uns interessierenden Dimensionen folgenderweise ermitteln:

Abstand des Negativs vom hinteren Objektivknoten- (Haupt-) Punkt sowie Abstand des Stereobildes vom vorderen Knoten- (Haupt-) Punkt der Stereoskoplinsen

$$= \frac{z\,F}{z - F} \tag{7}$$

Abb. 67. Stereoaufnahme eines nahen Objektes mit Objektiven kurzer Brennweite

Abstand zwischen zwei korrespondierenden Bildpunkten im Negativ =

$$= \frac{65\,z}{z - F} \tag{8}$$

Abstand zwischen zwei korrespondierenden Bildpunkten im fertigen Stereobild =

$$= \frac{65\,(z - 2\,F)}{z - F} \tag{9}$$

Brennweite der Stereoskoplinse unter Vernachlässigung des Abstandes des Auges von der Linse =

$$= \frac{z\,F}{z - 2\,F} \tag{10}$$

An diese Formeln wollen wir einige Bemerkungen knüpfen.

Will man einen Gegenstand in seiner natürlichen Größe photographieren, so müssen Gegenstand und Bild gleich weit, und zwar $2\,F$ vom Objektiv entfernt sein. Im fertigen Stereobilde würden die korrespondierenden Bildpunkte eine seitliche Entfernung etwa gleich Null haben, d. h. die beiden Halbbilder würden einander überdecken; falls kein Spiegelstereoskop zur Verfügung steht, müßten die Bilder als Anaglyphenbilder in verschiedenen Farben übereinander abgedruckt und mittels einer Anaglyphenbrille (aus der Aufnahmeentfernung) betrachtet werden.

Es ist auch denkbar, daß man einen kleinen Gegenstand in vergrößertem Maßstab photographieren und dennoch in natürlicher Perspektive und Größe betrachten will. Z. B. wird bei zweifacher Vergrößerung (in einer Entfernung $z = 1\frac{1}{2}\,F$) der seitliche Abstand zweier korrespondierender Bildpunkte im fertigen Stereobilde etwa $= -\,65\,mm$, d. h. die Halbbilder müssen in gekreuzter Lage (rechts und links vertauscht) zueinander liegen und aus einer Entfernung $= 3\,F$ mit Stereoskoplinsen, deren Brennweite $= -\,3\,F$, also mit Linsen negativer Brennweite betrachtet werden.

Beide oberwähnten Fälle haben nur theoretische Bedeutung und sind nicht als empfehlenswerte praktische Beispiele anzusehen.

16. Der Raum innerhalb 25 cm (Mikrostereophotographie). a) Allgemeines. Bisher haben wir an der strengen raumtreuen Wiedergabe festgehalten und auch praktisch festhalten können; bei kürzeren Objektentfernungen als 25 cm wird dies nicht mehr möglich sein, weil hier unsere Augen versagen und die erforderlichen starken Konvergenzen und Akkommodationen nicht zu leisten vermögen.

In der Wahl künstlicher Hilfsmittel ist man innerhalb gewisser Grenzen frei; feste Regeln lassen sich diesbezüglich nicht aufstellen.

Wir können die stereoskopischen Aufnahmen so machen und die Betrachtung so einrichten, als ob sich der vergrößert gedachte Gegenstand in einer Entfernung von etwa 30 cm befände; bei dieser Entfernung ist wohl die deutlichste Beurteilung der Tiefenunterschiede und der wirklichen Form eines Gegenstandes ohne besondere Anstrengung möglich.

Man kann dabei folgendermaßen vorgehen: Zuerst bestimme man die Vergrößerungszahl V, d. h. der aufzunehmende Gegenstand soll so stark vergrößert werden, daß sein Bild eine Platte $65 \times 90\,mm$ in geeigneter Weise ausfüllt; er befindet sich dann in einer Entfernung $F + \dfrac{F}{V}$ vom Objektiv, dessen Brennweite $= F$ ist.

Weil ein Betrachtungsabstand von 30 cm etwa dem fünffachen Augenabstand gleich ist, soll das verwendete Objektiv (oder der Gegenstand) nach der ersten Aufnahme etwa um den fünften Teil der Entfernung $F + \dfrac{F}{V}$ seitlich und parallel zu sich selbst verschoben werden, worauf die zweite Aufnahme erfolgt. In vielen Fällen wird die erforderliche seitliche Verschiebung so klein sein, daß zwei Objektive nebeneinander behufs gleichzeitiger Aufnahmen nicht verwendet werden könnten; da es sich hier fast ausschließlich um unbewegliche Objekte handelt, ist eine gleichzeitige Aufnahme mit zwei Objektiven nicht unbedingt erforderlich. Im allgemeinen werden die Aufnahmen daher auf gesonderten Platten im Format $6,5 \times 9\,cm$ gemacht, und zwar so, daß das Objekt etwa die Mitte der Platte einnimmt.

Beim Kopieren und Fertigstellen des Stereobildes muß man, um einen möglichst orthoskopischen Eindruck zu erzielen, darauf achten, daß bei der Betrachtung im Stereoskop eine der Entfernung von 30 cm entsprechende Konvergenz und Akkommodation entsteht und daß das Stereobild unter dem gleichen

Winkel betrachtet wird, unter dem der Gegenstand vom vorderen Objektiv-
(Haupt-) Knotenpunkt aus erschien. Letztere Bedingung wird erfüllt, wenn der
Betrachtungsabstand nach Formel (7) gleich dem Abstand des Negativs vom
rückwärtigen Objektivknoten- (Haupt-) Punkt gemacht wird.

Will man den Akkommodationszustand für einen Betrachtungsabstand von
etwa 30 cm erzeugen, so darf man die Brennweite der Stereoskoplinsen nicht
nach Formel (10) bestimmen, weil man sonst unbrauchbare Werte (Akkommodation für einen sehr kleinen Abstand) erhielte.

Bezeichnet man den nach Formel (7) berechneten Betrachtungsabstand
mit b und drückt ihn in Millimeter aus, so ergibt sich die theoretisch erforderliche
Stereoskoplinsenbrennweite zur Erzeugung einer Akkommodation für 300 mm
aus der Formel:

$$\frac{300\,b}{300 - b} \tag{11}$$

Es ist klar, daß man für die Brennweite der Stereoskoplinsen einen positiven
bzw. negativen Wert erhält, wenn b kleiner bzw. größer ist als 300 mm; auch
folgendes ist klar: wenn b größer ist als 300 mm, müssen die beiden Halbbilder
gekreuzt gelagert werden (rechtes und linkes Halbbild vertauscht).

Ist b nur etwas kleiner oder größer als 300 mm, was oft der Fall sein kann,
so lassen sich die beiden Halbbilder nicht nebeneinander stellen; sie werden
sich diesfalls zum größten Teil überdecken und müssen daher entweder mit dem
Spiegelstereoskop betrachtet oder als Anaglyphenbilder gedruckt werden.

Zur Erzeugung der für 30 cm erforderlichen Konvergenz müssen die zwei
gewählten korrespondierenden Bildpunkte im fertigen Stereobild einen seitlichen
Abstand (in Millimeter) haben, der gleich ist:

$$\frac{65(300 - b)}{300}$$

Das vorstehend Gesagte gilt, falls man an einer möglichst orthoskopischen
Wiedergabe festhalten will; es ist klar, daß man — von bestimmten technisch-
wissenschaftlichen Untersuchungen abgesehen — diesen Prinzipien nicht immer
treu bleiben kann: erstens verfügt man wohl selten über die erforderliche, reiche

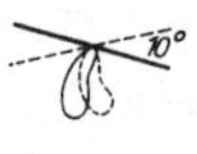

Auswahl an Objektiven und Stereoskoplinsen verschiedener Brennweite, zweitens wünscht man das Aufnahmeverfahren so einfach
als möglich zu gestalten und drittens will man das gewöhnliche
Stereoskop zur Betrachtung benutzen.

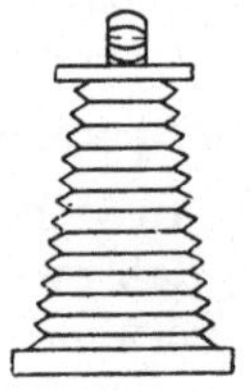

Alle diese Umstände führen dazu, daß man für einfache
stereoskopische Zwecke von den oben angeführten Vorschriften
mehr oder weniger weit abweicht und sich meist damit begnügt, bei der Aufnahme eine Konvergenz von 10^0 bis 15^0 zu erzielen.

Unter diesen Voraussetzungen kann man das Aufnahmeverfahren bedeutend ereinfachen, wie wir im nachstehenden zeigen
wollen:

Abb. 68. Stereo-
aufnahme
durch Drehung
des Objektes

b) Vereinfachtes Aufnahmeverfahren. Man wähle ein
Objektiv mit der kleinsten brauchbaren Brennweite, das die
Platte im Format 65 × 90 mm mit dem vergrößerten Abbild des
Objekts auszufüllen vermag.

Die zweite Aufnahme erfolgt nicht nach Parallelverschiebung von Objektiv,
Objekt oder Platte, sondern nach Drehung des Objekts um einen Winkel von
10^0 bis 15^0 um eine Achse, die senkrecht zum Laufboden der Kammer steht und
durch den weitest entfernten aufzunehmenden Objektpunkt geht (vgl. Abb. 68).

Bei diesem Verfahren ist für die zweite Aufnahme an der Einstellung und Aufstellung der Kammer nichts zu ändern; nur die Platte ist zu wechseln.

Daß man dabei das Objekt eigentlich auf zwei 10^0 bis 15^0 zueinander geneigte Platten projiziert, ist ohne weiteres klar; stellt man jetzt die beiden Halbbilder in eine Ebene nebeneinander, so begeht man den Fehler, daß man an Stelle der wahren Dimensionen in der Breitenrichtung verkürzte Projektionen setzt. Genau genommen sollte man den Ebenen der Halbbilder die gleiche Neigung wie bei der Aufnahme zueinander geben. Die Nichterfüllung dieser Forderung wird praktisch nicht bemerkt.

Beim Anfertigen des Stereobildes soll man trachten, die beiden Halbbilder möglichst nahe aneinander zu bringen, um nicht mehr als unbedingt notwendig von der bei der Aufnahme verwendeten Konvergenz abzuweichen.

Es ist bemerkenswert, daß im Stereoskop auch eine Abweichung von dieser Vorschrift keine starke Verunstaltung des Objektes herbeiführt; allerdings ist bei Verringerung der Konvergenz eine deutliche Ausdehnung des Objekts der Tiefe nach und dementsprechend eine scheinbare Vergrößerung desselben bemerkbar.

Das gleiche ist der Fall, wenn man das Stereobild unter einem bedeutend größeren Winkel im Stereoskop betrachtet, als das Objekt aufgenommen wurde. Diese Vergrößerung des Sehwinkels löst eine entgegengesetzte Wirkung als die Verringerung der Konvergenz aus. Es ist klar, daß das unter allerlei willkürlichen Abweichungen zustandekommende Raumbild dem wirklichen Objekt im mathematischen Sinne unmöglich ähnlich sein kann.

An Hand der Formeln (1), (2) und (3) wäre es möglich, in jedem einzelnen Fall den Aufbau des resultierenden Gebildes mathematisch festzustellen. Daß der Eindruck im Stereoskop trotz vorhandener Abweichungen ein ziemlich natürlicher ist, rührt wohl daher, daß unsere Psyche das Gesehene möglichst natürlich zu deuten geneigt ist. Wir werden auf diese Tatsache später noch näher eingehen.

c) Wahl der zu verwendenden Brennweite. Wir haben schon bemerkt, daß auch in diesem Gebiete kleinere Brennweiten den größeren vorgezogen werden, und zwar aus folgenden Gründen: 1. Bei gleicher Vergrößerung sieht das kleinere Objektiv das Objekt und seine Einzelheiten unter größeren Winkeln. Unter zwei Objektiven von gleichem Typus und gleichem Auflösungsvermögen liefert dasjenige mit der kleineren Brennweite mehr Einzelheiten oder bildet diese zumindestens besser ab. 2. Das Objektiv mit der kleineren Brennweite sieht die Tiefenunterschiede unter größeren Winkeln, erzeugt daher eine stärkere Plastik. 3. Das kleinere Objektiv hat bei gleicher Vergrößerung, gleichem Korrektionszustand und gleicher Lichtstärke (relativer Öffnung) die größere Tiefenschärfe.

Die letztgenannte Behauptung wollen wir an Hand der Abb. 69 erläutern. Das Objekt habe eine Tiefe $ab = T$ und werde durch das Objektiv V-mal vergrößert abgebildet; die kleinere Objektivbrennweite sei f, die größere F. In beiden Fällen werde (der Einfachheit wegen) auf den nächsten Punkt a scharf eingestellt. Demnach liegt das scharfe Bild von a beim Objektiv mit der Brennweite f, Vf, beim Objektiv mit der Brennweite F, VF hinter dem rückwärtigen Brennpunkt; analog liegt das scharfe Bild von b beim ersten Objektiv $\dfrac{f^2}{\dfrac{f}{V} + T}$,

beim zweiten Objektiv $\dfrac{F^2}{\dfrac{F}{V} + T}$ vom rückwärtigen Brennpunkt entfernt. Im

Bildraume liegen daher die beiden scharfen Bilder A und B bzw. A' und B',

$$Vf - \frac{f^2}{\dfrac{f}{V} + T} \quad \text{bzw.} \quad VF - \frac{F^2}{\dfrac{F}{V} + T} \quad \text{von einander entfernt.}$$

Wir müssen nun zeigen, daß die letztangegebene Entfernung größer ist als die erstgenannte; die Größe des Zerstreuungskreises, als welcher b abgebildet wird, ist dieser Entfernung proportional.

Nach einfacher Umformung verwandeln sich die obgenannten Werte in $\dfrac{V^2 fT}{f + VT}$ und $\dfrac{V^2 FT}{F + VT}$. Wir eliminieren nunmehr aus den Zählern den gemeinsamen Faktor $V^2 T$ und dividieren Zähler und Nenner beider Brüche durch den Zähler. So ergeben sich die Werte $\dfrac{1}{1 + \dfrac{VT}{f}}$ und $\dfrac{1}{1 + \dfrac{VT}{F}}$.

Da der Nenner des zweiten Bruches kleiner ist als derjenige des ersteren, muß der Zerstreuungskreis, als welcher der Punkt b beim langbrennweitigen Objektiv abgebildet wird, der größere sein.

d) **Wahl des Objektivs und des Apparates.** Für schwächere Vergrößerungen benutze man sehr gut korrigierte, kurzbrennweitige, lichtstarke Objektive (z. B. ein Tessar).

Als Apparat ist eine Balgenkammer am besten.

Man achte besonders darauf, daß weder Objekt noch Apparat während der Aufnahme erschüttert werden.

Oft ist es sehr bequem, mit einem vertikal gestellten Apparat zu arbeiten, weil man dann das Objekt auf eine horizontale Tischplatte legen kann, welche nach Art einer Wippe die auf S. 52 besprochenen kleinen Drehungen ausführen kann (Abb. 70).

Bei häufigem Gebrauch ist es vorteilhaft, eine Kassette so einzurichten, daß die feste Achse des Apparates bei der Aufnahme des linken bzw. rechten Bildes auf die (von hinten gesehen) rechte bzw. linke Hälfte

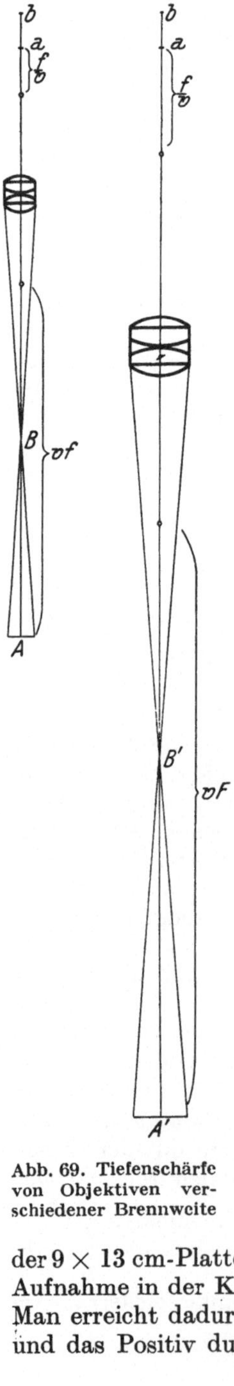

Abb. 69. Tiefenschärfe von Objektiven verschiedener Brennweite

Abb. 70. Apparat zur Herstellung vergrößerter Stereoaufnahmen

der 9 × 13 cm-Platte gerichtet ist; zu diesem Zwecke muß die Platte vor der zweiten Aufnahme in der Kassette um 65 mm von links nach rechts verschoben werden. Man erreicht dadurch, daß das Negativ ohne weiteres im Stereoskop betrachtet und das Positiv durch einmaliges Kontaktkopieren angefertigt werden kann.

Abb. 139 (Tafel II am Schluß des Buches) zeigt eine schwach vergrößerte mikrostereophotographische Aufnahme.

Bei stärkeren Vergrößerungen wird man mit der gewöhnlichen Kamera nicht mehr auskommen und mit dem Mikroskop arbeiten müssen.

Im allgemeinen wird auch hier das Objekt auf der sogenannten Wippe zwischen der ersten und zweiten Aufnahme um den erforderlichen Winkel gedreht, damit die Achse des Apparates ungefähr durch die Mitte der photographischen Bilder hindurchgeht.

Mehr als 100fach vergrößerte Aufnahmen können wegen der sehr geringen Tiefenschärfe der Mikroskopobjektive kaum befriedigende Stereobilder liefern.

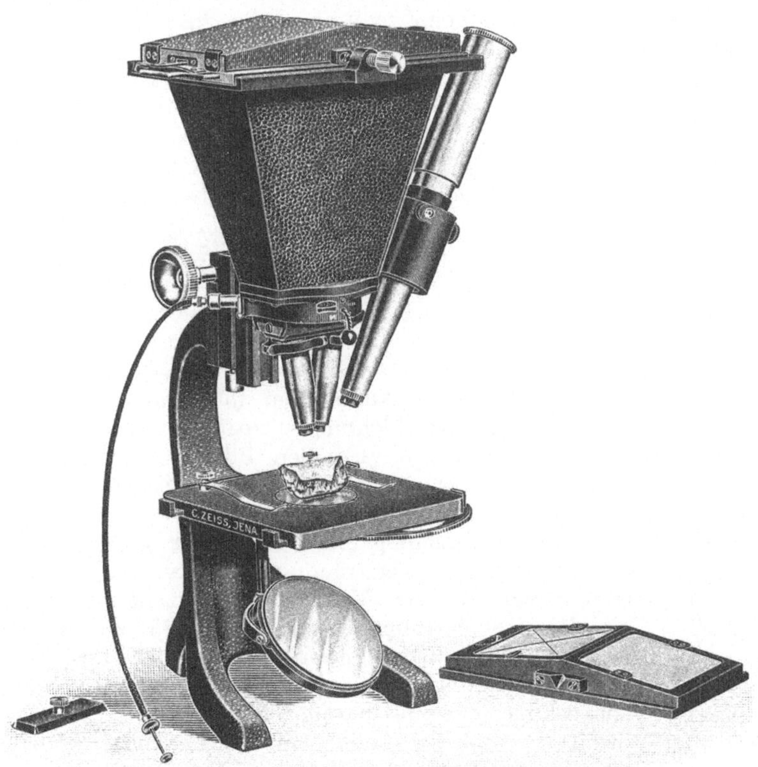

Abb. 71. Apparat für mikrostereophotographische Aufnahmen nach Drüner

Im wesentlichen unterscheidet sich die Herstellung stereomikrophotographischer Aufnahmen von der Herstellung gewöhnlicher mikrophotographischer Aufnahmen gar nicht; wir verweisen diesbezüglich auf den 2. Teil dieses Bandes.

Wenn die Wiedergabe der äußeren Form des aufzunehmenden Objekts Hauptsache ist, sind in der Regel Aufnahmen bei auffallendem (seitlich einfallendem) Licht vorzuziehen, weil dann die Schattenwirkung die Tiefenvorstellung unterstützt, wogegen Aufnahmen im durchfallenden Licht den Charakter von Schattenbildern (Röntgenaufnahmen) haben. Andererseits bieten Aufnahmen im durchfallenden Lichte einen besseren Einblick in den inneren Aufbau der Objekte.

e) Momentaufnahmen. Im allgemeinen hat man es bei Entfernungen innerhalb 25 cm mit unbeweglichen Objekten zu tun; in diesem Falle können die beiden Aufnahmen mit einem Einzelapparat nacheinander gemacht werden.

Bei bewegten oder lebendigen Objekten müssen die Aufnahmen gleichzeitig gemacht werden; diesfalls sind zwei Objektive erforderlich.

Da in diesen Fällen der Achsenabstand der beiden Objektive in der Regel etwa ein Fünftel des Objektabstandes beträgt, können die Objektive wegen ihrer Abmessungen nicht nahe genug aneinander geschoben werden.

Aus diesem Grunde sowie zur binokularen Beobachtung hat man Objektive von sehr geringem Durchmesser gebaut (z. B. für das Greenoughsche Binokularmikroskop und die Drünersche Stereoskopkamera (vgl. Abb. 71).

Da derartige Apparate nur einen unveränderlichen Objektivabstand besitzen, ist ihr Arbeitsfeld ziemlich beschränkt.

Es ist aber auch möglich, mit einem lichtstarken Objektiv die beiden Stereoaufnahmen gleichzeitig zu machen, wenn man die die linke und rechte Hälfte des Objektivs durchsetzenden Strahlenbündel unmittelbar vor (in der Eintrittspupille) oder nach dem Durchgang durch das Objektiv (in der Austrittspupille) trennt und so weiter leitet, daß die von ihnen erzeugten Bilder gesondert aufgefangen werden können.

Abb. 72 a und b zeigen, auf welche Art diese Trennung der Strahlenbündel herbeigeführt werden kann.

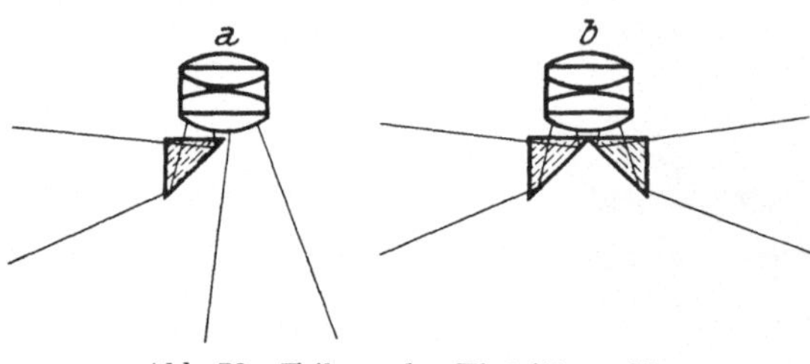

Abb. 72. Teilung der Eintrittspupille

Selbstverständlich erhält man auf diese Art lichtschwächere Bilder und ein kleineres binokulares Bildfeld als bei Aufnahmen mit dem vollen Objektiv.

Bei der Halbierung der Lichtstrahlenbündel vor bzw. hinter dem Objektiv können die vom Objektiv erzeugten virtuellen Bilder der Schwerpunkte der beiden Pupillenhälften als die beiden perspektivischen Zentren im Bild- bzw. Objektraume betrachtet werden.

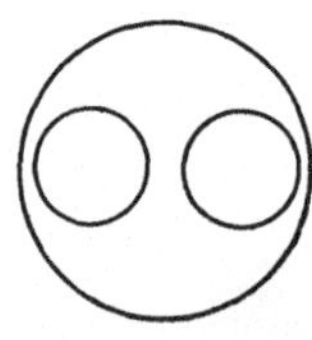

Abb. 73. Doppelblende

Zwecks Erzielung einer möglichst großen Tiefenschärfe und kreisförmiger Zerstreuungskreise für unscharf abgebildete Objektteile ist die Verwendung exzentrisch angeordneter kreisförmiger Blendenöffnungen (Abb. 73) zu empfehlen.

Außer den oberwähnten ausschließlich stereophotographischen Anordnungen können auch andere Systeme binokularer Mikroskope, welche hauptsächlich zum visuellen Gebrauch bestimmt sind, zu diesem Zweck verwendet werden.

Die Bildung zweier Perspektivitätszentren kann nicht nur unmittelbar hinter dem Objektiv des Mikroskops, sondern auch hinter dem Okular, im Falle ein binokulares Okular zur Verfügung steht, hinter beiden Okularen, stattfinden.

Nahe hinter dem Okular des Mikroskops ist die Austrittspupille sichtbar und auffangbar (Ramsdenscher Kreis), die ein umgekehrtes, reelles Bild der Eintrittspupille (meist die Frontfläche des Objektivs) ist. Verdeckt man z. B. die linke Hälfte der Austrittspupille, so können aus dieser nur diejenigen Strahlenbündel austreten, welche durch die linke Hälfte der Eintrittspupille (des Objektivs) eingetreten sind, weil die unbedeckte rechte Hälfte der Austrittspupille das Bild der linken Objektivhälfte darstellt. Daher soll das durch die rechte Okularhälfte erzeugte Bild im Stereoskop dem linken Auge dargeboten werden.

Bei einem binokularen Okular sehen beide Augen das nämliche Bild. Erst wenn die einander zugekehrten Okularhälften abgeblendet sind, kann der stereoskopische Effekt auftreten.

Bezüglich näherer Einzelheiten sowie bezüglich der Verwendung der speziellen photographischen Mikroskopobjektive und Okulare geben die einschlägigen Druckschriften der Herstellerfirmen Aufschluß; auch an dieser Stelle sei auf das schon mehrfach erwähnte Quellenwerk M. von Rohrs: „Die binokularen Instrumente", verwiesen.

17. Der Raum auf und außer der Erde, in dem die Gegenstände vorzugsweise mittels Fernrohre wahrgenommen werden (Telestereophotographie).
a) Allgemeines. Dieses Gebiet ist stereophotographisch dadurch gekennzeichnet, daß der Objektivabstand immer größer als der Augenabstand gewählt wird; hier wird also von einer raumtreuen visuellen Darstellung von vornherein abgesehen.

Es kann sich hier also nur darum handeln, eine proportional verkleinerte und annähernd raumähnliche Darstellung in dem Sinne zu gewinnen, wie sie durch Abb. 49 veranschaulicht wird, wobei $ABCD$ das Objekt, L_1 und R_1 die Aufnahmeorte, L und R die Augen des Beobachters und $abcd$ das Objekt, wie es im Stereoskop erscheint, sind.

Wir müssen auch in diesem Falle dafür sorgen, daß im Stereoskop der Betrachtungsabstand mit dem Abstand der Platte vom hintern Objektivknoten- (Haupt-) Punkt übereinstimmt und daß die Konvergenz der Augenachsen bei der Betrachtung des Bildes des weitest entfernten Objektpunktes die gleiche ist wie bei der Aufnahme.

Weil es sich hier nur um weit entfernte Gegenstände handelt, kann der Abstand der Platte hinter dem hinteren Objektivknoten- (Haupt-) Punkt immer der Objektivbrennweite gleichgesetzt werden.

Die Konvergenz für den weitest entfernten Objektpunt läßt sich aus seinen Entfernungen von den Aufnahmeorten und dem Objektivachsenabstand ermitteln. Einfacher und praktischer erfolgt diese Feststellung aus den seitlichen Abständen (x-Werten) der Bildpunkte dieses Objektpunktes von den Schnittlinien der durch die Objektivachsen gelegt gedachten zu den Platten senkrechten, untereinander parallelen Ebenen mit den Platten. Man denke sich, daß bei den (getrennten) Aufnahmen beide Platten in einer Ebene liegen und daß die senkrechten Schnittlinien der obgenannten Ebenen mit den Platten sowie die Schnittlinien der durch die optischen Achsen gelegten Horizontalebene auf den Platten sichtbar angedeutet sind (Abb. 74).

Dieses Verfahren bildet die Grundlage der photogrammetrischen Ortsbestimmung.

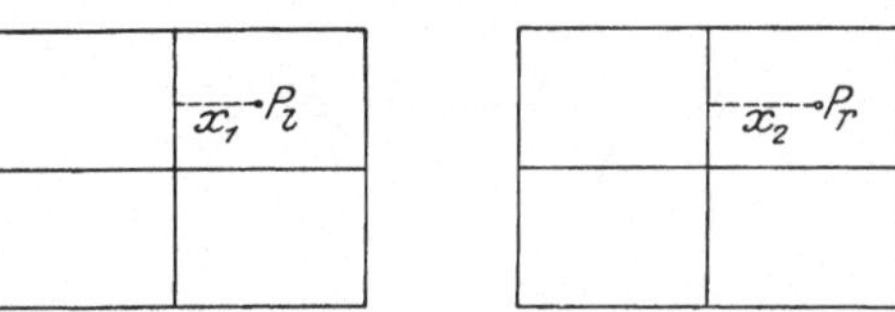

Abb. 74. Koordinaten der Bilder eines Objektivpunktes im linken und rechten Stereobild

Zunächst wollen wir annehmen, daß die beiden getrennten Platten in einer Ebene liegen, die beiden Objektivachsen also zueinander parallel sind.

b) Aufstellung der Aufnahmeapparate. α) Die Platten liegen in einer Ebene. Geringe Erweiterungen des Objektivabstandes z. B. bis zu 9 oder 12 cm können ohne weiteres durch entsprechende Verschiebung der Objektive am Objektivbrett des Stereoapparates erfolgen; bei größeren Entfernungen der Objektive muß schon zu zwei getrennten Aufnahmen übergegangen werden, die Einhaltung der oberwähnten Bedingung (Platten in einer Ebene) ist also schon schwieriger.

Um die beiden Objektivachsen parallel stellen zu können, müssen beide Kammern mit einem Orientierungsapparat (vergrößerndem Fernrohrsucher) versehen werden. In einfachen Fällen kann man sich mit den auf S. 43 beschriebenen mit Orientierungsmarken versehenen schwach verkleinernden Suchern begnügen.

Im allgemeinen ist es für gleichzeitige Aufnahmen notwendig, daß jeder Apparat durch eine Person bedient wird, doch kann nach richtiger Aufstellung beider Apparate die gleichzeitige Aufnahme auch auf mechanischem oder elektrischem Wege von einer Person durchgeführt werden.

Bei der Aufstellung der beiden Kammern soll man diese nicht nur auf den gleichen Fernpunkt richten, so daß dieser auf beiden Platten mit gleichen x- und y-Werten abgebildet wird, vielmehr ist auch dafür zu sorgen, daß der zweite Apparat nicht vor oder hinter dem ersteren steht; die Rückseite des einen Apparates soll in der Verlängerung der Rückseite des anderen gesehen werden.

Selbstverständlich ist die Horizontierung beider Apparate mit Hilfe von Libellen durchzuführen. Falls große Genauigkeit erforderlich ist, muß man auch für eine genaue Festlegung (Einmessung) der Aufnahmestandpunkte sorgen.

Bei großer Entfernung der Aufnahmeorte voneinander kann oft eine genügend genaue Orientierung der Apparate mittels eines Kompasses erfolgen, zumal wenn die Aufnahmeorte durch Hügel, Bäume usw. gegenseitig unsichtbar sind; schließlich kommen auch astronomische Elemente zur richtigen Orientierung der Kammern in Betracht, wenn es sich um stereoskopische Aufnahmen von Himmelskörpern handelt. Bei so großen Objektentfernungen spielt es natürlich keine wesentliche Rolle, wenn die beiden parallel orientierten Platten vor- oder hintereinander stehen.

In der Regel werden stereoskopische Aufnahmen von Himmelskörpern von Sternwarten durchgeführt, denen die genauesten Hilfsmittel zur exakten Orientierung der Aufnahmen zur Verfügung stehen.

β) Geneigte Plattenebenen. Obgleich man in der Stereophotographie aus praktischen Gründen fast ausschließlich die Herstellung in einer Ebene liegender Halbbilder beabsichtigt, weil nur so hergestellte Bilder im Linsenstereoskop richtig betrachtet werden können und weil nur solche Bilder die Grundlage für einfache Berechnungen ergeben, kommt auch die Verwendung

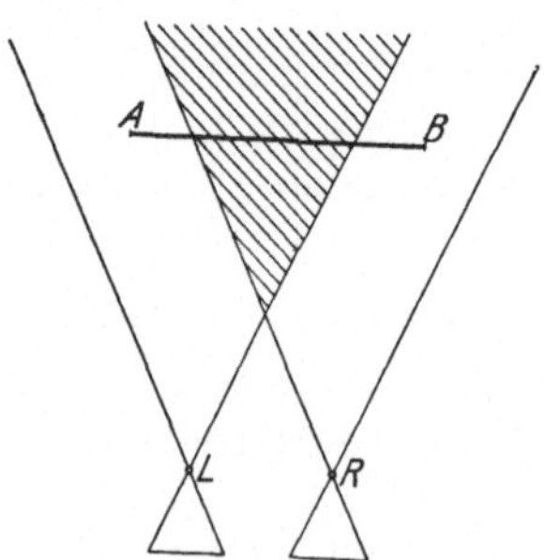

Abb. 75. Stereoskopisches Bildfeld
bei parallelen Objektivachsen

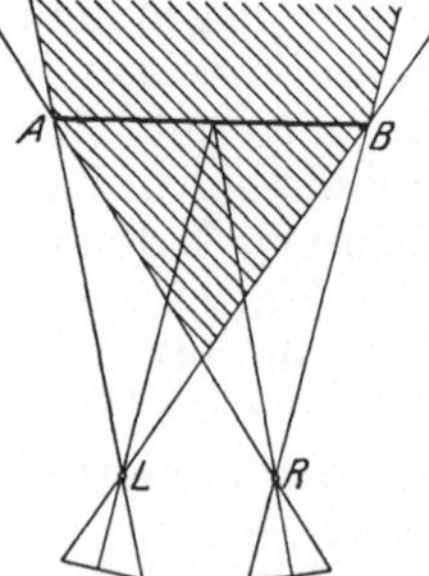

Abb. 76. Stereoskopisches Bildfeld
bei konvergierenden Objektivachsen

geneigter Plattenebenen vor, und zwar meist mit zueinander geneigten konvergenten Objektivachsen.

Sind die Objektivachsen parallel, so werden nur diejenigen Gegenstände stereoskopisch abgebildet, die innerhalb des in Abb. 75 schraffiert gezeichneten Teils des gemeinsamen Sehfeldes liegen.

In jedem der beiden Sehfelder geht also ein senkrecht verlaufender Streifen von der Breite des Objektivabstandes für die stereoskopische Abbildung verloren.

Sind die Objektivachsen konvergent (Abb. 76), so fallen wohl noch größere Teile der beiden Sehfelder aus der stereoskopischen Zone aus, aber es kann dabei doch der Fall eintreten, daß eine vorteilhaftere Ausnutzung der Platten als bei parallelen Objektivachsen stattfindet; dies ist dann der Fall, wenn das Objekt sich in der Nähe einer Fläche AB ausbreitet, die der Standlinie LR nahezu parallel ist. Solche Verhältnisse liegen z. B. bei Aufnahmen der Erde von einem Ballon oder einem Flugzeug aus vor, wenn in dem aufgenommenen Teil der Erde nur verhältnismäßig geringe Tiefenunterschiede vorhanden sind.

Am besten richtet man die Objektivachsen mittels eines Suchers auf einen etwa in der Mitte des Sehfeldes deutlich sichtbaren Punkt.

Aufnahmen mit geneigten Platten bzw. Objektivachsen sollen eigentlich unter den gleichen Verhältnissen im Stereoskop betrachtet werden. Das Linsenstereoskop eignet sich dazu nicht, hingegen ist mit Spiegelstereoskopen die gestellte Bedingung leicht zu erfüllen.

Werden mit geneigten Platten aufgenommene Halbbilder in eine Ebene gebracht, so ist es ohneweiters klar, daß die seitlichen Abstände der einzelnen Bildpunkte von der Hauptvertikalebene unter anderen Winkeln erscheinen als bei der Aufnahme und daß auch die Betrachtungskonvergenzen ganz andere werden; auf diese Art müssen sich geometrisch unrichtige Tiefenverhältnisse ergeben.

Man bemerkt jedoch davon nicht viel oder gar nichts, weil kein richtiges Raumbild zum Vergleich vorhanden ist und unsere Psyche genaue Vergleiche mit Erinnerungsbildern überhaupt nicht anzustellen vermag.

γ) **Vermeidung eines störenden Vordergrunds.** Wie aus dem vorstehend Gesagten hervorgeht, kann der Abstand der beiden Aufnahmeorte je nach der Entfernung des Objektes von den Aufnahmeorten zwischen einigen Zentimetern und einigen Millionen Kilometern variieren.

Es ist klar, daß derartige Stereoaufnahmen niemals eine stärkere Konvergenz hervorrufen dürfen als mit den Augen ohne Anstrengung zu erreichen ist. Nimmt man bei diesen Aufnahmen eine zu einer Entfernung von etwa 50 cm gehörige Konvergenz als stärkste an, so ergibt sich, daß der nächstliegende Objektpunkt bei einer telestereophotographischen Aufnahme wenigstens 8- bis 10 mal so weit entfernt sein soll als die Länge der Aufnahmebasis beträgt.

Werden näherliegende Objektteile auf der Platte mit abgebildet, so entsteht eine gewisse Verwirrung, die sich besonders bei Telestereoaufnahmen von Teilen der Erde bemerkbar machen kann.

Bei Aufnahmen von Wolken, Gewitterentladungen und Himmelskörpern von der Erde aus sowie bei Aufnahmen von Teilen der Erde aus Luftfahrzeugen oder von Drachen sind störende Vordergründe nicht vorhanden oder leicht zu vermeiden.

c) **Plattenformat und Brennweiten.** Während bei den normalen Stereoaufnahmen die Größe des Formates durch den Abstand der Augendrehpunkte beschränkt war, kann man bei der Telestereophotographie das Format der Halbbilder selbstverständlich beliebig groß wählen; es sind große Platten sogar zu empfehlen, um möglichst viele Einzelheiten im Bild zu erhalten.

Während in den früher behandelten Gebieten der Stereophotographie die kürzeren Brennweiten vorzuziehen waren, sind in der Telestereophotographie die längeren Brennweiten am Platz, weil wegen der in Betracht kommenden großen Objektentfernungen auch bei großen Öffnungsverhältnissen keine Tiefenunschärfe zu befürchten ist.

d) **Betrachtung von Telestereobildern.** Für die Betrachtung großer Kopien (etwa Papierkopien) sind nur Spiegelstereoskope zu verwenden. Sollen die Aufnahmen für Linsenstereoskope brauchbar sein, so müssen sie entsprechend verkleinert werden.

In der Regel beabsichtigt man bei Telestereobildern weniger, eine möglichst richtige oder proportional ähnliche Vorstellung der Tiefenverhältnisse, wie sie sich nach den Prinzipien der Abb. 49 ergibt, zu gewinnen, als vielmehr Tiefenunterschiede, die den unbewaffneten Augen verborgen bleiben, möglichst stark hervorzuheben.

Zu diesem Zweck müssen die Halbbilder bzw. korrespondierende Teile derselben den Augen unter möglichst großen Winkeln dargeboten werden, ohne daß aber dabei die Grenzen der nutzbaren Vergrößerung überschritten werden.

Um eine möglichst ausgiebige Übersicht bei der Betrachtung der Bilder zu gewinnen, verwende man am besten Weitwinkellupen mit etwa 7 cm Brennweite, mit denen man entweder die vorher etwa auf das Format 6,5 × 9 cm verkleinerten Halbbilder oder die nicht verkleinerten korrespondierenden Ausschnitte aus dem Originalbild in der Größe 6,5 × 9 cm betrachtet.

Für genauere Untersuchungen bei stärkerer Vergrößerung können mit Vorteil gewöhnliche Prismenfernrohre mit erweitertem Objektivabstand verwendet

Abb. 77. Stereoaufnahme mit einer Standlinie von 254 m

werden, nachdem man den Objektiven z. B. plan-konvexe achromatische Linsen (mit der Planfläche dem Bilde zugekehrt) vorgesetzt hat.

Vertragen die Bilder eine noch stärkere nutzbare Vergrößerung, so können zu deren Betrachtung passend montierte Mikroskope mit schwacher Vergrößerung (wie sie bei stereophotogrammetrischen Arbeiten Verwendung finden) benutzt werden.

Wir zeigen einige Beispiele von Telestereoaufnahmen. Abb. 77 zeigt eine von von Hübl angefertigte Aufnahme einer Gebirgsgegend mit einer Standlinie von etwa 254 m, Abb. 78 die Aufnahme eines Gebirgstales mit einer Standlinie von 30 m (es wurden zwei Aufnahmen nacheinander vom Bord eines fahrenden Dampfers aus gemacht).

Die Blitzaufnahme in Abb. 79 wurde von Walter mit einer Standlinie von nur 2 m gemacht (vgl. Phys. ZS. 1912, S. 1082).

Abb. 80 zeigt das am 4. März 1920 in Oscarborg und Bygd in der Nähe von Oslo unter Leitung von C. Störmer aufgenommene Polarlicht, Belichtungszeit 6 Sekunden, Standlinie 26 km, Entfernung der Erscheinung von der Standlinie etwa 378 km. Die Form des hohlen Lichtstrahlenbündels erscheint am deutlichsten bei einem Betrachtungsabstand von mindestens 25 cm.

Bei stereoskopischen Aufnahmen von Regenbogen am Himmel oder in Wasserfällen ist trotz großer Nähe des Regenschauers oder des Wasserfalls keine Parallaxe vorhanden, weil jedes Objektiv einen anderen Bogen abbildet, und zwar denjenigen, dessen Mittelpunkt auf der Linie Sonne—Objektiv liegt.

Aus diesem Grunde sollten Regenbogen in allen Stereoaufnahmen im Unendlichen erscheinen, der Beobachter projiziert ihn aber leicht auf einen entfernten Gegenstand, auf den er seine Aufmerksamkeit gerichtet hat.

e) **Telestereoaufnahmen aus Flugzeugen zu Betrachtungs-**

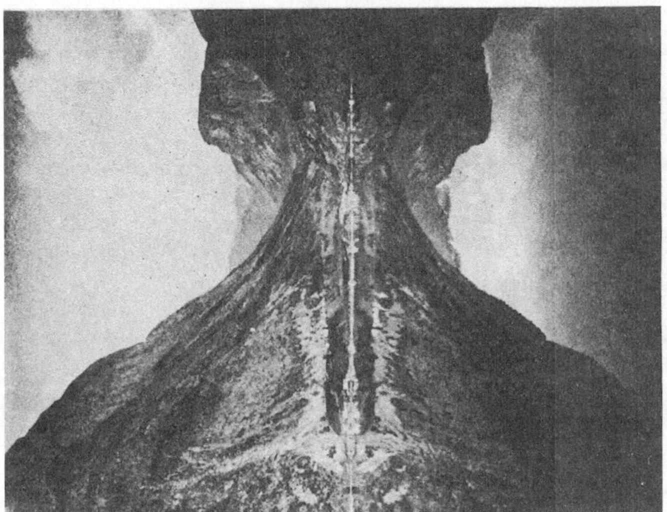

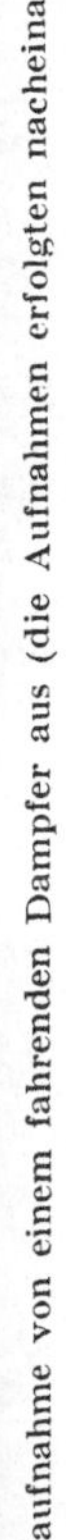

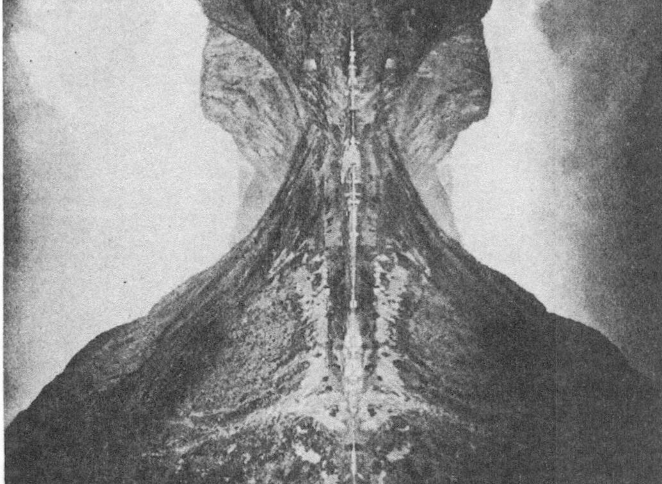

Abb. 78. Stereoaufnahme von einem fahrenden Dampfer aus (die Aufnahmen erfolgten nacheinander)

zwecken. Derartige Aufnahmen haben den Zweck, das Relief eines Teils der Erdoberfläche von oben her sichtbar zu machen.

Weil es sich hier im allgemeinen um geringe Erhebungen handelt, ist eine verhältnismäßig starke Konvergenz erwünscht, damit diese Erhebungen deutlich hervortreten; eine Standlinie von etwa $^1/_{10}$ der Objektentfernung erweist sich hier als zweckmäßig.

Wie wir schon auf S. 59 bemerkten, ist es in derartigen Fällen vorteilhaft, beide Aufnahmen mit nach dem gleichen Objektpunkt gerichteten Objektivachsen zu machen. Das Relief zeigt sich am deutlichsten, wenn die Objektiv-

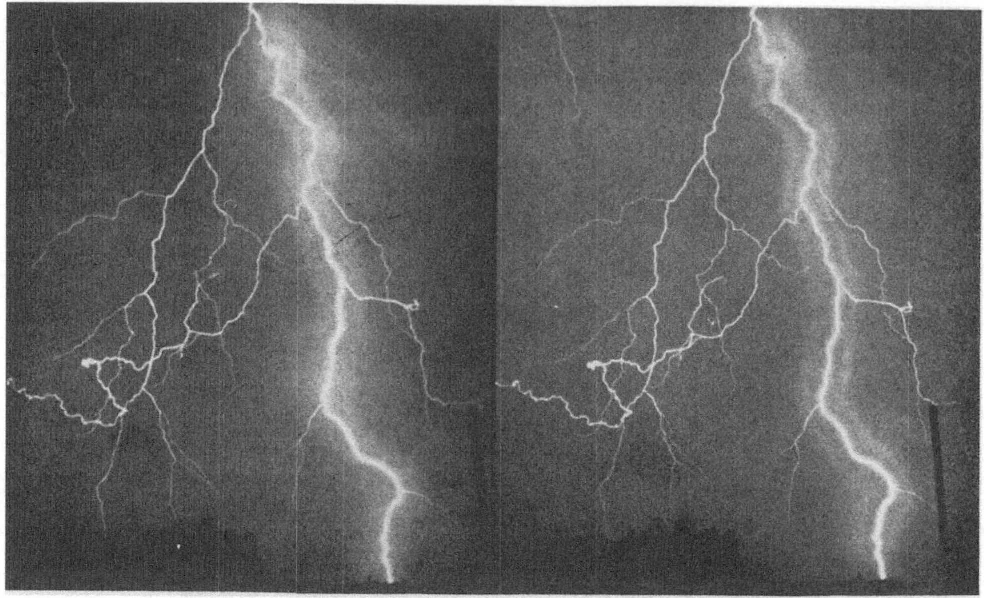

Abb. 79. Stereoaufnahme eines Blitzes mit einer Standlinie von 2 m

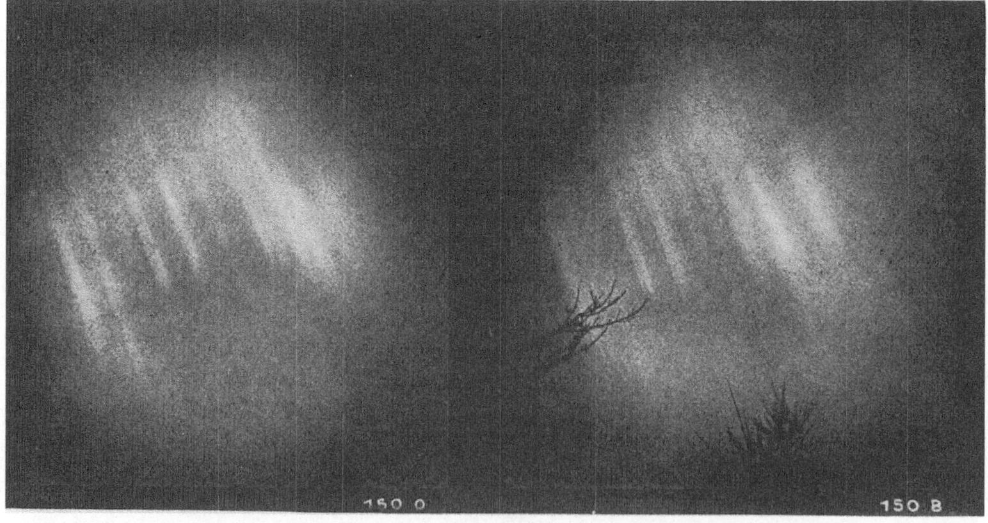

Abb. 80. Stereoaufnahme eines Polarlichtes mit einer Standlinie von 26 km

achsen nicht senkrecht, sondern schräg nach unten verlaufen und senkrecht zur Flugbahn gerichtet sind.

Da das Flugzeug die Strecke zwischen den beiden Aufnahmeorten in einigen wenigen Sekunden zurücklegt, so daß ein Plattenwechsel in der Zwischenzeit nicht oder schwer möglich ist, ist eine Doppelkammer (Stereokammer), die erschütterungsfrei im Flugzeug aufgehängt ist oder frei in der Hand gehalten wird, zu empfehlen.

Es können sowohl Aufnahmen mit Objektiven ziemlich kurzer Brennweite (z. B. 9 cm) auf Platten 9 × 13 cm als auch solche mit Objektiven längerer Brennweite auf größeren Formaten gemacht werden. Dadurch, daß man zuerst die in der Flugrichtung vorne liegende Plattenhälfte und danach die hintere Plattenhälfte belichtet, entsteht ein Negativ, das ebenso wie dessen einfache Kontaktkopie ohneweiters im Linsensteroskop betrachtet werden kann. Abb. 81 ist aus einer Höhe von etwa 500 m mit einer Standlinie von etwa 50 m und mit 9 cm Brennweite aufgenommen (s. Tafel I am Schluß des Buches).

Größere Formate sind im Spiegelstereoskop zu betrachten.

Es ist bemerkenswert, daß während der Aufnahme sich im Sinne der Flugrichtung bewegende Körper (Personen, Fahrzeuge, Züge, Flugzeuge, Vögel usw.) im Stereobild weiter entfernt erscheinen als unbewegte Gegenstände; andererseits erscheinen in entgegengesetzter Richtung sich bewegende Objekte näher, was daher kommt, daß erstere durch ihre Bewegung eine kleinere, letztere eine größere Parallaxe als die bewegungslosen Gegenstände erhalten.

Bei Aufnahmen aus größeren Höhen ist der Gebrauch eines Gelbfilters zu empfehlen, der die in der Atmosphäre stark zerstreuten blauen Lichtstrahlen absorbiert.

f) **Telestereoaufnahmen von Himmelskörpern.** Bei der Stereophotographie des Sternhimmels wird im allgemeinen die erforderliche sehr große Standlinie dadurch gewonnen, daß man beide Aufnahmen längere Zeit nacheinander macht; während dieser Zeit entfernt sich die Erde — außer durch ihre Rotation um die Sonne — mitsamt der Sonne und dem Planetensystem pro Sekunde etwa 20 km vom ersten Aufnahmeort.

Um die astronomische Stereophotographie hat sich insbesondere MAX WOLF von der Sternwarte in Heidelberg verdient gemacht, dem u. a. auch eine Stereoaufnahme des Saturn gelang.[1]

Abb. 82. Stereobild des Kometen MOREHOUSE

---

[1] Vgl. M. WOLF, Stereoskopbilder vom Sternhimmel, Serie I und II. Leipzig, J. A. Barth, 1915 und 1918.

Wir zeigen hier die schöne stereoskopische Aufnahme des Kometen Morehouse vom 16. November 1908 (Abb. 82) des genannten Astronomen. Die Bewegung des Kometen erzeugte schon in etwa einer Viertelstunde eine genügende Parallaxe relativ zum Fixsternhintergrund.

Genau so, wie man mikrophotographische Aufnahmen kleiner Objekte derart herstellt, daß man die Objekte um einen kleinen Winkel dreht (vgl. S. 52), kann man auch die Bewegung einiger Himmelskörper dazu benutzen, um sie stereophotographisch an sich oder in Bezug auf den Fixsternhintergrund aufzunehmen. So ermöglicht die sogenannte Libration des Mondes (der der Erde zugewandte Teil seiner Oberfläche verdreht sich nach einem gewissen Zeitraum mehr oder weniger), ihn stereophotographisch aufzunehmen. Auf diese Weise ist das in Abb. 83 wiedergegebene Stereobild zustande gekommen.

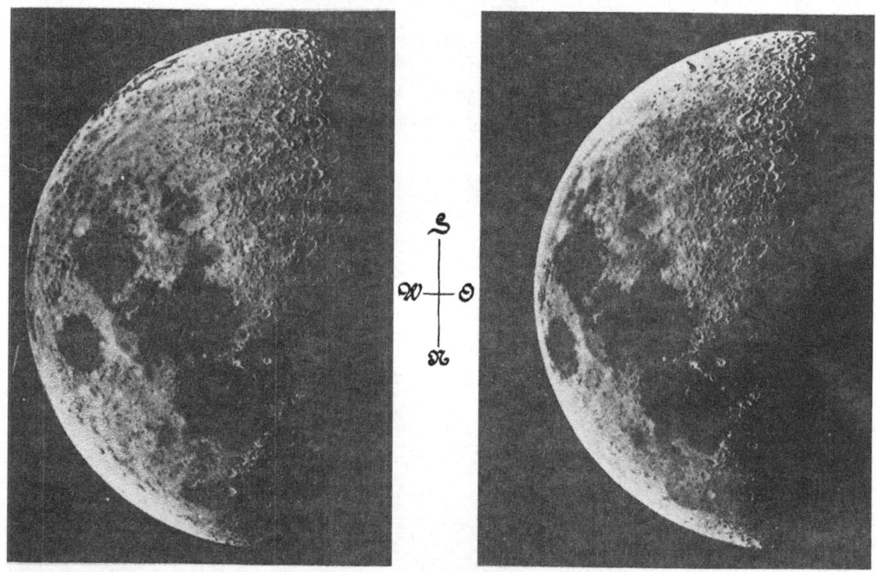

Abb. 83. Stereobild des Mondes

Die Abb. 84 konnte der Verfasser aus einer von M. Henry in Paris und einer von Ritchey in New York gemachten Aufnahme des Mondes zusammenstellen; die Aufnahmen wurden zu ganz verschiedenen Zeiten gemacht.

Da die Sonne sich in etwa 25 Tagen einmal um ihre Achse dreht, drehen sich die Sonnenflecken in 8 Stunden um einen Winkel von etwa 5⁰, was schon genügt, um sie an einem Tag stereophotographisch abbilden zu können, wie dies Warren de la Rue getan hat. Auf ähnliche Art machen die Bewegungen der Jupitermonde sowie die Schwingungen der Äquatorebene des Saturns das Entstehen stereoskopischer Parallaxen möglich, bei deren Deutung jedoch das auf S. 53 Gesagte zu beachten ist.

Es sei bemerkt, daß zur photographischen Aufnahme von Himmelskörpern — sofern keine Spiegelteleskope verwendet werden — Spezialobjektive erforderlich sind, weil die optischen Teile der Refraktoren nur zum visuellen Gebrauch bestimmt und daher für die chemisch wirksamen Strahlen nicht korrigiert sind. Man vergleiche diesbezüglich die Kataloge der großen optischen Werkstätten.

g) Telestereoaufnahmen sich bewegender Objekte mit Zeitintervall. Wie schon bei Besprechung der Stereoaufnahmen aus Flugzeugen
(S. 63) bemerkt wurde, verursachen sich bewegende Objekte, wenn die beiden
Aufnahmen mit einem gewissen Zeitintervall gemacht werden, Änderungen
in den Größen der Parallaxen; diese Größen sind von der Richtung und Geschwindigkeit der Bewegung der sich bewegenden Objekte abhängig.

Da nun die Parallaxen — soll ein richtiger Einblick in die Tiefengliederung
gewonnen werden — außer von der Länge der Standlinie, nur von den Entfernungen der Objekte vom Aufnahmeort abhängig sein sollen, führt die oben-

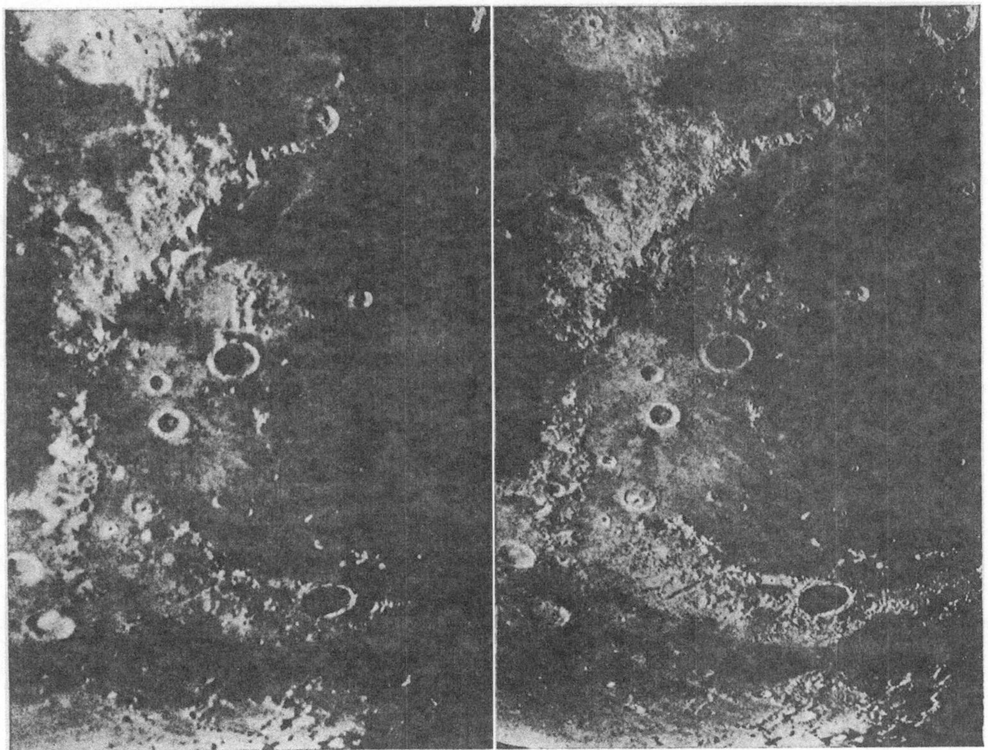

Abb. 84. Stereobild eines Teiles des Mondes

erwähnte Tatsache dazu, daß derartige Stereoaufnahmen ganz falsche Vorstellungen über die Tiefenverhältnisse hervorrufen können.

Dies gilt für alle Aufnahmen von Himmelskörpern und atmosphärischen Erscheinungen, die nicht zu gleicher Zeit gemacht werden, weil alle
diese Körper und Erscheinungen sich relativ zur Erde und gegeneinander
mehr oder weniger schnell bewegen.

Man denke sich etwa ein Flugzeug, das einige Sekunden nacheinander zwei
Aufnahmen eines bestimmten Teils der Erdoberfläche macht; ein zweites Flugzeug, das zum ersten parallel fliegt, werde mit aufgenommen. Weil in der gegenseitigen Lage der beiden Flugzeuge zueinander keine Änderung eintritt, geben
beide Aufnahmen des zweiten Flugzeugs das gleiche Bild an identischen
Plattenstellen, zeigen also gar keine Parallaxe. Im Stereoskop muß deshalb das

zweite Flugzeug im Unendlichen erscheinen, obgleich es in Wirklichkeit viel näher ist als die im Stereobilde näher erscheinenden Teile der Erdoberfläche.

Bei der Deutung von Stereoaufnahmen von Himmelskörpern, sich bewegender Wolken, sich fortwährend ändernden Polarlichts usw. muß man daher genau feststellen, inwiefern Bewegungen die resultierenden Parallaxen hervorgebracht bzw. beeinflußt haben können. Es können sich hierbei mehrere Fälle ergeben, von denen wir nur einige näher betrachten wollen.

α) Der Aufnahmeort sei ruhend, das aufgenommene (an sich unveränderliche) Objekt bewegt sich mit gleichförmiger Geschwindigkeit parallel zur Stand-

Abb. 85. Mit Zeitintervall aufgenommenes Wolkenstereobild

linie (wir betrachten nur parallel zur Standlinie verlaufende Bewegungen oder ihre Bewegungskomponenten in dieser Richtung).

β) Der Aufnahmeort ist ruhend, das aufgenommene Objekt rotiert um eine Achse, die irgendwo senkrecht zur Ebene Standlinie—Objektmittelpunkt verläuft.

γ) Der Aufnahmeort ist ruhend; verschiedene Teile des Objekts bewegen sich relativ zueinander mit verschiedenen Geschwindigkeiten und in verschiedenen Richtungen, von denen nur die Komponenten parallel zur Standlinie betrachtet werden.

Der Fall α) ergibt sich z. B. bei der Aufnahme von Wolken, welche vorbeiziehen. Die beiden Aufnahmen werden mit der gleichen Kammer am gleichen Ort einige Sekunden nacheinander gemacht. Es ist klar, daß dieser Fall mit jenem identisch ist, bei dem das unveränderliche Objekt ruht und der Aufnahmeort sich bewegt (Flugzeugaufnahmen). Die normale Tiefengliederung wird in diesem Falle nicht geändert; es weisen nähere Gegenstände größere Parallaxen auf als weiter entfernte, welche sich mit der gleichen Geschwindigkeit bewegen.

Abb. 85 ist derart zustandegekommen, daß zwei Weitwinkelaufnahmen bei mäßig starkem Wind mit einem Zeitintervall von etwa 4 Sekunden senkrecht zur Bewegungsrichtung der Wolken im gleichen Standpunkt gemacht wurden.

Die zugleich abgebildeten Teile der Erde erscheinen weiter als die entferntesten Wolken, weil sie sich nicht bewegten, also keine Parallaxe hervorriefen.

Da die verschiedenen Wolkenschichten sich sehr oft in verschiedenen Richtungen bewegen, kann man nur dann richtige und vollständige Daten über die Entfernungen, Abmessungen, Geschwindigkeiten und Bewegungsrichtungen aller abgebildeten Wolken, Wolkengruppen und Wolkenschichten aus den Stereobildern ableiten, wenn man an zwei z. B. 100 m auseinander liegende Stellen zwei Aufnahmen mit parallelen Objektivachsen gleichzeitig macht (und zwar unter Verwendung eines elektrischen Verschlusses) und überdies das Zeitintervall zwischen zwei am gleichen Ort angefertigten Aufnahmen genau mißt.

Während je zwei zu gleicher Zeit, aber an verschiedenen Orten gemachte Aufnahmen die richtigen Tiefenverhältnisse wiedergeben, geben die Unterschiede zwischen den beiden zuerst und den beiden zuletzt gemachten Aufnahmen am gleichen Ort über die Orts- und Richtungsveränderungen wie auch über die Geschwindigkeiten während dieses Zeitintervalls Aufschluß.

Man erhält auf diese Weise also im ganzen vier untereinander vergleichbare Raumbilder, von denen zwei räumlich und zwei zeitlich verschieden sind.

Zur Untersuchung besonderer Bewegungen an Wolken (z. B. aufsteigende oder niedersteigende Wirbelbewegungen) sind gleichzeitige Kinoaufnahmen von zwei verschiedenen Orten aus erforderlich.

Im Falle β) denken wir z. B. an die Aufnahme der uns zugewendeten Sonnenoberfläche (vgl. S. 64); wir wollen diesen Fall etwas näher betrachten. In der schematischen Abb. 86 stellt S die Sonne, E die Erde, F den aufzunehmenden Sonnenfleck dar. Der Fleck F wird zuerst von a aus aufgenommen. Nach 8 Stunden hat der Sonnenfleck sich (um die Sonnenachse) um einen Winkel von etwa 5^0 gedreht und wird nun nochmals von b aus aufgenommen. In derselben Zeit gelangt die Erde von E_1 nach E_2; da die Erde etwa 30 km pro Sekunde längs der Erdbahn durchläuft, hat sie in der Zeit von 8 Stunden einen Weg von 864000 km zurückgelegt. Die Parallaxe, welche dadurch erhalten wird, kann trotzdem nur sehr klein sein, weil die Erde in 8 Stunden nur etwa $^1/_3{}^0$ in ihrer Bahn um die Sonne zurücklegt.

F_1 hat sich im gleichen Sinne nach F_2 bewegt; dies entspricht einem Abstand von rund 56000 km auf der Sonnenoberfläche; dieser Abstand muß von der Strecke $E_1 E_2$ abgezogen werden; ebenso muß die gegenseitige Annäherung der Aufnahmepunkte a und b wegen der gleichzeitigen Drehung der Erde um ihre eigene Achse um 120^0 (diese Annäherung beträgt etwa 10000 km) von $E_1 E_2$ abgezogen werden.

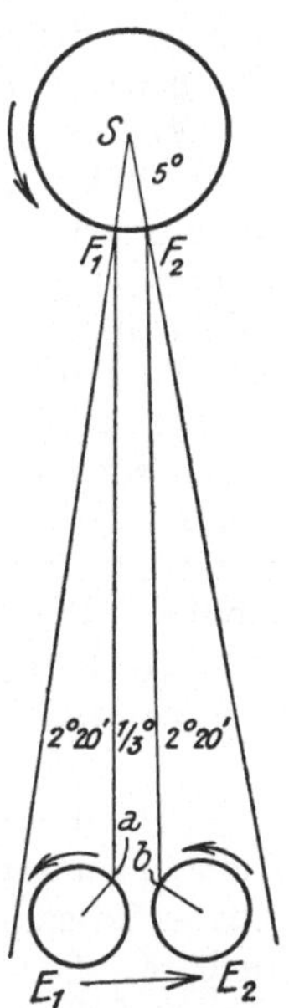

Abb. 86. Aufnahme eines Sonnenflecks

Es ergibt sich also eine Parallaxe von etwa 2 mal $2^0 20'$ d. i. $4^0 40'$, welche den Sonnenfleck im Stereoskop, vorausgesetzt, daß er unter der gleichen Konvergenz betrachtet wird, wie die Aufnahme stattfand, in einer Entfernung von 80 cm erscheinen läßt. Die Objektivachsen bzw. Plattenebenen waren um einen Winkel von etwa $19'$ gegeneinander geneigt.

Bei der stereoskopischen Ausmessung derartiger Aufnahmen muß die (oben nur roh angedeutete) Berechnung der wirklichen Parallaxe unter Berücksichtigung aller wesentlichen Umstände genau ausgeführt werden.

Wie man leicht erkennt, unterscheidet sich dieser Fall im wesentlichen nicht von jenem, bei dem die sogenannte Wippe (vgl. S. 55) angewendet wird. Falls sich der Sonnenfleck in den 8 Stunden nicht merklich ändert, bleibt die normale Tiefengliederung ungeändert.

Wollte man nach dem gleichen Prinzip z. B. die schnell rotierenden Jupitermonde aufnehmen, so käme man zu einer ganz falschen Beurteilung ihrer gegenseitigen Tiefenlage, weil das System: Planet und Trabanten an sich veränderlich ist und die nach einem gewissen Zeitraum entstehenden Parallaxen nicht ausschließlich auf die Unterschiede der Entfernungen der einzelnen Monde von der Erde zurückzuführen sind.

Ist eine genügende Zahl Bewegungselemente bekannt, so lassen sich aus derartigen Aufnahmen sehr wertvolle Schlüsse ziehen.

Auch die Lage der Rotationsachse des aufzunehmenden Objekts spielt eine große Rolle. Geht die Rotationsachse z. B. durch den Aufnahmeort, wie dies bei der Mondbewegung um die Erde praktisch der Fall ist, so können keine Parallaxen entstehen; in diesem Fall erhält man immer das gleiche Bild — nur die sogenannte Libration, eine Abweichung der Mondbewegung vom oberwähnten Fall ermöglicht die stereoskopische Aufnahme des Mondes.

Den Fall γ) wollen wir nur ganz kurz besprechen. Auch hier ist, sollen bestimmte Schlüsse aus den sich ergebenden Parallaxen gezogen werden können, die genaueste Berücksichtigung aller Bewegungselemente notwendig.

Das System unserer Sonne bewegt sich mit einer Geschwindigkeit von etwa 20 km pro Sekunde gegen einen bestimmten Punkt des Sternhimmels. Wollte man mittels dieser Bewegung (z. B. nach Ablauf eines oder mehrerer Jahre) eine Standlinie erhalten, die genügend groß ist, um Fixsternparallaxen zu gewinnen und daraus deren Entfernungen und Entfernungsunterschiede bestimmen, so ist zu bedenken, daß sich auch Fixsterne einzeln oder gruppenweise mit Geschwindigkeiten von der gleichen Ordnung und im gleichen Sinne wie die Erde bewegen können, in welchem Falle auch bei großer Nähe keine Parallaxen auftreten, während Gruppen, die sich in entgegengesetzter Richtung als die Erde bewegen, — auch wenn sie viel weiter entfernt wären — meßbare Parallaxen ergeben können.

Weil bei den so erhaltenen Parallaxen nur ihre Komponenten in einer zur Standlinie parallelen Richtung zur Geltung kommen, sind die Schlußfolgerungen aus solchen Aufnahmen verhältnismäßig schwer zu ziehen.

Schließlich sei noch folgendes bemerkt: der Umstand, daß Fixsterne sich auch in anderen Richtungen als in derjenigen der Standlinie bewegen können, läßt es ratsam erscheinen, nicht nur in der Richtung der Standlinie, sondern auch in allen anderen Richtungen nach Parallaxen zu suchen; dies geschieht derart, daß man beide Halbbilder um gleiche Winkel (jedesmal z. B. um 5°) um ihre Mittelpunkte dreht.

Übrigens kann hier das später zu besprechende Blinkverfahren verwendet werden.

Wie festgestellt wurde, läßt sich aus der Verschiebung der Spektrallinien im Spektrum von Sternen ein Schluß auf die Geschwindigkeit ihrer Bewegungen gegenüber der Erde (zu ihr hin oder von ihr weg) ziehen. Auch diese Verschiebungen lassen sich bei geeigneter Anordnung der zu vergleichenden Spektralaufnahmen stereoskopisch nachweisen und messen.

C. Stereoskopische Scherzbilder

Scherzbilder (z. B. Geistererscheinungen etc.), wie sie als Einzelbilder angefertigt werden, sind auch als Stereoskopbilder herstellbar.

Solche Bilder sind Durchdringungsbilder zweier verschiedener Gegenstände, die nacheinander am gleichen Ort aufgestellt werden; auf die Aufnahme jedes Gegenstandes entfällt ein Teil der notwendigen totalen Expositionszeit.

Beide Gegenstände oder der leere Raum und der während eines Teils der Expositionszeit in ihm aufgestellte Gegenstand werden, falls stereoskopische Aufnahmen erwünscht sind, mit beiden Kammern aufgenommen.

Auch folgendes Verfahren ist anwendbar: Die linke Aufnahme wird mit

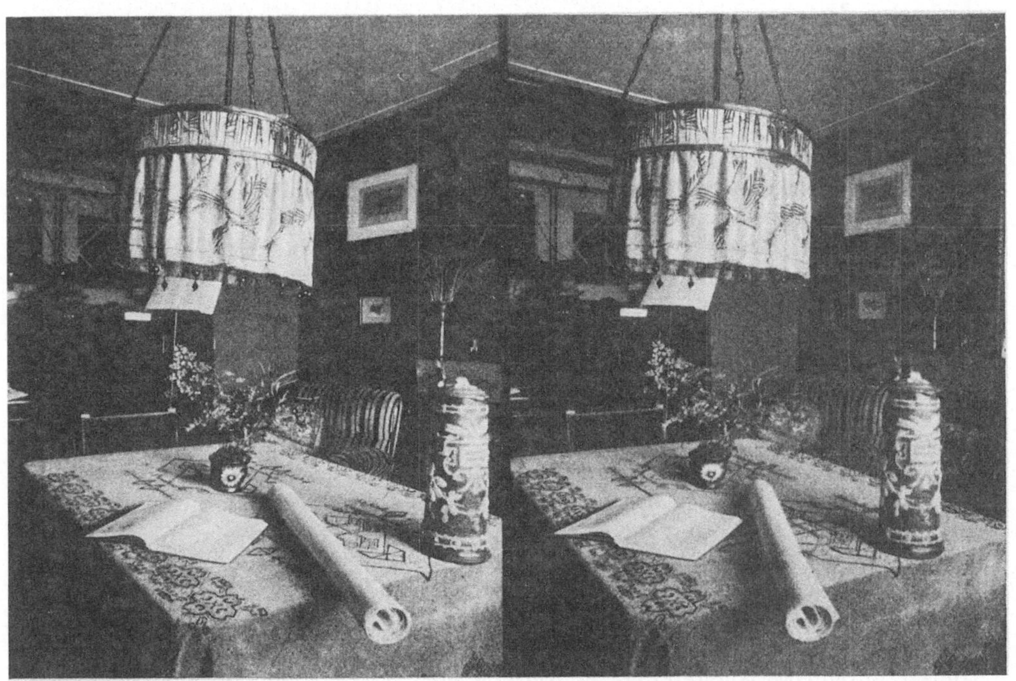

Abb. 87. Stereoskopische Scherzaufnahme

dem linken Objektiv gemacht. Bevor die rechte Aufnahme erfolgt, verändert man ein wenig die Stellung eines der aufgenommenen Gegenstände (z. B. einer Person), wodurch er eine ganz andere Parallaxe als bei normaler Aufnahme erhält.

Auf diese Art kann man eine Person oder eines ihrer Glieder in einer anderen Entfernung erscheinen lassen, als es tatsächlich ist, dadurch ergibt sich im Stereoskop eine unnatürliche Vergrößerung (Verkleinerung) der scheinbar genäherten (entfernten) Person bzw. des betreffenden Körperteils.

Im allgemeinen wirken solche räumliche Verzerrungen nicht so deutlich, wie es die Theorie verlangt, weil die indirekte Tiefenwahrnehmung (vgl. S. 70) sowie psychologische Momente in hohem Maße mitwirken.

Bei den künstlich herbeigeführten Änderungen der Parallaxe denke man daran, daß sie innerhalb der Grenzen zwischen 0^0 und 15^0 bleiben soll.

In Abb. 87 scheint der Bierschoppen in der Luft zu schweben, obgleich er auf dem Tisch steht, dies rührt daher, daß seine Parallaxe durch seitliche

Parallelverschiebung vergrößert wurde. Die Papierrolle in Abb. 87 erhebt ihr vorderes Ende scheinbar in die Luft, weil sie um das andere Ende ein wenig nach der Seite gedreht wurde, und der Lampenschirm rückt in den Hintergrund des Zimmers, weil seine Parallaxe künstlich verringert wurde.

D. Die psychologische Verwertung richtiger und unrichtiger Stereobilder

Im vorstehenden haben wir immer dafür Sorge getragen, daß im Stereoskop Netzhautbilder hervorgerufen wurden, die den von den wirklichen Objekten erzeugten Netzhautbildern geometrisch gleich waren.

Auf Grund unserer vieljährigen Erfahrung erscheint uns dieses Prinzip am meisten befriedigend.

Es kommt vor, daß einige Beobachter von richtig hergestellten und betrachteten Stereobildern nicht den gleichen Eindruck bezüglich Größe und Entfernung der Objekte erhalten, den die Wirklichkeit hervorruft. Dies dürfte nur auf individuelle, psychologische Momente zurückzuführen sein, welche die Tiefenvorstellung beeinflussen.

So wird z. B. ein in der Brennebene einer Linse befindliches und durch diese Linse betrachtetes Bild nicht im Unendlichen wahrgenommen; dies geschieht auch dann nicht, wenn das Bild in die Brennebene einer großen sogenannten pantoskopischen Linse gebracht und binokular mit parallelen Blicklinien betrachtet wird. (Im letztgenannten Falle sieht man das Bild weiter und größer als bei monokularer Betrachtung.)

Es mag sein, daß die Kenntnis der wirklichen Kleinheit und der sehr geringen Entfernung der Stereobilder viele Leute daran hindert, sich das Gesamtbild genug weit entfernt und entsprechend groß zu denken. Dies tritt wohl bei Betrachtung eines in freier Hand gehaltenen Stereobildes mit parallelen Blicklinien sehr leicht ein, hingegen hat sich vielfach gezeigt, daß bei Vorrichtungen, bei denen die Stereobilder hinter einer Zimmerwand verborgen sind und vorher nicht gesehen werden können, der Eindruck der Wirklichkeit viel täuschender empfunden wird.

Andererseits kommt es vor, daß beträchtliche Fehler des Stereobildes (durch unrichtige Herstellung, Montierung etc.) von vielen Beobachtern nicht oder nur sehr wenig bemerkt werden.

Wir haben schon früher bemerkt, daß psychologische Motive im allgemeinen dahin zu wirken scheinen, daß das dargebotene Abnormale so weit als möglich normal gedeutet wird; die geometrischen Faktoren (die Konvergenzen der Blicklinien) sind wohl nicht mächtig genug, diese psychologischen Einwirkungen ganz zu unterdrücken.

Der Eindruck, den mehrere Beobachter von ein- und demselben unrichtigen Stereobild gewinnen, ist sehr verschieden und ganz individuell; allerdings zeigen sich die wahrgenommenen Abweichungen bei allen im gleichen Sinne.

Eine Verkleinerung der natürlichen Netzhautbilder (z. B. bei Benutzung einer zu langen Betrachtungsbrennweite) bewirkt nicht nur, daß die Gegenstände verkleinert erscheinen, sondern erzeugt auch den Eindruck, daß sie entfernter liegen, eine bei einem umgekehrt benutzten holländischen Binokel deutlich auftretende Erscheinung.

Eine Vergrößerung der Netzhautbilder löst die entgegengesetzte Wirkung aus: die Gegenstände erscheinen kulissenartig der Tiefe nach zusammengeschoben.

In der Regel erscheint ein in einem Fernrohr gesehenes, vergrößertes Bild eher genähert als vergrößert; bekannte irdische Objekte behalten also nahezu ihre natürliche Größe bei. Die Gegenstände erscheinen erst dann übernatürlich groß, wenn die Vergrößerungs- oder Konvergenzverhältnisse es nicht mehr möglich machen, sie in eine genügend kleine natürliche Entfernung zu verlegen. Hingegen werden Himmmelskörper (wie Sonne und Mond) wohl deshalb vergrößert gesehen, weil wir wissen, daß sie nicht nahe gelegen sind.

Je nachdem die Vorstellung der Entfernung oder der natürlichen Größe eines Objekts überwiegt, ist die psychologische Wertung des Gesehenen eine andere.

Werden die beiden Stereobilder weiter auseinandergerückt als dies der wirklichen Konvergenz entspricht, so entsteht der Eindruck einer größeren Entfernung und einer entsprechenden Vergrößerung, allerdings erfolgt dies nicht proportional zur Veränderung der Konvergenz. Eine als Folge eines zu großen seitlichen Abstandes der Halbbilder sich ergebende Divergenz der Blicklinien, welche geometrisch keinem vor dem Beobachter liegenden Objekt entsprechen kann, wird z. B. als ein Parallelstehen der Blicklinien empfunden: das Objekt erscheint fast in normaler Tiefengliederung, aber in größerer Entfernung, als es eigentlich erscheinen sollte.

Bei Abweichungen von den natürlichen Verhältnissen wird das Stereoskop also in den meisten Fällen eine Übergangsform zwischen dem geometrischen und dem natürlichen Raumbild zeigen.

Wie wir wissen, werden die absoluten Entfernungen nur sehr unsicher und ungenau auf Grund der Konvergenz der Blicklinien geschätzt. Nur dann, wenn der Konvergenzwinkel ziemlich groß ist, übt er auf die hauptsächlich durch indirekte Faktoren beeinflußte Entfernungsschätzung einen merklichen Einfluß aus. So wirkt z. B. das Stereobild des Mondes in Abb. 87 überplastisch. Der Mond scheint die Gestalt eines mit der Spitze zum Beobachter gerichteten Eies, nicht aber die einer Kugel zu haben. Das rührt wohl daher, daß das Stereobild in der vorliegenden Zusammenstellung nicht den Aufnahmeverhältnissen entspricht. Die beiden Aufnahmen wurden unter einem Librations- oder Konvergenzwinkel von etwa 13⁰ gemacht, sollen also auch unter etwa gleicher Konvergenz betrachtet werden.

Infolge der daselbst durchgeführten Montierung der Halbbilder in Abb. 83 erscheint der Rand des Mondes bei einem Betrachtungsabstand von 10 bzw. 20 cm sowie bei Betrachtung mit parallelen Blicklinien etwa im Unendlichen, die Bildmitte hingegen wegen starker Konvergenz geometrisch in einer Entfernung von etwa 80 bzw. 160 cm. Diese geometrischen Mißverhältnisse sind zu mächtig, als daß man eine Kugelform sehen könnte; so erklärt sich die resultierende eiförmige Erscheinung des Mondes.

Werden die Bilder gekreuzt gelagert und mit gekreuzten Blicklinien betrachtet, so daß die Vereinigung der Bilder in etwa 30 cm Entfernung erfolgt, so verschwindet die Überplastizität.

Übertreibt man diese Konvergenz, indem man die Halbbilder noch weiter voneinander entfernt oder indem man das Stereobild immer näher an die Augen bringt, so zeigt sich sogar ein dem Beobachter zugewendeter abgeplatteter Scheitel.

Schließlich spielt noch der Unterschied zwischen den Winkeln eine Rolle, unter denen die Aufnahmen und das aufgenommene Objekt betrachtet werden. Auch der Umstand ist von wesentlicher Bedeutung, daß auf geneigten Platten aufgenommene Halbbilder bisweilen in eine Ebene gebracht werden; darauf wollen wir hier nicht näher eingehen.

E. Pseudoskopie

Werden beide Halbbilder verwechselt, so daß dem rechten Auge das linke Halbbild vorgesetzt wird und umgekehrt, so entsteht in unserer Vorstellung ein eigentümliches Raumbild. Im allgemeinen erscheinen nahe Gegenstände entfernt und entfernte nahe, konvexe konkav und konkave konvex.

Ein solches Trugbild wird nach Ch. Wheatstone im Gegensatz zu einem orthoskopischen Bild als ein pseudoskopisches bezeichnet.

Will man untersuchen, was für geometrisches Gebilde durch eine Verwechslung der Halbbilder entsteht, so braucht man lediglich in der Abb. 11 und in den Formeln (1), (2) und (3) die beiden Werte x_1 und x_2 mit Beibehaltung ihres Vorzeichens zu verwechseln; so erhalten die Größen Z, X und Y die entgegengesetzten Vorzeichen.

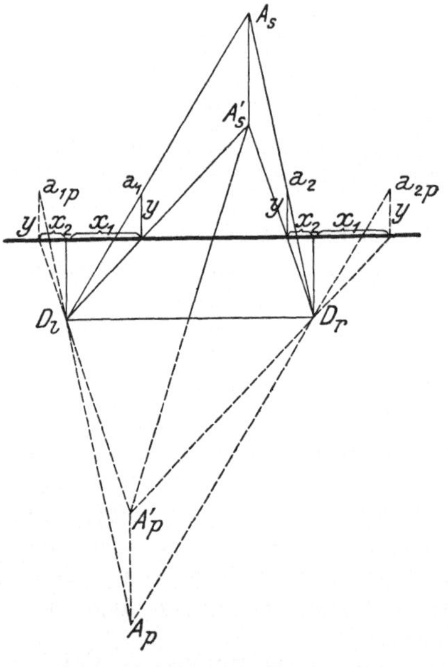

In Abb. 88 entsprechen die ausgezogenen Linien den stereoskopischen (konvergenten), die gestrichelten den pseudoskopischen (divergenten) Blicklinien. Für einen unendlich weit entfernten Objektpunkt bleiben die Blicklinien sowohl in der orthoskopischen als auch in der pseudoskopischen Anordnung einander parallel. (Reine Pseudoskopie.)

Aus dem Vorstehenden ergibt sich, daß das rein pseudoskopische Bild eigentlich einem spiegelverkehrten umgekehrten Raumbilde hinter dem Beobachter entspricht; man kann zum Vergleich das umgekehrte reelle, durch eine positive vor dem Auge eines Hypermetropen gehaltene Linse entworfene Bild heranziehen.

Das photographische Negativ einer gewöhnlichen stereoskopischen Aufnahme bietet, von der Glasseite betrachtet, genau so wie seine unzerschnittene, positive Kontaktkopie im Stereoskop ein rein pseudoskopisches Bild des aufgenommenen Gegenstandes, weil das vom rechten Objektiv aufgenommene Bild dem linken Auge vorgesetzt wird oder, besser ausgedrückt, weil die beiden korrespondierenden Bilder eines nahe gelegenen Objektpunktes weiter auseinander liegen als die eines entfernten Objektpunktes.

Abb. 88. Pseudoskopie (schematisch)

Daß wir trotz der Divergenz ein eigentümliches Raumbild vor uns sehen, beruht, wie im vorstehenden Abschnitt erwähnt wurde, auf psychologischen und physiologischen Momenten.

Diese Momente spielen allerdings nur so lange eine Rolle, als wir imstande sind, unsere Augenachsen divergieren zu lassen; weil wir dies nur in sehr beschränktem Maße tun können und weil dieses Divergierenlassen der Augenachsen physisch unangenehm ist, studiert man die pseudoskopischen Erscheinungen an Stereobildern in der Regel so, daß man die verwechselten Halbbilder einander näherbringt, d. h. die x-Werte werden z. B. um einen willkürlichen Betrag vermehrt bzw. vermindert, so daß die Divergenz in Konvergenz übergeht (willkürliche Pseudoskopie). Die einfache Beziehung zum ursprünglichen Raumbild geht dadurch natürlich verloren.

Hieher gehört z. B. auch die Betrachtung eines richtigen Stereobildes mit gekreuzten Blicklinien (Abb. 89), wobei ein stark verkleinertes, pseudoskopisches Raumbild PP entsteht; dieses ergibt sich dadurch, daß die Werte x_1 und x_2 in den Formeln (1), (2) und (3) bzw. durch $(x_2 + b)$ und $(x_1 - b)$ ersetzt sind. Seitlich vom pseudoskopischen Raumbild sieht man monokular ein linkes und ein rechtes Halbbild.

Das mit gekreuzten Blicklinien von der Glasseite her betrachtete unzerschnittene Negativ erzeugt ein stark verkleinertes orthoskopisches Raumbild; eine solche Betrachtung des Negativs ist zur vorläufigen Beurteilung der plastischen Wirkung des künftigen Stereobildes sehr nützlich.

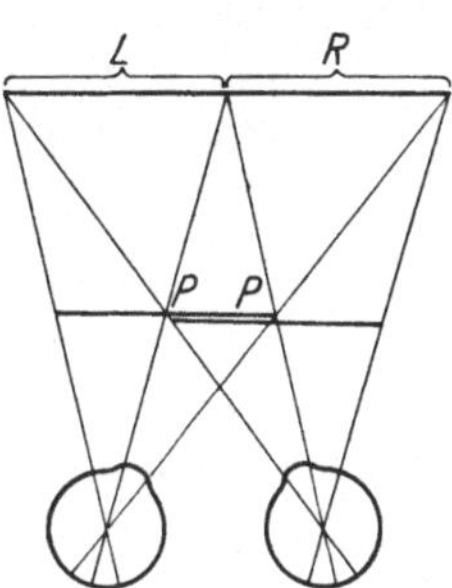

Abb. 89. Betrachtung eines Stereobildes mit gekreuzten Blicklinien

Nur von einfachen Gegenständen, wie z. B. Pyramiden, Kugeln und anderen stereometrischen Körpern läßt sich bisweilen ein gut vorstellbares pseudoskopisches Bild gewinnen. Bei Landschaften, Interieurs und komplizierten Körpern bemerkt man bei dieser Art von Betrachtung ein verworrenes Durcheinander, das sich ergibt als eine Folge des Widerspruchs zwischen allen normalen perspektivischen Regeln und Erscheinungen, welche die indirekte Tiefenwahrnehmung leiten, und den durch die Verwechslung der Halbbilder hervorgerufenen umgekehrten Konvergenzverhältnissen, welche die direkte Tiefenwahrnehmung beeinflussen.

Der Charakter des orthoskopischen und der Charakter des pseudoskopischen Bildes lassen sich durch nachstehende Beziehungen kennzeichnen:

Orthoskopisches Bild = direkte + indirekte Tiefenwahrnehmung,

Pseudoskopisches Bild = direkte — indirekte Tiefenwahrnehmung.

Eine besondere Art der Pseudoskopie erzielte WHEATSTONE durch sein Spiegelpseudoskop (Abb. 90), mit welchem auch wirkliche Gegenstände tiefen- und spiegelverkehrt betrachtet werden können.

Diese Spiegelpseudoskopie kann man als rein bezeichnen, wenn sie ein der Wirklichkeit gleiches, aber umgekehrtes Raumbild hinter dem Beobachter liefert, wenn also die x_1- und x_2-Werte nur ihr Vorzeichen umkehren (parallele durch die Augendrehpunkte gehende Spiegelebenen), und als willkürlich, wenn dabei willkürlich zueinander geneigte Spiegelebenen verwendet werden.

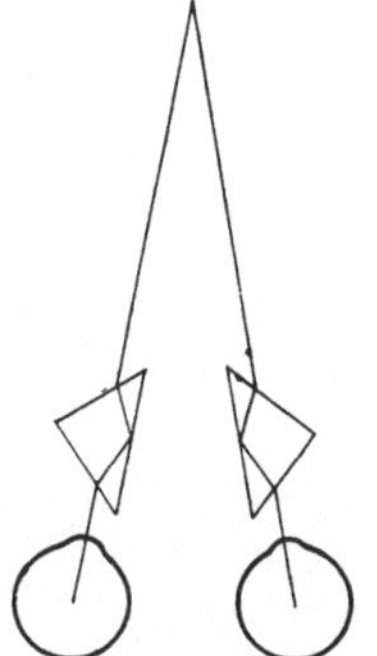

Abb. 90. Spiegelpseudoskop nach CH. WHEATSTONE

F. Verschiedene Formen der Raumanschauung durch optische Systeme

Betrachtet man ein Objekt durch eine Linse oder durch ein optisches System, so ist das von der Linse oder vom optischen System entworfene Bild des betrachtenden Auges das objektseitige Perspektivitätszentrum (Objektauge), d. h. alle vom Objekt O (Abb. 91) nach A_0 (dem Objektauge) gerichteten Strahlen werden vom optischen System nach A gebrochen.

Die Lage des Objektauges relativ zum Objekt ist somit für dessen perspektivisches Abbild maßgebend.

Liegt, vom Objekt aus gesehen, das Objektauge in endlicher Entfernung hinter dem Auge, so werden näher gelegene Teile des Objekts unter größeren Winkeln gesehen als gleich große weiter entfernt gelegene Teile, eine Sachlage, die der gewöhnlichen, natürlichen Perspektive beim unbewaffneten Auge entspricht und mit „entozentrisch" bezeichnet wird.

Liegt das betrachtende Auge im rückwärtigen Brennpunkt des Systems (Abb. 92), so liegt sein durch das System entworfenes Bild (das Objektauge) im

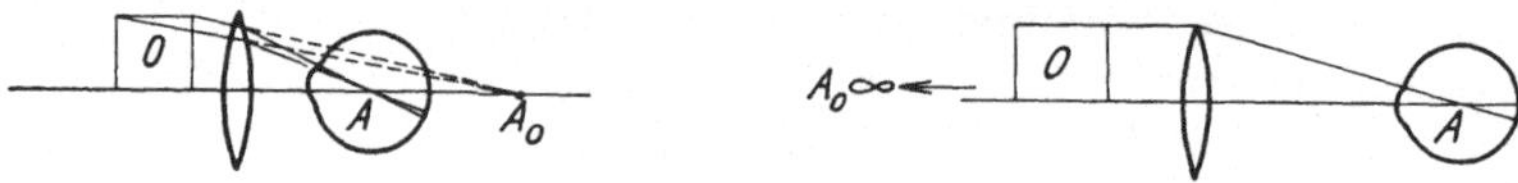

<table>
<tr><td>Abb. 91. Entozentrische Perspektive</td><td>Abb. 92. Telezentrische Perspektive</td></tr>
</table>

Unendlichen (vorne oder rückwärts). Da man von diesem im Unendlichen liegenden Objektauge gleich große Teile des Objekts, seien diese nahe oder fern gelegen, unter gleichen Winkeln wahrnimmt, sieht auch das Auge verschieden weit entfernte, aber gleich große Teile eines Objekts unter gleichen Winkeln, was man als „telezentrische" Perspektive bezeichnet.

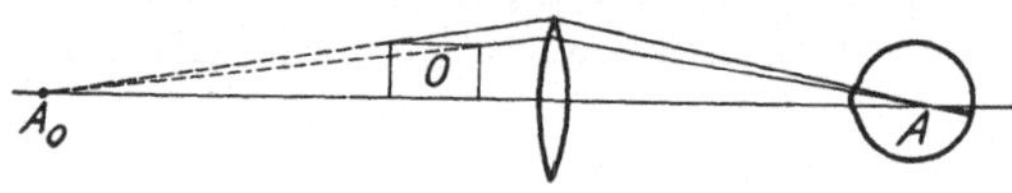

Abb. 93. Hyperzentrische Perspektive

Liegt endlich das Auge des Beobachters hinter dem rückwärtigen Brennpunkt des Systems, so liegt sein optisches Bild A_0 (Abb. 93) in endlicher Entfernung vor dem vorderen Brennpunkt des Systems; somit werden entferntere Teile eines Objekts dem Auge unter größeren Winkeln erscheinen als gleich große nähere Teile. Die hierdurch bedingte unnatürliche Perspektive heißt „hyperzentrisch".

Die genannten Fälle können nicht nur beim einäugigen, sondern auch

Abb. 94. Hyperzentrisches Stereobild

beim beidäugigen Sehen auftreten; dies ist z. B. dann der Fall, wenn man ein kleines, hinter einer großen Linse befindliches Objekt mit beiden Augen betrachtet, wobei sich die Augen innerhalb, in oder außerhalb der Brennweite der Linse befinden, oder mit einer Doppelkammer photographiert. Jedes der auf diese

Weise entstandenen Netzhaut- bzw. Stereobilder hat die oberwähnten Eigenschaften.

Im ersten Falle — die Augen befinden sich innerhalb der Brennweite — werden die entfernteren Teile relativ größer als ohne Linse abgebildet; ihre Bilder bleiben jedoch kleiner als diejenigen gleich großer näherer Objektteile. Weil — dem virtuellen Bilde entsprechend — auch die Tiefenunterschiede wachsen, ist das resultierende Raumbild ein der Tiefe nach bei entsprechender Vergrößerung stärker ausgedehntes Objekt.

Abb. 95. Perspektivische „Atrophie"

Im zweiten Falle — Augen in der Brennebene — werden alle gleich großen Objektteile, obschon ungleich weit entfernt, gleich groß abgebildet. Wegen der Vergrößerung der Tiefenunterschiede im virtuellen Bilde tritt die oberwähnte Eigentümlichkeit des Raumbildes noch stärker hervor; im dritten Fall ist diese Erscheinung am stärksten.

Abb. 96. Stereobild des Bildraumes einer Linse

Abb. 94 zeigt die stereophotographische Aufnahme einer Streichholzschachtel hinter einer Linse; die Aufnahme erfolgte aus einer Entfernung, die größer ist als die Brennweite der Linse.

Die erwähnten Erscheinungen treten besonders auffallend bei Verwendung von Hohlspiegeln auf, weil das Objektauge hier in der Regel hinter dem Objekt liegt.

Schließlich lassen sich die drei genannten Fälle noch erweitern und zwar:

α) wir denken uns beide Augen zu einem zusammengefaßt, so daß beide Augen das gleiche Netzhautbild empfangen, β) rechtes und linkes Auge sind vertauscht.

Auf diese Art entstehen im ganzen 9 verschiedene Formen der Raumanschauung.

Wegen näherer Betrachtungen über diese interessanten Erscheinungen verweisen wir den Leser auf die Sitzungsberichte der mathem.-phys. Klasse der Kgl. Bayrischen Akademie der Wissenschaften, Bd. 36, 1906, Heft 3: „Die beim beidäugigen Sehen durch optische Instrumente möglichen Formen der Raumanschauung" von M. von Rohr, der die einschlägige Theorie systematisch und eingehend dargestellt hat.

Während bei den oberwähnten vergrößernden Linsen (optischen Systemen) die perspektivische Vergrößerung der entfernteren Objektteile darauf zurückzuführen war, daß das Objektauge endlich weit hinter, unendlich weit hinter oder endlich weit vor dem wahrnehmenden Auge lag, tritt beim Betrachten eines Objekts durch verkleinernde Linsen (optische Systeme) die entgegengesetzte Erscheinung, d. h. die perspektivische Verkleinerung der entfernteren Objektteile auf, weil hier das Objektauge dem Objekt immer näher liegt als das betrachtende Auge (Abb. 95).

Gleiches zeigt sich bei binokularer Betrachtung oder bei der Stereophotographie von Objekten durch große Negativlinsen (Tanagratheater).

Überdies läßt sich noch der Fall denken, daß das Objekt seinen Abstand vor der Linse ändert, wobei das Objektauge die oberwähnten 3 verschiedenen Lagen einnimmt; eine nähere Betrachtung dieser Fälle würde zu weit führen.

Wir beschränken uns auf die stereophotographische Abbildung eines Raumbildes, das durch eine große Kondensorlinse nahe ihrer Brennebene entworfen und aus endlicher Entfernung hinter dieser Ebene verkehrt gesehen wird (vgl. Abb. 96).

Die beiden Objektaugen liegen hier vor der Linse u. zw. um 180⁰ um die optische Achse verdreht.

Abb. 96 erklärt auch das plastische Aussehen des Bildes auf einer feinkörnigen Mattscheibe, wobei die in der Mattscheibe sich kreuzenden Blickrichtungen in ihrer Verlängerung durch die Öffnung des Objektivs gehen, und gibt ein Beispiel für die „zurückhaltende" Wirkung, die der Linsenrand auf ein Raumbild ausübt, das näher als dieser Linsenrand liegt.

G. Projektion von Stereobildern

Es war immer das Bestreben vorhanden, Stereobilder in großem Maßstab auf einen Schirm zu projizieren, damit eine große Zahl von Zuschauern diese Bilder stereoskopisch sehen kann.

Eine Lösung des Problems in der Art, daß jeder der Beschauer das Stereobild in richtiger Perspektive und in natürlicher Größe zu sehen bekommt, ist nicht zu erreichen, weil es bei einem bestimmten Stereobild nur eine Stelle gibt, von der aus das Stereobild richtig erscheinen kann; es kann somit nur eine Person ihre Augen an den Ort dieser genau definierten Perspektivitätszentren bringen.

Beschauer, die sich in oder nahezu in der perspektivischen Achse befinden, müssen sich mit einem umsomehr verkleinerten Bildwinkel abfinden, je weiter sie vom Schirm entfernt sind; seitlich neben der Achse sitzende Personen sehen das Bild schräg verzerrt, weil sie die Schirmebene und somit das Bild perspektivisch verkürzt sehen.

Diese unvermeidlichen Tatsachen könnte man in Kauf nehmen, wäre nicht noch ein Umstand vorhanden, der es fast unmöglich macht, einen befriedigenden Erfolg zu erzielen.

Die stereoskopische Wirkung ist um so kräftiger, je näher die Gegenstände liegen. Aus diesem Grunde nimmt ein erfahrener Stereophotograph immer geeignete Gegenstände in unmittelbarer Nähe (etwa in 1 m Entfernung) in seinem Bilde mit auf; andererseits sitzen die Zuschauer im Zuschauerraum 5 bis 20 m und noch weiter vom Schirm entfernt. Damit also Gegenstände näher als 5 bis 20 m erscheinen, müssen sie sich scheinbar vom Schirm abheben und in der Luft zwischen diesem und dem Beobachter zu schweben scheinen.

Diese Erscheinung wird der Mehrzahl der Zuschauer wohl kaum zum Bewußtsein kommen, vielmehr werden die näheren Gegenstände vom Schirm — besonders an seinem Rand — gleichsam zurückgehalten und gegen seine Ebene hin abgeflacht. Eine ähnliche Erscheinung zeigt sich bei Hohlspiegelbildern: sie schweben in der Tat vor dem Spiegel in der Luft und scheinen doch scheinbar in der Spiegelebene zu liegen. Dies ist wohl deshalb der Fall, weil die Hohlspiegelbilder sich niemals außerhalb des Spiegelrandes zeigen, sondern immer von diesem Rand begrenzt werden. Man betrachte z. B. Abb. 100 verkehrt. Die diesseits der Linse in der Luft schwebenden Bilder liegen viel näher als der Linsenrand, werden jedoch nicht näher gesehen. Gäbe man jedem Zuschauer eine Blende in die Hand, die den Schirmrand verdeckt und die binokulare Betrachtung desselben verhindert, so würde das Stereobild richtiger erscheinen; dieses Mittel wird man allerdings ungern in Anwendung bringen.

Im vorstehenden haben wir die bei allen Methoden zur Projektion von Stereobildern sich zeigenden Erscheinungen angeführt.

Sollen Schirmbilder stereoskopisch gesehen werden, muß in erster Linie folgende Bedingung erfüllt sein: Jedes Auge darf auf dem Schirm nur das für dieses Auge bestimmte Halbbild, also nicht zugleich das für das andere Auge bestimmte Halbbild sehen.

Das ist auf folgende Art möglich:

a) Die Anaglyphenmethode von ROLLMANN und d'ALMEIDA. Die beiden Halbbilder werden als Glasdiapositive in zwei Komplementärfarben (vorzugsweise rot und blaugrün) auf weißem ganz durchsichtigem Grund ausgeführt, d. h. nur die Schattenpartien sind gefärbt. Ist das linke Bild rot und wird es durch ein blaugrünes Glas betrachtet, so erscheinen infolge der Absorption durch das blaugrüne Filter die Schattenpartien schwarz, die Lichter blaugrün; das blaugrüne rechte Bild an der gleichen Stelle des Schirms verschmilzt mit dem weißen Schirm und ist dem linken Auge unsichtbar.

Das rechte Auge sieht durch ein rotes Glas; hier sind die Verhältnisse prinzipiell analoge wie beim linken Auge, jedoch verkehrt. Die links blaugrün und rechts rot gesehenen Lichter verschmelzen zu Weiß; auf diese Art kommt ein schwarz-weißes Raumbild zustande.

Die Anaglyphen werden in der Regel nach dem Pinatypieverfahren hergestellt. Die gewöhnlichen schwarz-weißen Diapositive, von denen eines seitenverkehrt kopiert ist, werden auf sogenannte „Druckplatten" kopiert, d. s. Glasplatten, deren Gelatineschicht mit Ammonium- oder Kaliumbichromat lichtempfindlich gemacht wurde.

Die dem Lichte ausgesetzten Partien der Bichromatgelatineschicht werden hart, die wenig oder nicht belichteten Stellen der Schicht quellen bei der Entwicklung in warmem Wasser mehr oder weniger auf und nehmen dann mehr oder weniger große Mengen geeigneter Farbstoffe auf. (Bezüglich näherer Einzelheiten vergleiche man das Pinahandbuch der J. G. FARBENINDUSTRIE-AGFA sowie Bd. VIII dieses Handbuches, Beitrag von E. J. WALL).

Ein anderes Verfahren besteht darin, daß man das Diapositiv nach vorhergehendem Bleichen beizt, wodurch es für die Aufnahme basischer Farbstoffe vorbereitet wird. (Vgl. Bd. VIII dieses Handbuches, Beitrag von E. J. Wall).

Zum Ausbleichen kann man folgende Lösung benutzen:

$$\text{Natriumbisulfitlauge} \ldots\ldots \quad 10\,g$$
$$\text{Wasser} \ldots\ldots\ldots\ldots\ldots \quad 1000\,g$$

Zum Färben wird 1 g des benutzten Farbstoffes in 100 g Wasser, dem 1 g Eisessig hinzugefügt wurde, gelöst.

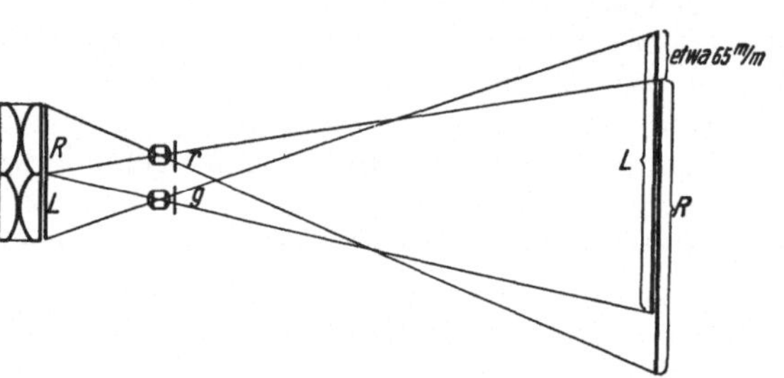

Abb. 97. Stereoprojektion eines Stereobildes mit Hilfe von Farbfiltern

Es scheint noch nicht möglich zu sein, einem gefärbten Bild die gleichen Tonabstufungen und den gleichen Detailreichtum zu geben, wie einem gewöhnlichen Diapositiv; aus diesem Grunde ist diese Methode derzeit noch wenig befriedigend.

Nach dem d'Almeidaschen Verfahren werden die Halbbilder eines gewöhnlichen Stereobildes (Glasdiapositivs) je durch ein Projektionsobjektiv auf einen Schirm projiziert, wobei dem linken Objektiv ein rotes, dem rechten Objektiv ein grünes Filter vorgesetzt wird; auf diese Art erscheinen die Schattenpartien der beiden Halbbilder auf dem Schirm dunkel, die Lichter gefärbt. Schaut der Beobachter links durch ein rotes, rechts durch ein grünes Glas, so mischen sich die Lichter der beiden Halbbilder zu einem weißen, die Schattenpartien der Bilder zu einem dunklen stereoskopischen Gesamtbild.

Man muß die Projektionsobjektive, damit die Halbbilder die richtige gegenseitige Lage auf dem Schirm einnehmen, ein wenig einander nähern (Abb. 97). Projiziert man eine positive Kontaktkopie des unzerschnittenen Stereonegativs, so bleiben die Fernpunkte, Projektionsobjektive und Lichtquellen in einem Abstand von etwa 65 mm nebeneinander stehen. (Abb. 98).

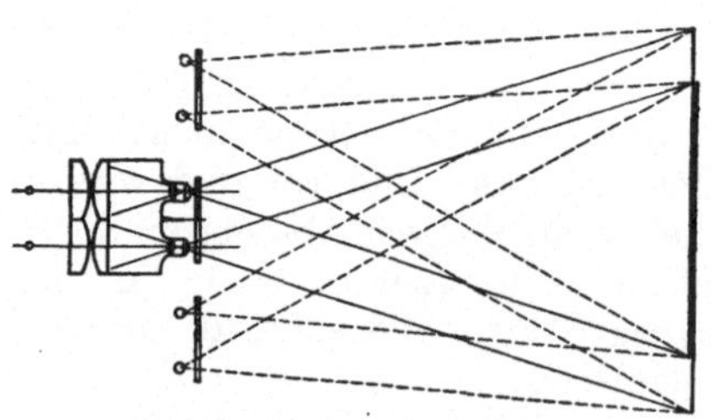

Abb. 98. Intermittierende Stereoprojektion eines Pseudostereobildes

Bei Projektion im durchfallenden Licht müssen die Schichtseiten der Diapositive dem Schirm zugekehrt werden.

Bei dem d'Almeidaschen Verfahren geht mehr Licht verloren als bei dem Rollmannschen.

Es ist ohneweiters klar, daß bei beiden Methoden bei Umkehrung der Brille ein pseudoskopisches Bild entsteht.

In beiden Fällen sollen die beiden Halbbilder so projiziert werden, daß korrespondierende Fernpunkte etwa 6 bis 7 cm von einander entfernt bleiben, damit die Blicklinien nahezu parallel werden.

Auf dem Prinzip der Anaglyphenmethode beruht auch die plastische Wirkung beweglicher Schattenbilder in Komplementärfarben (Wunderschatten).

b) Die abwechselnde Projektion beider Halbbilder. Bei dieser zuerst von d'Almeida angewendeten Methode werden die beiden Halbbilder in rascher Aufeinanderfolge (z. B. 50 mal pro Sekunde) auf die gleiche Stelle des Schirmes geworfen.

Den Wechsel erzielt man durch Anwendung synchron rotierender Blenden, die wechselweise die Öffnung eines der Objektive bzw. das zugehörige Auge der Beobachter freigeben, so daß jedes Auge nur das für dieses Auge bestimmte Bild zu sehen bekommt.

Die synchrone Rotation der Blenden wird zumeist durch elektrischen Wechselstrom bewirkt. Abb. 99 zeigt einen derartigen Rotationsblendenapparat nach VAN EBBENHORST TENGBERGEN, den jeder Beobachter in der Hand halten kann.

Weil bei Anwendung dieser Methode viel weniger Licht verloren geht als bei der Anaglyphenmethode und weil dabei jedes Bild die vorzügliche Qualität eines gewöhnlichen Projektionsbildes behält, steht diese Methode technisch höher als die früher erwähnte; allerdings findet man bei der Anaglyphenmethode mit einfacheren Hilfsapparaten für die Beobachter das Auslangen.

c) Die Verwendung von polarisiertem Lichte. Die Methode nach J. ANDERTON beruht darauf, daß die beiden Halbbilder mit senkrecht zueinander polarisiertem Licht projiziert und in senkrecht zueinander polarisiertem Licht betrachtet werden. Als Polarisatoren für den Projektionsapparat und Analysatoren für die Beobachter können Glasplattensätze dienen.

Der Schirm soll so beschaffen sein, daß er den Polarisationszustand des auffallenden Lichtes nicht ändert.

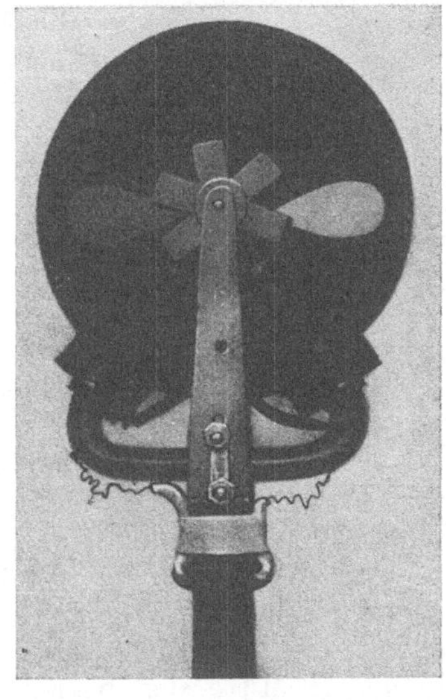

Abb. 99. Rotationsblende nach VAN EBBENHORST TENGBERGEN

Die technische Ausführung dieser Methode scheint mit zahlreichen Schwierigkeiten verknüpft zu sein, so daß sie für allgemeine Verwendung kaum in Betracht kommt.

d) Die Benutzung ablenkender Spiegel und Prismen. Werden die beiden Halbbilder wie gewöhnliche Stereobilder in vergrößertem Maßstab nebeneinander projiziert, so kann der Beschauer die beiden Bilder nicht zur stereoskopischen Verschmelzung bringen, weil dazu eine viel zu starke Divergenz der Blicklinien notwendig ist. Man benutzt daher ablenkende Spiegel oder Prismen für ein Auge oder für beide Augen, um die nach korrespondierenden Fernpunkten gerichteten Blicklinien so abzulenken, daß sie parallel verlaufen:

Da für jeden Beschauer (in verschiedenem Abstand) die erforderliche Ablenkung eine andere ist, muß das Spiegel- oder Prismengerät verschiedene Ablenkungen ermöglichen. Am besten bedient man sich zweier kleiner Spiegelchen, von denen das größere, äußere um eine zu beiden Spiegeln parallele Achse drehbar ist (Abb. 100).

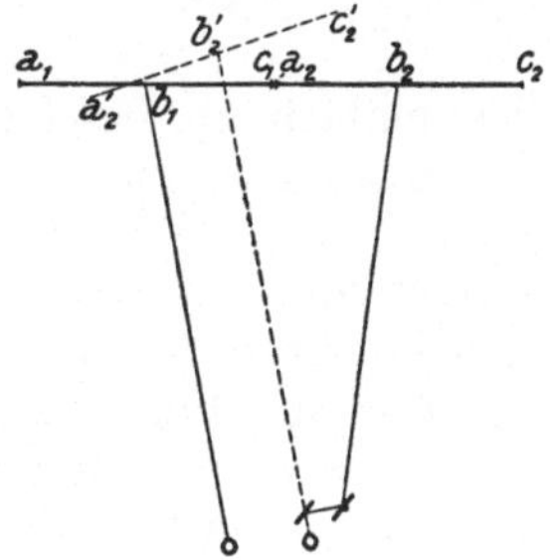

Abb. 100. Ablenkendes Spiegelpaar für projizierte Stereobilder

Da gewöhnliche Planspiegel störende Doppelbilder erzeugen, hat C. ZEISS in Jena auf Vorschlag des Verfassers ein Spiegelprisma nach Abb. 101 konstruiert, das aus zwei durch eine Zylinderfläche getrennten Teilen besteht.

Der Ablenkungswinkel der doppelt gespiegelten Lichtstrahlen ist doppelt so groß als der von den Spiegelebenen eingeschlossene Winkel.

Ablenkung durch brechende Prismen ist wegen der bei ihrer Verwendung auftretenden Verzerrungen und Farbenerscheinungen nicht zu empfehlen.

Es ist klar, daß die Halbbilder auch der Höhe nach übereinander projiziert werden können (Abb. 102). Um beide Bilder zu vereinigen, dreht man das ablenkende Spiegelpaar um 90°. Diese Anordnung ist vorzuziehen, erstens weil die Bilder in horizontaler Richtung beliebig groß gemacht werden können, zweitens weil eine genaue Parallelstellung der Blicklinien herbeigeführt werden kann (bei seitlicher Bildablenkung kommt nicht selten zu starke Konvergenz vor) und drittens weil dabei die dem Verfahren mit Benutzung ablenkender Spiegel und Prismen anhaftende im nachstehenden beschriebene Verzerrung geringer wird.

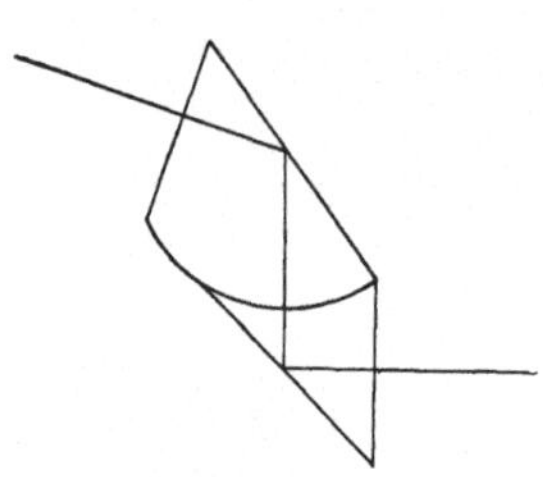

Abb. 101. Ablenkendes Reflexionsprisma nach van Albada

Wie aus Abb. 100 hervorgeht, fällt die abgelenkte Bildebene mit der unabgelenkten nicht zusammen, schließt mit dieser vielmehr einen Winkel ein, der dem Ablenkungswinkel gleich ist. Das Bild wird trotzdem psychologisch auf die unabgelenkte Ebene projiziert und erleidet auf diese Art eine trapezförmige Verzerrung, wodurch eine richtige Verschmelzung der Halbbilder erschwert, wenn nicht unmöglich wird.

Um diesem Mangel abzuhelfen, werden die Halbbilder auf zueinander geneigte Ebenen vorzugsweise übereinander projiziert (Abb. 103); dabei müßten die Augen des Beobachters gerade in der horizontalen Schnittlinie der durch die Mitte der beiden Bilder gehenden senkrecht zu ihnen stehenden Ebenen liegen, eine Forderung, die nur für eine mittlere Reihe von Beobachtern genau erfüllbar ist.

Trotz aller angeführten Schwierigkeiten ist die Methode mit Verwendung ablenkender Spiegel empfehlenswert, weil dabei kein Lichtverlust eintritt und die dazu notwendigen Hilfsgeräte ziemlich einfach zu beschaffen und zu behandeln sind.

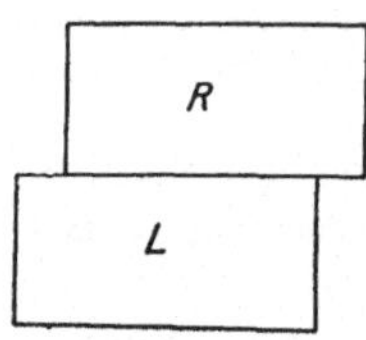

Abb. 102. Der Höhe nach übereinander projizierte Stereobilder

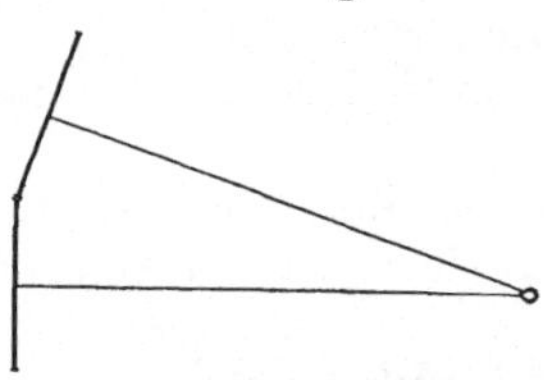

Abb. 103. Vermeidung der Verzerrung bei projizierten Stereobildern

Das abzulenkende Bild kann auf die Ebene des festen Bildes bzw. auf dieses auch derart projiziert werden, daß es nach der Ablenkung wieder entzerrt erscheint und mit dem festen Bilde ganz verschmilzt; aber auch dies ist nur für eine beschränkte Anzahl von Zuschauern durchführbar.

Andere erfolgversprechende Projektionsverfahren, bei denen die Verwendung von Hilfsgeräten durch die Beobachter vermieden werden kann, sind nicht bekannt geworden, obgleich es an Versuchen der verschiedensten Art nicht gefehlt hat: so wurden z. B. die beiden Halbbilder von zwei verschiedenen Punkten aus auf eine künstliche Rauch- oder Nebelschicht von bestimmter Tiefe oder auf kulissenartig aufgehängte, durchsichtige Schleier usw. projiziert; alle derartigen Versuche sind gescheitert.

Außer photographischen Stereohalbbildern lassen sich auch kleine Körper mittels auffallenden, bisweilen auch mittels durchfallenden Licht vergrößert und stereoskopisch auf einen Schirm projizieren und so mehreren Zuschauern vorführen.

Nach einer zu Anfang des Jahres 1918 der Firma C. ZEISS in Jena vom Verfasser vorgeschlagenen Methode können die Bilder kleiner Körper wie z. B. Blumen, Insekten u. dgl. mittels zweier Objektive (oder zweier Blenden vor einem lichtstarken Objektiv) und eines Spiegelpaares (oder zweier Spiegelpaare) oder eines Prismas durch ein rotes und grünes Filter auf nahezu die gleiche Stelle eines (am besten durchscheinenden) Schirmes vergrößert projiziert und durch eine grün-rote Brille betrachtet werden (Abb. 104).

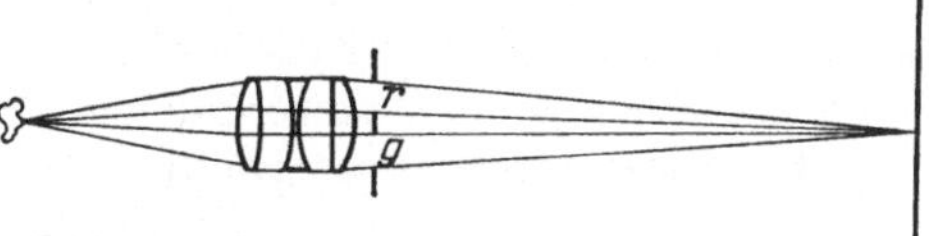

Abb. 104. Stereoprojektion kleiner Objekte mit Hilfe von Farbfiltern nach VAN ALBADA

Der gleiche Endeffekt läßt sich auch dadurch erreichen, daß jeder Beschauer die beiden getrennt neben- oder übereinander projizierten Bilder mittels eines Spiegelpaares vereinigt (Abb. 105).

Zur Vermeidung einer pseudoskopischen Vereinigung sollen die beiden Projektionsachsen durch Vorschaltung eines Spiegelpaares (oder zweier Spiegelpaare) gekreuzt werden; allerdings kann jeder Zuschauer bei Benutzung eines verstellbaren

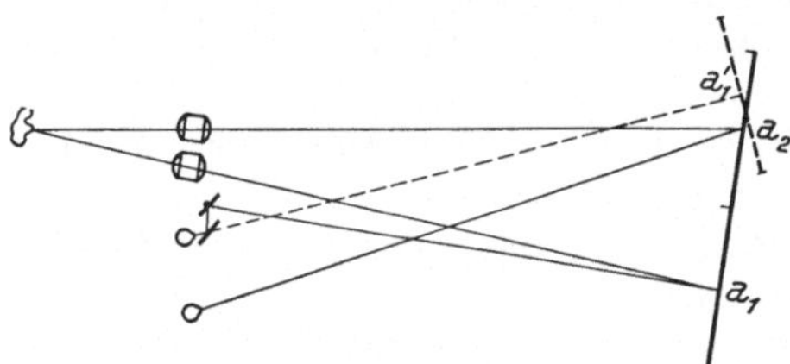

Abb. 105. Stereoprojektion kleiner Objekte mit Hilfe eines Spiegelpaares nach VAN ALBADA

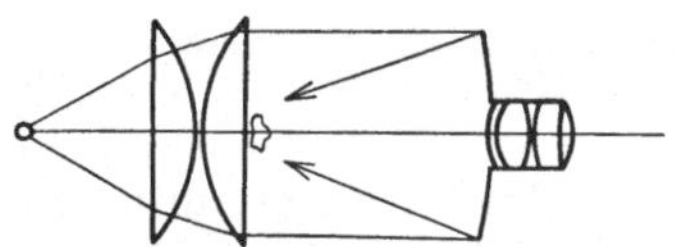

Abb. 106. Beleuchtungsvorrichtung nach G. O. t'HOOFT

Spiegelpaares selbst die richtige Vereinigung der Bilder bewirken. Hierbei ist auch auf die oberwähnte trapezförmige Verzerrung zu achten, die jedoch bei kleinen Ablenkungswinkeln nicht störend ist.

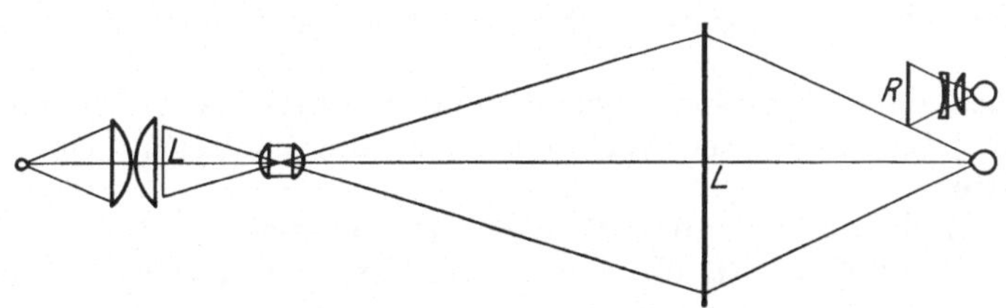

Abb. 107. Stereobild mit einem projizierten Halbbild

G. O. 't HOOFT benutzte eine sinnreiche Vorrichtung (Abb. 106) zur Beleuchtung des Objekts.

Wie wir schon bei den kombinierten Stereoskopformen erwähnten, läßt sich eines der Halbbilder in großem Maßstab im durchfallenden Licht projizieren und direkt betrachten, während das kleine zweite Halbbild durch eine verzeichnungsfreie Lupe beobachtet wird (Abb. 107). Dieses Verfahren erzeugt überaus natürlich wirkende Stereobilder, viel natürlicher als ein Linsenstereoskop, ist aber nur für eine Person geeignet. Das Gleiche gilt für zwei in großem Maßstab projizierte Halbbilder, die mittels eines Spiegelstereoskops betrachtet werden.

H. Besondere Verfahren zur Herstellung und Betrachtung von Stereobildern.

Es war immer ein reizvolles Bestreben, eine derartige Abbildung von Gegenständen herzustellen, daß diese ohne Verwendung eines Stereoskops oder sonstiger Hilfsinstrumente bei gewöhnlicher Betrachtung stereoskopisch erscheint.

18. Rasterstereophotographie. Diese Methode der Stereophotographie hat Berthier im Jahre 1896 angegeben:

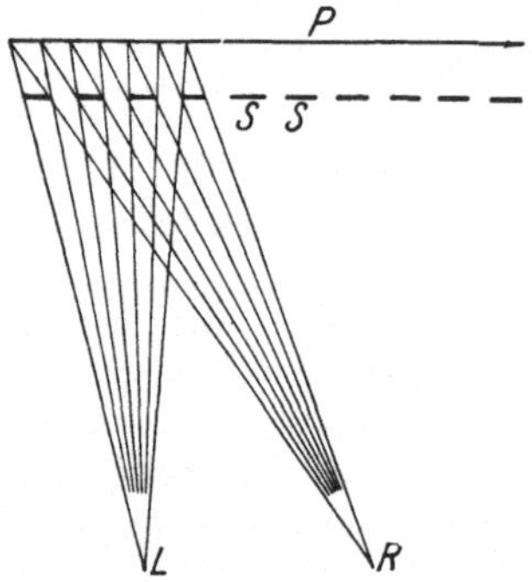

Denkt man sich in kurzer Entfernung vor einer senkrecht stehenden Platte P (Abb. 108) ein System senkrechter, undurchsichtiger, schmaler Streifen S und etwa gleich breiter, offener Zwischenräume, so werden die in L und R befindlichen Augen nur diejenigen Stellen der Platte sehen können, die vom Augendrehpunkt aus betrachtet, gerade hinter einem offenen Zwischenraum liegen.

Die Breite der Streifen und ihre Entfernung vor der Platte kann nun leicht so abgestimmt werden, daß bei einer bestimmten Lage der Augendrehpunkte jedes der beiden Augen verschiedene Streifen der Platte erblickt: z. B. das linke Auge die ungeradezahlig, das rechte Auge die geradezahlig numerierten Streifen.

Abb. 108. Rasterstereophotographie (schematisch)

Richtet man es unter Heranziehung eines besonderen Druckverfahrens so ein, daß das linke Halbbild nur auf die ungeradezahligen, das rechte Halbbild nur auf die geradezahligen Streifen fällt, so vereinigen sich die beiden, einander teilweise durchdringenden Halbbilder zu einem — mehr oder weniger — mangelhaften stereoskopischen Bild.

Auch bei geringer Lageverschiebung der Augendrehpunkte bleibt der richtige Eindruck bestehen; nimmt das linke Auge die Lage des rechten Auges ein, so verwandelt sich das stereoskopische Bild in ein pseudoskopisches.

Eine richtige Betrachtung solcher Bilder ist auch ohne Hilfsmittel leicht möglich.

Das geschilderte Verfahren, das besonders durch Ives bekannt gemacht wurde, wird jetzt nur selten verwendet, da ihm zahlreiche Unvollkommenheiten anhaften.

Abgesehen davon, daß das Bild gestreift aussieht und nur umständlich und schwierig herstellbar ist, eignet sich das Verfahren eigentlich nur zur Aufnahme großer naher Gegenstände ohne feinere Einzelheiten.

Die Vereinigung der Halbbilder gelingt nur dann gut, wenn korrespondierende Bildteile dicht nebeneinander liegen, also mit etwa gleicher Konvergenz wie der Bildrahmen selbst betrachtet werden können. Aus diesem Grunde muß von der Wiedergabe weit entfernter Gegenstände sowie von der Betrachtung des Bildes mit parallelen Blicklinien abgesehen werden, wenngleich auch dies nicht unmöglich ist.

Derartige Bilder können, außer durch eine besondere Art des Kopierens gewöhnlicher Halbbilder (nacheinander), durch unmittelbare Aufnahmen auf einer Platte, der ein geeignetes Streifengitter vorgesetzt ist, gewonnen werden.

Da in der normalen stereoskopischen Doppelkammer die beiden Halbbilder in gekreuzter Lage nebeneinander entstehen, verwendete Ives Reflexionsprismen nach Amici, damit die beiden Halbbilder an etwa der gleichen Stelle der Platte in richtiger Lage entstehen.

In Holland machte 't Hooft diese Aufnahmen mit einem großen Petzval-Objektiv, dem er zwei um Augenabstand voneinander entfernte kreisförmige Blenden vorsetzte. Obwohl hierbei die gekreuzte Lage der Halbbilder — wenngleich mit sehr verringertem seitlichen Abstand — beibehalten bleibt, ist diese Methode dennoch brauchbar, weil man, wie wir oben sahen, durch Änderung der Augenstellung das gleiche Bild nach Belieben stereoskopisch oder pseudoskopisch sehen kann. Das näher liegende stereoskopische Bild muß jedenfalls mit stärkerer Konvergenz als der Bildrahmen, das pseudoskopische Bild mit schwächerer Konvergenz als der Bildrahmen betrachtet werden.

Gleiches ist auch in der Art zu erreichen, daß man nach der ersten Aufnahme mit einer gewöhnlichen Einzelkammer den ganzen Apparat um den Abstand der Augendrehpunkte verschiebt.

Der Verfasser ist der Ansicht, daß statt der Verschiebung der Kamera mit Vorteil eine angemessene geringe Verdrehung des Objekts nach der ersten Aufnahme (mit einer gewöhnlichen Einzelkammer) durchgeführt werden könnte. Diese Verdrehung hat nicht, wie bei der vergrößerten Aufnahme kleiner Objekte angegeben wurde, um den weitest entfernten Objektpunkt, sondern um den nächst gelegenen Objektpunkt zu erfolgen, damit der ganze Gegenstand normal hinter dem Bildrahmen also weiter entfernt als dieser erscheine.

Bei Aufnahmen dieser Art mit einem Objektiv und einer Blende, die bei beiden Aufnahmen die gleiche Lage gegenüber der Platte beibehält, muß das Streifengitter nach der ersten Aufnahme um die Breite eines Streifens verschoben werden, damit die zweite Aufnahme auf die noch unbelichteten Teile der Platte fällt und die erste Aufnahme deckt.

L. Schram benutzte, um diese Verschiebung zu vermeiden, eine um eine vertikale Achse schwenkbare Kassette, deren Ebene bei beiden Aufnahmen solche Winkel mit der Objektivachse bildete, daß die Platte jedesmal durch ein anderes Streifensystem beleuchtet wurde.

Ives benutzte 40 bis 60 dunkle Streifen pro cm, welche fast doppelt so breit sind als die offenen Zwischenräume.

Bezüglich Vollkommenheit der plastischen Wirkung steht dieses Verfahren der gewöhnlichen Stereophotographie (mit zwei Halbbildern nebeneinander) bedeutend nach, ist aber deshalb anziehend, weil die gewonnenen Bilder der unmittelbaren Betrachtung zugänglich sind.

Das Verfahren könnte vielleicht für röntgenstereoskopische Momentaufnahmen mit Vorteil benutzt werden.

19. Die Lippmannschen Photographies intégrales. Unmittelbare Betrachtung des Bildes hat auch der französische Physiker G. Lippmann bei seinen „Photographies intégrales" angestrebt.

Er dachte an die Verwendung einer Platte, die aus einer großen Zahl kleiner Linschen besteht, die — vgl. Abb. 109 — den kleinen Stanhope-Lupen ähnlich sind. Die rückwärtige Fläche der Linschen, die mit einer Bromsilber-

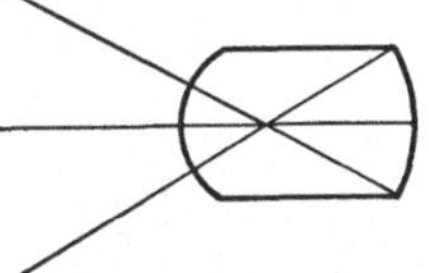

Abb. 109. Linse einer Lippmannschen Platte

schicht überzogen ist, bildet die Brenn- oder Bildebene, so daß von einem Objektpunkt P in jedem Linschen ein Bildpunkt p entsteht (Abb. 110).

Das entwickelte Negativ dachte sich Lippmann durch ein chemisches Verfahren in ein Positiv umgewandelt und behauptete, daß im umgekehrten Strahlengang zwei irgendwo in L und R befindliche Augen (vgl. Abb. 110) die abgebildeten Objekte hinter der Platte in normaler Tiefenanordnung erblicken müßten.

Praktisch sieht jedes Auge nur einen der vielen Bildpunkte p und zwar nur denjenigen, der sich in der Richtung P-Auge befindet. Die von anderen Punkten p kommenden Strahlen gehen an diesem Auge vorbei.

Da die Blicklinien divergieren (und zwar um so mehr, je näher der abgebildete Gegenstand liegt), kann das entstehende Raumbild nur ein pseudoskopisches sein, wie es sich auch bei stereoskopischer Betrachtung eines in der Doppelkammer entstandenen Stereonegativs ergibt, wenn man es von der Schichtseite betrachtet.

Will man ein tiefenrichtiges Raumbild erhalten, muß das Bild jedes Linschens um 180° um seine Achse gedreht werden, was bei einem gewöhnlichen Doppelbild mechanisch erfolgen kann, hier aber praktisch wohl nur durch optische Umkehrung unter Benützung einer ähnlich zusammengesetzten Platte zu erreichen ist.

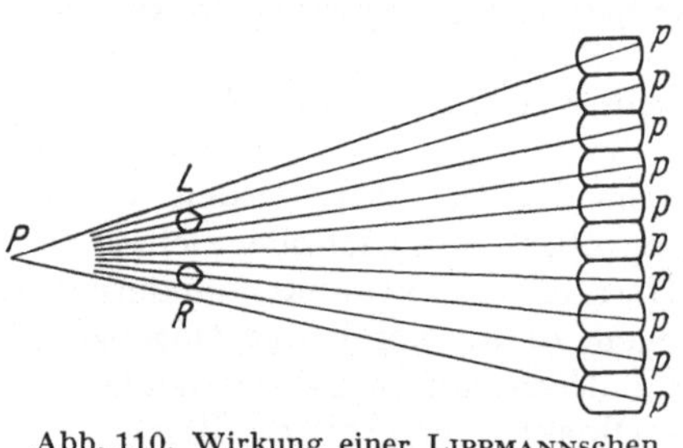

Abb. 110. Wirkung einer Lippmannschen Platte

Die bei Ausübung dieses Verfahrens zu überwindenden Schwierigkeiten sind so groß, daß es wohl kaum in absehbarer Zeit praktisch verwendet werden dürfte. Man vgl. hierzu die Arbeit des Verfassers in Nr. 11 und 12 der Phot. Korr. 1927.

20. Schichtweise Abbildung. Ein anderes, allerdings umständliches Verfahren besteht darin, daß man von einem Gegenstand eine Reihe von Schichten photographiert, die so gewonnenen Negative in Glasdiapositive verwandelt und diese schließlich aufeinander legt.

Man denke sich den Gegenstand durch eine Reihe senkrechter parallel zur Plattenebene verlaufender Ebenen in Schichten gleicher Dicke zerlegt. Von jeder Schicht wird nur derjenige Teil der Oberfläche des Gegenstandes photographiert, der zwischen den zwei Begrenzungsebenen liegt. Man erreicht dies am einfachsten so, daß man eine Beleuchtungsvorrichtung verwendet, die den Gegenstand nur zwischen je zwei parallelen Begrenzungsebenen beleuchtet; dazu wird entweder die Beleuchtungszone selbst oder der Gegenstand und der Aufnahmeapparat um je eine Schichtdicke parallel verschoben.

Die nicht der Körperoberfläche angehörigen Teile müssen in den erhaltenen Negativen geschwärzt oder aus den Diapositiven entfernt werden.

Entspricht die Dicke der Glasdiapositive der Schichtdicke (gemäß dem Maßstab der Aufnahme), so bieten die gesamten zusammengefügten Glasdiapositive bei unmittelbarer Betrachtung eine kulissenartige, körperliche Darstellung des Gegenstandes.

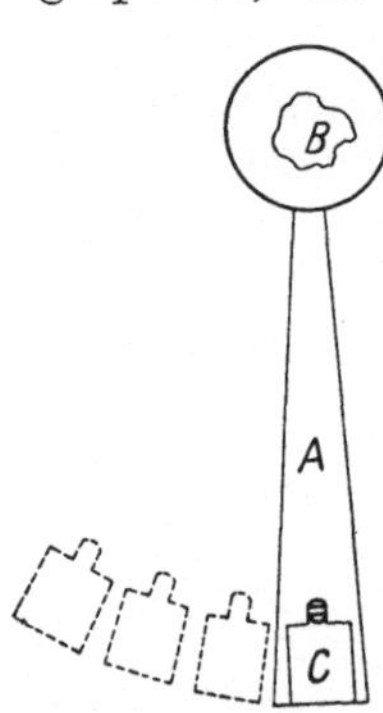

Abb. 111. Herstellung mehrfacher „konzentrischer" stereophotographischer Aufnahmen

21. Mehrfache Aufnahmen. Im allgemeinen begnügt man sich mit stereoskopischen Aufnahmen von zwei Punkten aus; unter Umständen können jedoch auch von mehreren Punkten aus Aufnahmen gemacht werden, die es ermöglichen, den Gegenstand nicht nur von einer, sondern von mehreren Seiten aus stereoskopisch zu betrachten.

Wir denken uns einen horizontalen Arm A (Abb. 111), der um eine vertikale Achse B drehbar ist und in geeigneter Entfernung von B eine Einzelkammer C trägt. In B wird der aufzunehmende Gegenstand — nicht drehbar — aufgestellt und einige Male mittels C aufgenommen, wobei der Arm

A jedesmal so weit gedreht wird, daß das Objektiv der Kammer *C* um Augenabstand, also um etwa 65 mm, vom vorherigen Aufnahmeort entfernt ist.

Die so erhaltenen Negative werden in Diapositive umgewandelt, um 180° um ihre Achse gedreht, in einem um seine Achse drehbaren Vielkant (Abb. 112) angeordnet und durch ein passendes Linsenstereoskop betrachtet; das Vielkant wird jedesmal um eine Halbbildbreite weiter gedreht.

Wird die Bewegung des Vielkants so geregelt, daß es in jeder Stellung nur etwa $^1/_{16}$ Sekunde lang festgehalten und beleuchtet wird, so ergibt sich eine kinoartige Darstellung des Objekts mit vollkommen stereoskopischer Wirkung.

Es ist klar, daß für diesen Zweck ziemlich viel Aufnahmen notwendig sind und daß der Abstand zwischen Drehachse und Apparat ziemlich groß sein muß.

Liegt die Achse *B* im Unendlichen und erfolgt die Bewegung des Aufnahmeapparates geradlinig, machen wir ferner jede $^1/_{16}$ Sekunde eine Aufnahme, so ergäbe sich eine Bewegungsgeschwindigkeit der Kammer *C* von etwa 1 m pro Sekunde.

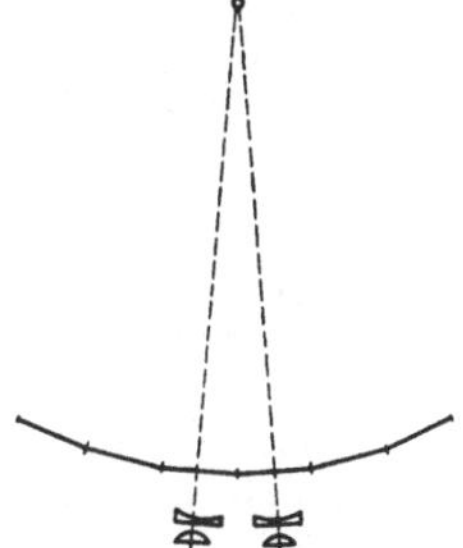

Abb. 112. Betrachtung mehrfacher konzentrischer stereophotographischer Aufnahmen

22. Stereoskopische Panoramaaufnahmen. Schließlich läßt sich die Drehachse auch in der Mitte zwischen den beiden rückwärtigen Objektivknotenpunkten denken (Abb. 113).

Derartige Aufnahmen lassen sich mittels einer gewöhnlichen Stereodoppelkammer machen, wobei die aufeinanderfolgenden Aufnahmen mit einem Gesichtsfeldwinkel von z. B. je 30° sektorweise aneinander schließen. Von diesen beiden Reihen von je 12 Bildern kann man je ein rechtes und ein linkes Panoramabild kombinieren; sind diese Bilder um geeignet aufgestellte Zylinder gewickelt (Abb. 114), so müssen sie zur Betrachtung sprungweise vorgeführt werden,

Abb. 113. Schema der Herstellung einer stereoskopischen Panoramaaufnahme

weil die Randteile der Bilder, nahe der Lupenachse betrachtet, sich sonst der Breite nach verzerrt zeigen würden. Auch hier lassen sich die Aufnahmen beliebig vermehren und kinofilmartig, also scheinbar kontinuierlich, vorführen.

Von zwei festen Punkten aus lassen sich auch gewöhnliche, kontinuierliche Panoramaaufnahmen mit Panoramakammern (mit sehr großen horizontalen Bildwinkeln) auf zwei zylindrisch gebogenen Filmbändern machen.

Um normale Perspektiven zu erzielen, müssen die zwei Aufnahmepunkte der Seite nach um Augenabstand voneinander abstehen, doch können sie bei Raummangel, ohne daß sich wesentliche Schwierigkeiten ergeben, zugleich übereinander gelagert werden (Abb. 115).

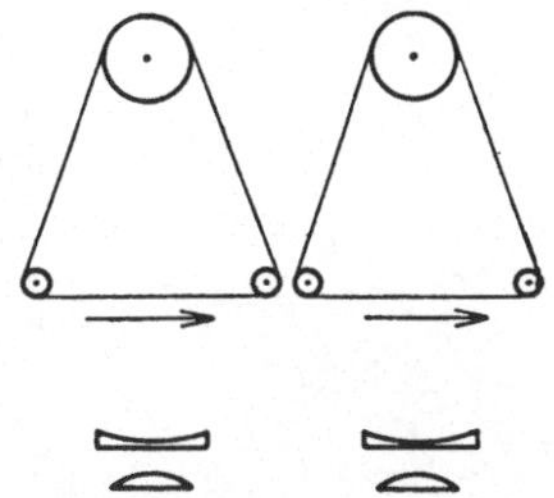

Abb. 114. Betrachtung einer stereoskopischen Panoramaaufnahme

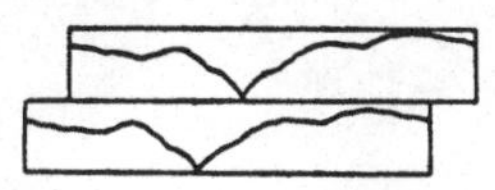

Abb. 115. Projektion einer stereoskopischen Panoramaaufnahme

Solche Aufnahmen lassen sich nicht leicht mit Linsen überblicken; aus diesem Grund ist es empfehlenswert, sie so stark zu vergrößern bzw. so groß zu projizieren, daß sie über ein horizontales Gesichtsfeld von höchstens etwa 65° ohne Linsen entweder in einem Spiegelstereoskop (Abb. 116) oder nach

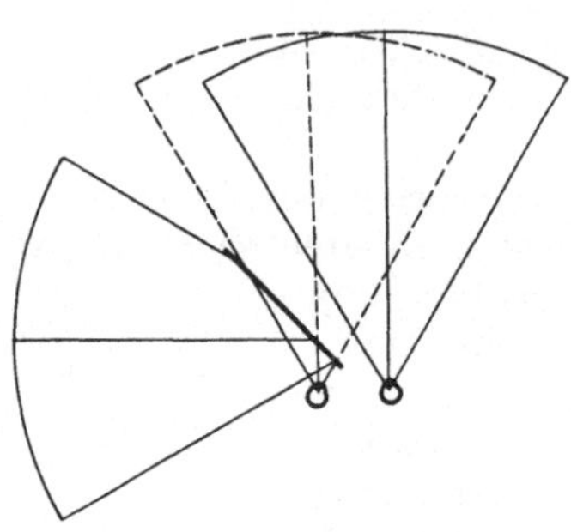

Abb. 116. Betrachtung einer stereoskopischen Panoramaaufnahme

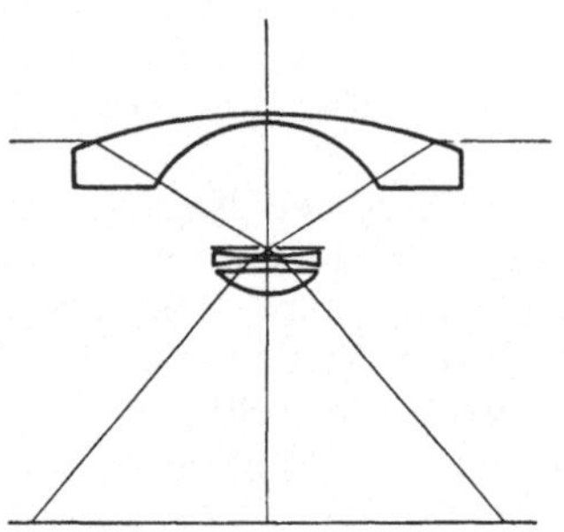

Abb. 117. Objektiv nach Robin Hill zur Aufnahme einer Hemisphäre

Abb. 115 in unbegrenzter horizontaler Ausdehnung übereinander projiziert mit einem senkrecht ablenkenden Spiegelpaar vor einem der beiden Augen (nach Abb. 105) unter Drehung des Kopfes betrachtet werden können.

23. Stereophotographie eines Gesichtsfeldes von 180⁰. An dieser Stelle sei das optische System nach Robin Hill[1] erwähnt, welches die Aufnahme einer Hemisphäre z. B. des Wolkenhimmels ermöglicht, wobei allerdings eine unvermeidliche, nach dem Rande hin wachsende, tonnenförmige Verzeichnung im Bilde auftritt.

Robin Hill benutzt ein dreilinsiges Objektiv nach Abb. 117, das praktisch frei von Astigmatismus ist, aber eine erhebliche chromatische Aberration aufweist; es wird daher nur mit kleiner Blende (etwa 1:30) und tiefrotem Lichtfilter verwendet.

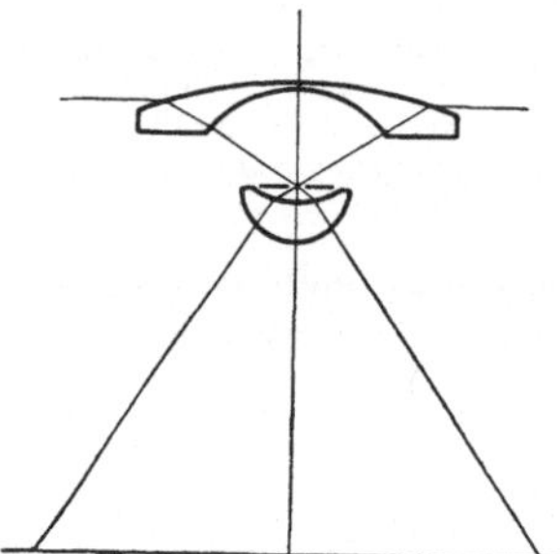

Abb. 118. Objektiv nach van Albada zur Aufnahme einer Hemisphäre

Abb. 119. Stereoaufnahme mit dem in Abb. 118 dargestellten Objektiv nach van Albada

Das in Abb. 118 dargestellte, vom Verfasser für den gleichen Zweck konstruierte vereinfachte zweilinsige Objektiv von etwa 25 mm Brennweite, mit

[1] Deutsche optische Wochenschrift 1926, Nr. 17.

welchem Abb. 119 unter Benutzung eines gewöhnlichen Gelbfilters hergestellt wurde, besitzt ähnliche Eigenschaften.

Zwei solche Aufnahmen — in einigem Abstand voneinander angefertigt — lassen sich stereoskopisch vereinigen; weil aber die seitlichen Randpartien keine oder fast keine Parallaxe aufweisen (Abb. 120) würden diese, sofern die direkte Tiefenwahrnehmung über die indirekte überwiegt, im Unendlichen erscheinen, während die zentralen Teile mit erheblicher Parallaxe in den Vordergrund rücken.

Die Aufnahmen lassen sich sektorenweise im umgekehrten Strahlengang entzerren; die entzerrten Stereobilder vermitteln einen normalen stereoskopischen Eindruck, sofern wir von den parallaxelosen seitlichen Randpartien absehen.

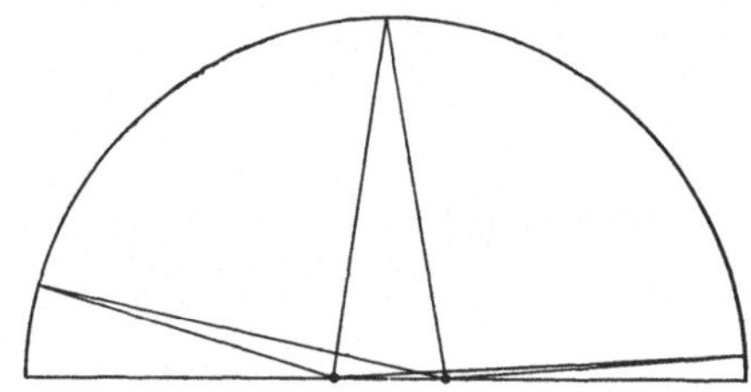

Abb. 120. Parallaxen bei einer stereoskopischen Hemisphärenaufnahme

Zur Entzerrung wird das Negativ in die Aufnahmestellung gebracht und von der Rückseite her gleichmäßig beleuchtet. Das entzerrende Objektiv muß selbst verzerrungsfrei sein; da die Blende des Hemishärensystems auch als Blende des entzerrenden Objektivs fungiert, benutzt man für diese Zwecke am besten eine verzeichnungsfreie Weitwinkellupe nach Abb. 42.

Die Achse des entzerrenden Objektivs ist in eine solche Lage zu bringen, als ob man vom Aufnahmeort aus das zu entzerrende Objekt direkt damit aufnehmen wollte, jedoch sind Objektiv und Kammer gerade umgekehrt gelagert, weil die abbildenden Lichtstrahlenbündel im umgekehrten Strahlengang von der Blende des Hemisphärensystems ausgehen und von dort nach dem imaginären Objekt verlaufen (Abb. 121).

Das Objektiv für Hemisphärenaufnahmen ist noch im Entwicklungsstadium; die erwähnten Objektive sind nur als Typen für künftig zu errechnende und womöglich achromatisch zu machende Systeme anzusehen.

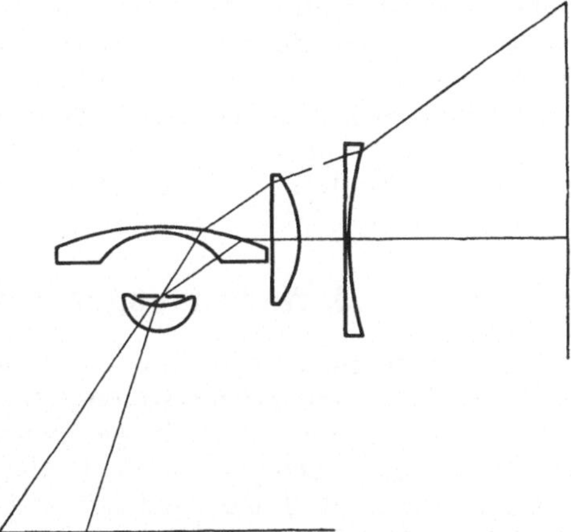

Abb. 121. Anordnung zur Entzerrung einer Hemisphärenaufnahme

I. Das Blinkverfahren

Eine besondere Art der Betrachtung von Parallaxen in zwei ähnlichen Bildern ist das von C. PULFRICH angegebene sogenannte Blinkverfahren.

Mittels des in Abb. 122 schematisch dargestellten Blinkmikroskops werden in A die zwei ähnlichen Bilder P_1 und P_2 einäugig an der gleichen Stelle wahrgenommen, so daß sie, sobald keine Parallaxen vorhanden sind, einander vollkommen überdecken. Parallaxen werden sich durch Doppelbilder zu erkennen geben und zwar am auffallendsten dann, wenn die beiden Bilder intermittierend nacheinander dem Auge dargeboten werden, was durch entsprechende Verdrehung der Blenden B_1 und B_2 zu erreichen ist; diese Bildteile scheinen dann in der Bildebene hin und her zu springen.

Dieses Verfahren, das sich besonders zur Auffindung von Planetoiden und Sternen mit merklicher Eigenbewegung eignet, macht nicht nur seitliche (stereoskopische) Parallaxen, sondern Abweichungen in allen Richtungen in der Bildebene erkennbar; die letztgenannten Abweichungen äußern sich dann stereoskopisch, wenn jedes der beiden Halbbilder um seine eigene Achse während der Betrachtung im Stereoskop oder Stereomikroskop mit gleicher Umdrehungsgeschwindigkeit gedreht wird.

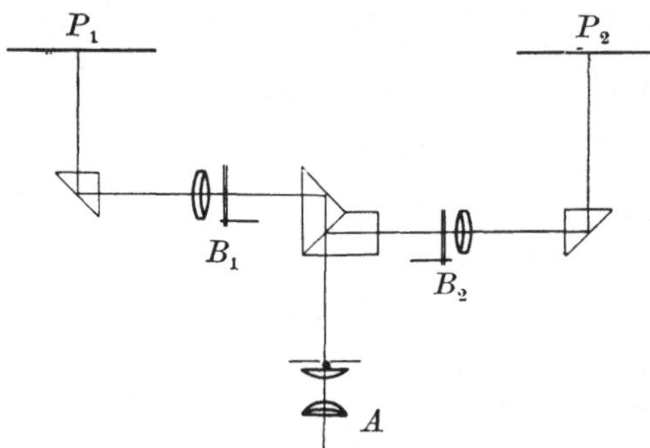

Abb. 122. Blinkmikroskop nach C. Pulfrich (schematisch)

Eine Vervollkommnung des Blinkverfahrens wäre nach Ansicht des Verfassers in der Art zu erzielen, daß man die beiden Halbbilder intermittierend aufeinander projiziert und binokular betrachtet, wobei das linke Auge abwechselnd das linke und das rechte Halbbild, das rechte Auge gleichzeitig abwechselnd das rechte und linke Halbbild zu sehen bekommt, sodaß in rascher Aufeinanderfolge pseudoskopische und orthoskopische Raumbilder entstehen und parallaktische Punkte gegenüber der Bildebene scheinbar vor- und zurückspringen. Bei Stereoanaglyphen wäre dies in einfachster Weise dadurch zu erreichen, daß man die Farbenbrille vor den Augen dreht.

J. Anwendungen der Stereophotographie

24. Photogrammetrie. Zu den wichtigsten Anwendungen der Stereophotographie gehört zweifellos das stereoskopische Meßverfahren, die Photogrammetrie.

Wie wir schon auf S. 10 gesehen haben, bietet die Messung der x- und y-Werte eines beliebigen zweifach abgebildeten Objektpunktes in Verbindung mit der Brennweite F und dem Achsenabstand b der Objektive nach den Formeln (1), (2) und (3) (S. 11) alles Erforderliche, um die Lage des abgebildeten Punktes im Raume relativ zu den Aufnahmeorten festzulegen. Hierbei wurde angenommen, daß die beiden Bildebenen in einer Ebene und zwar in der Regel in einer lotrechten Ebene liegen.

Folgendes ist ohneweiters klar: liegen die beiden Aufnahmeplatten nicht in einer Ebene, so kann mit Hilfe eines ähnlichen Verfahrens die Lage der abgebildeten Objektpunkte im Raume bestimmt werden, sobald die Lage der Aufnahmeplatten, der Objektivachsen usw. gegeneinander und relativ zu festen bekannten Geländepunkten sowie andere Elemente genau bekannt sind oder ermittelt werden können.

Daß in diesem verallgemeinerten Fall, der besonders bei Aufnahmen aus Flugzeugen vorkommt, die Messung und Rechnung unter Umständen sehr kompliziert und umständlich wird, bedarf wohl keiner näheren Erläuterung; es ist daher begreiflich, daß man nach Vereinfachung dieses Verfahrens strebte und sowohl die Messungen als auch die Rechnungen, soweit es anging, zu mechanisieren und zu automatisieren suchte.

Es wurden zu diesem Zweck sehr sinnreiche optische und mechanische

Geräte konstruiert, deren ausführliche Beschreibung in Bd. VII dieses Handbuches (Photogrammetrie von R. HUGERSHOFF) zu finden ist. Wir beschränken uns daher auf die Darstellung der Grundsätze und verweisen überdies auf die einschlägige Spezialliteratur.

Es gibt im wesentlichen zwei Verfahren zur Auswertung der Stereoaufnahmen: das erste ist ein reines Meß- und Rechnungsverfahren zur Bestimmung von Koordinaten und Winkeln nach den erhaltenen photographischen Bildern, das zweite beruht auf der binokularen Verschmelzung der Bilder und der Anwendung geeigneter Meßskalen. Streng genommen gehört nur das letztgenannte Verfahren, bei dem zwei Halbbilder in einer Ebene liegen oder in eine Ebene projiziert werden, in das Gebiet der Stereophotographie.

BREWSTER war der erste, der zwei aufeinanderliegende Glasstereobildpaare einander räumlich durchdringen ließ und auf diese Art sogenannte Geistererscheinungen hervorrief; ROLLET und nach ihm MACH, HARMER, STOLZE und insbesondere PULFRICH wendeten Marken an, die im Stereoskop zu einer räum-

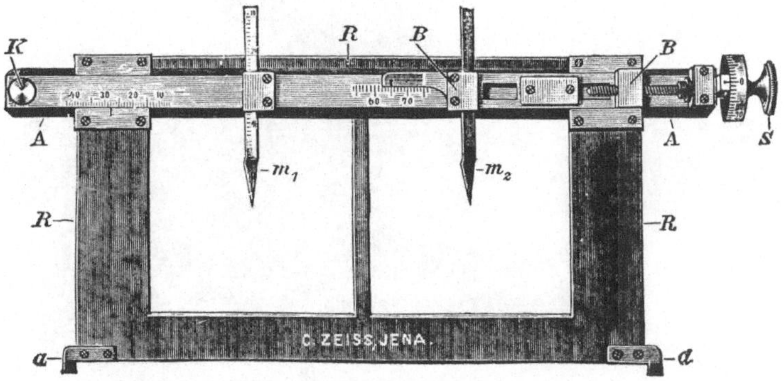

Abb. 123. Stereomikrometer

lichen Meßskala verschmelzen und führten mit Hilfe einer solchen Meßskala oder mit Hilfe einer sogenannten wandernden Marke an stereoskopischen Bildern (im Doppelfernrohr, Stereoskop oder binokularen Mikroskop) Messungen aus; die dazu verwendeten Geräte wurden immer exakter ausgeführt und ermöglichten eine große Meßgenauigkeit.

Die von STOLZE eingeführte, von PULFRICH aufs vollkommenste ausgebildete wandernde Marke kann im Stereobild an jeden beliebigen Objektpunkt der horizontalen Lage und Höhe nach herangebracht werden. (Abb. 123, Stereomikrometer).

Die Durchdringung des zu messenden und des Maßraumes (vgl. M. v. ROHR, Die binokularen Instrumente, 2. Aufl., S. 138) erzielt man entweder direkt durch Aufeinanderlegung der beiden Halbbildpaare oder, wie MACH und nach ihm DEVILLE und andere es taten, indirekt durch Spiegelung der Halbbilder des Maßraumes an einer oder zwei durchsichtigen Spiegelglasplatten (nach dem Prinzip des WHEATSTONEschen Spiegelstereoskops).

Die erreichbare Genauigkeit dieser Messungen an photographischen Stereobildern wird einerseits durch das Auflösungsvermögen der lichtempfindlichen Schicht, andererseits durch das binokulare Tiefenunterscheidungsvermögen des Beobachters, das möglichst weitgehend ausgenützt werden soll, bestimmt. Erreicht das binokulare Tiefenunterscheidungsvermögen z. B. einen Grenzwert von 10″, so müssen auch auf den photographischen Bildern zwei unter diesem Winkel gesehene Objektpunkte getrennt abgebildet werden. Ob dies

möglich ist, hängt vom Auflösungsvermögen des Objektivs, insbesondere aber
von demjenigen der verwendeten lichtempfindlichen Schicht ab.

Die Meßgenauigkeit kann dadurch gesteigert werden, daß der Beobachter
Lupen, Fernrohrlupen oder binokulare Mikroskope (letztere mit fester Marke
— die Plattenpaare sind verschiebbar) benutzt. (Stereokomparator nach C. PULF-
RICH, Abb. 124); die Genauigkeit der Ortsbestimmung wird umso größer, je
größer die Parallaxe bzw. die Standlinie ist.

Es ist klar, daß Standlinie und Aufnahmebrennweite im zu messenden
Raum und im Maßraum einander vollkommen gleich sein oder in einem bekannten Verhältnis zueinander stehen müssen.

Abb. 124. Stereokomparator nach C. PULFRICH

Die Verwertung der Meßergebnisse geschieht entweder rechnerisch (Koordi-
natenberechnung) oder zeichnerisch auf einem Meßtisch; die zeichnerische
Auswertung erfolgt halb oder ganz automatisch durch mechanische
Führung den beiden Hauptstrahlen nach einem Objektpunkt oder dessen
Koordinaten entsprechender Stangen, mit denen ein Zeichenstift verbunden ist.
(LAUSSEDAT, Stereoautograph von VON OREL, Stereoplotter von THOMPSON,
Autokartograph von HUGERSHOFF, Stereoplanigraph von BAUERSFELD, Auto-
graph von WILD u. a.) Wegen dieser Geräte vgl. Bd. VII dieses Handbuches.

Ein besonderes Gebiet bilden die kartographischen Aufnahmen aus Ballonen
und Flugzeugen, weil dabei die Lage der Aufnahmeorte nicht vorher genau
bekannt ist, vielmehr aus bekannten mitaufgenommenen Fixpunkten abgeleitet
werden muß. Auch diesbezüglich vgl. Bd. VII. dieses Handbuches.

Schon im Jahre 1898 hat SCHEIMPFLUG die Möglichkeit erkannt, mittels
zweier verschiedener Projektionsbilder die räumliche Lage von Gegenständen
festzulegen, ein Gedanke, den später insbesondere GASSER ausgearbeitet hat.

Das Prinzip des Verfahrens ist folgendes: Es werden mindestens zwei Aufnahmen so gemacht, daß jede von ihnen die Bilder von wenigstens drei gleichen Fixpunkten auf der Erdoberfläche enthält. Das aus diesen Fixpunkten gebildete Dreieck wird, proportional verkleinert, auf einem Projektionsschirm gezeichnet. Hierauf werden die Negative (oder Positive) der Aufnahmen in ihre ursprüngliche Lage in die Aufnahmekammer gebracht und so auf den Schirm projiziert (dies gelingt nach etlichen Versuchen), daß die beiden projizierten Dreiecke sich mit dem gezeichneten Dreieck genau decken (Abb. 125). Die Lage der beiden Aufnahmekammern relativ zu einander und zum Projektionsschirm muß dabei ihrer Lage während der Aufnahme entsprechen.

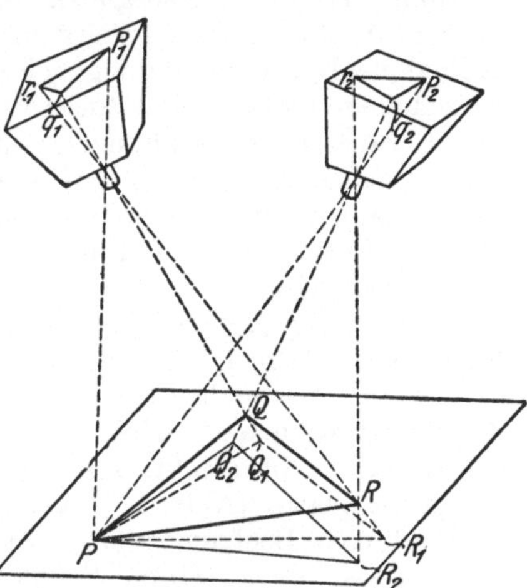

Abb. 125. Kartographische Stereoprojektion

Werden die Bilder durch ein rotes bzw. grünes Lichtfilter projiziert und wird das Gesamtbild mit grün-roten Brillen betrachtet, so sieht man ein verkleinertes Stereobild des Geländes.

Um nun eine horizontale Kartenprojektion zu erhalten, wird, wenn es sich z. B. um eine Küstenaufnahme handelt, der Schirm in das Niveau der Meeresoberfläche gebracht. Diejenigen Punkte, die in der Meeresoberfläche liegen (Punkt P in Abb. 125), werden einfach, alle über (oder unter) derselben liegenden Punkte werden doppelt abgebildet. Die einfach abgebildeten· Punkte werden (mit Eintragung ihrer Höhe) markiert und miteinander verbunden.

Nachdem der Schirm um ein dem Abstand zweier Höhenschichten entsprechendes Stück parallel verschoben und den Projektionskammern etwas genähert wurde, werden die in dieser Ebene befindlichen und sich einfach abbildenden Punkte und Linien eingezeichnet.

Dieses Verfahren wird so lange wiederholt, bis das ganze Gelände seiner horizontalen und vertikalen Gliederung nach kartiert ist.

An dieser Stelle sei auch die Methode Boykows erwähnt, die gleichfalls im bereits mehrfach zitierten Bd. VII dieses Handbuches beschrieben ist.

Schließlich sei noch auf den in Nr. 8 der Phot. Korr. 1928 erschienenen Aufsatz des Verfassers hingewiesen, worin eine Methode zur Herstellung kartographischer Aufnahmen nicht vorher triangulierten Geländes auf Grund von Fliegerbildern dargestellt ist.

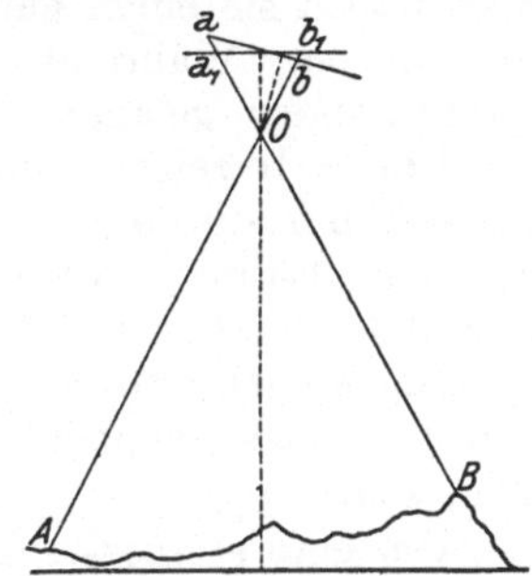

Abb. 126. Entzerrung nicht senkrechter Aufnahmen aus Flugzeugen

Bei der praktischen Auswertung photogrammetrischer Aufnahmen bewährt sich das Zeisssche selbstfokussierende Entzerrungsgerät vorzüglich, das nicht nach dem Nadirpunkt (nicht lotrecht) gerichtete Aufnahmen ($a\,b$ in Abb. 126) automatisch auf einfachste Weise entzerrt, d. h. ihnen den Charakter einer Senkrecht-Aufnahme $a_1\,b_1$ (Abb. 126) gibt. (Vgl. Bd. VII dieses Handbuches).

25. Bildhauerarbeiten. Die Möglichkeit, einen Gegenstand durch ein stereoskopisches Raumbild durchdringen zu lassen, kann auch bei Bildhauerarbeiten nach bestehenden Modellen nutzbar gemacht werden.

Das Modell wird mittels einer Doppelkammer photographiert, und zwar womöglich von verschiedenen Seiten, unter nicht zu weiten Winkeln und aus einem geeigneten Abstand (Arbeitsabstand).

Zur Betrachtung der nach diesen Aufnahmen gewonnenen Diapositive (Halbbilder), die sehr sorgfältig montiert werden müssen, werden Verantlinsen oder verzeichnungsfreie Weitwinkellupen verwendet, wobei Betrachtungs- und Aufnahmeabstand einander gleich sein müssen, damit stereoskopisches Raumbild und Modell identisch sind (man vgl. die Formeln (7), (8), (9) und (10) auf S. 50).

Für diesen Zweck können sowohl für die Aufnahme als auch zur Betrachtung mit Vorteil einfache achromatische Linsen benutzt werden, da es sich hier um Zeitaufnahmen mit kleinem Gesichtsfeld handelt und durch Verwendung der gleichen Linsen zur Aufnahme und Betrachtung die Verzeichnung automatisch aufgehoben wird.

Wegen der großen Nähe des Modells soll die Brennweite der Betrachtungslinsen nach Formel (10) ziemlich groß sein.

Das von oben her (je nach Bedarf) beleuchtete Stereodiapositiv wird mit der Schichtseite nach oben in das ebenfalls nach oben gerichtete Stereoskop gelegt und nicht direkt, sondern unter Benutzung einer unter 45° geneigten Spiegelglasplatte (Abb. 127) betrachtet; das Raumbild zeigt sich im Arbeitsabstand vom Beobachter und deckt sich mit dem Modell.

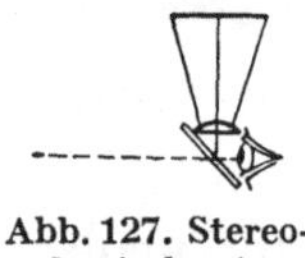

Abb. 127. Stereoskopische Anordnung für Bildhauerarbeiten

Unter Beobachtung des stereoskopischen Luftbildes kann der Bildhauer sein Modell Punkt für Punkt genau kontrollieren und mit dem wiederzugebenden Modell identisch machen; dies gelingt insbesondere dann, wenn auch seitliche Aufnahmen des Modells hergestellt und im Stereoskop betrachtet werden.

Wie auf S. 36 angedeutet wurde, läßt sich durch Vergrößerung oder Verkleinerung des Abstandes der Objektive voneinander der Maßstab des Modells verkleinern oder vergrößern.

26. Stereoskopische Röntgenaufnahmen. Da Röntgenbilder Schattenbilder sind, haben sie einen ganz anderen Charakter als gewöhnliche photographische Aufnahmen. Während bei gewöhnlichen Stereoaufnahmen die Bilder nie übereinander gelagerte, sondern immer nebeneinander angeordnete Oberflächenteile zeigen, liefert die Röntgenaufnahme sich überlagernde Schatten, die sich nur durch ihre Umrisse und Dichteunterschiede von einander unterscheiden. Dadurch wird die Erfassung der stereoskopischen Tiefengliederung bisweilen sehr erschwert.

Die Ausstrahlungsstelle der Röntgenstrahlen (die Antikathode der Röntgenröhre) ist das Perspektivitätszentrum des Schattenbildes und soll möglichst klein sein.

Um eine stereoskopische Tiefengliederung der Schattenpartien zu erzielen, werden mindestens zwei Aufnahmen gemacht, wobei die Perspektivitätszentren in der Regel in Augenabstand voneinander gebracht werden. Um schwer deutbare Stellen zu entwirren, ist es nach Eykman zu empfehlen, eine weitere Aufnahme mit einem dritten Punkt als Perspektivitätszentrum zu machen, der mit den zwei anderen ein gleichseitiges Dreieck bildet; auf diese Art entstehen drei verschiedene Kombinationen von Bildpaaren. In diesem Sinne kann man selbstverständlich noch weiter gehen.

In der Regel werden die Aufnahmen auf horizontal liegenden Platten gemacht, die immer etwas größer als der aufzunehmende Gegenstand oder die aufzunehmende Partie des Gegenstandes sein sollen.

Man unterscheidet zwei Aufnahmemethoden: die eine, bei der die Perspektivitätszentren über, die andere, bei der die Perspektivitätszentren unter dem

Objekt angeordnet sind. Die erstgenannte Methode eignet sich insbesondere für genauere Meßverfahren, weil sich dabei die Lage der Perspektivitätszentren relativ zur Platte bequem und genau feststellen läßt. Die zweitgenannte Methode ist insofern bequemer, als sich dabei das Röntgenrohr in einem schützenden Gehäuse unterbringen läßt.

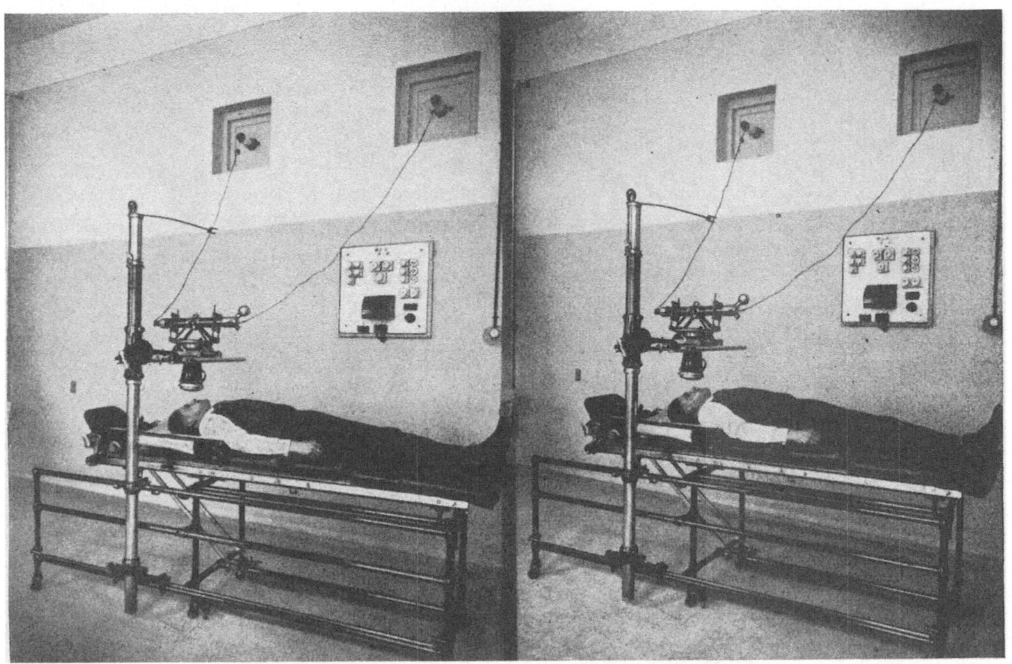

Abb. 128. Apparat für stereoskopische Röntgenaufnahmen

Weil die beiden Röntgenaufnahmen allein nicht immer hinreichen, um die Lage der im aufgenommenen Körper eingeschlossenen Gegenstände relativ zur Körperoberfläche genau zu ermitteln, empfiehlt es sich, außer den beiden Röntgenaufnahmen noch gewöhnliche stereoskopische Aufnahmen von den gleichen Perspektivitätszentren aus zu machen (in diesem Falle erweist es sich günstiger, wenn die Perspektivitätszentren oberhalb des Objekts liegen). Dabei können auf der Körperoberfläche angebrachte Marken von Metall sehr nützlich sein.

Die beiden Aufnahmen werden in der Regel nacheinander auf zwei verschiedenen Platten gemacht, wobei das Röntgenrohr nach der ersten Aufnahme verschoben wird; bei gleichzeitiger Aufnahme mittels zweier nebeneinander gestellter Röhren würden die Bilder einander überdecken. Abb. 128 zeigt einen Aufnahmeapparat mit verstellbarem Röntgenrohr.

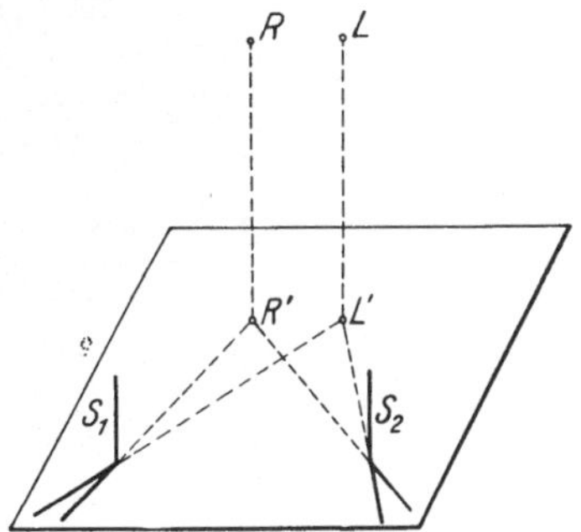

Abb. 129. Bestimmung der Projektion der Perspektivitätszentren bei Röntgenaufnahmen

Um Koordinaten eines im aufgenommenen Körper eingeschlossenen Fremdkörpers zu ermitteln, bediente sich WERTHEIM-SALOMONSON und nach ihm FEDERLIN zweier senkrechter Metallstäbe S_1 und S_2 (vgl. Abb. 129), deren

Schattenverlängerungen die Projektionen R' und L' der Perspektivitätszentren auf der Platte ergeben.

Wegen Betrachtung der Röntgenaufnahmen, wozu auch die Negative selbst

Abb. 130. Wheatstonesches Spiegelstereoskop für Röntgenbilder

herangezogen werden können, sei auf die auf S. 25 angegebenen Grundsätze hingewiesen.

Zur Betrachtung von Röntgenbildern läßt sich ein Telestereoskop nach von Helmholtz (Abb. 30), ein Wheatstonesches Spiegelstereoskop nach Abb.

Abb. 131. Pirie-Stereoskop für Röntgenbilder

130, d. i. ein von der Firma Watson & Sons (Electro Medical Ltd., London) für diesen Zweck angefertigtes Spiegelstereoskop, ein „Pirie-Stereoscope" (Abb. 131), das in einem der Sehrohre ein ablenkendes Reflexionsprisma enthält, oder ein als Stereo-Binokel von Pleikart Stumpf eingerichtetes Wheatstonesches Spiegelpseudoskop (Abb. 90) verwenden.

Am einfachsten ist die in der Regel leicht zu erlernende Betrachtung der Stereobilder mit gekreuzten Blicklinien nach Abb. 89 — vgl. auch S. 73.

Zur genauen Lokalisation von Fremdkörpern oder zur stereoskopischen Ausmessung bestimmter unzugänglicher Objektteile mittels wandernder Marken müssen die Augen genau an die Orte der Aufnahmezentren gebracht werden. Ein sehr sinnreicher Apparat für diesen Zweck ist der Röntgenstereodiagraph nach BEYERLEN, der in Abb. 132 schematisch dargestellt ist. BEYERLEN ordnet die beiden Aufnahmen übereinander, und zwar so an, daß sich die beiden Bilder der festen Marke in der Plattenebene (Abb. 34) genau senkrecht übereinander befinden.

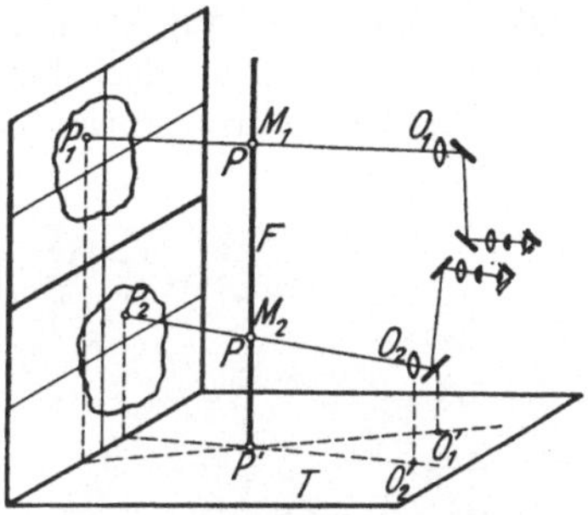

Die beiden Bilder werden mit einem geeigneten Scherenfernrohr betrachtet dessen Objektivmittelpunkte O_1 und O_2 die Orte der Antikathoden bei der Aufnahme einnehmen. Die unter Benutzung von total reflektierenden Prismen zweimal gebogenen Röhren des Fernrohres werden so um die Objektivachsen gedreht, daß der Abstand der Okulare dem Augenabstand des Beobachters entspricht.

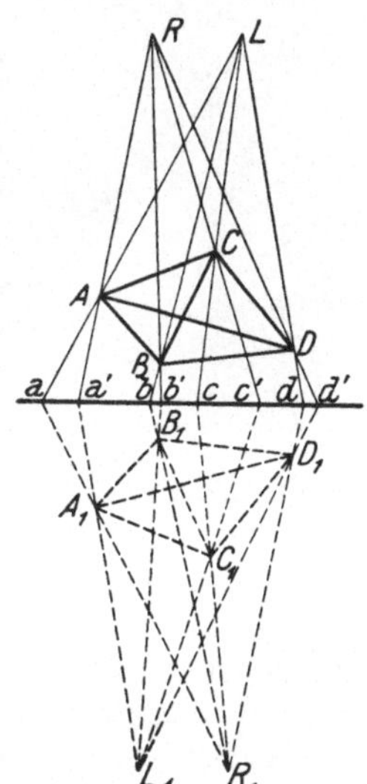

Abb. 132. Röntgenstereodiagraph nach BEYERLEN (schematisch)

Auf diese Art sehen die beiden Augen des Beobachters — unabhängig von ihrem Abstand — die Bilder aus den richtigen Perspektivitätszentren.

Als wandernde Marke wird ein langer senkrecht verlaufender Faden F benutzt, der einfach erscheint, sobald er im Kreuzungspunkt der auf die Schattenbilder z. B. des Objektpunktes P_1 und P_2 gerichteten Blicklinien steht, und die horizontale Projektion P dieses Objektpunktes auf der horizontalen Fläche T aufzeichnet.

Die Höhe des Objektpunktes wird durch eine längs des Fadens verschiebbare Doppelhöhenmarke M_1, M_2 bestimmt.

Später hat BEYERLEN diesen Apparat durch einen noch zweckmäßigeren ersetzt, bei dem zwei Punktlampen die Stellen der Antikathoden einnehmen und ein beweglicher Meßfaden Schattenlinien auf die Röntgenbilder wirft. Diese Schattenlinien werden zugleich mit den Röntgenhalbbildern mittels eines Telestereoskops stereoskopisch zu einem Raumbild vereinigt.

Sobald das Raumschattenbild des Fadens in räumlicher Koinzidenz mit dem ausgewählten Objektpunkt gebracht ist, wird die Lage dieses Objektpunktes im Raume mit Hilfe des Fadens und der daran befindlichen verschiebbaren Meßmarke festgelegt.

Die Betrachtung findet von der den Lampen gegenüberliegenden Seite aus statt, wobei das orthoskopische Raumbild durch eine einfache sinnreiche Vorrichtung nach Belieben in das pseudoskopische verwandelt werden kann. Die Genauigkeit der Lokalisation der einzelnen Punkte ist von dem jeweiligen Augenabstand des Beobachters vollkommen unabhängig.

Abb. 133. Röntgenstereobild auf einem fluoreszierenden Schirm

Anstatt an den ursprünglichen großen Bildern können auch an verkleinerten Doppelbildern (z. B. im Formate 9×13 cm) im Linsenstereoskop Messungen ausgeführt werden, wobei sich die oberwähnten gewöhnlichen Stereoaufnahmen in Form von Diapositiven bequem als Durchdringungsbilder verwenden lassen.

Sehr nützlich kann auch die Betrachtung stereoskopischer Röntgenbilder auf einem fluoreszierenden Schirm von Bariumplatincyanur sein, wozu zwei etwa in Augenabstand nebeneinander aufgestellte Röntgenröhren erforderlich sind, die intermittierend und abwechselnd in Tätigkeit gesetzt werden.

Nach Abb. 133 entsteht dabei abwechselnd das linke Bild $abcd$ und das rechte Bild $a'b'c'd'$, welche von rückwärts her von zwei symmetrisch zu R und L gelegenen Punkten R_1 und L_1 (in Bezug zum Schirm) aus betrachtet werden und zwar so, daß das rechte Auge das linke, das linke Auge das rechte Bild durch synchron rotierende Blenden zu sehen bekommt.

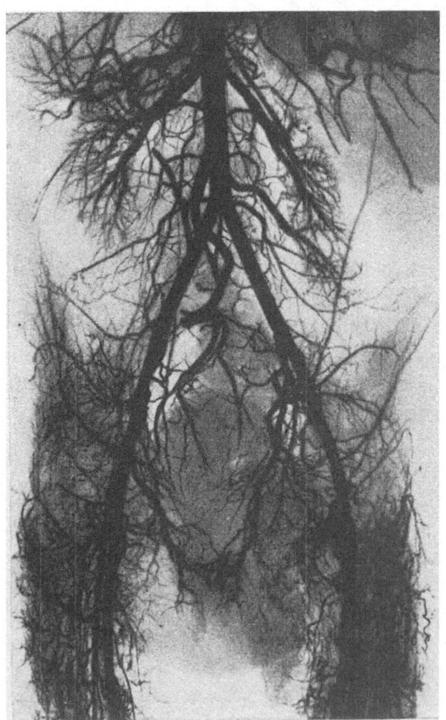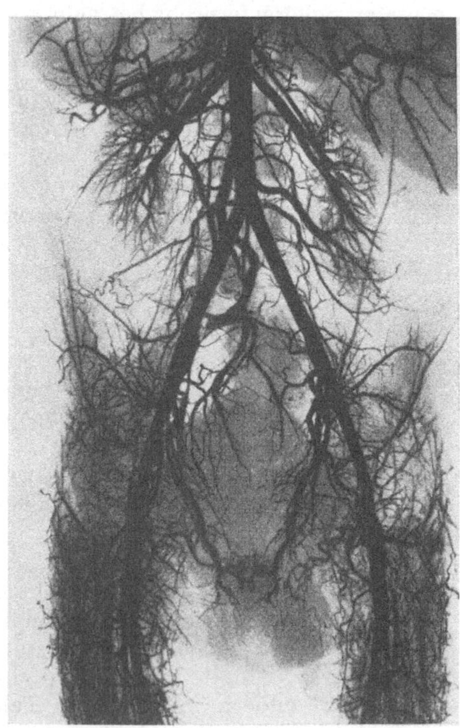

Abb. 134. Arteriensystem. Aufgenommen nach Injektion eines Kontrastpräparats von Hildebrand, Scholz und Wieting-Pascha

Man sieht dann ein spiegelverkehrtes, jedoch tiefenrichtiges Raumbild in natürlicher Größe diesseits des Schirms. Durch Einschaltung eines Spiegels zwischen Augen und Schirm kann die Spiegelverkehrung auch aufgehoben werden. Bei Verwechslung der Halbbilder, ergäbe sich ein vergrößertes, pseudoskopisches Raumbild jenseits des Schirmes, das den Körper, wie von der Rückseite gesehen, tiefenrichtig aber in hyperzentrischer Perspektive (Abb. 94) zeigt.

Abb. 134 ist eine stereoskopische Röntgenaufnahme einer Leiche, in deren Arterien ein für Röntgenstrahlen undurchlässiges Präparat injiziert wurde, Abb. 140 (Tafel II) einer Kugel im Kopf eines lebenden Menschen.

In Phot. Korr. 1927 Nr. 1 beschreibt M. Canals seine Methode der Röntgen-Stereomikrophotographie; er verwendet dabei eine Wippe (vgl. S. 54).

Wegen weiterer Einzelheiten verweisen wir auf die in der Literaturübersicht angeführte Spezialliteratur.

27. Anwendungen verschiedener Art. a) Hilfsmittel für den Unterricht. Es handelt sich hier um die ausgedehnte Nutzbarmachung der Stereoskopie für Unterrichtszwecke, Demonstrationszwecke usw., auf die wir schon aufmerksam machten.

Von CARL ZEISS, Jena, der UNDERWOOD-KEYSTONE Ltd., BERGMANN, CH. E. BENHAM u. a. wurden Reihen wertvoller Stereobilder für Unterrichtszwecke

Abb. 135. Stereoskopische Schwingungsbilder nach BENHAM

herausgegeben; auf diesem Gebiet stehen wir noch am Anfang, denn diese Anwendungsmöglichkeit der Stereoskopie wird heute noch viel zu wenig ausgenutzt. Hauptbedingung zur Verallgemeinerung der Anwendung von Stereobildern ist wohl das keinesfalls schwierige Erlernen der Betrachtung von Stereobildern mit parallelen Blicklinien ohne Stereoskop oder sonstige Hilfsmittel, weil die Notwendigkeit der Beschaffung besonderer Hilfsmittel der Verbreitung der Stereoskopie hinderlich im Wege steht.

b) Materialprüfung. Die Möglichkeit der Wahrnehmung sehr kleiner stereoskopischer Parallaxen bietet den Anlaß zu einer Reihe sehr nützlicher Anwendungen: z. B. die Auffindung kleiner Deformationen an Bauten und

Objekten anderer Art, die zerstörenden Kräften ausgesetzt sind (Brücken, hohe Gebäude, Maschinen, Flugzeugunterteile usw.), wobei diese Deformationen selbstverständlich dann am deutlichsten hervortreten, wenn die Standlinie bei den Aufnahmen parallel zur Richtung der vermutlichen Deformation gewählt wurde.

Auf ähnliche Art lassen sich Nachahmungen von Wertpapieren, Münzen, Warenzeichen, Unregelmäßigkeiten in Maßstäben, Nachdrucke usw. feststellen. So wird man z. B. bei genauer stereoskopischer Betrachtung der Abb. 20 deutlich die Ungleichheiten in den freihändig gezeichneten Buchstaben bemerken, wobei diese Ungleichheiten sich als Deformationen der Tiefe nach zu erkennen geben; vollkommen gleiche Buchstaben, wie sie im Buchdruck entstehen, würden bei einer derartigen stereoskopischen Betrachtung ganz flach erscheinen.

Bei für solche Zwecke photographisch herzustellenden Halbbildern ist darauf zu achten, daß die bei der Aufnahme entstehenden Parallaxen zwar möglichst groß sind, daß die Parallaxe bei der Betrachtung jedoch zwischen 0^0 und 15^0 schwankt, d. h. die Tiefenunterschiede sollen sich theoretisch zwischen unendlich und 25 cm zeigen.

Ist die Richtung der Abweichungen in den beiden zu vergleichenden Aufnahmen nicht bekannt, so ist sie leicht zu ermitteln, indem man beide Halbbilder um ihre (im allgemeinen um Augenabstand von einander entfernten) Mittelpunkte (Betrachtungsachsen) in ihrer Ebene um gleiche Winkel dreht.

c) Stereoskopische Glanz- und Schwingungsbilder. Unregelmäßigkeiten an glänzenden Oberflächen lassen sich bei binokularer Betrachtung bzw. stereophotographisch sehr genau feststellen, wenn auf der Oberfläche der Körper feine geradlinige parallele oder konzentrisch gekrümmte Glanzstreifen vorhanden sind, wie dies z. B. bei gedrehten Metallflächen, Seidenstoffen usw. der Fall ist.

Die Linien, welche die beiden Augen oder Objektive mit den stark astigmatischen Spiegelbildchen der Lichtquelle verbinden, schneiden die Oberfläche des Körpers an verschiedenen, jedoch ähnlich geformten Stellen, die binokular oft zu einem sich der Tiefe nach erstreckenden, ziemlich breiten Glanzstreifen vereinigt werden können, dessen Regelmäßigkeit von der der Oberfläche abhängt.

Bei weniger regelmäßig geformten Oberflächen kann diese Erscheinung zu sogenannten Moiré- und Glanzeffekten Anlaß geben; Glanz wird nämlich auch durch binokulare Vereinigung sehr ungleich heller Stellen verursacht.

Ähnliches nimmt man bei Betrachtung einer Lichtquelle durch eine durchsichtige Glasscheibe wahr, deren Oberfläche z. B. kreisförmige Feuchtigkeitsstreifen trägt, die mit einem Gummiwischer aufgebracht wurden.

Man kann z. B. in einem von zwei ähnlichen, zu gleicher Zeit mechanisch aufgezeichneten Schwingungsbildern absichtlich geringe periodische Abweichungen hervorrufen; bei der binokularen Betrachtung dieser Bilder zeigen sich wunderlich gekrümmte Flächen. Auf diese Art lassen sich bestimmte mathematisch definierte gekrümmte Flächen stereoskopisch veranschaulichen. Die Abb. 135 nach Ch. E. Benham ist dem Buche von Arthur W. Judge: „Stereoscopic Photography" entnommen. A. a. O. findet man auch die Beschreibung einer zur Herstellung solcher Schwingungsbilder bestimmten Vorrichtung (Abb. 136).

d) Stereophotographische Archive. Nach Ansicht des Verfassers wäre die Schaffung von auf einheitlicher Dimensionierung aufgebauten, internationalen, stereophotographischen Archiven notwendig, in denen die wichtigeren historischen Ereignisse in Friedens- und Kriegszeiten, Elementarereignisse (vulkanische Ausbrüche, Erdbeben, Überschwemmungen, Zerstörungen durch Tornados, Cyclone usw.), andere Naturerscheinungen, Naturprodukte, exotische Gegenden, Völker, Tiere und Pflanzen, architektonische Objekte, Bildhauerarbeiten, städtische Baupläne, periodische Übersichten über Änderungen an städtischen Anlagen (stereoskopische Flugzeugaufnahmen), Maschinen, kriminalistische Fälle (Tatorte, Tatbestände, Verbrecher und deren Kennzeichen), Eisenbahn-, Automobil- und Flugzeugkatastrophen usw. in Form von Stereophotogrammen niedergelegt sind, weil nur die Stereophotographie alles naturgetreu und unverfälscht wiederzugeben vermag.

Die Einheitlichkeit ließe sich dadurch erzielen, wenn alle Aufnahmen mit einem Objektivabstand von z. B. 65 mm (ausgenommen Aufnahmen aus Flugzeugen) auf einem Bildformat von z. B. 9 × 13 cm mit einer Brennweite von z. B. 75 mm (für Aufnahme- bzw. Betrachtungslinsen) angefertigt würden, so daß es möglich wäre, dieses Archivmaterial überall mit verzeichnungsfreien Lupen in natürlicher Größe und natürlicher Entfernung zu sehen und die aufgenommenen Objekte auch in allen ihren Dimensionen mit Hilfe von Meßskalen, Stereomikrometern, Stereokomparatoren etc. auszumessen und für alle Zeiten zu identifizieren.

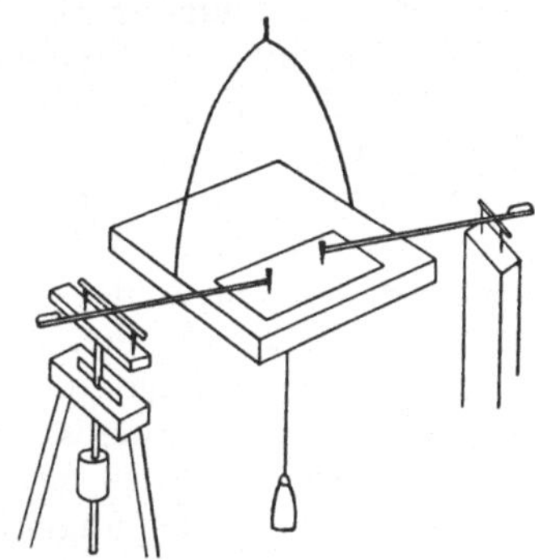

Abb. 136. Apparat zur Erzeugung stereoskopischer Schwingungsbilder (nach Ch. E. Benham)

28. Stereokinematographie. Auch hier sind immer gleichzeitige Doppelaufnahmen — etwa in Augenabstand voneinander — erforderlich.

Man kann diese Aufnahmen etwa mit einer Doppelkinokammer mit zwei Objektiven, hinter denen je ein Filmband in vertikaler Richtung mit gleicher Geschwindigkeit abgerollt wird (Abb. 137), oder auch mit einer Kammer mit einem Objektiv auf einem Filmband (Abb. 138) machen, wobei vor dem Objektiv (drehbar um die Objektiv-

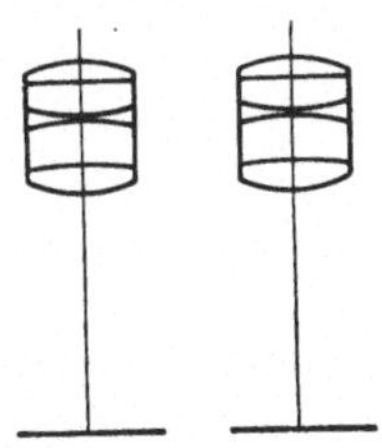

Abb. 137. Schema für eine stereokinematographische Aufnahmeapparatur mit zwei Filmbändern

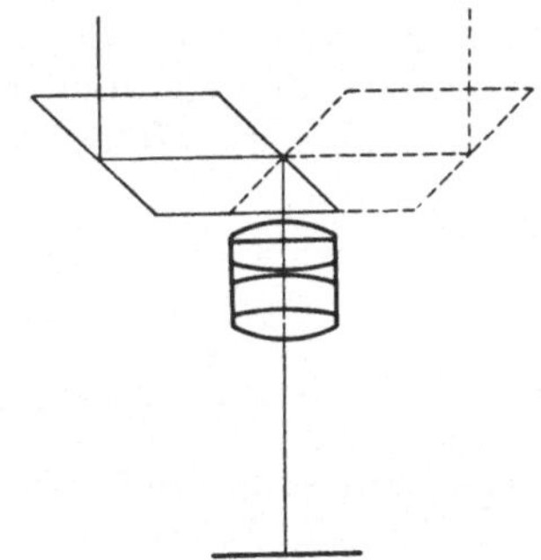

Abb. 138. Schema für eine stereokinematographische Aufnahmeapparatur mit einem Filmband

achse) ein Prisma angebracht ist, das abwechselnd ein rechtes und ein linkes Bild auf die Platte wirft.

Es sind auch andere Anordnungen denkbar: z. B. ein hinter zwei Objektiven horizontal geführtes Filmband, das immer um zwei Bildbreiten verrückt wird.

Analog erhält man Positive entweder auf zwei getrennten Filmbändern oder auf einem Filmband. Im ersten Falle kann zur Projektion das Anaglyphenverfahren angewendet werden, im zweiten Falle ist die abwechselnde Projektion der Bilder unter Benutzung eines geeigneten Blendensystems wohl am geeignetsten. (Vgl. diesbezüglich S. 78).

7*

In besonderen Fällen können nach Ansicht des Verfassers auch mit einem gewöhnlichen Kinoapparat stereoskopische Aufnahmen gemacht werden, indem der Kinoapparat während der Aufnahme horizontal mit einer Geschwindigkeit von etwa 1 m pro Sekunde senkrecht zur Aufnahmerichtung fortbewegt wird. Analoges gilt für die Vorführung. Sobald jede $^1/_{16}$ Sekunde eine Teilaufnahme stattfindet, liegen diesfalls die Aufnahmeorte etwa in Augenabstand nebeneinander; es bildet somit jedes vorhergehende Teilbild mit dem folgenden ein richtig vereinbares Stereobild.

Man hat beim Arbeiten mit dem Stereokomparator festgestellt, daß die beiden Augen zwei momentan aufleuchtende Halbbilder nicht zu gleicher Zeit wahrnehmen, wenn eines dieser Bilder weniger hell ist als das andere. Je heller ein Halbbild ist, umso früher wird es von dem betreffenden Auge empfunden; man ist also imstande, die Empfindung eines Bildes um eine bestimmte Zeit, z. B. um $^1/_{16}$ Sekunde, durch Vorschaltung eines geeigneten Grauglases vor das betreffende Auge zu verschieben.

Wendet man dieses Prinzip auf die normale Projektion eines Kinobildes an, so wird das Auge mit dem vorgeschalteten Grauglas das vorhergegangene Bild erst in jenem Augenblick empfinden, zu dem schon das folgende Bild projiziert und durch das freie Auge empfunden wird. So wäre eine regelmäßige binokulare Vereinigung zweier aufeinanderfolgender Bilder auf die denkbar einfachste Art möglich.

Die Vorführung stereoskopischer Kinobilder für nur eine Person kann, falls man über getrennte Halbbilder verfügt, derart stattfinden, daß der Beobachter die nacheinander abrollenden Bilder durch die beiden Kinoobjektive betrachtet, wobei selbstverständlich nur eine schwache Lichtquelle erforderlich ist.

Befinden sich die Halbbilder der zu vereinigenden Bilderpaare in einem vertikal abrollenden Filmband untereinander, so ist bei der Vorführung eine ähnliche Prismenvorrichtung, wie sie für die Aufnahme nötig war (s. Abb. 138), anzuwenden, damit die Halbbilder in Augenabstand nebeneinander fallen und in rascher Aufeinanderfolge vor das zugehörige Auge gelangen.

Literaturverzeichnis[1]

VAN ALBADA, L. E. W.: Stereoskopische opnamen uit vliegtuigen. Focus, S. 230 u. 267. 1922.

— A wide-angle stereoscope and a wide-angle view-finder. Transactions of the Optical Society, Vol. XXV, No. 5, 1923—1924.

— Gewone en groothoekige stereoskopen. Focus, S. 131, 158, 212, 1925.

— Zoekers, Focus, S. 519, 533, 553, 1925.

— Weitwinkelstereoskopie. Phot. Korr., Bd. 62, Nr. 2, S. 67, 1926.

— Stereoskopische wolkenopnamen. Focus, S. 581, 1927.

— Die LIPPMANNschen Photographies intégrales. Phot. Korr., Bd. 63, Nr. 11 u. 12, 1927.

— Über die Möglichkeit einer photokartographischen Aufnahme aus Flugzeugen von vorher nicht triangulierten Geländen. Phot. Korr., Bd. 64, Nr. 8, 1928.

— Eine kombinierte stereophotographische Methode zur Ermittlung des Aufbaues und der Bewegungen von Wolken. Phot. Korr., Bd. 65, Nr. 2, 1929.

---

[1] In dieses Verzeichnis sind nur diejenigen dem Verfasser bekannten Arbeiten aufgenommen, welche nicht in dem sehr ausführlichen Literaturverzeichnis bei M. VON ROHR: Die binokularen Instrumente, 2. Aufl. Berlin: Julius Springer, 1920, vorkommen.

BENHAM, CH. E.: Stereoscopic Twin-elliptic Pendulum Curves. English Mechanics, March 20, 1925.

BOER, I. HZ.: Foto-topografie. Het Projectie-systeem van Dr. GASSER. Tydschrift voor Kadaster en Landmeetkunde, Jaarg. XXXIX Afl. 5. u 6.

CANALS, M.: Die Röntgenstereomikrographie. Phot. Korr., Bd. 63, Nr. 1, 1927.

VAN EBBENHORST TENGBERGEN, J.: Stereoscopische röntgenoscopie en een nieuw daarvoor ontworpen toestel. Nederl. Tydschrift voor Geneeskunde, 65e Jaargang, eerste helft, No. 9, 1921.

— De Röntgenologische Bekkenmeting. Amsterdam: M. J. Portiehe, etwa 1924.

— und VAN ALBADA, L. E. W.: Die Röntgenstereoskopie, ihr Wert und ihre Verwertung. Berlin: Julius Springer. 1931.

HAY, A.: Sehen und Messen. Die geometrischen, physikalischen und physiologischen Grundlagen der Photogrammetrie, Stereoskopie und Stereophotogrammetrie. Leipzig und Wien: F. Deuticke. 1921.

— Die Photographie im Dienste des Vermessungswesens. Phot. Korr., Bd. 62, Nr. 2, 1926.

't HOOFT, G. O.: Das Parallax-Problem. Zeitschr. für wissensch. Photographie, Photophysik und Photochemie, Bd. IX, H. 1.

JUDGE, A. W.: Stereoscopic Photography. London: Chapman & Hall, Ltd. 1926.

MACKENZIE-DAVIDSON: Localisation by X-rays and Stereoscopy. London, H. K. Lewis & Co., Ltd. 1926.

PULFRICH, C.: Über Photogrammetrie aus Luftfahrzeugen. Jena: G. Fischer. 1919.

— Die Stereoskopie im Dienste der Photometrie und Pyrometrie. Berlin: Julius Springer. 1923.

RICHTER, A. P. F.: Stereoskopische Betrachtungsapparate. Deutsche Optische Wochenschrift, S. 396, 416, 433. 1925.

— Normungsfragen in der Photographie. Phot. Korr., Bd. 62, Nr. 4. 1926.

VON ROHR, M.: Die binokularen Instrumente. 2. Aufl. Berlin: Julius Springer. 1920.

SOMMER, E.: Anatomischer Atlas in stereoskopischen Röntgenbildern. Würzburg: A. Stubers Verlag. 1906.

WERTHEIM SALOMONSON: Stereoscopische Localisatie. Nederl. Tydschrift voor Geneeskunde, II, S. 435. 1917.

— Over röntgenologische plaatsbepaling van vreemde lichamen. Geneeskundige Bladen, Nr. 3. 1919.

Bemerkung zu S. 48.

In letzter Zeit eignen sich auch Diapositivfilme ganz gut für Stereobilder. Sie brauchen keine Montage (Deckglas), nehmen viel weniger Raum in Anspruch und sind unzerbrechlich.

Astrophotographie

Von

Ch. R. Davidson, Greenwich

Mit 71 Abbildungen

Aus dem Englischen übersetzt von W. E. BERNHEIMER, Wien

A. Historisches

Gelegentlich der im Jahre 1867 in Bonn abgehaltenen Tagung der Astronomischen Gesellschaft wurde vereinbart, einen Katalog anzulegen, der die genau beobachteten Positionen aller Sterne des nördlichen Himmels bis herab zur neunten Größe enthalten sollte.

Die internationale Zusammenarbeit zahlreicher Sternwarten, die sich an dieser großen Aufgabe beteiligten, ermöglichte das Zustandekommen dieses Werkes. Man teilte den Himmel in Zonen oder Deklinationsstreifen von 5^0 Breite. Jeder Sternwarte wurden eine oder zwei dieser Zonen zugewiesen. Der Katalog, der seit einigen Jahren vollendet ist, und seither auch auf den südlichen Himmel ausgedehnt wurde, beruht auf visuellen Beobachtungen mit dem Meridianfernrohr (dem sogenannten Meridiankreis).

Die Einführung der Trockenplatte in den Jahren 1878 bis 1879 brachte dem Astronomen ein neues Hilfsmittel; da zahlreiche Versuche die vorzügliche Eignung der photographischen Platte zur raschen und genauen Herstellung von Sternkarten ergaben, wurde eine allgemeine photographische Vermessung des ganzen Himmels bald ins Auge gefaßt.

Bei dem im April 1887 in Paris tagenden internationalen astronomischen Kongreß wurde beschlossen, eine p h o t o g r a p h i s c h e Vermessung des Himmels im Wege einer internationalen Zusammenarbeit durchzuführen, so wie es auch beim Katalog der Astronomischen Gesellschaft der Fall war. Der Kongreß faßte auch über die allgemeinen Richtlinien dieser Arbeit sowie über die Anwendung der hiefür geeignetsten Methoden einen Beschluß.

Es sollte also ein Katalog angelegt werden, der alle Sterne bis zur elften Größe umfaßt. Nun ist festzuhalten, daß photographische Sternörter auf der Platte nur relativ zu den Örtern anderer Sterne bestimmt werden, deren Positionen schon bekannt sind. Diese Sterne sind F u n d a m e n t a l s t e r n e oder „Anhaltssterne". Ihre Koordinaten können den Katalogen der Astronomischen Gesellschaft (A. G.) entnommen werden, die auf diese Art die Grundlage für den photographischen Katalog bilden. Überdies wurde vereinbart, eine Karte herzustellen, die alle Sterne bis zur vierzehnten Größe aufweist.

Der ganze Himmel wurde in Zonen geteilt und jeder der mitarbeitenden 18 Sternwarten ein ihrer geographischen Lage und Leistungsfähigkeit entsprechender Teil des Himmels zugewiesen. Um die Gleichmäßigkeit der Aufnahmen zu sichern, wurde ein Normalfernrohr vorgeschrieben. Jedem Beobachter war es freigestellt, besondere Einzelheiten auszuarbeiten. Das „Musterfernrohr" (der sogenannte „Himmelskartenrefraktor") entsprach dem von den Brüdern PAUL und PROSPER HENRY in Paris konstruierten Modell. Dieses Fernrohr hat ein Objektiv von 33 cm Durchmesser und eine Brennweite von 3,44 m, so daß in der Brennebene 1 mm einer Bogenminute entspricht. Das Feld guter Bildschärfe umfaßt zwei Quadratgrade und wurde auf einer Platte von 16 qcm Flächeninhalt aufgenommen.

Es wurde vereinbart, daß die Plattenmittelpunkte für jeden vollen Grad der Deklination in Rektaszension einen Abstand von zwei Graden aufweisen sollen. Die Plattenzentren bei geradzahligen Deklinationen kamen gegenüber denjenigen mit ungeradzahligen Deklinationen in die dazwischenliegenden Rektaszensionen zu liegen. Damit erreichte man ein Übergreifen der einzelnen Platten, und jeder Stern konnte auf diese Weise zweimal photographiert werden; kam er auf den Rand einer Platte schlecht zu liegen, so mußte er in der Mitte der übergreifenden Platte gut erscheinen, so daß eine genügende Durchschnittsgenauigkeit gesichert war. Es wurde festgesetzt, daß der wahrscheinliche Fehler eines Katalogortes 0,2 Bogensekunden nicht übersteigen sollte.

B. Methoden und Geräte der Astrophotographie

Das wesentliche Charakteristikum einer Himmelsphotographie besteht darin, daß sie eine Projektion der Himmelskugel darstellt, u. zw. von einem Punkt (der Mitte des Objektivs) auf eine Ebene (die photographische Platte), die parallel zur Tangentialebene an den Himmel am Ort eines bestimmten Sterns verläuft. Daraus folgt, daß jeder Großkreis der Kugel als gerade Linie auf die Platte projiziert wird und umgekehrt jede gerade Linie auf der Platte einem Großkreis der Kugel entspricht. Die Berechtigung der Verwendung rechtwinkeliger Koordinaten bei der Messung und Reduktion von Himmelsphotographien ist auf Grund des vorstehend Gesagten einleuchtend. Eine photographische Himmelsaufnahme kann, wie bereits bemerkt, nur Sternpositionen in Beziehung zu anderen Sternen der Platte liefern. Wenn die absolute Lage einiger Sterne festgesetzt werden kann, so ist es auch möglich, die absolute Lage aller übrigen Sterne der Platte zu bestimmen. Die Meridiankataloge der Sterne liefern die erforderlichen absoluten Positionen. Solche bekannte Sterne, welche auf der Platte erscheinen, dienen als Anhalts- oder Fundamentalsterne.

Die Position eines Sterns in einem Sternkatalog ist durch die sphärischen Koordinaten (Rektaszension und Deklination) gegeben. Da nun die Platte nach rechtwinkligen Koordinaten ausgemessen wird, müssen auch die Meridianorte in rechtwinkelige Fundamentalkoordinaten verwandelt werden.

Sind ξ, η diese Fundamentalkoordinaten, x, y die gemessenen Koordinaten im Photogramm, so läßt sich die Beziehung zwischen ihnen durch folgende einfache lineare Gleichungen ausdrücken:

$$\xi = x + ax + by + c$$
$$\eta = y + dx + ey + f$$

wobei a ein vom tatsächlichen Maßstab der Abbildung abhängiger Faktor ist, der gleich e sein soll.

b ist die Drehung oder Orientierung des Systems und soll gleich d sein.

c ist der Abstand der Ursprungspunkte von ξ und x in der x-Richtung.

f ist der Abstand der Ursprungspunkte von η und y in der y-Richtung.

1. Fundamentalkoordinaten. O sei (vgl. Abb. 1) der Mittelpunkt der Platte, OL, OK seien zwei aufeinander senkrechte Großkreise, K und L ihre bezüglichen Pole auf der Himmelskugel. Ferner seien A und P die Rektaszension, bzw. die Nordpoldistanz des Mittelpunktes O, a und p Rektaszension bzw. Nordpoldistanz irgend eines Sternes S auf der Platte. $PS = p$, $OP = P$ und $OPS = a - A$. Die Großkreise LO, Ll bzw. KO, Kk werden als gerade parallele Linien projiziert. Die Projektionen von Ol, Ok werden die rechtwinkeligen Koordinaten ξ, η des Sternes S sein.

Im Dreieck LPS ist

$$\operatorname{ctg} PS \sin LP = \operatorname{ctg} SLP \cdot \sin LPS + \cos LP \cdot \cos LPS$$

$$\text{oder} \quad \operatorname{ctg} p \cdot \cos P = \frac{1}{\xi} \sin (a - A) - \sin P \cdot \cos (a - A).$$

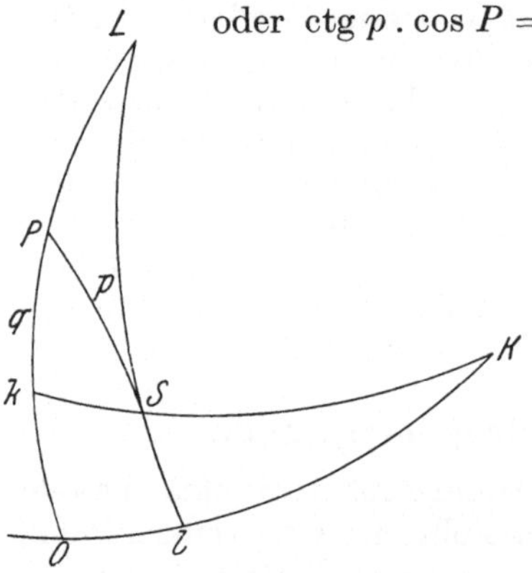

Daher ist

$$\xi = \frac{\sin (a - A)}{\operatorname{ctg} p \cdot \cos P + \sin P \cdot \cos (a - A)}.$$

Ebenso ist

$$\operatorname{tg} q = \operatorname{tg} p \cdot \cos (a - A). \tag{1}$$

Demnach

$$\xi = \frac{\sin (a - A)}{\operatorname{ctg} p \, (\cos P + \sin P \cdot \operatorname{tg} q)}$$

$$= \frac{\sin (a - A) \cdot \operatorname{tg} p \cdot \cos q}{\cos (P - q)}$$

$$\xi = \frac{\operatorname{tg} (a - A) \sin q}{\cos (P - q)} \tag{2}$$

$$\eta = \operatorname{tg} Ok = \operatorname{tg} (P - q). \tag{3}$$

Abb. 1. Zur Berechnung der Koordinaten eines Sternes auf der Platte

ξ und η sind im Bogenmaß ausgedrückt und müssen mit einem entsprechenden Faktor multipliziert werden, sollen sie in den gleichen Einheiten, in denen die Platte ausgemessen wird, ausgedrückt werden. Z. B.: Die zur Anfertigung des astrophotographischen Kataloges verwendeten Instrumente haben eine solche Brennweite (3438 mm), daß 1 mm auf der Platte 1 Bogenminute darstellt.

Würden die Koordinaten x, y der Platte in Millimetern gemessen werden, so wäre der Multiplikationsfaktor $= 3438$.

Für gelegentliche Arbeiten ist die oben angegebene Formel ganz brauchbar, handelt es sich aber um größere Serien, so wird man sie noch weiter umformen, um den Gebrauch von Logarithmentafeln mit Sinus und Cosinus für jede Bogensekunde zu vermeiden, die Umwandlung des Zeitmaßes in Bogenmaß zu ersparen und überhaupt die Rechenarbeit zu vermindern.

Aus der obigen Formel (1) läßt sich folgende ableiten:

$$q = p + \frac{\cos (a - A) - 1}{\cos (a - A) + 1} \cdot \sin 2\,p + \frac{1}{2} \left(\frac{\cos (a - A) - 1}{\cos (a - A) + 1} \right)^2 \sin 4\,p + \ldots \tag{4}$$

Gebraucht man anstatt der Nordpoldistanz (p) die Deklination (δ), und setzt man D für die Deklination der Mitte der Platte (da die Sternpositionen fast immer in Deklination gegeben sind), so ergibt sich aus (3) und (4)

$$\operatorname{tg}^{-1} \eta = (\delta - D) + \operatorname{tg}^2 \frac{a - A}{2} \cdot \sin 2\,\delta + \ldots$$

$$\eta = (\delta - \mathrm{D}) + \operatorname{tg}^2 \frac{a - A}{2} \cdot \sin 2\,\delta + (\eta - \operatorname{tg}^{-1} \eta)$$

$$\eta = (\delta - D) + \operatorname{tg}^2 \frac{a - A}{2} \cdot \sin 2\,\delta + \ldots + \frac{\eta^3}{3} \tag{5}$$

ferner

$$\xi = \operatorname{tg} (a - A) \cdot \cos \Theta \cdot \sec (\Theta - D) \qquad \Theta = (90^0 - q)$$

$$= (a - A) \cdot \frac{\operatorname{tg} (a - A)}{a - A} \cdot \cos \Theta \cdot \sec (\Theta - D)$$

$$\log \xi = \log (a - A) + \log \frac{\operatorname{tg}(a - A)}{a - A} + \log \cos \Theta + \log \sec (\Theta - D);$$

nun ist

$$\log \frac{\operatorname{tg}(a - A)}{a - A} = \log\left[1 + \frac{(a - A)^2}{3}\right]$$

$$\log \sec (a - A) = \log\left[1 + \frac{(a - A^2)}{2}\right]$$

$$\log \frac{\operatorname{tg}(a - A)}{a - A} = \frac{2}{3} \cdot \log \sec (a - A).$$

Demnach ist, wobei $(a - A)$ in Zeitsekunden ausgedrückt wird,

$$\log \xi = \log (a - A) + \frac{2}{3} \log \sec (a - A) + \log \cos \Theta + \log \sec (\Theta - D) +$$
$$+ \log \text{Konst.}$$

wobei

$$\Theta = \delta + \operatorname{tg}^2 \frac{a - A}{2} \cdot \sin 2\delta$$

ist und die Konstante $= \dfrac{15}{206265} \times$ passender Faktor (z. B. 3438)

Es lassen sich nunmehr kleine Tafeln berechnen, die mit dem Argument $(a - A)$ die Größen $\log \dfrac{\operatorname{tg}(a - A)}{a - A}$ und $\operatorname{tg}^2 \dfrac{a - A}{2}$ und mit dem Argument $(\Theta - D)$ die Größen $\log \sec (\Theta - D)$ und $\dfrac{\eta^3}{3}$ geben.

Der Logarithmus $(a - A)$ wird sechsstelligen Logarithmentafeln entnommen, dagegen wird $\sin 2\delta$ bloß auf vier Stellen verlangt. Die Rechnung ist demnach wie folgt angeordnet:

$a = $ R. A. eines Sternes	$\delta = $ Dekl. eines Sternes
$A = $ R. A. der Plattenmitte	$D = $ Dekl. der Plattenmitte
$(a - A)$ in Zeitsekunden	$(\delta - D)$ in Bogensekunden
$\log (a - A)$ $\log \dfrac{\operatorname{tg}(a - A)}{a - A}$ (Tafel 1) $\log \cos \Theta$ $\log \sec (\Theta - D)$ (Tafel 2) Konstante	$\operatorname{tg}^2 \dfrac{a - A}{2}$ (Tafel 3) $\Big\}$ $\sin 2\delta$ $\Big\}$ Produkt $\dfrac{\eta^3}{3}$ (Tafel 4)
Die Summe $= \log \xi$ Daraus ergibt sich Numerus $= \xi$	Die Summe $= \eta$ $\eta \times f = \eta$ in den gemessenen Einheiten

η wird am besten in Bogensekunden ausgedrückt und dann durch Dividieren mit einem Faktor, welcher beim Maßstab der Himmelskarte 1 mm $= 60''$ beträgt, auf die Maßeinheit (Millimeter) reduziert.

In der Formel

$$\eta = (\delta - D) + \mathrm{tg}^2 \frac{a - A}{2} \cdot \sin 2\,\delta + \ldots + \frac{\eta^3}{3}$$

ist der zweite Ausdruck annähernd gleich der Verbesserung wegen der Krümmung der Projektion eines Deklinationskreises auf der Platte. Diese erste Annäherung ist genügend genau für ein Feld von 2^0, ausgenommen in der Polnähe. Wird in Polnähe gearbeitet oder ist das durch die Platte bedeckte Feld viel größer (z. B. 5^0 oder mehr), wie dies z. B. bei der Wiederholung des Zonenunternehmens der Astronomischen Gesellschaft der Fall ist, so muß der folgende strengere Ausdruck angewandt werden:

$$\eta = (\delta - D) + \mathrm{tg}^2 \frac{a - A}{2} \cdot \sin 2\,\delta + \frac{1}{2}\,\mathrm{tg}^4 \frac{a - A}{2} \cdot \sin 4\,\delta + \ldots$$

$$+ \frac{1}{n}\,\mathrm{tg}^{2n} \frac{a - A}{2} \cdot \sin 2\,n\,\delta + \ldots + \frac{\eta^3}{3}.$$

Die hinzugefügten Ausdrücke dienen als weitere Verbesserungen, deren Berechnung durch die Anfertigung kleiner Tabellen erleichtert werden kann. Sollten diese Korrekturen zu mühsam werden, so kann es vorteilhaft sein, sich an die ursprüngliche strengere Formel zu halten.

Die idealen Koordinaten oder Fundamentalkoordinaten ξ und η sollen nunmehr mit den gemessenen Koordinaten x und y der photographischen Aufnahme verglichen werden. Diese Koordinaten werden so gemessen, daß, wie bei den Fundamentalkoordinaten, die Abszissen im Sinne wachsender Rektaszension, die Ordinaten mit steigender Deklination zunehmen.

Jeder Stern liefert zwei Gleichungen von der Form:

$$\xi - x = ax + by + c$$
$$\eta - y = dx + ey + f,$$

in denen die sechs Konstanten a, b, c, d, e, f zu bestimmen sind.

Demnach ist zur Auflösung der Gleichungen eine Mindestzahl von drei Sternen erforderlich; dazu sei bemerkt, daß, wenn die zwei Systeme ξ, η und x, y als wahre rechtwinkelige Systeme angesehen werden, $a = e$ und $b = -d$ ist, die sechs Unbekannten sich also auf vier reduzieren. Alle notwendigen Konstanten können dann aus zwei Sternen ermittelt werden, was für manche Zwecke sehr nützlich ist.

Bei der Auflösung der Gleichungen soll, wenn die Anzahl der verfügbaren Anhaltssterne auf einer Platte gering ist, die Methode der kleinsten Quadrate angewendet werden; sind aber genügend Vergleichssterne vorhanden, hat man z. B. 20 oder 30 Sterne, dann kann folgende Näherungsmethode benutzt werden, die sich als ebenso zufriedenstellend wie die mühevollere Methode der kleinsten Quadrate erwiesen hat.

Man ordne die Gleichungen im Sinne der x-Koordinate und teile sie in zwei gleiche Gruppen; dann ordne man die Gleichungen im Sinne der y-Koordinate und teile sie auf ähnliche Art. Die Summe dieser vier Gruppen ergibt vier Gleichungen:

$$[\text{kleine } x]\,.\,a + [\text{mittlere } y]\,.\,b + n\,.\,c = [\xi - x] \text{ oder } [\eta - y] \qquad (1)$$

$$[\text{große } x]\,.\,a + [\text{mittlere } y]\,.\,b + n\,.\,c = [\xi - x] \text{ oder } [\eta - y] \qquad (2)$$

$$[\text{mittlere } x]\,.\,a + [\text{kleine } y]\,.\,b + n\,.\,c = [\xi - x] \text{ oder } [\eta - y] \qquad (3)$$

$$[\text{mittlere } x]\,.\,a + [\text{große } y]\,.\,b + n\,.\,c = [\xi - x] \text{ oder } [\eta - y] \qquad (4)$$

$(2) - (1)$ und $(4) - (3)$ eliminieren c und geben zwei Gleichungen, aus denen a und b bestimmt werden können, während c aus $(1) + (2)$ abzuleiten ist.

Beim Vergleich der Genauigkeit der beiden Methoden ist zu erwägen, daß die theoretisch bestehende Genauigkeit der Methode der kleinsten Quadrate durch die hier vorliegenden Bedingungen etwas leidet. Es wird nämlich vorausgesetzt, daß alle Punkte mit gleicher Zuverlässigkeit ausgemessen sind, was aber nicht der Fall ist. Die Wiedergabe verschiedener Sternbilder auf einer Platte ist nur annähernd gleichmäßig. Nahe den Rändern des ausmeßbaren Feldes ist die Zuverlässigkeit der Messung entschieden geringer; trotzdem muß man diesen Bildern, die am ehesten durch unrichtige Einstellung und optische Verzerrung leiden, ein großes Gewicht beilegen. Die oberwähnte Näherungsmethode ist in dieser Hinsicht weniger zu beanstanden.

Die Konstanten a, b, c, d, e, f bestimmen die wahren Koordinaten eines Sternes $x + ax + by + c$ bzw. $y + dx + ey + f$, dessen gemessene Koordinaten x und y sind. Sie können durch Umkehrung der oben angegebenen Formeln in Rektaszension und Deklination verwandelt werden.

2. Refraktion und Aberration. Die gemessenen Koordinaten eines Sternes werden durch Refraktion und Aberration beeinflußt:

a) Refraktion

Die Position eines Sternes am Himmel wird um die Größe $\beta \, \mathrm{tg} \, Z$ verändert, wobei β die Refraktionskonstante $= 57''$ und Z die Zenitdistanz des Sternes ist.

Es braucht nicht der ganze Betrag, um den die Lage des Feldes geändert wird, berücksichtigt zu werden, man muß vielmehr nur die Differential-Refraktion, durch welche die relative Lage eines Teiles des Feldes zu einem andern geändert wird, in Rechnung ziehen. Der Ausdruck dafür ist unter Vernachlässigung von Größen zweiter Ordnung:

$$\beta \, (1 + \mathrm{tg}^2 \, Z).$$

Dies kann in einer für die Anwendung rechtwinkeliger Koordinaten sehr geeigneten Form ausgedrückt werden.

Nehmen wir an, in Abb. 2 sei P der Pol, Z das Zenit, O die Mitte der Platte, X senkrecht zu PO. Dann sind X, Y die auf die Platte projizierten Fundamentalkoordinaten des Zenits.

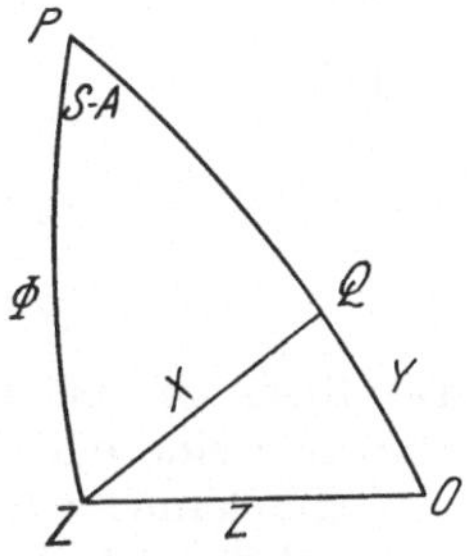

Auf diese Art lauten die Formeln für die Auswirkung der Differential-Refraktion

$$\Delta x = - \beta \left\{ (1 + X^2) \, x + XY . y \right\} + \beta \left\{ X \, (2 + X^2) \, x^2 + \right.$$
$$\left. + Y \, (1 + 2 \, X^2) . xy + X \, (1 + Y^2) \, y^2 \right\}$$

$$\Delta y = - \beta \left\{ X . Y . x + (1 + Y^2) \, y \right\} + \beta \left\{ Y \, (1 + X^2) \, x^2 + X \, (1 + 2 \, Y^2) \, xy + \right.$$
$$\left. + Y \, (2 + Y^2) \, y^2 \right\}.$$

Abb. 2. Zur Ableitung der Differential-Refraktion

Die Größen X, Y werden aus den nachstehend angegebenen Formeln gefunden, wobei man $S =$ der Sternzeit bei der Aufnahme und $\lambda =$ dem Komplement der Länge des Beobachtungsortes setzt:

$$\mathrm{tg} \, q = \mathrm{tg} \, \lambda . \cos \, (S - A)$$
$$Y = \mathrm{tg} \, (P - q)$$

und
$$X = \mathrm{tg} \, (S - A) \sin q . \sec \, (P - q).$$

Bei der Berechnung von X und Y sind nicht mehr als drei Dezimalstellen notwendig; bei den Größen zweiter Ordnung genügen zwei Dezimalstellen.

Der Winkel q (auf Bogenminuten) und $\log \mathrm{tg} \, (S - A) . \sin q$ (auf vier

Dezimalstellen) können für jeden gegebenen Ort als einfache Funktion des Stundenwinkels $(S - A)$ tabuliert werden.

Im allgemeinen können wir β gleich $57''$ annehmen, wird aber eine besonders große Genauigkeit verlangt, so muß der Temperatur und dem Luftdruck, welche diese Werte ein wenig beeinflussen, Rechnung getragen werden. Man wird bemerken, daß der wesentliche Anteil der Korrektur für die Differentialrefraktion

$$\varDelta x = -\beta \left\{ (1 + X^2)\, x + X Y y \right\}$$

$$\varDelta y = -\beta \left\{ X Y x + (1 + Y^2)\, y \right\}$$

eine lineare Funktion der Koordinaten ist und demgemäß lediglich eine Änderung der Plattenkonstanten herbeiführt.

Erfolgt die Aufnahme in einer beträchtlichen Höhe und wird durch sie nur ein kleines Feld bedeckt, so können die Größen zweiter Ordnung vernachlässigt werden. Ist das Feld hingegen groß oder die Höhe gering und wird der äußerste Grad der Genauigkeit angestrebt, wie z. B. bei der photographischen Beobachtung des Planeten Eros zur Bestimmung der Sonnenparallaxe, so dürfen die quadratischen Glieder nicht vernachlässigt werden. Dies ergibt für die äußeren Teile des Feldes — verglichen mit den mittleren Teilen — eine Verschiebung gegen das Zenit zu, und zwar hervorgerufen durch die Tatsache, daß das Mittel der Tangenten zweier Winkel (Zenitdistanzen) größer ist als die Tangente des Mittels.

Die Größen zweiter Ordnung geben daher Anlaß zu einer Verbesserung im Betrage von

$$\varDelta x = \beta\, (a\,x^2 + 2h\,xy + b\,y^2)$$

$$\varDelta y = \beta\, (a'\,x^2 + 2h'\,xy + b'\,y^2)$$

wobei

$$a = X\,(2 + X^2) \qquad\qquad a' = Y\,(1 + X^2)\,x^2$$

$$2h = Y\,(1 + 2X^2) \qquad\qquad 2h' = X\,(1 + 2Y^2)\,xy$$

$$b = X\,(1 + Y^2) \qquad\qquad b' = Y\,(2 + Y^2)\,y^2.$$

Die Rechnung ist nicht schwierig, da die Verbesserungen immer klein sind und man nur eine oder zwei Dezimalstellen benötigt.

Man kann auch eine graphische Methode zur Bestimmung dieser Verbesserung anwenden, sind aber nicht sehr viele Sterne in dem Felde vorhanden, so ist die Ersparnis an Arbeit verhältnismäßig gering. Man fertigt für jede Platte ein Diagramm an, aus dem die Verbesserungen für die einzelnen Sterne abgelesen werden können. Sollten die Fehler $\varDelta x$ oder $\varDelta y$ ein Hundertstel einer Bogensekunde nicht überschreiten, so werden auf der Platte Kurven gezogen, für welche

$$\varDelta x = 0{,}005'',\ 0{,}015'',\ 0{,}025''\ \text{usw. ist.}$$

Durch diese Kurven (vgl. Abb. 3) wird die Platte in Zonen geteilt, für welche die Verbesserungen $0{,}00''$, $0{,}01''$, $0{,}02''$ betragen. Diese Kurven sind konzentrische, einander ähnliche Kegelschnitte. Es sind in fast allen praktisch wichtigen Fällen Ellipsen. Die Neigung der Achsen der Ellipsen zu den Achsen der rechtwinkeligen Koordinaten ist gegeben durch

$$\operatorname{tg} 2\,\Theta = \frac{2\,h}{a - b}.$$

Die Gleichung der Ellipsen, bezogen auf die Hauptachse, lautet:

$$\varDelta x = \beta\, (a_1 x_1{}^2 + b_1 y_1{}^2),$$

wobei

$$2a_1 = (a + b) + (a - b) \cos 2\Theta + 2h \sin 2\Theta$$

$$2b_1 = (a + b) - (a - b) \cos 2\Theta - 2h \sin 2\Theta.$$

Acht Punkte jeder Ellipse sind rasch zu finden: Die Endpunkte der Hauptachsen und die Schnittpunkte der Ellipse mit den Hauptlinien des Netzes. Die Ermittlung dieser Punkte wird durch den Gebrauch einer Tabelle sehr erleichtert, welche die Werte von

$$\Delta x = \beta \cdot a x^2$$

für das Argument a und für die Grundwerte (0,005″, 0,015″ usw.) von Δx enthält. Diese Tabelle ist zur Bestimmung aller acht Punkte auf jeder Ellipse

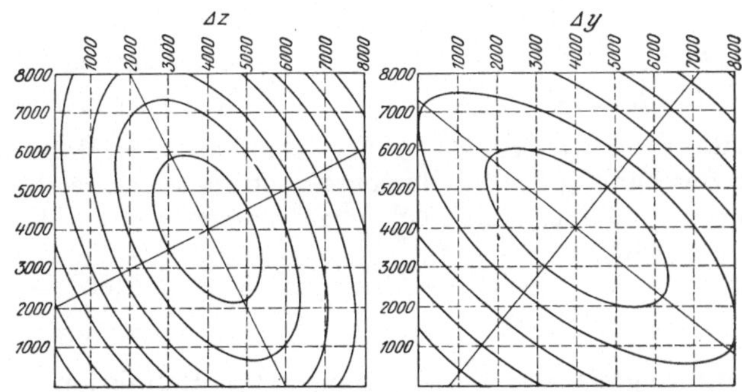

Abb. 3. Methode zur Bestimmung der Verbesserung des quadratischen Gliedes der Differential-Refraktion

verwendbar. Eine ähnliche Tabelle verwendet man zur Bestimmung von Δy. Die Einheit für x und y kann groß sein; wird sie mit 1000″ angenommen, so ist $\beta = 57″ \times$ (Bogenmaß von 1000″)² = 0,00136″.
Beispiel:

Platte 5283   1900 Dez. 7.

Stundenwinkel West 5 Uhr 12 Min. $\delta = 48^0\ 17'$ N.

Breite von Greenwich $51^0\ 28'$ N.

$$X = + 0{,}910 \qquad\qquad Y = + 0{,}634$$

$1 + X^2$	1,828	$X(2 + X^2) + 2{,}58$		$Y(1 + X^2) + 1{,}16$	
$1 + Y^2$	1,402	$Y(1 + 2X^2) + 1{,}69$		$Y(1 + 2Y^2) + 1{,}62$	
$XY + 0{,}577$		$X(1 + Y^2) + 1{,}27$		$Y(2 + Y^2) + 1{,}52$	

Δx (Das Vorzeichen der Verbesserung ist Minus)

$$a = 2{,}58,\ 2h = 1{,}69,\ b = 1{,}27,\ \Theta = 26^0,\ a' = 2{,}99,\ b' = 0{,}86$$

Δy (Das Vorzeichen der Verbesserung ist Minus)

$$a = 1{,}16,\ 2h = 1{,}64,\ b = 1{,}52,\ \Theta = -39^0,\ a' = 2{,}22,\ b' = 0{,}47$$

b) Aberration

Die Differentialaberration gibt zu folgenden Verbesserungen Anlaß:

$$\Delta x = - k \cos C W \cdot x$$

$$\Delta y = - k \cdot \cos C W \cdot y,$$

wobei C die Mitte der Platte und W ein Punkt ist, der 90° von der Sonne abliegt. Es ist leicht zu zeigen, daß

$$\cos CW = \sin \Delta \,.\, \sin \delta + \cos \Delta \,.\, \cos \delta \cos (a - \odot),$$

wobei a und δ die Rektaszension und Deklination der Plattenmitte, $\odot$ und Δ Rektaszension und Deklination des Punktes W bedeuten.

Es ist daher

$$k \,.\, \cos CW = 20{,}5'' \,.\, \sin 1'' \left\{ \sin \Delta \sin \delta + \cos \Delta \,.\, \cos \delta \,.\, \cos (a - \odot) \right\}.$$

Die Plattenkonstanten a, b, c, d, e, f können nun folgendermaßen dargestellt werden:

$$a = \beta \,.\, (1 + X^2) + k \,.\, \cos CW + \text{Maßstabfaktor},$$
$$e = \beta \,.\, (1 + Y^2) + k \,.\, \cos CW + \text{Maßstabfaktor},$$
$$b = \beta \,.\, XY \qquad\qquad\qquad + \text{Orientierungsfaktor},$$
$$d = \beta \,.\, XY \qquad\qquad\qquad - \text{Orientierungsfaktor}.$$

Der Maßstabfaktor ist der Fehler in der Annahme des Maßstabes der Aufnahme bei der Berechnung der Fundamentalkoordinaten. Er sollte in der x- und y-Richtung gleich groß sein, was auch angenommen werden kann, falls kein Grund dagegen spricht.

Ferner ist $a' = a - \text{Refr.} - \text{Aberr.}$; $e' = e - \text{Refr.} - \text{Aberr.}$; Maßstab $= \dfrac{a' + e'}{2}$,

woraus nach Anbringung der Verbesserungen für Refraktion und Aberration Mittelwerte von a und e abgeleitet werden können.

Die Orientierung ist die Neigung der Ordinaten gegen den Meridian. Sie wird für beide Koordinaten gleich groß und von entgegengesetztem Vorzeichen sein, wenn die x- und y-Linien des Netzes zueinander rechtwinklig sind. Diese Linien werden so genau gezogen, daß diese Annahme ohneweiters zulässig ist.

Weiter ist

$$b' = b - \text{Refr.}$$
$$d' = d - \text{Refr.}$$
$$\Omega = \frac{b' - d'}{2}$$

woraus

$$b = \Omega + \text{Refr.}$$
$$d = -\Omega + \text{Refr.}$$

Auf diese Art lassen sich die oberwähnten sechs Konstanten auf vier reduzieren; dieser Vorgang ist insbesondere dann zu empfehlen, wenn wenig Anhaltssterne vorhanden oder wenn ihre Positionen nicht mit großer Genauigkeit bekannt sind.

3. Das Fernrohr. Das für den „Himmelskartenrefraktor" verwendete Objektiv hat eine Öffnung von 0,33 m (13''), eine Brennweite von 3,43 m (135'') und zeichnet ein Bildfeld von 2 Quadratgraden aus, wobei 1 mm = 1''.

Es besteht aus einer bikonvexen Kronlinse und einer annähernd plankonvexen Flintlinse und ist chromatisch und sphärisch für Strahlen um $\lambda = 430\mu\mu$ korrigiert. Besondere Sorgfalt wird auf die Erfüllung der Sinusbedingung gelegt, damit die Sternbilder nicht durch Koma entstellt werden. Dies ist für die genaue Ausmessung der Sternörter sehr wichtig, da die hellen Sterne, wenn die Bilder nicht frei von Koma sind, relativ zu den lichtschwachen Sternen verschoben erscheinen. Das Bildfeld von 2 Quadratgrad wird auf einer Platte von 16 qcm Fläche aufgenommen.

Es wurde eine Anzahl von Objektiven dieser Type erzeugt und in verschiedenen Arten von äquatorialer Montierung bei den einzelnen Sternwarten, die an der Arbeit teilnehmen, verwendet. Als Beispiel soll hier das für die Greenwicher Sternwarte konstruierte Fernrohr näher beschrieben werden.

Es ist ein Zwillingsfernrohr und besteht aus einem 13zölligen (33 cm) photographischen Refraktor, an welchem ein Leitfernrohr gleicher Brennweite von 10 Zoll ($25^1/_2$ cm) Öffnung an beiden Enden und in der Mitte starr befestigt ist. So wird jedwede Möglichkeit einer Verbiegung zwischen dem Leitfernrohr und der photographischen Kamera vermieden. Das photographische Fernrohr ist mit einem Mechanismus zur Fokussierung ausgestattet. Die Platte ruht in der Brennebene auf drei verstellbaren Schrauben, durch welche die Platte in eine senkrechte Stellung zur optischen Achse des Objektivs gebracht werden kann; der untere Teil des Fernrohrs ist leicht drehbar, was notwendig ist, um die Plattenränder oder die Netzlinien zu orientieren, d. h. zu dem durch die Mitte der Platte gehenden Meridian senkrecht zu stellen. Da die Mitte der Platte bei einer bestimmten Rektaszension und Deklination liegen muß, und zwar ohne Rücksicht darauf, ob sich ein Stern in dieser Position befindet oder nicht, besitzt das Leitfernrohr ein Fadenkreuz mit graduierten Skalen, so daß die führenden Fäden auf die berechnete Position mit Hilfe irgend eines gewählten Leitsterns eingestellt werden können. Das Fernrohr steht in äquatorialer Aufstellung, um der täglichen Bewegung der Sterne folgen zu können, und ist mit einem zuverlässigen Uhrwerk versehen, durch das es genau auf das zu photographierende Objekt gerichtet werden kann. Das treibende Uhrwerk ist ein wichtiger Bestandteil, da die Güte der Aufnahme bezüglich Rundheit der Sternbilder und die Genauigkeit der Messungen zu einem großen Teil von der Vollkommenheit der Bewegung des Fernrohrs abhängen.

Das Uhrwerk bewegt eine Schraube, die in einen gezahnten Sektor eingreift und mit diesem das Fernrohr in Bewegung setzt. Diese treibende Schraube und der erwähnte Sektor sind von gleicher Wichtigkeit wie das Uhrwerk und müssen daher sehr exakt ausgearbeitet sein, da jeder Fehler in der Bewegung des Fernrohrs auf der photographischen Aufnahme zum Ausdruck kommt. Auch dann, wenn alles Mechanische sehr sorgfältig ausgeführt ist, muß der Beobachter den Leitstern durch das Leitfernrohr beobachten und mit der Hand kleine Unregelmäßigkeiten beheben, die durch Restfehler der Führung, Schwankungen der Refraktion und Verbiegungen des Fernrohrs entstehen.

a) Die Aufstellung des Fernrohrs. Um gute Ergebnisse zu erzielen, ist bei der Aufstellung des Fernrohrs folgendes sorgfältig zu beachten:

α) Die Polarachse muß auf den scheinbaren Pol zeigen (wie er durch die Refraktion gegeben ist).

β) Die Deklinationsachse muß senkrecht zur Polarachse stehen.

γ) Die Kollimationslinie, d. i. jene Linie, die den Mittelpunkt des Objektivs mit der Mitte der Platte verbindet, muß senkrecht zur Deklinationsachse stehen.

δ) Die Netzlinien (oder der Plattenrand) sollen rechtwinklig zu dem durch die Mitte der Platte verlaufenden Meridian stehen.

ε) Die Platte muß in der Mitte senkrecht zur Hauptachse des Objektivs stehen.

Ist die Polarachse nicht auf den Pol gerichtet, so sind die vom Fernrohr beschriebenen kleinen Kreise nicht parallel zu den wirklichen Deklinationskreisen; infolgedessen würde ein Stern bei seiner täglichen Bewegung im Gesichtsfelde um einen Betrag, der vom Fehler der Aufstellung abhängig ist, höher oder tiefer zu liegen kommen.

Um eine Abweichung von der Richtung der Polarachse zu bestimmen, stelle man das Fernrohr in den Meridian und richte es gegen den Pol.

Man belichte die Platte zunächst einige Sekunden lang, bedecke sie dann und lasse das Uhrwerk eine entsprechende Zeit, z. B. eine Stunde lang oder weniger, laufen. Dann belichte man neuerlich einige Sekunden lang.

Verläuft die Instrumentenachse nicht durch den Pol, so werden alle Sterne auf der Platte Doppelbilder liefern; alle zweiten Bilder sind um den gleichen Betrag und in der gleichen Richtung verschoben; die Linie, welche die zwei

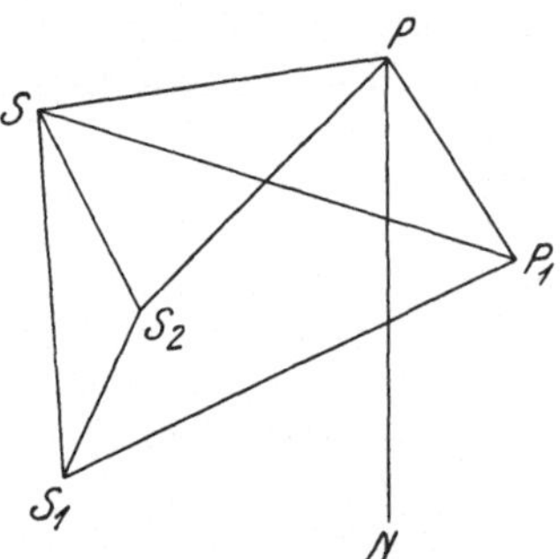

Abb. 4. Orientierungsfehler der Platte.
Neigung der Polarachse

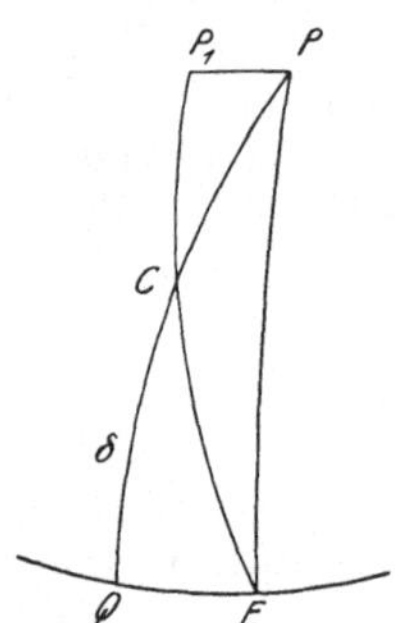

Abb. 5. Orientierungsfehler der Platte.
Neigung der Deklinationsachse

Bilder verbindet, verläuft annähernd senkrecht zur Richtung der Verschiebung des Instrumentenpols und ist gleich dieser Verschiebung, multipliziert mit dem doppelten Sinus des Winkels der halben Bewegung.

In Abb. 4 sei P der wahre Pol, P_1 der Pol des Instrumentes, PN die Richtung des Meridians, S die Position des Sternbildes bei der ersten Aufnahme.

Während der Unterbrechung der Belichtung hat sich das Bild S nach S_1 bewegt (die Platte hat sich um den Mittelpunkt P_1 gedreht), der Stern S hat sich um P nach S_2 bewegt, wo er ein anderes Bild auf der Platte erzeugt. Die Dreiecke $S\,S_2\,S_1$ und $S\,P\,P_1$ sind ähnlich und

$$\frac{S_1\,S_2}{P_1\,P} = \frac{S\,S_2}{S\,P} = 2\sin\frac{S\,P\,S_2}{2}$$

$$P\,P_1 = S_1\,S_2 \times 2\,\mathrm{cosec}\,\frac{\text{Winkel der Bewegung}}{2}.$$

$S_1\,S_2$ schließt mit $P\,P_1$ den Winkel

$$= 90^0 - \frac{\text{Winkel der Bewegung}}{2}\ \text{ein.}$$

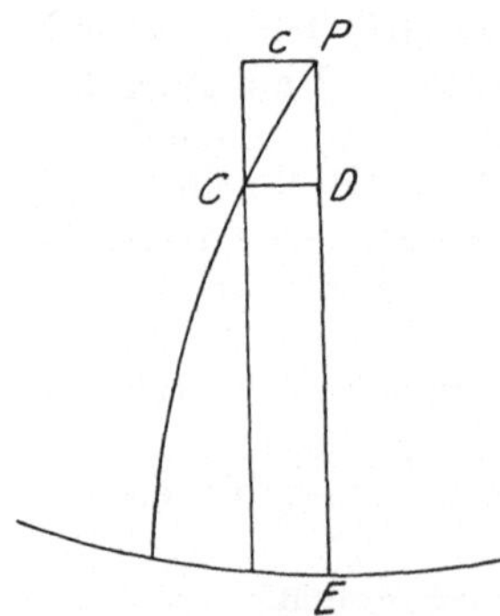

Abb. 6. Orientierungs-
fehler der Platte. Neigung
der Kollimationslinie

b) Neigung der Deklinationsachse. Steht die Deklinationsachse nicht rechtwinkelig zur Polarachse, so wird die photographische Aufnahme einem veränderlichen Fehler der Orientierung unterworfen sein, der bei hohen Deklinationen störend wirkt.

Das Fernrohr wird einen Großkreis beschreiben, der in einer Entfernung $P\,P_1$ vom wahren Pol P verläuft.

Ist in Abb. 5 C die Mitte der Platte, so wird der Meridian PC gegen den Meridian des Instrumentes P_1C um einen Winkel PCP_1 geneigt sein. Der Fehler der Orientierung $\varLambda = P\,P_1\,.\,\sec\delta$.

c) **Kollimation der Plattenmitte.** Steht die Linie, welche die Mitte des Objektivs mit der Mitte der Platte verbindet, nicht senkrecht zur Deklinationsachse, so wird sie einen kleinen Kreis parallel zum Meridian beschreiben. Auch dies gibt Anlaß zu einem Orientierungsfehler der Platte.

P in Abb. 6 ist der Pol, C die Mitte der Platte, die einen kleinen Kreis parallel zum Meridian PE beschreibt. Man mache CD senkrecht zu PE. Daher ist ctg $PCD = \sin CD \cdot$ ctg PD; Fehler der Orientierung K $= c \cdot$ tg δ.

Schließlich kann die Orientierung der Platte infolge der zufälligen Plattenlage fehlerhaft sein; dieser Fehler ist eine Konstante und soll C genannt werden.

Der auf das Instrument zurückführbare Orientierungsfehler kann wie folgt ausgedrückt werden:

$$\varDelta \, \Omega = C + c \, \text{tg} \, \delta + i \sec \delta$$

Diese Fehler lassen sich durch Beobachtung einer Anzahl von Sternspuren ermitteln.

Das Fernrohr wird auf einen der helleren Sterne gerichtet. Man läßt diesen Stern bei stillstehendem Uhrwerk über die Platte ziehen; er wird die Projektion des Kreises von konstanter Deklination in Gestalt einer Kurve beschreiben. Die Neigung dieser Kurve wird durch Messung der Entfernung der (Bewegungs-) Spur von der nächstgelegenen Horizontallinie des Netzes an äquidistanten Punkten zu beiden Seiten der Hauptlinie bestimmt und kann durch eine Gleichung obiger Form ausgedrückt werden.

Da c tg δ im Äquator verschwindet und die Ausdrücke c tg δ und $i \sec \delta$ ihre Vorzeichen ändern, wenn sie den Pol durchschreiten, ist es klar, daß aus drei Sternspuren (einer in Äquatornähe, einer in hoher Deklination über dem Pol und einer in hoher Deklination unter dem Pol) alle drei Unbekannten C, c und i bestimmt werden können.

Es ist wünschenswert, die Fehler von c und i wesentlich unter einer Bogenminute zu halten, besonders wenn man in hohen Deklinationen arbeitet.

d) **Neigung der Platte.** Die Hauptachse des Objektivs muß zur Platte, und zwar zu ihrer Mitte senkrecht stehen — die Mitte der Platte ist der Ursprung der rechtwinkeligen Koordinaten.

Ist in Abb. 7 OC die optische Achse, die im Punkte C senkrecht zu AB steht, bedeutet $A'B'$ die im Winkel τ zur Achse geneigte Platte, ist ferner x die

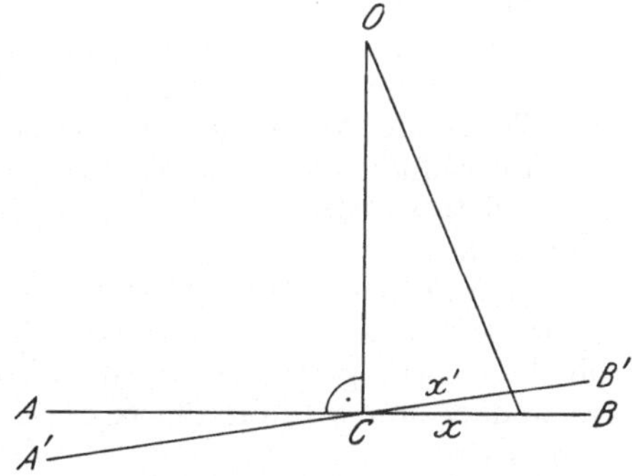

Abb. 7. Orientierungsfehler der Platte.
Skizze zur Neigungskorrektion

wahre Koordinate eines Sternes bei einem Winkel Θ und x' die gemessene Koordinate, so wird

$$\frac{x}{x'} = \frac{\cos (\Theta + \tau)}{\cos \Theta}$$

und

$$dx = \tau \cdot x^2$$

Wenn, wie es wahrscheinlich ist, τ nicht zur Gänze in die x- oder y-Richtung, sondern mit einem Teilbetrag p bzw. q in diese Richtung fällt, so ist

$$dx = p \cdot x^2 + q \cdot xy$$
$$dy = p \cdot xy + q \cdot y^2 .$$

Erreicht τ einen Wert von zwei Bogenminuten, so beträgt der Fehler bei 60′ Entfernung von der Plattenmitte 0,03″, wovon ein beträchtlicher Teil durch die Skalenkonstante kompensiert wird. Bei größeren Feldern muß jedoch τ berücksichtigt werden. Um eine Verbesserungsmöglichkeit zu schaffen, macht man die Bildebene durch drei bewegliche Schrauben verstellbar (a, b, c in Abb. 8), auf denen die Platte mit der Schichtseite gegen die Schrauben ruht; die Lage der Plattenmitte wird durch drei Spitzen aus Achat oder Hartmetall festgelegt; zwei von ihnen (d und e in Abb. 8) bestimmen die Verdrehung oder Orientierung der Platte und den Nullpunkt der y-Koordinate, die dritte (f) den Nullpunkt der x-Koordinate.

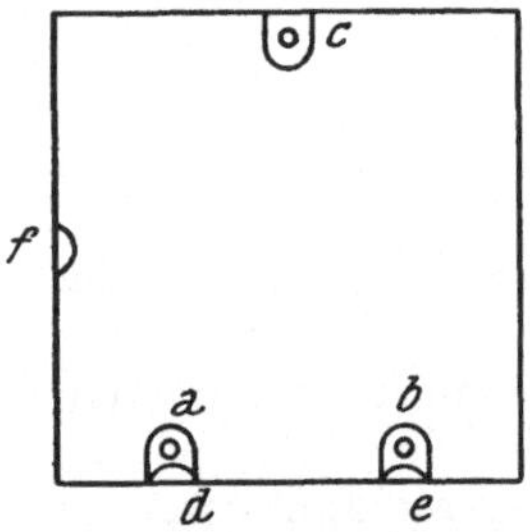

Der Neigungsfehler der Platte wird mit Hilfe eines kleinen Kollimators bestimmt; dieser hat eine Brennweite von ungefähr 20 cm und besitzt in seiner Brennebene ein Skalenplättchen.

Der Kollimator wird auf der Mitte einer Platte von der gleichen Größe wie die photographische Platte montiert; diese Platte kann auf die gleichen Unterlagen wie die photographische Platte gelegt werden.

Durch Beobachtung zuerst in der einen Lage, hierauf nach einer Drehung der Platte und des Kollimators um 180⁰ in der zweiten Lage kann jede Exzentrizität der Montierung eliminiert werden. Die Mitte des Objektivs ist durch genaue Messungen bestimmbar und wird durch eine kleine aufgeklebte Papierscheibe oder durch zwei kreuzweise (im rechten Winkel zueinander) gespannte Fäden gekennzeichnet.

Abb. 8. Korrektionsschrauben zur richtigen Orientierung der Platte

Sobald der Kollimator auf den Plattenträgern ruht, wird der Punkt, welcher die Mitte des Objektivs bestimmt, an der Skala im Kollimator beobachtet. Dreht man die Platte um 180⁰, so kommt dieser Punkt an einem anderen Teile der Skala zur Ablesung. Die halbe Differenz der Skalenablesungen entspricht der Abweichung gegen die Senkrechtstellung. Dieser Fehler wird durch Justierung der Schraubenstützen korrigiert; er soll schließlich weniger als eine Minute betragen.

e) **Neigung des Objektivs.** Das Objektiv muß normal zu derjenigen Linie stehen, die seine Mitte mit der Mitte der Platte verbindet. Zur Prüfung, ob diese Bedingung erfüllt ist, wird das früher erwähnte Kollimator-Fernrohr verwendet, nur wird die Platte durch einen Dreifuß mit drei verstellbaren Schrauben ersetzt:

In die Brennebene wird eine Platte gebracht, deren Mitte bezeichnet ist; der Kollimator wird auf den Rand der äußeren Fläche des Objektivs aufgesetzt. Man blickt durch den Tubus auf die Platte in der Brennebene und verstellt die auf der Linsenfläche aufstehenden Füße des Kollimators so lange, bis die Kollimatorachse nahezu parallel zur Achse des Objektivs, wie sie durch die äußere sphärische Oberfläche bestimmt ist, verläuft. Man sieht die Plattenmitte auf die Skala des Kollimators projiziert und kann an dieser ihre Position ablesen. Hierauf wird der Kollimator auf die entgegengesetzte Seite des Objektivs aufgesetzt und eine zweite Ablesung vorgenommen. Die Hälfte der Skalenablesungen entspricht der Abweichung der Achse von der Plattenmitte. Die zur Behebung der Neigung bestimmten Schrauben des Objektivs werden nun so lange verstellt, bis seine Achse mit der Plattenmitte zusammenfällt.

f) **Neigung der Kronglaslinse.** Die Objektivlinse muß darauf geprüft werden, ob ihre Bestandteile richtig gegeneinander gelagert sind.

Das Objektiv eines Astrographen besteht aus zwei Linsen: einer bikonvexen

Kronglas- und einer annähernd plankonkaven Flintglaslinse. Bei richtiger
Anordnung müssen die Achsen dieser beiden Linsen zusammenfallen; ist dies
nicht der Fall, so ist die Kronglaslinse gegen die Flintglaslinse geneigt oder
sie liegt zur Flintglaslinse exzentrisch. Ein solcher Fehler läßt sich durch
Prüfung etlicher Sternbilder, die ein wenig extrafokal aufgenommen werden,
ermitteln.

Bei richtiger gegenseitiger Montierung der Linsen ist das extrafokale
Bild eine Scheibe, bestehend aus konzentrischen Ringen (Zonen); ist die
Kronlinse gegen die Flintlinse geneigt, so liegen die Ringe exzentrisch und
erscheinen auf jener Seite, auf der die Linsen den größeren Abstand voneinander
haben, verdichtet. Man muß in diesem Falle die Kronlinse zum Zwecke der
Korrektion nach jener Seite verschieben, auf welcher die Ringe verdichtet sind.
Abb. 9 soll das Gesagte verdeutlichen.

g) Zentrierung der Kronglaslinse. Bei einer einfachen Linse werden
die roten Strahlen wegen ihrer geringeren Brechbarkeit in einem Brennpunkt ver-

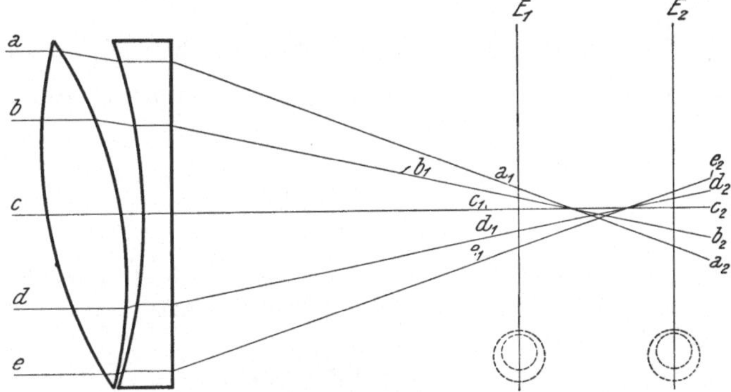

Abb. 9. Zur Prüfung eines Refraktorobjektivs aus Kron- und Flintglaslinse (schematisch)

einigt, der von der Linse weiter entfernt liegt als der Brennpunkt der blauen
Strahlen. Durch die Verbindung einer Flintglas- mit einer Kronglaslinse wird nun
die chromatische Aberration teilweise korrigiert. Auf diese Art werden zwei
Strahlen von verschiedener Wellenlänge beiderseits einer gewählten Wellenlänge in einem gemeinsamen Brennpunkt vereinigt, und zwar in der Ebene
der kleinsten Brennweite. Alle anderen Strahlen außerhalb dieser Grenzen
haben ihren Brennpunkt in einer größeren Entfernung vom Objektiv. Beim
astrographischen Fernrohr mit seinem einfachen Objektiv aus Flint- und Kron-
glaslinse fallen die Brennpunkte der Strahlen zwischen $\lambda = 410\,\mu\mu$ und $\lambda = 480\,\mu\mu$
in einer Ebene zusammen; die violetten und roten Strahlen haben eine größere
Vereinigungsweite. Man kann den Rand der Kronglaslinse als ein Prisma von
einem bestimmten Winkel ansehen, dessen Zerstreuung durch den Rand der
Flintglaslinse, die ein Prisma von passendem Winkel darstellt, aufgehoben wird.
Liegt die Kronglaslinse exzentrisch, so ist auf jener Seite, wo sie über die Flintglaslinse hinausragt, der Winkel des Kronglasprismas kleiner als jener, welcher
zur Kompensation der durch das Flintglas herbeigeführten Zerstreuung notwendig ist; folglich liegt eine Überkorrektion vor, und das Sternbild wird zu
einem kurzen Spektrum verzerrt, mit dem violetten Ende in jener Richtung, in
welcher die Kronglaslinse dezentriert ist. Photographische Aufnahmen des
extrafokalen Bildes werden ein Scheibchen mit konzentrischen Ringen (wenn die
Neigung richtig ist), aber mit einem exzentrischen Kern zeigen. Dieser Kern

ist auf die ultravioletten Lichtstrahlen zurückzuführen, welche ihren Brennpunkt jenseits der blauen Strahlen besitzen. Bei Benutzung einer farbenempfindlichen Platte würde in entgegengesetzter Richtung ein roter Kern exzentrisch auftreten.

Zum Zwecke der Korrektur verschiebt man die Kronglaslinse in jene Richtung, in die der violette Kern gebracht werden muß, damit er in die Mitte kommt.

h) Fokussierung. Die Lage des Brennpunktes wird durch mehrere Aufnahmen eines Sternfeldes bestimmt, wobei zwischen den Aufnahmen geringe Verschiebungen der Platte längs der Fokussierungsskala erfolgen. Absolute Schärfe auf der ganzen Platte ist nicht erreichbar, man muß vielmehr diesbezüglich einen gewissen Kompromiß schließen.

Krümmung des Bildfeldes und Astigmatismus sind bei den astrographischen Objektiven unleugbar vorhanden. Bei einem Objektiv von der Brennweite f beträgt die Bildfeldkrümmung in einer Entfernung H von der Mitte des Feldes, d. h. die Abweichung von der achsensenkrechten Ebene gegen das Objektiv zu, für die tangentiale Brennlinie $X_T = -1{,}85 \cdot \dfrac{H^2}{f}$, für die sagittale Brennlinie $X_S = -0{,}85 \cdot \dfrac{H^2}{f}$, für das kreisförmige Bild dazwischen $X_m = -1{,}35 \cdot \dfrac{H^2}{f}$.

Beim Himmelskartenrefraktor beträgt $f = 3440$ mm; 1^0 von der Mitte des Feldes $= 60$ mm.

$$X_T = -1{,}94 \text{ mm}$$
$$X_S = -0{,}89 \text{ mm}$$
$$X_m = -1{,}42 \text{ mm}$$

Bei 60' Entfernung von der Mitte findet also die beste Strahlenvereinigung 1,4 mm vor dem achsialen Brennpunkt (objektivwärts) statt. Bei 40' Entfernung von der Mitte ist

$$X_T = -0{,}86 \text{ mm}$$
$$X_S = -0{,}40 \text{ mm}$$
$$X_m = -0{,}63 \text{ mm}$$

Liegt demnach die Platte in der Ebene der besten Strahlenvereinigung für 40' Entfernung von der Mitte so
liegt die Plattenmitte $+ 0{,}63$ mm innerhalb des Brennpunktes,
die Zone in 40' Entfernung von der Mitte bei 0,00 im Brennpunkt selbst,
die Zone in 60' Entfernung von der Mitte $- 0{,}79$ mm außerhalb des Brennpunktes.

Bei einer Aufnahme in dieser Stellung der Platte werden die Bilder bei 40' Entfernung von der Bildmitte schärfer als jene im Zentrum erscheinen; die Bilder bei 60' Entfernung werden kreuzförmig sein. Eine Fokussierung für die 40'-Zone ergibt demnach einen guten Kompromiß zwischen der Mitte und dem Rand des Feldes.

i) Das Netz (Raster). Nach erfolgter Aufnahme und vor der Entwicklung der Platte wird auf diese ein Gradnetz aufkopiert, das als Hilfsmittel für die nachfolgenden Messungen dient. Dieses Netz war ursprünglich als Hilfsmittel zur Feststellung von Fehlern gedacht, die durch Verlagerungen der Gelatineschichte entstehen können. Es hat sich nun gezeigt, daß bei entsprechend sorgfältiger Ausführung der Arbeit aus dieser Ursache wohl selten Fehler entstehen, dagegen hat sich dieses Netz zur Erleichterung von Messungen an Sternaufnahmen als sehr brauchbar, ja fast als unentbehrlich erwiesen. Man verwendet eine Platte aus optisch geschliffenem Glas; sie ist mit einer Silberschicht bedeckt, in welche ein Netz (Raster) von feinen senkrecht zueinander stehenden Linien in gleichen Abständen eingeritzt ist. An den geritzten Stellen ist die Platte durchsichtig. Wird eine photographische Platte im Kontakt mit der Rasterplatte durch dieses Gitter belichtet, so erhält man auf dem Negativ ein Netz von feinen schwarzen Linien. Die Linien können beliebige Intervalle haben; meist ist ein Abstand der Linien von 5 mm gebräuchlich.

Vom Standpunkt der Theorie soll das Netz mit parallel auffallendem Licht aufkopiert werden, damit keine perspektiven Verzerrungen der Skala entstehen.

Praktisch ist es am besten, den Raster auf die Sternaufnahme derart aufzukopieren, daß man die Lichtquelle in die Brennebene desjenigen Objektivs bringt, mit dem die Aufnahme erfolgt. Ist die Rasterplatte keine Planparallelplatte, wie dies bei nicht optisch geschliffenem Glas der Fall ist, so ergeben sich Verzeichnungen im aufkopierten Netz und damit unrichtige Daten bei der Ausmessung der Sternaufnahme. Zuerst verwendete man ein Netz mit ganz feinen Linien von ungefähr $1/_{80}$ mm Breite; sowie photographische Platte und Gitter nicht nahezu in Berührung waren, erschienen die kopierten Linien sehr verwischt. Dies war darauf zurückzuführen, daß diese feinen Linien Beugungsstreifen erzeugten, deren Abstand verkehrt proportional zur Breite der Linien und direkt proportional zum Zwischenraum zwischen photographischer Platte und Gitter ist. Bei Verbreiterung der Linien auf $1/_{40}$ mm kann dieser Zwischenraum ohne wesentliche Verschlechterung der Schärfe der aufkopierten Linien bis zu $1/_2$ mm zunehmen.

4. Ausmessung der photographischen Aufnahme. Es kommen zwei Arten von Meßvorrichtungen in Betracht:

a) die eine, bei der das auf die Platte aufkopierte Netz die Rolle einer Skala übernimmt.

b) die andere, bei der die Positionen der Sterne auf der Platte mit Hilfe der Skala einer besonderen Meßvorrichtung ausgemessen werden.

Befindet sich das Netz und damit die Skala auf der Platte selbst, so nimmt das Meßgerät eine sehr einfache Form an. Die Platte wird auf einen auf einem Schlitten montierten Wagen gelegt, der in der Richtung der y-Koordinate beweglich ist. Man betrachtet die Platte mit einem Mikroskop, das auf einem in der Richtung der x-Koordinate beweglichen Schlitten ruht. Durch entsprechende Bewegungen kann jeder Teil der Platte unter das Mikroskop gebracht werden. Das Netz besteht aus Linien in 5 mm Abstand. Die Linien sind in der Richtung der zunehmenden Rektaszension und Deklination laufend beziffert. Vgl. Abb. 10.

Die Koordinaten eines zwischen zwei Netzlinien fallenden Sterns werden durch die Ziffer der vorausgehenden niedriger bezifferten Linie des Netzes plus dem Intervall zwischen der Linie und dem Sterne (Bruchteil eines Netzintervalls) ausgedrückt. Dieser Intervallbruchteil ist im Mikroskop mit mehr oder weniger großer Genauigkeit meßbar. Wird große Genauigkeit verlangt, so trägt das Mikroskop, dessen Gesichtsfeld genügend groß sein muß, um ein Netzintervall zu decken, im Okular ein Fadenmikrometer, damit man die Entfernung des Sterns von den Seiten des durch die Linien des Netzes gebildeten Quadrates messen kann. Zuerst wird der Faden auf die niedriger bezifferte Netzlinie eingestellt und die Stellung des Mikrometerkopfs abgelesen; hierauf wird das Sternbild biseziert und neuerlich eine Ablesung vorgenommen. Schließlich wird der Faden auf die zweite Netzlinie eingestellt und neuerlich die Stellung des Mikrometerkopfs abgelesen. Es ist gebräuchlich, die Messung durch Wiederholung des Vorganges in der umgekehrten Reihenfolge zu vervollständigen. Ist die Steighöhe der Mikrometerschraube so groß, daß man zehn Umdrehungen braucht, um von einer Netzlinie zur anderen zu gelangen, so wird die

Schraube bei der vollständigen Durchmessung eines Netzintervalls 20 mal gedreht werden müssen. Abgesehen davon, daß die Schraube dabei stark abgenützt würde, ist dieser Vorgang sehr langwierig und mühsam.

Bei den Arbeiten für den Katalog der Himmelskarte, wo sehr zahlreiche

Abb. 10. Photographische Himmelsaufnahme mit aufkopiertem Netz, das bei der Ausmessung der Positionen der Sterne als Skala dient

Messungen notwendig waren, wurde auf einigen Sternwarten eine minder genaue, aber rascher durchführbare Methode angewendet.

An Stelle eines Schraubenmikrometers mit beweglichem Faden wurde ein skaliertes Glasplättchen in die Brennebene des Mikroskops gebracht (vgl. Abb. 11). Das Glasplättchen hat zwei unter rechtem Winkel gekreuzte Skalen, die so beschaffen sind, daß 100 Teile dieser Skalen einem Netzintervall, wie es im Mikroskop gesehen wird, entsprechen. Da jede Skala 200 solche Teile hat, wird sie immer von zwei Netzlinien geschnitten, vorausgesetzt, daß das Gesichtsfeld des Mikroskops genügend groß ist, um zwei Netzintervalle zu decken. Die horizontale Skala ist mit 0—100 von links zur Mitte und wieder mit 0—100 von der Mitte nach rechts beziffert. Die Vertikalskala ist von unten zur Mitte und von der Mitte nach oben mit 0—100 beziffert. Steht das Sternbild im Schnittpunkte der Skalen, so ergibt sich seine Entfernung von der rechts gelegenen Netzlinie durch Ablesen der Skala an jener Stelle, wo die Netzlinie sie schneidet; eine analoge Ablesung wird auch links vorgenommen. Wenn das Netz genau zur Skala paßt, so werden diese beiden Ablesungen gleich sein, ist aber, wie dies gewöhnlich der Fall sein wird, die Übereinstimmung zwischen

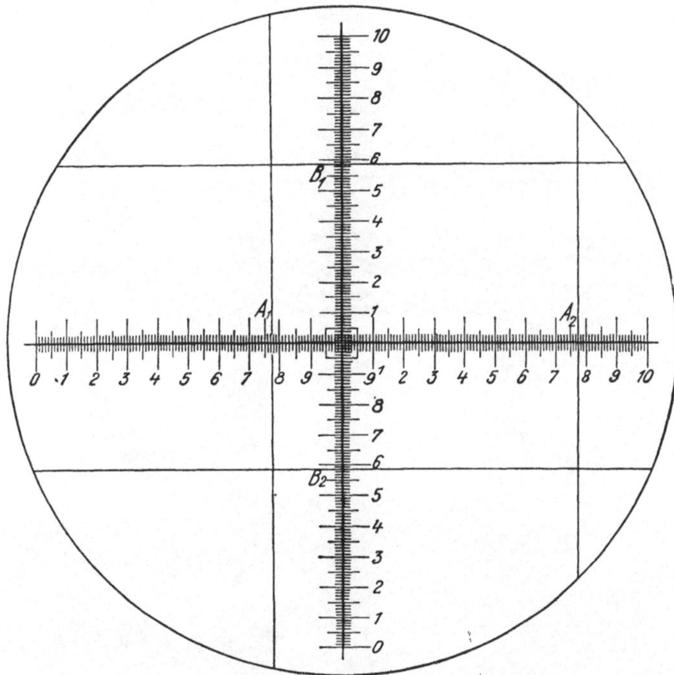

Abb. 11. Glasskala zur Ausmessung einer astrophotographischen Aufnahme

Netz und Skala nicht genau, so ergibt sich bei der Ablesung an der rechten Skala eine entsprechende Differenz. Die y-Koordinate wird auf die gleiche Art gemessen.

Beim Himmelskartenrefraktor entspricht ein Netzintervall von 5 mm 300″. Die Skala unterteilt das Netzintervall in 100 Teile; der Beobachter ist in der Lage, bis zu einem Zehntel eines Teilintervalls, also die Position bis zu 0,3 einer Bogensekunde, zu schätzen.

Es mag eingewendet werden, daß diese Messung zu grob ist, aber die Erfahrung hat gezeigt, daß das Mittel verschiedener derartiger Messungen die für den Katalog erforderliche Genauigkeit ergibt.

Ist größere Genauigkeit erwünscht, so empfiehlt sich die Verwendung einer Skala in Verbindung mit einem Schraubenmikrometer. (Vgl. Abb. 12.) Die Skala ist auf einem Kreuzschlitten montiert, der durch Mikrometerschrauben in der x- und y-Richtung bewegt werden kann, und in 20 Intervalle geteilt, so daß 10 Skalenintervalle mit einem Netzintervall übereinstimmen; die Ganghöhe der Schraube ist so beschaffen, daß eine Umdrehung derselben einem Skalen-intervall bzw. 0,1 eines Netzintervalls entspricht. Die Meßmethode ist dabei die gleiche, wie sie oben beschrieben wurde, nur daß die letzten Stellen der Ablesung nicht geschätzt, sondern an der Schraube abgelesen werden.

Man stellt den Kopf der Mikrometerschraube auf 0,000 und verschiebt das Mikroskop so lange, bis das Sternbild vom Mittelstrich der Skala halbiert wird; dann wird durch Verdrehung der Schraube des Schraubenmikrometers die Netzlinie zur Rechten mit dem Teilstrich der Skala zu ihrer Linken biseziert

Abb. 12. Apparat mit Meßmikrometer zur genauen Ausmessung astrophotographischer Aufnahmen

und die Stellung des Mikrometerkopfes abgelesen. Schließlich wird die Netz-linie links vom Sternbild mit dem korrespondierenden Teilstrich der Skala biseziert und neuerdings die Stellung des Mikrometerkopfs abgelesen. Durch Mittelung der Ablesungen gelangt man zum Endergebnis.

Z. B.		rechts	links
Die Netzlinie lag bei		15	
Erforderlich waren vier ganze Umdrehungen der Mikro-meterschraube		4	
Am Mikrometerkopf wurde abgelesen		362	365
Das Endergebnis der Messung:		15 . 4363	

Ein solches Mikrometer gelangte 1910 in Greenwich beim Ausmessen der Aufnahmen des Planeten Eros zur Bestimmung der Sonnenparallaxe zur

Anwendung. Die Skala war dabei allerdings so beschaffen, daß 30 Teilstriche einem Netzintervall gleichkamen (die Schraube hatte eine entsprechende Ganghöhe). Da das Netzintervall = 300″, 1 Teilstrich oder 1 Schraubenumdrehung = 10″ war, wurden die gemessenen Koordinaten gleich in Sekunden ausgedrückt. Beispiel:

Die Netzlinie lag bei 15 $15 \times 300 = 4500''$
Erforderlich waren 15 ganze Umdrehungen der Mikro-
  meterschraube $15 \times 10 = 150''$
Am Kopf der Mikrometerschraube ergaben sich die
  Ablesungen 0,463, 0,472 $\underline{0,467 \times 10 = \quad 4,67''}$
                         4654,67″

Das Endergebnis der Messung:

Da die Genauigkeit der Einstellung auf eine Linie dadurch gesteigert werden kann, daß man diese Linie zwischen parallele Teilstriche bringt, hat man die Teilstriche auf der Skala mit Ausnahme desjenigen in der Mitte, welcher zum Bisezieren des Sternbildes einfach belassen wurde, doppelt ausgeführt. Vgl. Abb. 13.

Ist kein Netz auf die Platte aufkopiert, so wird zum Ausmessen des Photogramms eine Vorrichtung notwendig, die eine entsprechende Meßskala besitzt. Bei den sogenannten „Projektionsmikrometern" ruht die Platte in einem auf zwei Führungen gleitenden Rahmen. Zwei Mikroskope sind auf einem starren Träger befestigt, der sich in horizontalen Führungen, rechtwinkelig zum oberwähnten Schlitten,

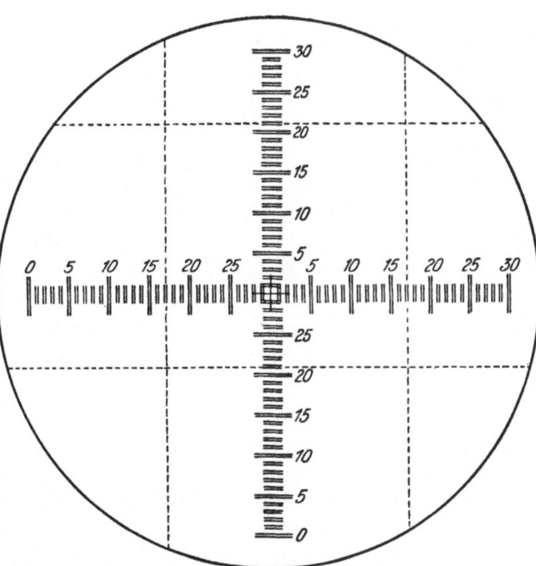

Abb. 13. Zur Ausmessung einer astrophotographischen Aufnahme mit Hilfe einer Glasskala mit doppelten Teilstrichen

der die Platte trägt, bewegt. Die Platte wird durch das linke Mikroskop betrachtet; bei dieser Stellung des Mikroskopträgers zur Platte wird eine auf dem Meßapparat befestigte Fundamentalskala durch das rechte Mikrometer betrachtet. Jeder Punkt der Platte wird auf diese Art auf die Skala „projiziert" und mit Hilfe eines Fadenmikrometers seiner Lage nach ausgemessen.

Diese Methode zum Ausmessen von Sternphotogrammen ist im allgemeinen langwierig und unangenehm, sie hat den Nachteil, daß immer nur eine Koordinate gemessen werden kann; zwecks Messung der anderen Koordinate muß die Platte um 90° gedreht werden. Für manche Untersuchungen ist diese Methode sehr geeignet: z. B. zur Bestimmung von Teilungsfehlern in Skalen oder zur genauen Einmessung bestimmter Längen in Photogramme.

Für rasche und genaue Messungen wurde von F. SCHLESINGER ein Instrument konstruiert, bei welchem die Skala bzw. das Netz durch eine lange und genaue Meßschraube ersetzt ist. Die Platte wird, wie oben beschrieben, auf einen in einer Richtung beweglichen Schlitten gelagert, während das Mikroskop auf einem zu dieser Richtung rechtwinkelig angeordneten Schlitten mit Hilfe einer

Schraube beweglich ist; die Schraube ist lang genug, daß das Mikroskop über die ganze auszumessende Fläche bewegt werden kann. Eine charakteristische Besonderheit der Schraube ist ihr ungewöhnlich großer Durchmesser; beim ersten Apparat dieser Art betrug er 30 mm; die Schraube war 35 cm lang, die Ganghöhe betrug 1 mm. Der Mikrometerkopf war ebenfalls groß und in 200 Teile geteilt, so daß Ablesungen durch Schätzung bis zu 0,0005 mm möglich waren. Dies kann als praktisch brauchbare Grenze für die Genauigkeit, mit der ein Sternphotogramm ausgemessen wird, angesehen werden.

Das Arbeiten mit diesem Apparat ist einfach. Man dreht die Schraube so lange, bis das Sternbild vom Faden im Mikroskop geschnitten wird. Sodann erfolgt die Ablesung am Mikrometerkopf; die Zahl der ganzen Schraubenumdrehungen kann an einer besonderen Skala am Apparat abgelesen werden.

Alle vorstehend beschriebenen Meßmethoden wurden erdacht, um rechtwinkelige Koordinaten der Sterne oder Sternörter zu ermitteln. Das Endziel aller dieser Messungen ist, die besonderen Bewegungen der Einzelsterne, ihre Eigenbewegungen, festzustellen, da die Kenntnis derselben über die Verteilung der Sterne im Weltall Aufschluß gibt.

Die Eigenbewegungen stellt man durch Vergleich von zwei Photogrammen eines Sternfeldes fest, wobei die zweite Aufnahme nach einem Zeitraum von einigen Jahren hergestellt wird. Wurden die Photogramme mit verschiedenen Instrumenten gemacht, so bleibt nichts anderes übrig, als die rechtwinkeligen Koordinaten auf beiden Platten auszumessen, die Messungen auf den gleichen Maßstab zu reduzieren und dann zu vergleichen. Wurden beide Photogramme mit dem gleichen Instrument aufgenommen, so ist es möglich, sie in einem „Projektionsmikrometer" zu vergleichen.

In dem für diesen Zweck entworfenen Instrument werden die beiden zu vergleichenden Platten Seite an Seite in einem starren Rahmen untergebracht, der sich in einem Schlitten bewegt. Man betrachtet nun die Platten gleichzeitig durch zwei Mikroskope, welche auf einem zum früher erwähnten Schlitten rechtwinkelig angeordneten Schlitten montiert sind und sich in der gleichen Entfernung wie korrespondierende Plattenpunkte voneinander befinden.

Die Platten müssen so eingelegt (justiert) werden, daß korrespondierende Punkte unter beiden Mikroskopen liegen. Ist nun das linke Mikroskop auf einen Stern der linken Platte gerichtet, so wird ein vollkommen entsprechendes Bild genau in der Mitte des Gesichtsfeldes des rechten Mikroskopes gefunden werden.

Man stellt Vergleiche derart an, daß man das Bild im linken Mikroskop pointiert und mit einem Fadenmikrometer das Bild im rechten Mikroskop biseziert. Durch Ablesung am Kopf des Mikrometers ergibt sich die Differenz der Koordinaten plus einer Konstanten. Diese Ablesungsdifferenzen werden in verschiedenen Teilen der Platte verschieden groß sein, was einerseits auf die unvollkommene Orientierung der Platten gegeneinander und andererseits auf eine geringfügige Maßstabverschiedenheit der beiden Aufnahmen zurückzuführen ist. Die bestehenden Differenzen werden mit Hilfe folgender Gleichungen berichtigt:

$$\Delta x = ax + by + c$$
$$\Delta y = dx + ey + f;$$

verbleibende Differenzen sind auf Eigenbewegungen der einzelnen Sterne, auf Meßfehler usw. zurückzuführen. Bei einer anderen Ausführungsform des Mikrometers werden die Bilder der beiden Mikroskope durch ein geeignetes Prismensystem einem Okular zugeführt. Unter dem Okular ist ein kleiner

Spiegel so angeordnet, daß der Beobachter nach Belieben das Bild von jeder der beiden Platten in das Gesichtsfeld des Okulars bringen kann. Zuerst wird das linksseitige Bild in das Gesichtsfeld geworfen und biseziert, dann wird durch eine Drehung des Spiegels das rechte Bild ins Gesichtsfeld gebracht und biseziert; die Differenz der Ablesungen ermöglicht den gewünschten Vergleich. Diese Art von Mikrometern ist von großem Wert zur Vergleichung von Objekten, denen die Schärfe von Sternbildern fehlt (z. B. Punkte oder Knoten in den Nebeln oder Kondensationen in Kometenschweifen).

Ist ein Objekt schlecht identifizierbar (definiert), so wird es schwer, ja fast unmöglich sein, beim Übergang vom einen Mikroskop zum anderen den genauen Eindruck aller Einzelheiten und die Art, wie die Bisektion bzw. Pointierung erfolgte, im Gedächtnis festzuhalten; mit einem Blinkmikroskop aber kann das rechte und linke Bild in so rascher Aufeinanderfolge nacheinander beobachtet werden, daß der Messende ein praktisch als stetig anzusehendes Bild sieht.

A. van Maanen hat mit einem solchen Instrument auch eine Reihe von Parallaxenmessungen planetarischer Nebel und anderer Objekte durchgeführt und gezeigt, daß das Gerät, in ähnlicher Weise wie für die Aufsuchung von Eigenbewegungen, auch für diesen Zweck gut verwendbar ist. M. Wolf benützt das Blinkmikroskop zum Auffinden kleiner Planeten und rasch bewegter Sterne; in jüngster Zeit wird dieses Gerät auch in ausgedehntem Maße zur Durchmusterung photographischer Aufnahmen nach veränderlichen Sternen verwendet.

Wenn aus irgendeinem Grunde (z. B. großes Format der Platten) ein Projektionsmikrometer nicht anwendbar ist, so bedient man sich einer anderen Methode, nach welcher zwei mit dem gleichen Fernrohr aufgenommene Photogramme verglichen werden können: Es wird eine dritte Aufnahme der betreffenden Region gemacht, und zwar so, daß die Glasseite der photographischen Platte dem Objektiv des Fernrohres zugewendet ist; natürlich muß dann eine entsprechende Fokussierung durchgeführt werden. Diese Aufnahme wird nacheinander mit jeder der beiden zu vergleichenden Platten Schicht an Schicht zusammengelegt; die zusammengelegten Platten werden so lange gegeneinander verschoben, bis die Sternbilder mit ganz geringen Abweichungen aufeinanderfallen.

Die so gewonnene Doppelplatte (die Platten werden in der gefundenen Stellung mittels Federklammern zusammengehalten) kann nun mit einem einfachen Mikrometer ausgemessen werden: Man braucht nur mit einem Fadenmikrometer die Entfernung zwischen den übereinanderliegenden Bildern in Richtung beider Koordinaten zu messen; auf diese Art ergibt sich für jeden Stern der Platte das zugehörige dx und dy.

Die zweite Platte wird auf gleiche Art behandelt; dabei ergeben sich andere dx bzw. dy.

Diese Werte werden nunmehr mit den zuerst gewonnenen verglichen; es zeigt sich, daß diese Methode recht genau ist.

Die verkehrt in den Refraktor eingelegte Platte bildet gewissermaßen eine Hilfsskala; der Fehler, der sich infolge der Brechung des Lichtes beim Durchgang durch das Glas (diese Glasplatte liegt im Meßgerät natürlich oben) ergibt, wird sowohl bei der Messung in Verbindung mit der ersten als auch bei der Messung in Verbindung mit der zweiten Platte auftreten. Die Hilfsskala mit ihren Fehlern fällt gewissermaßen heraus, sobald die dx, dy der ersten Platte von den dx, dy der zweiten Platte abgezogen werden.

Viele Sternwarten sind im Besitz einer großen Anzahl von Sternphotogrammen, die bereits vor 20, 30 oder mehr Jahren aufgenommen wurden; es ist anzunehmen, daß bei Verwendung dieser Methode die Beobachtung der in diesen Photogrammen aufgenommenen Felder viele Aufklärungen über die relativen Bewegungen heller und minder heller Sterne liefern wird. An einigen Sternwarten hat man solche Untersuchungen tatsächlich ausgeführt; um Zeit und Arbeit zu sparen, wurde die zweite Platte gleich durch die Glasseite hindurch belichtet und der Vergleich, wie oben beschrieben, ausgeführt.

Man könnte den Eindruck gewinnen, daß hierbei der Sparsamkeit zuliebe zu viel Genauigkeit verloren geht; Prüfungen haben jedoch ergeben, daß bei Verwendung gewöhnlichen Glases nur Fehler in der Größe von maximal 0,001 mm zu erwarten sind. Somit ist diese Methode für durchschnittliche Arbeiten genügend genau.

5. Photographische Fehler. a) Verzerrung der Gelatineschichte. Man glaubte ursprünglich, daß die Gelatineschichte durch Verspannung oder Gleiten auf ihrer Unterlage beträchtlichen Verzerrungen ausgesetzt sei, und bediente sich, um dieser Schwierigkeit zu begegnen, des aufkopierten Netzes. Die Erfahrung hat gezeigt, daß der Fehler aus den erwähnten Ursachen, vorausgesetzt, daß entsprechende Sorgfalt bei der Ausarbeitung der Platte angewendet wird, praktisch keine Rolle spielt, ausgenommen den Fall, daß äußerste Genauigkeit gefordert wird.

Aus Versuchen ergab sich, daß infolge der Schichtverzerrung ein Fehler von weniger als 0,0005 mm zu erwarten ist; bisweilen auftretende Verzerrungen, die ein Vielfaches dieses Betrages ausmachen, sind häufig auf ungleichmäßige Trocknung der Schicht zurückzuführen.

b) Nachbar-Effekt. Es wurde die Beobachtung gemacht, daß der Abstand von Doppelsternkomponenten, auf dem Photogramm gemessen, im allgemeinen kleiner ist als bei direkter Beobachtung durch das Fernrohr. Es zeigte sich auf Grund einschlägiger Untersuchungen, daß Entwickler mit Tanningehalt (Pyroentwickler, Ätznatron-Hydrochinonentwickler) unter gewissen Voraussetzungen eine Verschiebung der Sternscheibchen gegeneinander beim Trocknen und eine Verzerrung der Schicht in unmittelbarer Umgebung der Sternbilder verursachen.

Die hervorstechendste physikalische Eigenschaft der Gelatine ist ihre Fähigkeit, Wasser zu absorbieren, eine Eigenschaft, die durch chemische Prozesse sehr stark beeinflußt werden kann. Wenn eine photographische Emulsionsschicht auf einer ebenen Fläche trocknet, hat sie die natürliche Tendenz, nach allen Richtungen gleichmäßig zu schrumpfen; infolge der starken physikalischen Affinität der Gelatine zum Glas erfolgt diese Schrumpfung auf einer Glasplatte nicht parallel zur Plattenebene.

Aus diesem Grunde bleibt in dieser Richtung eine gewisse Spannung zurück; zieht man eine Emulsionsschicht von der Glasunterlage ab, so wird sie in Richtung ihrer Ebene nur um 25% der gesamten Wasseraufnahme quellen. Folgendes ist klar: Wenn auch die horizontale Elastizität der Gelatineschicht auf der Glasoberfläche bzw. ihre Fähigkeit in horizontaler Richtung zu quellen nicht ganz verlorengegangen ist, so wurde ihre physikalische Struktur durch die Spannungen, denen sie während des Trocknens auf der Glasunterlage ausgesetzt war, modifiziert. Das früher erwähnte Phänomen der Gegeneinanderverschiebung von photographischen Bildern und der Schichtverzerrungen im allgemeinen ist auf folgende Art zu erklären: Wegen des geringeren Wassergehaltes des mit einem tanninhaltigen Entwickler entwickelten Bildes, verglichen mit dem Wassergehalt der das Bild umgebenden Gelatine, trocknet das Bild schneller als die umgebende Gelatine. Spannungen am Bildrand parallel zur Platte bleiben unausgeglichen, weil die Gegenspannungen, welche von den Bildrändern nach außen wirken, sich wegen des nassen Zustandes der das Bild umgebenden Gelatine noch nicht genügend entwickelt haben. Es entsteht auf diese Art eine Bewegung innerhalb des äußeren Ringes um das Bild, die vom äußersten Rande gegen die Mitte hin allmählich abnimmt. Mit dem nach innen zu sich bewegenden Rand wird die Gelatine in dessen unmittelbarer Nachbarschaft in einem Maße mitgezogen, das durch eine Exponentialfunktion (die Entfernung vom Rande ist der Exponent) ausgedrückt wird. Auf diese Tatsache ist die translatorische Verschiebung von Sternbildern zurückzuführen; sie ist in der unmittelbaren Nähe eines Bildrandes groß und nimmt mit zunehmender Entfernung von letzterem rasch ab.

Im Falle von Doppelsternen sind die Einzelbilder so nahe beieinander, daß die dazwischenliegende Gelatine bezüglich Feuchtigkeitsgehalt annähernd von der gleichen Beschaffenheit sein wird wie die Bilder selbst. Die beiden Bilder wirken als eine Einheit; es erfolgt eine Zusammenschiebung gegen den gemeinsamen Schwerpunkt hin und infolgedessen eine Verminderung der Entfernung zwischen ihnen.

Eine ungleichmäßig getrocknete Platte ist unausgeglichenen Spannungen ähnlicher Art unterworfen; infolgedessen können einzelne Sternscheibchen bezüglich ihrer Positionen verschoben erscheinen.

Eine andere mögliche Fehlerquelle ist folgende: Zwischen Dichte und Exposition besteht bei einer photographischen Platte eine derartige Beziehung, daß der Effekt aus der Summe zweier einzeln wirkender sehr kurzer Belichtungen innerhalb gewisser Grenzen kleiner ist als der Effekt in jenem Falle, wenn diese Belichtungen auf den gleichen Teil der Platte gemeinsam einwirken; liegen die Bilder zweier Punkte oder Linien in einer gewissen Minimalentfernung, so wird dieser Effekt am Rande jedes Bildes in Erscheinung treten und die Massenmittelpunkte der beiden Bilder werden sich einander ein wenig nähern. Dieser Effekt wirkt demnach im gleichen Sinne wie früher.

Durch einen anderen Fehler, der bisweilen auftritt, tritt umgekehrt eine Auseinandertreibung der Bilder ein. Bei zwei kräftig exponierten Sternbildern, die unter gewissen Verhältnissen entwickelt wurden, findet man, daß ihre Entfernung größer ist, als sie sein sollte. Bei sorgfältiger Prüfung der Platte wird man erkennen, daß der Hintergrund in unmittelbarer Nachbarschaft dieser Punkte weniger dicht ist als an anderen Stellen, weil bei der raschen Entwickelung der dichten Sternbilder die Entwickelung ihrer unmittelbaren Umgebung zurückblieb. Zwischen den Bildern erscheint dieser Effekt gesteigert; ihre unmittelbare Nachbarschaft hat ein flaues Aussehen.

c) Fehler bei der Ausmessung. Ein Sternbild, welches ungenügend belichtet ist, wird zu größeren Meßfehlern Anlaß geben als ein vollkommen richtig exponiertes (also auch nicht überexponiertes) Sternbild. Das Bild ist aus Silberkörnern oder — richtiger ausgedrückt — aus Anhäufungen von Silberkörnern aufgebaut. Wie sorgfältig eine photographische Platte auch hergestellt sein mag, so ist es doch unmöglich, eine vollkommen gleichmäßige Verteilung gleich empfindlicher Körner zu erzielen; es kann daher bei einem kleinen Bild, das verhältnismäßig wenig Körner enthält, wohl vorkommen, daß auf einer Seite des tatsächlichen Bildzentrums eine Anhäufung von reduzierten Silberkörnern stattfindet. Bei zarten Sternbildern setzt dieser Mangel an Gleichmäßigkeit den Messenden in Zweifel, auf welche Stelle des Lichtes er den Mikrometerfaden einstellen soll.

6. Ermittlung von Sternpositionen mit Hilfe eines Weitwinkel-Objektivs.. Mit dem Himmelskartenrefraktor können Sternpositionen mit großer Genauigkeit bestimmt werden, vorausgesetzt, daß auf der Platte eine genügende Anzahl von

„bekannten" Sternen erscheint. Diese Sternörter wurden aus den A. G.-Katalogen entnommen, es zeigte sich aber bald, daß infolge der Eigenbewegungen der Sterne seit ihrer Beobachtung zwecks Anfertigung der Kataloge eine Neubeobachtung notwendig sei. Da Neubeobachtungen mit dem notwendigen Genauigkeitsgrad am Meridiankreis ein kostspieliges und mühevolles Unternehmen wären, beschloß man, die Sterne auf photographischem Wege neu zu beobachten, und zwar unter Verwendung von Weitwinkelobjektiven, die ein größeres Bildfeld als die normalen astrographischen Objektive decken. Die Durchschnittszahl der „bekannten" Sterne für eine Platte der Himmelskarte, die vier Quadratgrade bedeckt, kann mit 20 angenommen werden.

Es stehen Weitwinkelobjektive zur Verfügung, die ein Bildfeld von 25 Quadratgraden scharf auszeichnen.

Aus 20 gut bestimmten Punkten lassen sich die Plattenkonstanten genügend genau ermitteln. Nur ein Sechstel der Sterne des Katalogs braucht mit Hilfe des Meridiankreises beobachtet zu werden; die übrigen kann man aus der photographischen Aufnahme bestimmen.

Auf diesem Gebiete hat mit Hilfe einer speziell für diesen Zweck konstruierten Doppelkamera F. SCHLESINGER sehr Ersprießliches geleistet.

Das Objektiv ist ein gewöhnliches symmetrisches Dublet. Im nachstehenden geben wir näherungsweise die Daten für dieses Objektiv an:
Vorderlinse: Fernrohr-Flint. Vorderfläche konvex $r = 470$ mm
          Hinterfläche konkav $r = 220$ mm
          Scheitelentfernung bis zur zweiten Linse 0,1 mm
Zweite Linse: Leicht-Flint. Vorderfläche konvex $r = 220$ mm
          Hinterfläche konkav $r = 740$ mm
Dritte Linse: Genau so wie die zweite Linse, aber verkehrt gestellt
Vierte Linse: Genau so wie die erste Linse, aber verkehrt gestellt
    Scheitelentfernung zwischen der 2. und 3. Linse $= 280$ mm
       „   „   „ 3. „ 4. „ $= 0,1$ mm
Die Äquivalentbrennweite der Linsenkombination betrug 1,635 m; 1 mm in der Brennebene entspricht 126,2''; der Maßstab ist also halb so groß als beim normalen astrographischen Objektiv. Die Öffnung jeder Linse beträgt 103 mm; zwischen der zweiten und dritten Linse befindet sich eine kreisförmige Blende von 72 mm Durchmesser. Die ganze auszumessende Plattenfläche ist gleichmäßig ausgeleuchtet. Das Öffnungsverhältnis des Objektivs beträgt 1 : 21,5, ist also doppelt so groß als beim Himmelskartenrefraktor. Alle vier Linsen sind in einer starren Messingröhre gefaßt; jede Linse ist mit Hilfe zweier Schrauben und zweier gegenüber gelagerter Federn für sich zentrierbar. Die Prüfung der Zentrierung erfolgt durch Drehen der Messingröhre bzw. der Objektivlinsen: Das Bild einer entfernten Lichtquelle muß bei diesen Drehungen ruhig „stehen" bleiben.

Das ausgezeichnete Bildfeld umfaßt fünf Quadratgrade, die Bildschärfe ist bis zu 2,5° als nahezu vollkommen, von da bis 3° als vorzüglich zu bezeichnen. Unter normalen Verhältnissen ergibt eine Aufnahme in der Dauer von 15 Minuten alle A. G.-Sterne mit Ausnahme der schwachen roten Sterne.

Die Sternbilder sind klein und scharf, die kleinsten haben einen Durchmesser von 0,03 oder 0,02 mm.

Eine Zone von 5°, Deklination — 2° bis + 1°, wurde auf 120 Platten aufgenommen; da jede Platte ihre Nachbarplatte übergreift, erscheint die Zone zweimal photographiert. 602 mit dem Meridiankreis beobachtete Sterne lieferten im Durchschnitt zehn Vergleichssterne pro Platte, nach denen die Örter von 5954 Sternen der A. G.-Zone neuerdings bestimmt werden konnten. Der wahrschein-

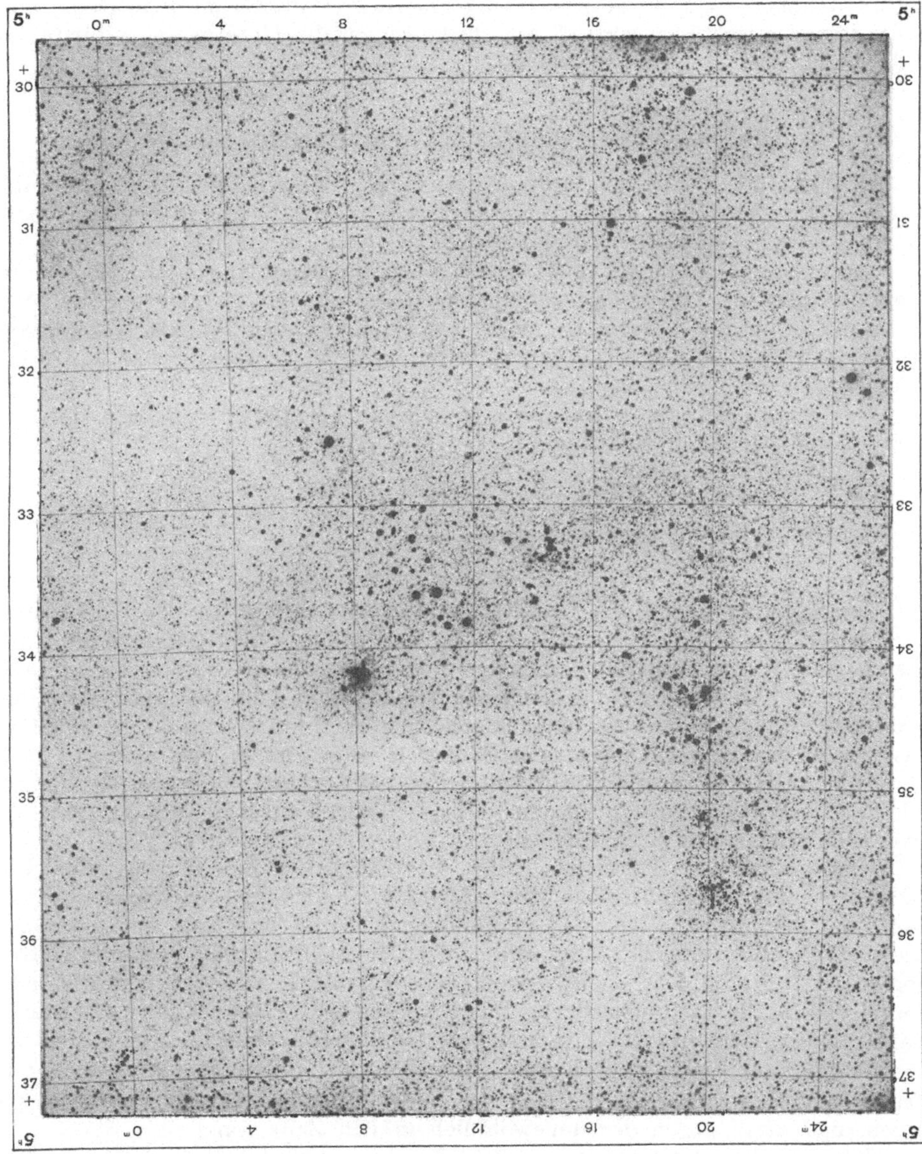

Abb. 14. Verkleinerte Wiedergabe eines Blattes der PALISA-WOLF-Karten. Das mittels besonderer Vorrichtungen aufgebrachte Netz gestattet die unmittelbare Ablesung von Rektaszension und Deklination der aufgenommenen Sterne. Diese photographischen Sternkarten werden u. a. zum Aufsuchen von kleinen Planeten und veränderlichen Sternen benützt und dienen auch zu statistischen Untersuchungen von Sternen und Nebeln

liche Fehler eines neuen Katalogortes beträgt $\pm\,0{,}16''$ in jeder Koordinate gegenüber $\pm\,0{,}57''$ des Originalkatalogs. Der Gewinn an Genauigkeit ist groß und nicht minder die Ersparnis an Kosten und Arbeitsaufwand.

An dieser Stelle sei bemerkt, daß derzeit eine umfassende Neuaufnahme der A. G.-Sterne nach einem von der Zonen-Kommission der ASTRONOMI-

SCHEN GESELLSCHAFT ausgearbeiteten einheitlichen Plan von einer Reihe von Sternwarten ausgeführt wird. Dieses bedeutungsvolle Unternehmen dürfte im Jahre 1932 beendet sein.

C. Die Ablenkung des Lichtes im Gravitationsfeld der Sonne

Nach der EINSTEINschen Gravitationstheorie muß ein Lichtstrahl, der nahe an der Sonne vorbeikommt, eine Ablenkung erfahren, deren Größe verkehrt proportional zur Entfernung vom Sonnenzentrum ist und am Sonnenrand 1,75″ beträgt.

Die einzige Gelegenheit, eine solche Ablenkung zu beobachten, wäre dann gegeben, wenn der von einem scheinbar nahe der Sonne befindlichen Stern ausgehende Lichtstrahl so abgelenkt wird, daß der Stern nach auswärts verschoben erscheint. Offenbar muß diese Beobachtung bei einer totalen Sonnenfinsternis erfolgen.

Ist r die Entfernung eines Sterns vom Sonnenzentrum, so beträgt die Ablenkung infolge der Gravitation

$$G \cdot \frac{1}{r},$$

die Maßstabverzerrung an dieser Stelle

$$a \times r.$$

Die Verschiebung infolge der Gravitation erscheint also durch eine Verzerrung des Maßstabs überlagert, die in der Nähe der Sonne größer ist. Das Problem besteht nun darin, Maßstabverzerrung und Gravitationsablenkung streng auseinanderzuhalten. Dies ist auf folgende Art möglich: Man photographiert das Sternfeld nahe der Sonne bei einer Sonnenfinsternis und dann mit dem gleichen Instrument noch einmal, wenn die Sonne sich aus diesem Feld entfernt hat. Durch Vergleichung der Maßstabverzerrung bei den Sternen nahe der Sonne mit der Maßstabverzerrung bei den weiter entfernten Sternen vermag man die zwei erwähnten Effekte zu trennen.

Unmittelbar nach EINSTEINS erster diesbezüglicher Behauptung versuchte E. FREUNDLICH Aufschlüsse aus bereits früher aufgenommenen Sonnenfinsternisphotogrammen zu erhalten; das vorhandene Material war aber unzureichend. Die erste direkte Inangriffnahme dieses Problems sollte durch deutsche Astronomen im Jahre 1914 erfolgen; verschiedene Umstände machten es unmöglich, diesen Plan in die Tat umzusetzen. Das Ergebnis des Versuches der LICK-Sternwarte, den erwarteten Effekt während der Sonnenfinsternis im Jahre 1918 zu beobachten, war nicht überzeugend. Eine besonders günstige Gelegenheit zur Feststellung des Effektes war durch die Sonnenfinsternis am 29. Mai 1919 gegeben, und zwar wegen der ungewöhnlich großen Zahl von hellen Sternen in der Nähe der Sonne, eine Gelegenheit, die nicht so bald wieder kommen dürfte. Eine englische Expedition wurde ausgerüstet, von der ein Teil nach Principe in Westafrika, der andere Teil nach Sobral in Nordbrasilien entsendet wurde.

Die Beobachter in Principe benutzten ebenso wie jene in Sobral einen Himmelskartenrefraktor; letztere verwendeten außerdem ein Hilfsfernrohr von vier Zoll (10 cm) Öffnung und 19 Fuß (580 cm) Brennweite. Die genannten Instrumente wurden in Horizontallage verwendet und mit einem Zölostaten versehen.

Die Expedition in Principe hatte infolge Bewölkung nur einen bescheidenen Erfolg, die Expedition in Sobral hatte mehr Glück; infolge von Verzerrungen des Zölostatenspiegels, hervorgerufen durch die Sonnenhitze, waren die am Astrographen gewonnenen Aufnahmen aber verdorben. Dagegen waren die Aufnahmen mit dem Vierzöller sehr gut brauchbar; die quantitativen Resultate stützen sich

Abb. 15. Negativ einer Aufnahme der englischen Sonnenfinsternisexpedition in Sobral, Mai 1919, zur Prüfung der Relativitätstheorie. Die Sterne, die während der Totalität sichtbar wurden und zur Vermessung der Lichtablenkung dienen, sind in der vorliegenden Wiedergabe des Originales deutlich zu erkennen. Sie sind noch durch zwei Striche oben und unten besonders hervorgehoben. Dieselben Sterne erscheinen im gleichen Aussehen auf 7 zwischen dem 13. und 18. Juli gewonnenen Vergleichsaufnahmen

daher auf die Aufnahmen mit dem Vierzöller, die anderen Aufnahmen lieferten nur eine qualitative Bestätigung.

In Sobral wurden acht Photogramme mit dem Vierzöller hergestellt, jedes derselben wurde 30 Sekunden lang exponiert; eine Aufnahme erfolgte durch Wolken hindurch, die anderen sieben waren gut; jede Aufnahme zeigte sieben helle Sterne in der Umgebung der Sonne. Abb. 15 zeigt das Negativ einer guten Aufnahme in Sobral.

Zwei Monate später wurden mehrere Aufnahmen des Morgenhimmels knapp vor Morgengrauen, wo das Sternfeld annähernd die gleiche Höhe wie bei der Sonnenfinsternis hatte, vorgenommen. Eine Aufnahme erfolgte durch das Glas der Platte hindurch; diese Platte wurde mit ihrer Schichtseite auf die Schichtseite jeder der Finsternis- und Vergleichsaufnahmen gelegt, diente somit als Meßskala.

Die Anordnung der beiden Platten war jeweils so, daß die Bilder auf der „Skala" von denen der ersten Aufnahme nur um einen Bruchteil eines Millimeters entfernt waren; diese Differenz wurde unter dem Mikroskop gemessen. Aus jedem Photogramm ergaben sich der Reihe nach die Differenzen dx und dy.

Nach Anbringung der Verbesserungen für die Größen zweiter Ordnung der Refraktion wurden die Werte von dx, dy in folgender Form ausgedrückt:

$$ax + by + c + aE_x = dx$$
$$dx + ey + f + aE_y = dy,$$

wobei x, y die Koordinaten der Sterne nach der darunterstehenden Tabelle und E_x, E_y die Koeffizienten der Gravitationsverschiebung darstellen.

Die Werte c und f sind die Nullpunktverbesserungen, die von der Lage der Meßplatte zur auszumessenden Platte abhängig sind; a und e sind die Differenzen des Maßstabwertes, während b und d hauptsächlich von der gegenseitigen Orientierung der beiden Platten abhängen. Die Größe a bedeutet die Abweichung bezüglich der Entfernungseinheit; aE_x bzw. aE_y sind die Abweichungen in Rektaszension bzw. Deklination eines Sterns mit den Koordinaten x und y.

Tabelle

Nr.	Größe	Koordinaten		Gravitationsverschiebung			
		x	y	berechnet		beobachtet	
des Sterns		(Einheit = 50′)		x	y	x	y
	m						
2	5,8	+0,643	—0,065	+0,85″	—0,09″	+0,95″	—0,27″
3	5,5	—0,088	+0,623	—0,12″	+0,87″	—0,20″	+1,00″
4	4,5	—0,102	+0,735	—0,10″	+0,73″	—0,11″	+0,83″
5	6,0	—0,596	—0,844	—0,31″	—0,43″	—0,29″	—0,46″
6	4,5	+0,151	+1,362	+0,04″	+0,40″	—0,10″	+0,57″
10	5,5	+0,424	+1,584	+0,09″	+0,32″	—0,08″	+0,35″
11	5,5	—1,697	+0,103	—0,32″	+0,02″	—0,19″	+0,16″

In den letzten zwei Kolonnen sind die Verschiebungen so angegeben, wie sie in den Photogrammen gemessen wurden.

Aus diesen Bedingungsgleichungen wurden Normalgleichungen gebildet; aus jeder Sonnenfinsternisaufnahme und jeder Vergleichsplatte wurde auf diese Art ein Wert von a abgeleitet. Der Wert von a aus den Vergleichsplatten sollte natürlich Null sein; tatsächlich wurde dafür ein kleiner Wert gefunden, was auf Fehler in der vermittelnden „Meßplatte" zurückzuführen ist. Durch Subtraktion des a-Werts von dem aus den Finsternisplatten gewonnenen a ergab sich der Endwert für a, der von der Gravitationsablenkung stammt.

Als Mittelwert für die Abweichung ergab sich am Sonnenrand

$$1,98″ \pm 0,12″$$

In der Tabelle sind die photographischen Größen der Sterne, ihre Grundkoordinaten gerechnet vom Sonnenzentrum und die Gravitationsverschiebungen in der x- und y-Richtung zusammengestellt; den angegebenen Daten ist eine radiale Ablenkung

$$1{,}75'' \cdot \frac{r_0}{r}$$

zugrundegelegt, wobei r die Entfernung vom Sonnenzentrum und r_0 der Radius der Sonne ist.

Es wurde angenommen, die Größe der Verschiebung sei verkehrt proportional der Entfernung zum Sonnenzentrum; tatsächlich liefern die Beobachtungsergebnisse eine rohe Bestätigung für diese Gesetzmäßigkeit. In Abb. 16 sind die Mittelwerte der radialen Verschiebungen der einzelnen Sterne in ihrer Beziehung zum reziproken Wert ihrer Entfernungen von der Mitte der Sonne zur Darstellung gebracht.

Radialverschiebung der einzelnen Sterne

Stern	Errechnet	Beobachtet
11	0,32''	0,20''
10	0,33''	0,32''
6	0,40''	0,56''
5	0,53''	0,54''
4	0,75''	0,84''
2	0,85''	0,97''
3	0,88''	1,02''

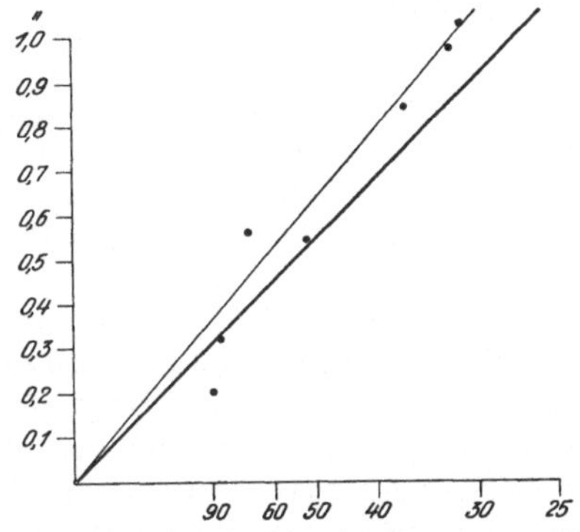

Abb. 16. Gravitationsablenkungen nach Beobachtungen bei der Sonnenfinsternis vom 29. Mai 1919. Abszissen: Distanz vom Sonnenrand. Ordinaten: radiale Ablenkung. Die starke Linie deutet den theoretischen Verlauf an, die dünne Linie gibt das Beobachtungsergebnis wieder

Die Ablenkung gemäß der EINSTEINschen Theorie ist durch die dicke Linie, die Ablenkung auf Grund der Beobachtungen durch eine dünne Linie dargestellt.

Ein so wichtiges Ergebnis bedarf natürlich einer Überprüfung. Diese gelang amerikanischen Beobachtern gelegentlich der Sonnenfinsternis am 21. September 1922. Sie arbeiteten folgendermaßen: Das Finsternisfeld der Sterne wurde vier Monate zuvor, als die Sonne 120⁰ entfernt stand, photographiert; diese Aufnahme wurde mit den bei der Sonnenfinsternis aufgenommenen Photogrammen verglichen. Überdies wurde auf der gleichen Platte ein Kontrollfeld photographiert, das eine Gruppe von Sternen — 90⁰ von dem Finsternisfeld entfernt — enthielt. In den Nächten vor und nach der Sonnenfinsternis wurde dieses Kontrollfeld auf den Finsternisplatten selbst aufgenommen.

Es wurden hiebei zwei Instrumente verwendet: jedes war eine Zwillingskamera mit Dublets von 5 Zoll (12,7 cm) Öffnung; das eine Paar Objektive hatte 4,5 m, das andere 1,5 m Brennweite. Die Objektive mit der größeren Brennweite dienten zur Aufnahme eines Bildfeldes von fünf Quadratgraden, jene mit der kürzeren Brennweite zur Aufnahme eines Bildfeldes von 15 Quadratgraden.

Bei der Sonnenfinsternis wurden mit der langbrennweitigen Kamera Expositionen von zwei Minuten durchgeführt. Obgleich der Himmelshintergrund nebelig war, konnten doch Sterne der 9. bis 10. Größe gemessen werden. Wohl waren bei dieser Finsternis die Verhältnisse, was die sonnennahen Sterne betrifft, weniger günstig als bei der Finsternis im Jahre 1919, dafür konnte man aber eine viel größere Anzahl von Sternen in mäßiger Entfernung von der Sonne beobachten.

Die Platten der Kamera $f = 4{,}5$ m (15 Fuß) wurden im wesentlichen auf die gleiche Art ausgemessen wie diejenigen, die im Jahre 1919 gewonnen worden waren; auch die Reduktion der Messungen erfolgte auf die gleiche Art wie damals.

Der Maßstab und die anderen Plattenkonstanten wurden aus Sternen, die mehr als 2^0 vom Sonnenzentrum entfernt lagen, bestimmt. Die relativen Ablenkungen der Einzelsterne hat man unter Zugrundelegung dieses Maßstabes ermittelt und daraus die Lichtablenkung am Sonnenrand abgeleitet.

Die Gravitationsablenkung betrug auf Grund der Mittelbildung aus vier Platten

$$1{,}72'' \pm 0{,}11''$$

Der Maßstab hätte auch auf Grund der Aufnahmen des Kontrollfeldes aus den Vergleichsaufnahmen der Sonnenfinsternis abgeleitet werden können, was aber in Wirklichkeit nicht geschah.

Die Ausmessung der Platten, welche mit der kurzbrennweitigen Kamera ($f = 1{,}5$ m) gewonnen wurde, erforderte ebenso wie die Reduktion dieses Meßergebnisses besondere Methoden.

Die Belichtungsdauer betrug eine Minute; es wurde dabei eine große Anzahl von Sternen auf den Platten sichtbar. Unter diesen hat man 145 Sterne des Sonnenfinsternisfeldes zur Messung ausgewählt, von denen 53 innerhalb 3^0 vom Sonnenzentrum lagen. Im Vergleichsfeld wurden 75 gleichmäßig über die Platte verteilte Sterne ausgemessen.

Jede Sonnenfinsternisplatte wurde nach einer neuen Methode durch Differenzenmessung mit einer der Vergleichsplatten verglichen. Die Finsternisplatte legte man mit der Schicht nach oben in die Meßvorrichtung; darauf kam die Vergleichsplatte gleichfalls mit der Schicht nach oben; die Sternbilder wurden so nebeneinander gebracht, daß zwischen den korrespondierenden Bildern weniger als 0,5 mm Abstand war. Das Betrachtungsmikroskop stellte man zuerst auf die Schicht der oberen Platte ein; die Fokussierung auf die untere Platte erfolgte derart, daß unter dem Mikroskop eine planparallele Glasplatte von 10,6 mm Dicke in Richtung der optischen Achse verschoben wurde.

Sowohl im Sonnenfinsternis-Sonnenfinsternis-Vergleichsfeld als auch im Kontroll-Kontroll-Vergleichsfeld wurden die Größen dx und dy gemessen.

Die gemessenen Differenzen stammen von einer Reihe von Effekten her, welche auf Plattenkonstanten, Differential-Aberration, Refraktion und, was für große Felder sehr wichtig ist, auf optische Verzerrungen in der Projektion des Sternfeldes auf die Ebene der Platte durch das Linsensystem zurückzuführen sind. Diese Differenzen können sehr beträchtlich sein, lassen sich aber durch entsprechende Messungen eliminieren, vorausgesetzt, daß sie auf beiden Platten gleich sind. Da dies nicht angenommen werden konnte, wurden zur Bestimmung des Restfehlers die Kontrollfelder benutzt. Da wir bei der Korrektur für Differentialaberration und -refraktion Ausdrücke dritter Ordnung benötigen, ergaben sich folgende Ausdrücke:

$$R_x = b_r x + c_r y + d_r x^2 + e_r xy + f_r y^2 + g_r x^3 + h_r x^2 y + i_r xy^2 + k_r y^3$$
$$R_y = b'_r x + c'_r y + d'_r x^2 + e'_r xy + f'_r y^2 + g'_r x^3 + h'_r x^2 y + i'_r xy^2 + k'_r y^3$$

für die Aberration

$$A_x = b_a x + c_a y + d_a x^2 + e_a xy + f_a y^2 + g_a x^3 \qquad\quad + i_a xy^2$$
$$A_y = b'_a x + c'_a y + d'_a x^2 + e'_a xy + f'_a y^2 \qquad\quad + h'_a x^2 y \qquad\quad + k'_a y^3$$

Ferner war eine Verbesserung für die Plattenneigung notwendig, die auf die Abweichung des Plattenzentrums des Kontrollfeldes gegenüber dem des Sonnenfinsternisfeldes zurückzuführen ist.

$$I_x = d_i\,x^2 + e_i\,xy$$
$$I_y = e'_i\,xy + f'_i\,y^2$$

Bei der Reduktion der Messungen wurden folgende Formeln benutzt:
$$G_x = Dx + a\ + bx\ + cy\ + dx^2\ +\cdot cxy\ + fy^2\ + gx^3 + hx^2y\ + ixy^2\ + ky^3$$
$$G_y = Dy + a'\ + b'x\ + c'y\ + d'x^2\ + e'xy\ + f'y^2\ + g'x^3 + h'x^2y\ + i'xy^2\ + ky^3$$

G_x und G_y sind die Komponenten der Sternverschiebungen infolge der Lichtablenkung. Sie verschwinden natürlich für die Kontrollfelder.

Diese Reduktionsmethode besteht im wesentlichen darin, daß die Koeffizienten der Ausdrücke zweiter und dritter Ordnung wegen der Neigung der Platte und wegen der optischen Verzerrungen nach Anbringung der Korrektur für Differentialaberration und -refraktion usw. sowohl für das Sonnenfinsternisfeld als auch für das Kontrollfeld, welches auf der gleichen Platte photographiert wurde, die gleichen sein müssen.

Die Messungen in den Kontrollfeldern wurden reduziert, die Ausdrücke zweiter und dritter Ordnung bestimmt und, nachdem man sie entsprechend den berechneten Gliedern zweiter und dritter Ordnung der Aberration und Refraktion für das Sonnenfinsternisfeld korrigiert hatte, für die Messungen des Sonnenfinsternisfeldes verwendet. Die Koeffizienten der linearen Ausdrücke a, b, c, a', b', c' wurden hierauf nach der Methode der kleinsten Quadrate aus den restlichen 55 Sternen ermittelt, die mehr als 5^0 vom Sonnenzentrum entfernt waren. Schließlich wurde die relative Lichtablenkung und aus dieser die absolute Ablenkung bestimmt. Der Mittelwert dafür betrug:
$$1,82'' \pm 0,15''$$

Das Versuchsergebnis steht in guter Übereinstimmung mit den Forderungen der EINSTEINschen Gravitationstheorie[1].

D. Sternparallaxen

Ein Geometer, der die Entfernung eines unzugänglichen Punktes, z. B. eines Kirchturmes jenseits eines unpassierbaren Flusses, zu messen wünscht, löst dieses Problem derart, daß er längs des diesseitigen Ufers eine Basis absteckt und abmißt und dann in jedem Basisendpunkt den Winkel zwischen dem Kirchturm und dem anderen Basisendpunkt feststellt. Auf Grund der Formeln der ebenen Trigonometrie läßt sich so die Entfernung des Kirchturms ermitteln. Beim Abschreiten der Basis wird man bemerken, daß der Kirchturm seine Lage gegen den entfernten Hintergrund zu ändern

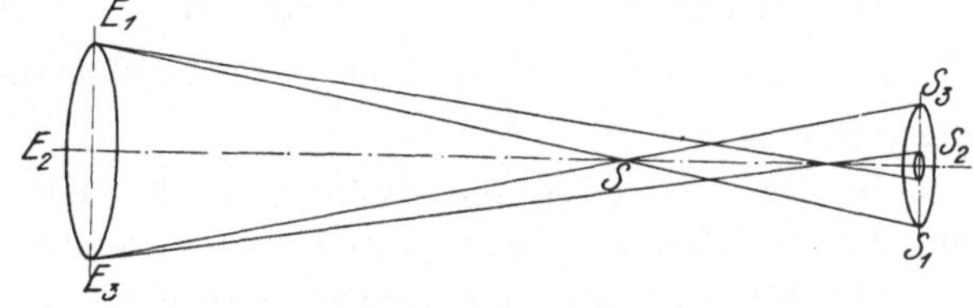
Abb. 17. Schema zur Parallaxendefinition

scheint; diese Verschiebung ist groß, wenn der Kirchturm nahe ist, und nimmt mit wachsender Entfernung desselben ab.

Die Ermittlung von Sternentfernungen ist ein ähnliches Problem. Sie lassen sich nicht wie die Entfernung des Kirchturms ihrer absoluten Größe nach bestimmen, weil die Entfernung der Sterne so groß ist, daß die Winkel an der Basis nicht mit genügender Genauigkeit gemessen werden können.

Hingegen ist die relative Entfernung der näheren Sterne mit Bezug auf

---

[1] Bezüglich der neuesten Ergebnisse f. Abh. d. preuß. Akad. Nr. 1, 1931 (Anm. d. Übers.).

entferntere Sterne ermittelbar. Im Laufe eines Jahres bewegt sich die Erde in einer nahezu kreisförmigen Bahn und befindet sich nach Ablauf von sechs Monaten an einem Punkt, der einen Erdbahndurchmesser oder 300 Millionen km von jenem Punkte entfernt ist, wo die Erde früher war. Die nahen Sterne werden aus diesem Grunde eine Verschiebung relativ zu den weit entfernten Sternen erfahren.

Ist die Erde bei E_1 (vgl. Abb. 17), so erscheint der Stern bei S_1; steht die Erde bei E_2 bzw. E_3, so erscheint der Stern bei S_2 bzw. S_3. Während die Erde sich auf ihrer Bahn bewegt, beschreibt der Stern am Himmel scheinbar eine Bahn, die der Form und der Größe nach gleich der Projektion der Erdbahn, vom Sterne aus gesehen, entspricht. Wird dann der Winkel E_1SE_3 gemessen, so kann daraus die Entfernung des Sterns bestimmt werden. Der halbe Winkel E_1SE_3 wird Sternparallaxe genannt.

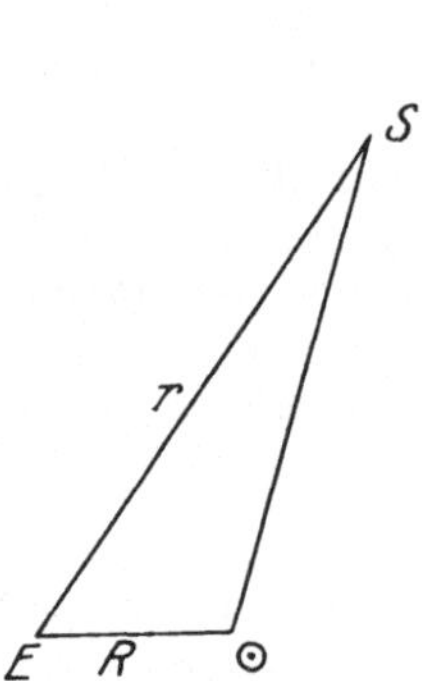

Abb. 18. Parallaxe. Das Dreieck Stern—Sonne—Erde

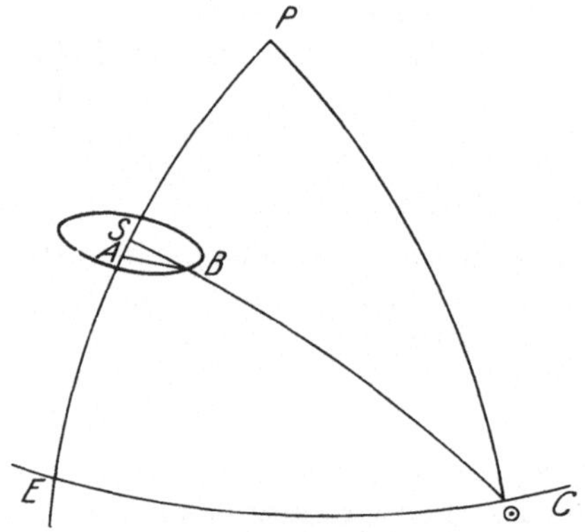

Abb. 19. Parallaktische Verschiebung eines Sterns

Sind in Abb. 18 E, $\odot$ und S Erde, Sonne und Stern, so ist $E\,\odot = R$ (Radiusvektor der Erdbahn), $ES = r$ (Entfernung des Sterns von der Erde) und die Parallaxe $\pi = \dfrac{R}{r}$.

Die parallaktische Verschiebung wird in jedem Augenblick proportional $\dfrac{R}{r} \cdot \sin SE\,\odot = \pi$ mal dem Sinus des Winkelabstandes zwischen dem Stern und der Sonne sein.

In Abb. 19 ist EC die Ekliptik, P der Himmelspol, $\odot$ die Sonne, S die mittlere Position eines Sterns, BA eine Normale auf PS.

Der Stern S wird eine Ellipse ähnlich der Projektion der Ekliptik auf die Himmelskugel beschreiben; seine Verschiebung wird in jedem Augenblicke gleich sein $\dfrac{R}{r} \sin S\,\odot$. Obgleich die Gesamtverschiebung des Sterns gemessen werden kann, so ist es doch praktischer, mit der Rektaszension (α) und Deklination (δ) des Sterns zu arbeiten.

Ist f der beobachtete Faktor der Parallaxe, so ist

$$f = \sin S\,\odot$$
$$f_a = \sin S\,\odot \sin PS\,\odot = \sin(a_\odot - a_*) \cos \delta_\odot$$
$$f_\delta = \sin S\,\odot \cos PS\,\odot.$$

f_δ wird, da es gewöhnlich viel kleiner als die Komponente in Richtung der Rektaszension ist, in der Praxis vernachlässigt.

Es gibt noch andere Methoden zur Berechnung von f; die beste ist vielleicht jene, bei der man sich folgender allgemeiner Gleichungsform bedient:

$$f = a\,X + b\,Y + c\,Z,$$

worin a, b, c die Konstanten für jeden einzelnen Stern und X, Y, Z die Koordinaten der Sonne sind, deren wahre Werte in den verschiedenen Ephemeriden (Berliner Jahrbuch, Nautical Almanac usw.) zu finden sind.

Sind α und δ Rektaszension und Deklination eines Sterns, so ist

$$f_\alpha = -\,X \sin \alpha + Y \cos \alpha$$

$$f_\delta = -\,X \cos \alpha \sin \delta - Y \sin \alpha \sin \delta + Z \cos \delta.$$

Unter Umständen ist es wünschenswert, im System der Ekliptik zu messen. Bedeuten λ und β die Länge und Breite des Sterns, ε die Schiefe der Ekliptik, so ist

$$f_\lambda = -\,X \sin \lambda + Y \cos \lambda \sec \varepsilon$$

$$f_\beta = -\,X \cos \lambda \sin \beta - Y \sin \lambda \sin \beta \sec \varepsilon.$$

Der parallaktische Faktor in Rektaszension sowie in Länge ist dann am größten, wenn der Stern sich 90^0 (6 Stunden) vor oder nach der Sonne befindet, also dann, wenn der Stern um 6 Uhr vormittags oder 6 Uhr nachmittags durch den Meridian geht, wobei die Verschiebung morgens positiv, abends negativ sein wird. Beobachtungen werden möglichst um diese Zeiten herum gemacht.

Photographische Aufnahmen werden in Intervallen von sechs Monaten vorgenommen: zuerst dann, wenn der Stern annähernd sechs Stunden östlich von der Sonne steht, zum zweitenmal, wenn er sich sechs Stunden westlich befindet, oder umgekehrt.

Auf der ersten Aufnahme erscheint er relativ zu den entfernten Sternen a, b, c, in der Stellung S_1, auf der zweiten Aufnahme bei S_2, in beiden Fällen ist er gegen die Sonne verschoben. Vgl. Abb. 20.

Die Stellung S_1 auf der ersten Aufnahme wird in Richtung der x-Koordinate relativ zu den entfernten Vergleichssternen a, b, c gemessen. Die Position S_2 wird auf der zweiten Aufnahme gegenüber den gleichen Sternen bestimmt. Die Differenz $x_1 - x_2$ ist die in der Zwischenzeit erfolgte Verschiebung in Rektaszension. Da

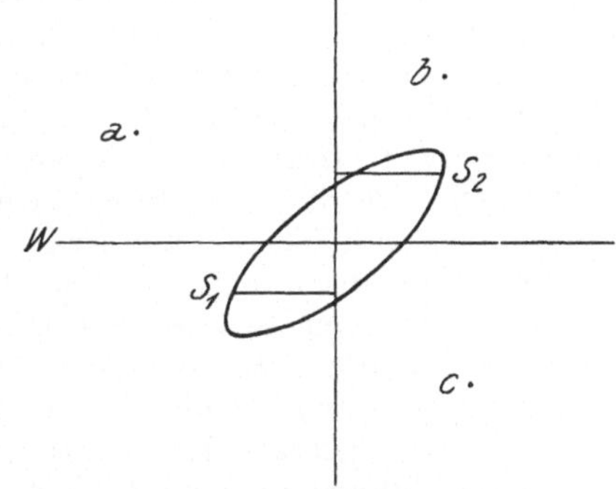

Abb. 20. Parallaxenbestimmung aus Aufnahmen mit halbjähriger Zwischenzeit

der Stern sich um einen Betrag, dessen Größe zu seiner Eigenbewegung (μ) proportional ist, bewegt hat

$$d\,x = f\pi + t\mu$$

ist es notwendig, nach Ablauf einer weiteren Zeit von sechs Monaten eine neue Aufnahme zu machen. Diese Aufnahme liefert eine zweite Gleichung für π und μ, so daß π und μ ermittelt werden können. Es sind also Beobachtungen zu drei Zeitpunkten hinreichend; fünf oder noch mehr Beobachtungen sind zwecks Erzielung genauer Resultate wünschenswert.

Im Prinzip ist das Problem ganz einfach, in der Praxis erfordert seine Lösung sehr feine Arbeitsmethoden und sehr geschickte Anwendung derselben. Die Parallaxe des nächsten Sterns beträgt nur $0{,}76''$; $0{,}02''$ gilt bereits als ein ziemlich beträchtlicher Wert, da die meisten Sterne Parallaxen von weniger als $0{,}01''$

aufweisen; es ist daher wohl klar, daß bei den einschlägigen Beobachtungen keine Vorsicht außer acht gelassen werden darf.

7. Die Arbeiten am Fernrohr. Es wurde angeregt, Sternparallaxen in Massen zu bestimmen. Werden nämlich photographische Aufnahmen in geeigneten Zeitabständen mit solchen Belichtungszeiten gemacht, daß Sterne etwa der 13. oder 14. Größe auf der Platte erscheinen, so könnten durch Ausmessung aller Sterne die nahen Sterne bzw. die Sterne des Hintergrunds festgestellt werden. Zur Ausführung dieser Idee wurde viel Mühe aufgewendet, die Ergebnisse waren aber im ganzen recht enttäuschend. Es scheint nicht möglich zu sein, genaue Vergleichsmessungen an hellen und lichtschwachen Sternen oder an Sternen zu machen, die im Zentrum bzw. nahe dem Rande des Bildfeldes liegen.

Die Gründe hiefür sind: Restfehler des Objektivs, Restfehler der Justierung des Objektivs, momentane Veränderungen der optischen Eigenschaften des Objektivs infolge Temperaturschwankungen, durch das Uhrwerk hervorgerufene Unregelmäßigkeiten beim Nachführen des Fernrohrs, Veränderungen der atmosphärischen Refraktion.

Genaue Ergebnisse lassen sich nur durch Beobachtungen einzelner Sterne erzielen, wobei man sich solcher Beobachtungsmethoden bedient, daß übrig bleibende Fehler eliminiert werden können.

Bei der Auswahl der zu beobachtenden Sterne kommen natürlich nur solche in Betracht, bei denen ein positives Ergebnis zu erwarten ist; solche Sterne sind

    a) die hellsten Sterne am Himmel;

    b) helle Sterne mit großer Eigenbewegung;

    c) lichtschwächere Sterne mit großer Eigenbewegung;

    d) helle Sterne mit mäßiger Eigenbewegung;

    e) andere interessante Objekte.

Als Vergleichssterne sollten die schwächsten Sterne ausgewählt werden, die bei einer mäßigen Belichtungszeit noch photographiert werden können. Es sind dies wahrscheinlich die entferntesten Sterne; da sie sehr zahlreich vertreten sind, ist eine gute Auswahl unter ihnen leicht möglich. Drei Vergleichssterne sind hinreichend, mit sechs Vergleichssternen hat man reichlich genug.

Dies gilt unter der Voraussetzung, daß die Messungen auch Platten großen Maßstabs erfolgen, also auf Aufnahmen, die mit langbrennweitigen Fernrohren gewonnen werden. Es ist wohl sehr fraglich, ob eine wirklich gute Arbeit mit einem Fernrohr von weniger als 6 m Brennweite erzielt werden kann.

Ein organisiertes Beobachtungsprogramm ist jetzt für die Dauer von mehreren Jahren in Durchführung; die damit beschäftigten Sternwarten befinden sich hauptsächlich in Amerika, in Europa nimmt an dieser Arbeit Greenwich teil. Neuerdings wurde durch Gründung einer amerikanischen Filialsternwarte in Johannisburg und durch den Beitritt der Sternwarte vom Kap der guten Hoffnung der Kreis der Mitarbeiter erweitert.

Die verwendeten Instrumente gehören nicht einer Standardtype, wie der „Himmelskartenrefraktor" an, es sind vielmehr die größten verfügbaren Fernrohre, so der visuelle 40zöllige Refraktor zu Yerkes, das 60-Zoll- sowie das 100-Zoll-Spiegelteleskop vom Mount Wilson; an der Greenwich-Sternwarte wird für diese Zwecke ein 26-Zoll-Refraktor, der größte derzeit ausschließlich für photographische Zwecke benutzte Refraktor, verwendet.

Jedes dieser Fernrohre hat seine besonderen Vorzüge und Fehler. So liefern die Spiegel des Mount Wilson große Bilder, frei von chromatischer Aberration, das verzerrungsfreie Feld ist aber klein und eine genügende Anzahl passend verteilter Vergleichssterne kann nur durch entsprechend lange Belichtung gewonnen werden.

Der 40-Zöller zu Yerkes, der 26-Zöller an der Mc CORMICK-Sternwarte und der 24-Zöller zu Sproul sind visuelle Refraktoren. Die Beobachter verwenden dort panchromatische Platten in Verbindung mit einem Gelbfilter. Man bedarf bei Anwendung dieser Instrumente längerer Belichtungen, genießt aber dafür den Vorteil, daß man nahezu mit monochromatischem Licht arbeitet.

SCHLESINGER benutzte früher bei seinen Arbeiten mit dem 40-Zöller kein Filter, da er dies für überflüssig hielt. Panchromatische Platten sind im Gelbgebiet des Spektrums stark, im Grüngebiete sehr wenig empfindlich. Der 40-Zoll-Refraktor ist bezüglich der gelben Strahlen korrigiert; wird auf diese eingestellt, so vereinigen sich die blauen Strahlen innerhalb und außerhalb des fokalen Sternscheibchens. Bei kurzer Belichtung zeigt sich auf der Platte nur ein scharfer, von den gelben Strahlen stammender Kern, bei längerer Belichtung erscheint um diesen deutlichen Kern ein zarter Rand. Da man bei Parallaxenbeobachtungen den Parallaxenstern nur mit Sternen von gleicher Helligkeit vergleichen soll, genügte eine derartige Belichtung, daß nur der gelbe Kern (und nicht mehr) im Bilde erschien.

Es ist im allgemeinen wünschenswert, bei den Aufnahmen Gelbscheiben zu verwenden, welche alle Strahlen mit Ausnahme jener absorbieren, für welche das Objektiv speziell korrigiert ist.

8. Fehler bei der Führung des Fernrohres. Ein Sternbild auf einer Platte gibt die mittlere Position dieses Sterns während der Belichtungsdauer. Das Bild ist nie in Ruhe, schwankt vielmehr beständig um seine Mittellage. Von Sternen gleicher Helligkeit können wir annehmen, daß sie in den gleichen relativen mittleren Positionen erscheinen; ist ihre Helligkeit stark verschieden, so werden die Bewegungen der hellen Sterne rascher abgebildet werden, als jene der lichtschwachen Sterne; haben die Sterne eine Tendenz zu raschen Bewegungen in irgendeiner Richtung, so werden die Bilder der hellen Sterne eine gewisse „Neigung" nach dieser Richtung hin aufweisen. Es ist daher notwendig, daß die Helligkeit des Parallaxensterns und diejenige der Vergleichssterne übereinstimmen.

Unregelmäßigkeiten in der atmosphärischen Refraktion mit Perioden von der Größe einer Zeitsekunde zeigen sich sogar in kleinen Fernrohren und verursachen schwankende Sichtverhältnisse; es hat sich gezeigt, daß Schwankungsperioden in der Größenordnung von einer Minute Pointierungsunsicherheiten im Betrage einer Bogensekunde mit sich bringen. Sie scheinen von einer unregelmäßigen Refraktion in der Atmosphäre nahe dem Fernrohr herzurühren.

Auch Fehler im Gang des Uhrwerks verursachen eine Verschiebung des Sternbildes: der Stern hat eine Neigung, nach einer Richtung hin abzufallen; der Beobachter wird dies wohl ruckweise, nicht aber so gleichmäßig korrigieren können, als der Stern „abfällt".

Um die Helligkeit des Parallaxensterns derjenigen der Vergleichssterne anzugleichen, benutzt man eine Sektorenblende, wie sie beim ABNEYschen Photometer verwendet wird. Sie besteht aus zwei Scheiben[1], die um einen gemeinsamen Mittelpunkt drehbar sind; jede dieser Scheiben besteht wieder aus zwei 90^0igen Sektoren; die Öffnung zwischen den beiden Scheiben läßt sich von 2×90^0 auf 1^0 oder weniger reduzieren, was einer Reduktion um nahezu 5 Größenklassen entspricht. Diese Blende, welche durch einen kleinen Motor in Bewegung gesetzt wird, den man entweder elektrisch oder mittels eines Uhrwerks betreibt, muß sich so rasch drehen, daß 100 oder noch mehr Belichtungsintervalle während der Aufnahme des zu beobachtenden Sterns möglich sind.

Die Blende wird vor das Sternbild gebracht, dessen Helligkeit abgeschwächt

---

[1] Vgl. Hdb. d. Phys. Bd. 19, S. 695.

werden soll, und sodann in Rotation versetzt. Man belichtet nun so lange, bis lichtschwache Sterne einer gewünschten Größenklasse erscheinen. Die Bilder der lichtschwachen Sterne werden auf der Platte durch eine Dauerbelichtung hervorgerufen, das abgeblendete Sternbild entsteht durch eine Anzahl von „Momentaufnahmen". Es ist sehr wesentlich, daß hinreichend viel solcher Momentaufnahmen gemacht werden, damit ein brauchbares Gesamtbild entsteht. Die Platte wird hierauf geprüft, und es werden drei bis sechs passend verteilte Vergleichssterne ausgewählt. Die Vergleichssterne sollen gegenüber dem Parallaxenstern im Mittel um höchstens 1 bis 2 Zehntel einer Größenklasse abweichen und so verteilt sein, daß das Mittel ihrer Positionen nahezu mit der Position des Parallaxensterns übereinstimmt.

Während der Aufnahme muß das Fernrohr genau am Stern gehalten werden. Die Art der Führung ist von dem verwendeten Fernrohrtyp abhängig. Bei dem 40zölligen Yerkes-Refraktor wird eine besondere Plattenführungsvorrichtung verwendet; diese ist auf Kreuzschlitten montiert, die durch feingängige Schrauben in der x- und y-Richtung langsam bewegt werden können. Am Rande des Bildfeldes ist auf einem Schlitten ein Okular mit gekreuzten Fäden aufmontiert; dieser Schlitten ist auf einem der beiden Kreuzschlitten angebracht und in der Plattenlängsrichtung beweglich. Sobald das Fernrohr so gerichtet ist, daß der Parallaxenstern auf die Plattenmitte fällt, wird das Okular bewegt, um einen passenden Stern zu bisezieren. Während der Aufnahme wird dieser Stern unter Zuhilfenahme der feingängigen Bewegungsschrauben des oberwähnten Kreuzschlittens, welcher die Kassette trägt, auf den Fäden gehalten. Die photographische Verfolgung des Parallaxensterns ist daher ebenso genau wie das Verfolgen der Schwankungen des Sternbildes im Führungsokular.

Bei den normalen photographischen Fernrohren kann das Pointieren des Leitsterns nach dieser Methode nicht vorgenommen werden. Aus diesem Grunde ist ein visuelles Fernrohr, welches mit Kreuzschlitten nach dem Muster des „Himmelskarten"-Fernrohrs ausgestattet sein kann, starr mit dem photographischen Fernrohr verbunden. Für gewöhnlich ist es möglich, mit dem Parallaxenstern, auf den mit den Fäden im Zentrum des Feldes eingestellt wird, zu führen; ist der Parallaxenstern sehr lichtschwach, so muß ein passender Leitstern mit Hilfe des Okulars auf dem Kreuzschlitten gefunden werden. In letzterem Falle erfolgt die Führung durch ganz langsame Bewegung des Fernrohrs.

Da f_a (siehe S. 134.) annähernd gleich dem Sinus der Differenz der Rektaszensionen von Sonne und Stern ist, beträgt seine Größe annähernd 1,00, wenn der Stern um 6 Uhr früh oder 6 Uhr abends vorübergeht; um 9 Uhr abends oder um 3 Uhr früh wird $f_a = 0{,}87$.

Anderseits ergeben sich die Maximalwerte für f_δ, wenn der Stern mittags oder mitternachts durchgeht, von welchen Fällen der erstere natürlich nicht beobachtet werden kann. Aus diesem Grunde kann nur f_a in Betracht gezogen werden; die Beobachtungen werden also zwischen 6 und 9 Uhr abends und zwischen 3 und 6 Uhr früh gemacht.

An der Sternwarte zu Greenwich wird eine einheitliche Belichtung von 3 Minuten durchgeführt, wobei sich meßbare Sternbilder der 11. bis 12. Größe zeigen; der Parallaxenstern ist etwa bis zur Größe 11,5 abgeblendet. Sechs Vergleichssterne von fast gleicher Größe, symmetrisch um den Parallaxenstern verteilt, werden innerhalb eines Kreises von 20′ Radius ausgewählt. Da einige von diesen Sternen natürlich heller, andere lichtschwächer sind, muß man die Anordnung treffen, daß ein heller Stern durch einen hellen Stern ausgeglichen und so ein Überwiegen der Helligkeiten nach einer Seite gegenüber dem Parallaxenstern vermieden wird.

Es sind etwa 20 bis 25 Platten, verteilt über mindestens fünf Zeitabschnitte, erforderlich, um eine Parallaxe zuverlässig zu ermitteln.

9. Die Ausmessung der Platte. Die Messung erfolgt nur in Richtung der Rektaszension oder der x-Koordinate. Der Näherungswert der y-Koordinate ist bei der Reduktion der Messungen erforderlich, braucht aber nur aus einer Platte ermittelt zu werden. Die Platte muß in der Ausmeßvorrichtung genau orientiert liegen; dies wird am besten dadurch erreicht, daß man auf einer der Platten einen hellen Stern von einer Seite zur anderen ziehen läßt. Diese Spur liefert die wahre Ost—West-Richtung und kann unter Benutzung zweier geeigneter Sterne mit genügender Genauigkeit auf die anderen Platten übertragen werden. Das von SCHLESINGER benutzte früher erwähnte Instrument ist sehr zweckentsprechend, ermöglicht rasches Arbeiten und läßt Messungen bis zu einem halben Mikron zu.

Man kann einwenden, daß die Meßschraube der Mikrometervorrichtung häufigen Prüfungen wegen Teilungsfehler und Abnutzung unterzogen werden muß und daß Fehler, welche durch Temperaturschwankungen während einer Beobachtungsreihe entstehen, störend sein können. Wenn man von Vorversuchen absieht, so ist es nicht üblich, die Messungen früher zu beginnen, bevor nicht alle zur Bestimmung einer Parallaxe notwendigen Platten beisammen sind. Alle diese Platten werden dann zu gleicher Zeit ausgemessen; man kann die Abnutzung der Schraube beim Ausmessen von 25 Platten ruhig außer acht lassen. Es ist leicht durchzuführen, daß den einzelnen Sternen auf den verschiedenen Platten die gleichen Ablesungen an der Schraube entsprechen; da man es auf diese Art nur mit der Differenz der Koordinaten zu tun hat, spielen Teilungsfehler keine Rolle.

Das Meßinstrument wird auf möglichst gleichförmiger Temperatur gehalten; der Arbeitsvorgang ist so, daß die Sterne in der Richtung zunehmender Ablesungen der Reihe nach ausgemessen werden, worauf man diesen Vorgang in umgekehrter Ordnung wiederholt.

Zum Zwecke der Ausschaltung subjektiver (persönlicher) Fehler wird bisweilen angeraten, die Platte nach erfolgter Ausmessung um je 90^0 zu drehen, sie also nacheinander in die Lagen 0^0, 90^0, 180^0, 270^0 zu bringen, und die Ausmessungen jedesmal zu wiederholen; es dürfte aber wohl genügen, zwei Reihen von Messungen zu machen, wobei das zweitemal die Platte umgekehrt wird (Schicht nach oben); man spricht diesfalls von „direkter" und „umgekehrter" Ausmessung. In Greenwich verwendet man statt dieser Umkehrung eine andere Methode: man belichtet eine Platte der Serie durch das Glas hindurch und bringt diese Platte mit jeder der anderen Platten der Reihe nach Schicht auf Schicht zur Deckung; die durch das Glas hindurch belichtete Platte dient gewissermaßen als Meßplatte (Vergleichsplatte).

Eine Verbesserung dieser Methode ist folgende: In das Glas einer Platte von der gleichen Größe wie die photographische Platte (man benützt dazu eine abgewaschene photographische Platte) werden mit einem Diamanten kurze parallele Linien eingeritzt, und zwar an jenen Stellen, auf welche die ausgewählten Vergleichssterne und der Parallaxenstern in den Aufnahmen fallen dürften. Die Glasplatte wird auf jede Aufnahme mit der skalierten Seite gegen die Schicht gelegt; die eingeritzten Linien liegen dann den Sternbildern sehr nahe (die Abweichungen betragen Bruchteile von Millimetern). Die beiden Platten sind mit Klammern fest zusammengehalten. Die Doppelplatte wird nun in die Meßanordnung gelegt (und zwar Skalenplatte nach oben) und es folgt die Ausmessung der Entfernungen Skalenstriche—Sterne mit Hilfe des Fadenmikrometers im Mikroskop. Die mit dem Diamant geritzten Linien sind sehr fein und lassen ein sehr genaues Pointieren zu. Es werden nur die Differenzen Skalenstriche—

Sterne, nicht aber die ganzen Koordinaten ausgemessen. Da Skala und photographische Platte sich gleichmäßig ausdehnen, spielen Temperatureinflüsse keine Rolle. Die Fehler bezüglich der Lage der Skalenstriche sind Teilungsfehler. Sie erscheinen in der Gleichung R (siehe unten) für jede Platte gleich groß und fallen beim Auflösen dieser Gleichungen schließlich heraus. Diese Methode ist bequem und hat sich gut bewährt.

10. Die Reduktion der Messungen. Auf jeder Platte messen wir die x-Koordinate von vier oder mehr Vergleichssternen sowie des Parallaxensterns.

$$x_1 \ x_2 \ x_3 \ldots\ldots\ldots x_\pi$$

Beim Vergleich irgend zweier Platten ergeben sich die Differenzen

$$d x_1 \ d x_2 \ d x_3 \ldots\ldots\ldots d x_\pi$$

Die dx der Sterne sind auf die Orientierung der einzelnen Platten zueinander zurückzuführen und können durch folgende lineare Gleichungen dargestellt werden:

$$a x_1 + b y_1 + c = d x_1$$
$$a x_2 + b y_2 + c = d x_2$$
$$a x_3 + b y_3 + c = d x_3,$$

worin a, b, c Konstanten sind, die nach der Methode der kleinsten Quadrate bestimmt werden können.

Nun stecken in dx_π, abgesehen von den Plattenkonstanten, das μ und π das Parallaxensterns, es ist also

$$a x_\pi + b y_\pi + c + R = d x_\pi.$$

Nach Anbringung der Verbesserungen für die Konstanten erhalten wir die Gleichung

$$R = t\mu + f\pi + k$$

Jede Platte der Serie kann als Standardplatte für den Vergleich verwendet werden. Jeder Fehler, den sie enthält, geht in den Ausdruck R ein und wird zuletzt bei Auflösung der Gleichungen zwecks Bestimmung von μ und π eliminiert.

11. Die Auflösung der Gleichungen R nach der Methode von F. Schlesinger. Bei der oben angegebenen Art der Auflösung werden die Plattenkonstanten für jede Platte ermittelt; wenn wir aber nicht gerade Kontrollen bei einzelnen Sternen wünschen, haben wir für die Plattenkonstanten kein Interesse. Bei der nachstehend beschriebenen Methode der „Abhängigkeiten" lassen sich die notwendigen Verbesserungen für dx_π feststellen, ohne daß wir erst die Plattenkonstanten zu ermitteln brauchen.

Sind x, y die Koordinaten des Sterns, ist ferner R die gemessene Differenz zwischen den Koordinaten in der Standardplatte gegenüber den Koordinaten in einer zweiten Platte, so liefert jeder Stern eine Gleichung folgender Art:

$$a x + b y + c = R.$$

Geht man bei der Elimination einer Konstanten so vor, daß die Summe der x und die Summe der y gleich 0 wird, so haben wir

$$a x_1 + b y_1 + c = R_1$$
$$a x_2 + b y_2 + c = R_2$$
$$\ldots\ldots\ldots\ldots\ldots\ldots\ldots$$
$$\underline{a x_n + b y_n + c = R_n}$$

Nach Summierung $nc = [R]$

$$c = \frac{[R]}{n}$$

Nach Eliminierung von c ergibt sich:

$$a\,x_1 + b\,y_1 = R_1{}'$$
$$a\,x_2 + b\,y_2 = R_2{}'$$
$$\dots\dots\dots\dots$$
$$\overline{a\,x_n + b\,y_n + R_n{}'}$$
$$\text{und} \quad a\,x_\pi + b\,y_\pi = R_\pi{}'.$$

Nach der Methode der kleinsten Quadrate macht man folgenden Ansatz:

$$a\,[x^2] + b\,[xy] = [xR'] = x_1 R_1{}' + x_2 R_2{}' + x_3 R_3{}' + \dots\dots + x_n R_n{}'$$
$$a\,[xy] + b\,[y^2] = [\,yR'] = y_1 R_1{}' + y_2 R_2{}' + y_3 R_3{}' + \dots\dots + y_n R_n{}'.$$

Die Auflösung wird gleich

$$R_\pi{}' - (a\,x_\pi + b\,y_\pi)$$

Ist $a\,x_\pi + b\,y_\pi = p\,(a\,[x^2] + b\,[xy]) + q\,(a\,[xy] + b\,[y^2])$

$$= a\,(p\,[x^2] + q\,[xy]) + b\,(p\,[xy] + q\,(y^2)), \tag{1}$$

so wird

$$p\,[x^2] + q\,[xy] = x_\pi$$
$$q\,[xy] + p\,[y^2] = y_\pi, \tag{2}$$

woraus dann p und y abgeleitet werden können.

Aus (1) folgt $a\,x_\pi + b\,y_\pi = p\,x_1 R_1{}' + p\,x_2 R_2{}' + \dots\dots + p\,x_n R_n{}'$

$$+ q\,y_1 R_1{}' + q\,y_2 R_2{}' + \dots\dots + q\,y_n R_n{}' =$$
$$= (p\,x_1 + q\,y_1)\,R_1{}' + (p\,x_2 + q\,y_2)\,R_2{}' + \dots\dots +$$
$$+ (p\,x_n + q\,y_n)\,R_n{}'$$

$(p\,x_1 + q\,y_1)$ bezeichnen wir mit d_1 (Abhängigkeitswert)

$(p\,x_2 + q\,y_2)$,, ,, ,, d_2 ,,

$\dots\dots\dots\dots\dots\dots\dots\dots\dots$

$(p\,x_n + q\,y_n)$,, ,, ,, d_n ,,

Die Lösung lautet

$$S = R_\pi{}' - d_1 R_1{}' - d_2 R_2{}' - d_3 R_3{}' - \dots\dots - d_n R_n{}'. \tag{3}$$

Der Ausdruck „Abhängigkeitswert" wurde gewählt, weil dieser Ausdruck zeigt, inwieweit die „Auflösung" von jedem einzelnen Stern „abhängt".

Die Abhängigkeitswerte sind $d_1 + c$, $d_2 + c$, $d_3 + c$ usw. Schließlich liefert jede Platte eine Gleichung

$$t\mu + f\pi + K = S,$$

wobei t die Zeit in Jahren ist, gezählt von einem entsprechend gewählten Zeitpunkt an, f der Parallaxenfaktor, μ die Eigenbewegung und π die Parallaxe, wobei μ und π nach der Methode der kleinsten Quadrate bestimmt werden.

Die auf diese Art ermittelten Parallaxen sind „relative" gegenüber den Vergleichssternen. Damit sie „absolute" werden, müssen wir die Parallaxe der Vergleichssterne selbst feststellen. Dies kann nicht für jeden einzelnen lichtschwachen Stern geschehen, wir ermitteln vielmehr schätzungsweise den Mittelwert für die lichtschwachen Sterne einer bestimmten Größenklasse.

Wir wollen folgenden Vergleich heranziehen: man denke sich ein Schiff, das sich einem Hafen nähert. Man sieht Lichter vor sich, zuerst schwach, dann erscheinen sie mit wachsender Annäherung immer heller. Schließlich scheinen sie auseinanderzugehen, bewegen sich scheinbar nach links und rechts und ziehen auf einmal zum Teil links, zum Teil rechts am Schiff vorbei. Die Geschwindigkeit, mit der sich die Lichter bewegen, wird verschieden sein: diejenigen Lichter, welche sich nur nähern, werden sich langsam bewegen, jene, welche am Schiff vorbeiziehen, eilen schneller, und zwar je nach ihrer Stellung relativ zum Schiff sowie je nach ihrer Entfernung von diesem. Sind die Geschwindigkeit des Schiffes und die Winkelgeschwindigkeiten der Lichter durch Beobachtung bekannt, so kann die Entfernung der Lichter bestimmt werden.

Die Sonne (mitsamt der Erde) bewegt sich im Raum. Durch spektroskopische Untersuchungen der Bewegung in Richtung der Gesichtslinie wurde bei einer großen Zahl von Sternen in allen Himmelsgegenden festgestellt, daß die Sonne sich gegen einen Punkt des Himmels, dessen Rektaszension 18 Stunden und dessen Deklination $+30^0$ beträgt, mit einer Geschwindigkeit von 20 km in einer Sekunde oder von 4,2 Astr. Einheiten im Jahre bewegt. Untersuchungen bezüglich der Eigenbewegung der Sterne in allen Himmelsgegenden zeigen gleichfalls eine allgemeine Drift, die von diesem Punkte ihren Ausgang nimmt.

Hätten die Sterne keine Eigenbewegung, so wäre diese Drift eine reine parallaktische Bewegung und gäbe bei Kenntnis der Sonnengeschwindigkeit ein brauchbares Kriterium für die Entfernung des Sterns ab. Eine einfache Lösung unseres Problems wird leider durch den Umstand unmöglich gemacht, daß die Sterne Eigenbewegungen aufweisen, die eben so groß oder noch größer als die Eigenbewegung der Sonne sind.

Oberwähntes Kriterium gilt allerdings nur im Mittel; wir können daher die wahrscheinliche Entfernung oder die Parallaxe eines Sternes einer bestimmten Größenklasse (scheinbaren Helligkeit) abschätzen. Man nimmt als erste Annäherung an, daß Sterne der 10. Größe eine Durchschnittsparallaxe von 0,004″, Sterne der 11. Größe eine Parallaxe von $+0,003''$ besitzen. Sind nun die Vergleichssterne von der 11. Größe, so werden sie Ellipsen beschreiben, deren große Achse 0,006″ beträgt, so daß die relativ zu ihnen abgeleitete Parallaxe um 0,003″ zu klein ist. Bei Berücksichtigung dieser Größen können wir „absolute" Parallaxen bestimmen.

E. Astrophotometrie

12. Allgemeines. Die scheinbare Helligkeit eines Sterns ist das erste Kennzeichen, aus dem man über seine Größe bzw. seine Entfernung einen Schluß zu ziehen vermag; aus diesem Grunde ist eine genaue Messung der Helligkeit der Sterne für die Astronomie von großer Bedeutung.

Der älteste uns erhaltene Sternkatalog ist der Almagest des Ptolemäus (etwa 150 v. Chr.). In diesem Werke nun sind die mit freiem Auge sichtbaren Sterne in sechs Helligkeitsklassen oder Größen eingeteilt, wobei die erste Klasse die hellsten, die sechste Klasse die lichtschwächsten Sterne umfaßt.

Später haben die Astronomen die Sterngrößen nach einer Skala geordnet, die mehr oder weniger mit derjenigen des Ptolemäus übereinstimmt, was zweifellos darauf zurückzuführen ist, daß die späteren Astronomen den Almagest kannten.

Auf Grund einer Überprüfung dieser Schätzungen zeigte Pogson, daß die angewendete Skala im wesentlichen eine logarithmische ist, in welcher gleichen Teilen (Abschnitten) gleiche Verhältnisse der Helligkeiten entsprechen; ferner stellte Pogson folgendes fest: Man kann eine Skala, die mit der durch Schätzung mit Hilfe des Auges ermittelten genau übereinstimmt, dadurch erhalten, daß man 0,4 als den Logarithmus des Verhältnisses der Intensitäten zweier aufeinanderfolgender Größenklassen ansetzt.

Man hat also

$$m_1 - m_2 = \frac{\log I_2 - \log I_1}{0,4}$$

oder anders ausgedrückt: Das Helligkeitsverhältnis zweier aufeinanderfolgender Größenklassen = 2,512. Diese Skala ist jene, die heute in Verwendung steht.

Im Jahre 1879 unternahm es E. PICKERING, eine Vereinheitlichung der photometrischen Beobachtungen zur Festlegung der Sterngrößen auszuarbeiten; bis zu dieser Zeit gab es kein allgemeines System hierfür.

Er führte mit einem sogenannten Meridianphotometer, einem Gerät, das den direkten Vergleich zwischen dem Polarstern und jeden den Meridian passierenden Stern ermöglichte, genaue Beobachtungen der Größen von mehr als 4000 Sternen (bis herab zur sechsten Größe) durch. Vom Polarstern als Vergleichsstern ausgehend, verwendete er die Skala von POGSON und setzte die Größe des Polaris zunächst willkürlich mit 2 an. Nach Anbringung etlicher Verbesserungen, um seine Messungen mit ARGELANDERS Schätzungen der Sterne 6. Größenklasse in Einklang zu bringen, schuf er seine Fundamentalskala der Größenklassen, die jetzt so erweitert ist, daß die lichtschwächsten Sterne in sie eingeordnet werden können.

Als die Photographie in der Astronomie Anwendung zu finden begann, zeigte es sich, daß die visuelle Größenskala für Größenbestimmungen mit Hilfe der Photographie nicht brauchbar ist.

Die photographische Platte hat ihre höchste Empfindlichkeit im Blaugebiet des Spektrums bei ungefähr $\lambda = 440 \; \mu\mu$ während das Gebiet der höchsten visuellen Empfindlichkeit ungefähr bei $\lambda = 550 \; \mu\mu$ im gelben Teil des Spektrums gelegen ist. Aus diesem Grunde wird die relative Helligkeit eines blauen und gelben Sternes photographisch und visuell verschieden wiedergegeben werden.

Für den astrographischen Katalog gelangte nun eine besondere photographische Größenskala zur Anwendung, die folgendermaßen definiert ist:

Im Nullpunkt der Skala sollen die photographisch und visuell photometrisch ermittelten Größen der Harvard-Skala gleich sein. Dies gilt im Durchschnitt für Sterne der Größenklassen 5,5 bis 6,5, die ein Spektrum der Klasse $A o$ aufweisen. Als Skala hat die von POGSON vorgeschlagene Helligkeitsskala zu gelten.

13. Die sogenannte Polarsequenz (Nordpolfolge). PICKERING wählte eine Anzahl von Sternen nahe dem Nordpol; diese haben Helligkeiten, deren größte dem Polarstern, deren geringste dem lichtschwächsten gerade noch wahrnehmbaren Stern dieser Reihe zukommt. Ihre Größen sind auf mehrere Arten festgelegt worden. Diese sogenannte Nordpolfolge bildet jetzt die Grundskala, nach der alle photographisch ermittelten Sterngrößen bestimmt werden.

Mit Rücksicht auf die fundamentale Wichtigkeit dieser Skala wollen wir einiges über ihre Anlage bemerken. Um die Größen einer Reihe von Sternen, deren Helligkeiten sich über einen weiten Bereich erstrecken, zu bestimmen, müssen wir Platten heranziehen, die mit Instrumenten verschiedener Type und mit verschiedenen Belichtungszeiten aufgenommen wurden. Helle Sterne werden am besten auf photographischen Aufnahmen kleinen Maßstabs und kurzer Belichtungszeit, lichtschwache Sterne dagegen auf solchen Photographien ausgemessen, die mit den größten Fernrohren bei langen Expositionszeiten gewonnen wurden. Man hat daher für solche Aufnahmen ½ bis 1 zöllige Instrumente, aber auch z. B. den 60 zölligen Reflektor des Mount Wilson verwendet. Die Aufnahmen wurden in der Art ausgewertet, daß die Sternbilder mit besonderen, nach einer Methode von ARGELANDER gewonnenen Skalen verglichen werden.

Zwecks Herstellung dieser Skalen erfolgten Aufnahmen mit verschiedenen Belichtungszeiten, die in einem bestimmten Verhältnis (gewöhnlich 3 : 1) anstiegen. Das Fernrohr wurde zwischen den aufeinanderfolgenden Belichtungen ein wenig bewegt, so daß jeder Stern sich als kleine Linie abbildete; diese Linien unterschieden sich bezüglich der Schwärzungen, die mit der in einem bestimmten Verhältnis wachsenden Expositionszeit zunahmen. Derartige geeignete Sternbilder sind ausgewählt, aus der Platte ausgeschnitten und als Teile der Vergleichsskalen benutzt worden. Bei der Auswertung wurde das zu untersuchende Sternbild auf der Platte unter die Skala, und zwar zwischen die ihm am meisten ähnlichen Bilder gebracht; so war es möglich, Helligkeitsintervalle auf ein Zehntel eines Skalenteils genau abzuschätzen.

Die auf diese Art gewonnene Skala ist keine eigentliche Lichtintensitätsskala, weil das Reziprozitätsgesetz, welches besagt, daß gleiche photographische Wirkung ausgelöst wird, wenn das Produkt aus Lichtstärke und Belichtungszeit konstant ist, d. h. daß

$$E = It,$$

in der Astrophotometrie nicht zutrifft.

Ein Ausdruck, der den Tatsachen annähernd entspricht, ist folgender:

$$E = I \cdot t^p,$$

wobei p, der sogenannte SCHWARZSCHILDexponent, kleiner als eins, aber keine Konstante ist. Er ist je nach den verwendeten Plattensorten verschieden, ändert sich aber auch mit der Intensität der Lichtquelle. Ist die Lichtintensität groß, so nähert sich p der Einheit, ist die Lichtintensität gering, so kann p bis zu 0,5 sinken. Ein Durchschnittswert für p beträgt 0,85; wird dieser Wert in obige Gleichung eingesetzt, so zeigt es sich, daß ein Belichtungsverhältnis 3 : 1 einem Intensitätsverhältnis 2,5 : 1, d. i. demjenigen zweier aufeinanderfolgender Größenklassen entspricht. Die Meßskala muß also nach einer wahren Intensitätsskala geeicht werden.

Damit man eine absolute Skala erziele, ist es notwendig, daß einige Sterne auf der Platte zwei Bilder geben, die sich dadurch unterscheiden, daß die erzeugenden Lichtintensitäten um einen errechenbaren Betrag differieren. Dies läßt sich auf vier verschiedene Arten erreichen.

a) Es werden bei gleicher Zenitdistanz Bilder des Polarsterns und desjenigen Sterns, dessen Größe festzustellen ist, auf einer Platte aufgenommen, wobei die Fokussierung immer um verschiedene Beträge geändert, die Belichtungszeit aber beibehalten wird. Diese Sternbilder sind Scheibchen (ebene Schnitte des aus dem Objektiv austretenden Strahlenkegels), deren Größe mit der Entfernung der Platte vom Brennpunkt zunimmt und deren Beleuchtung mit dem Quadrat ihres Durchmessers abnimmt. Nachdem die Schwärzung der Bilder unter Zuhilfenahme eines Keils gemessen wurde, läßt sich eine Beziehung zwischen den gemessenen Schwärzungen und den Intensitäten der sie erzeugenden Sterne ermitteln.

b) Zwei dünne Platten aus Feldspat, so zusammengefügt, daß sie um jeden beliebigen Winkel gegeneinander verdreht werden können, werden vor die photographische Platte gebracht. Die Lichtintensitäten, durch welche die auf diese Art entstehenden vier Bilder eines jeden Sterns erzeugt werden, hängen von dem Winkel ab, den die Platten miteinander einschließen, und sind durch Messung dieses Winkels feststellbar.

c) Die Helligkeit wird durch den Gebrauch von Gittern o. dgl. geschwächt. Man verwendet hierzu:

α) Drahtgitter vor dem Objektiv.

β) Drahtgitter vor der Platte.

γ) Eine gelochte Blende vor dem Objektiv.

δ) Eine Mattscheibe vor der Platte.

ε) Eine photographische Schicht vor der Platte.

d) Die einfallende Lichtmenge wird vermindert, indem man die Öffnung des Lichtstrahlenkegels auf eine der folgenden Arten verkleinert:

α) Es wird je eine Objektivhälfte abwechselnd abgedeckt.

β) Vor das Objektiv wird eine kreisförmige Blende gebracht.

γ) Am Objektiv wird ein Hilfsprisma mit kleinem brechenden Winkel befestigt, welches das Licht teilweise ablenkt, bzw. zerstreut.

Bei Anwendung der Verfahren b) und d γ) bedarf es nur einer Aufnahme, bei den anderen Verfahren benötigen wir zwei oder mehr Aufnahmen (gleicher Dauer).

Verfahren a) ist insbesondere bei der Untersuchung heller Sterne sehr wertvoll und liefert sehr exakte Ergebnisse.

Verfahren b) ist nur bei mäßig hellen Sternen anwendbar. Es hat den Vorteil, daß man nur eine Aufnahme benötigt, aber den Nachteil, daß nur zwei von den vier Bildern eines jeden Sternes in der gleichen Bildebene liegen und die gleiche Form haben; ferner erscheinen die Bilder gewöhnlich nur wenig hell und sind mit der Schwärzungsskala nur schwer vergleichbar.

Die Methode c) mit Hilfe des Gitters ist im allgemeinen sehr befriedigend; zur Bestimmung absoluter Größen ist nur jene Abart dieser Methode anwendbar, bei der man mit einem Drahtgitter vor dem Objektiv arbeitet (HERTZSPRUNG). Das Gitter vor dem Objektiv bewirkt, daß ein zentrales Bild sowie eine Reihe von Beugungsbildern entsteht. Wir können annehmen, daß das Verhältnis zwischen jener Lichtmenge, welche die Entstehung des Hauptbildes tatsächlich bewirkt, und jener Lichtmenge, die ohne Vorhandensein eines Gitters zur Bildentstehung beitragen würde, gleich ist dem Quadrate des Verhältnisses zwischen der das Gitter und der das freie Objektiv passierenden Lichtmenge. Bezeichnen wir diese Lichtmengen mit l bzw. L, so ist der Helligkeits- (Beleuchtungs-) Unterschied in den mit und ohne Gitter gewonnenen Bildern in Sterngrößen ausgedrückt:

$$\log\left(\frac{L}{l}\right)^2 \times \frac{1}{0{,}4} = 5\,(\log L - \log l)$$

Die Methode d) mit Anwendung verschiedener Objektivöffnungen ist als recht befriedigend zu bezeichnen. Selbst wenn die Absorption in den zwei Objektiv- oder Spiegelhälften verschieden wäre, ließe sich der Fehler dadurch eliminieren, daß man die Aufnahmen mit beiden Hälften des Objektivs bzw. Spiegels abwechselnd macht. Die mit einer Linsenhälfte gewonnenen Bilder sind gewöhnlich flau und nicht ohne weiters mit jenen zu vergleichen, die mit der ganzen Linse erzeugt wurden. Bei Anwendung dieser Methode ist die Beleuchtung des Bildes im wesentlichen eine Funktion der verwendeten Öffnung; dies gilt aber nur annähernd, da folgende Fehler auftreten können:

α) Verschiedenheit der Absorption in verschiedenen Teilen des Objektivs. Die größere Dicke der Kronglaslinse in der Mitte könnte dazu führen, daß dort die Absorption größer ist als am Rand, was durch die geringere Dicke des Flintglases in der Mitte kompensiert, ja sogar überkompensiert werden kann.

β) Die chromatische Aberration der Refraktoren, die in verschiedenen Teilen der Objektive verschieden sein kann und das Aussehen der Bilder beeinflußt. Bei Sternen verschiedener Farbe kann sich dies sehr wohl bemerkbar machen.

γ) Beugungserscheinungen am Rande des Objektivs oder der Blende. Diese Erscheinungen führen dazu, daß die Größen der durch die Objektivhälften entworfenen Bilder stark verschieden sein können. Je kleiner die freie Öffnung des Objektivs ist, um so stärker können die hier erwähnten Erscheinungen sich bemerkbar machen.

δ) Verschiedenheiten bezüglich des Aussehens der Bilder; jene Bilder, die durch die kleinere Öffnung erzeugt werden, sind gewöhnlich kleiner und schärfer begrenzt.

ε) Werden die sekundären Bilder durch ein Hilfsprisma erzeugt, so ergeben sich Lichtverluste durch Absorption in diesem Prisma sowie durch Reflexion an dessen Oberfläche.

Durch Verwendung einer der oben angegebenen Methoden werden die künstlich hergestellten photographischen Helligkeitsskalen nach einer tatsächlichen Sternhelligkeitsskala geeicht. Durch Aufnahmen mit verschiedenen Fern-

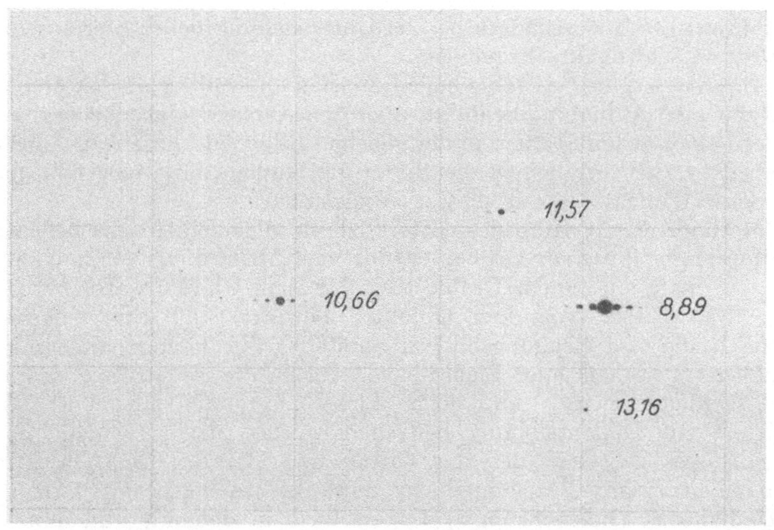

Abb. 21. Zur Anwendung des Objektivgitters in der Astrophotometrie. Die Zahlen geben die angenommenen Größenklassen der Sterne an. Man vergleiche die Hauptbilder der Sterne 11 ^{m},57 und 13 ^{m},16 mit den Bildern erster Ordnung der Sterne 8 ^{m},89 und 10 ^{m},66. Die Gitterkonstante (Größenklassenintervall zwischen Haupt- und Nebenbild) beträgt 2 ^{m},66

rohren gelang schließlich die Bestimmung der photographischen Größen von etwa 100 Sternen nahe dem Nordpol. Eine Liste der Sterne der Polsequenz ist in den Harvard-Annalen 71, S. 231, veröffentlicht.

Von zahlreichen Sternwarten (insbesondere dem Mount Wilson-Observatorium) wurde auf die Prüfung und Ausgestaltung dieser Skala viel Arbeit aufgewendet. Eine vorläufige Festlegung einer Reihe von Sterngrößen erfolgte durch die Internationale Astronomische Union im Jahre 1922; diese Skala wird als internationale Skala bezeichnet, ist aber noch nicht endgültig normiert.

14. Das Objektivgitter. Unter den von PICKERING angewandten Methoden zur Herstellung einer absoluten Helligkeits- (Größen-) Skala erscheint diejenige am einwandfreiesten, bei der ein Beugungsgitter vor dem Objektiv verwendet wird. Bei Anwendung dieser Methode benötigt man zwei Aufnahmen: eine mit Gitter, eine ohne Gitter. Durch zweckentsprechende Veränderung der Belichtungszeit vermag man Schwankungen bezüglich der Durchsichtigkeit der Atmosphäre bzw. instrumentelle Veränderungen zu berücksichtigen; das Beugungsgitter erweist sich somit für unsere Zwecke als sehr brauchbar.

Setzen wir ein aus groben parallelen Drähten gefertigtes Gitter vor das Objektiv, so entstehen auf jeder Seite des gewöhnlichen Sternbildes durch Beugung Nebenbilder, deren Helligkeit gegenüber demjenigen des Hauptbildes in einem bestimmten Verhältnis abnimmt. Vgl. Abb. 21.

Dieses Verhältnis ist ein konstantes und nur von den Dimensionen des Gitters abhängig. Man kann das Helligkeitsintervall zwischen dem Zentralbild und den seitlichen Beugungsbildern auch in Sterngrößen ausdrücken. Theoretisch gibt es zu beiden Seiten des Zentralbildes unendlich viele Nebenbilder; die meisten von ihnen sind aber so lichtschwach, daß sie nicht sichtbar werden. Es kann vorkommen, daß das Zentralbild eines Sterns gleich groß und gleich geschwärzt wie ein Beugungsbild eines anderen Sterns erscheint. Auf Grund dieser Tatsache ist — nach Durchführung einer entsprechenden Festlegung des Skalennullpunktes — eine einfache Größenbestimmung aller Sterne auf einer Platte durchführbar, vorausgesetzt, daß die Konstanten des Gitters gegeben sind. Sind die Größen einiger hellerer Sterne auf der Platte bekannt, so ist auch die notwendige Festlegung des Skalennullpunktes leicht durchführbar.

Der besondere Vorteil eines Objektivgitters zur Messung von Größenunterschieden ist der, daß die Seitenbilder zu gleicher Zeit wie die Zentralbilder entstehen; das Verfahren ist aus diesem Grunde von Schwankungen in der Durchsichtigkeit der Atmosphäre unabhängig. Ein theoretischer Nachteil des Beugungsgitters besteht darin, daß die Nebenbilder in Wirklichkeit kurze Spektren sind, die oft etwas länglich geraten; diese Bildchen sind daher mit den runden Zentralbildern der lichtschwächeren Sterne nicht ohneweiters gut vergleichbar, es gibt aber Methoden für ihre Ausmessung, durch welche diese Schwierigkeit beseitigt werden kann. Ein ernsterer Nachteil besteht darin, daß durch die undurchsichtigen Gitterstäbe die effektive Öffnung des Fernrohres verringert wird; dies macht eine Verlängerung der Belichtungszeit erforderlich, sollen auch lichtschwache Sterne so abgebildet werden, als ob kein Gitter verwendet worden wäre.

Bei der Wahl bzw. Konstruktion des Gitters sind folgende Punkte zu berücksichtigen:

a) Die Dispersion; von dieser ist die seitliche Ausdehnung der Beugungsbilder abhängig.

b) Die Absorption; infolge des Vorhandenseins der Absorption ist der Aufnahme lichtschwächster Sterne eine Grenze gesetzt.

c) Das Größenintervall, d. i. das Helligkeitsverhältnis zwischen dem m ten Beugungsbildchen und dem Mittelbild, ausgedrückt in Sterngrößen.

Ad a) Dispersion. Besteht das Gitter aus parallelen Drähten von der Dicke d, die durch Zwischenräume von der Breite a getrennt sind, und ist f die Brennweite des Fernrohrs (alles in Millimetern ausgedrückt), so ist die Entfernung D zwischen dem Zentralbild und dem ersten, durch das Licht der Wellenlänge λ erzeugten Beugungsbild

$$D = \frac{f \cdot \lambda}{a + d}.$$

Erstreckt sich jener Teil des Spektrums, der auf die Platte einwirkt, von λ_1 bis λ_2, so beträgt die seitliche Ausdehnung des Bildes

$$f \frac{(\lambda_1 - \lambda_2)}{a + d}.$$

Um die seitliche Ausdehnung zu vermindern, müssen wir $\dfrac{f}{a + d}$ verkleinern,

d. h. $(a + d)$ so dimensionieren, daß das Zentralbild und die Beugungsbilder so nahe als möglich nebeneinander liegen. Andererseits müssen die Bilder aber genügend getrennt und deutlich erscheinen. Die Ausmaße des Gitters müssen auch der Größe der vom Fernrohr entworfenen Bilder entsprechen.

Ad b) Absorption. Die Differenz der Helligkeit des Zentralbildes bei Verwendung des Gitters und der Helligkeit des bei gleicher Belichtung ohne Benutzung eines Gitters erhaltenen Bildes wird wie folgt ausgedrückt:

$$B_0 : B = \left(\frac{a}{a + d}\right)^2.$$

Um den Helligkeitsverlust so niedrig als möglich zu halten, müssen die Stäbe des Gitters so nahe als möglich, d. h. so nahe als dies die anderen Anforderungen gestatten, nebeneinander angeordnet werden.

Ad c) Der Helligkeitsunterschied des Zentralbildes und der Seitenbilder, ausgedrückt in Sterngrößen. Ist B_m die Helligkeit des m ten seitlichen Bildes, B_0 die Helligkeit des Zentralbildes, so ist

$$B_0 : B_m = \frac{\left(\dfrac{a\,m\,\pi}{a + d}\right)^2}{\sin^2\left(\dfrac{a\,m\,\pi}{a + d}\right)},$$

d. i. ausgedrückt in Größenklassen

$$= 5\left(\log \frac{a\,m\,\pi}{a + d} - \log \sin \frac{a\,m\,\pi}{a + d}\right).$$

Das Größenintervall hängt somit ebenso wie die Absorption vom Verhältnis zwischen Gitterzwischenraum und Stabdicke ab.

Bei der Wahl eines Gitterintervalls ist daher folgendes zu berücksichtigen: Je größer das Gitterintervall ist, desto kleiner wird die Zahl der Sterne sein, welche Beugungsbilder liefern. Ist m die Größe des lichtschwächsten Sternes auf der Platte und μ das Größenintervall des Gitters, so werden nur Sterne, deren Helligkeit größer als $m - \mu$ ist, Beugungsbilder erzeugen. μ muß also so gewählt werden, daß innerhalb des scharf ausgezeichneten Bildfeldes und bei gewissen Belichtungszeiten eine genügende Anzahl von Sternen von größerer Helligkeit als $m - \mu$ aufgefunden werden kann.

Ein Intervall von ungefähr drei Größenklassen wurde im allgemeinen als hinreichend befunden; ist das Intervall wesentlich kleiner, so ist der Lichtverlust sehr groß. Außerdem bewirken zu geringe Größenintervalle der Skala eine unliebsame Fehlerhäufung bei Aufstellung einer Helligkeitsfolge. Ist das Größenintervall viel größer als 3, so muß das Verhältnis $\dfrac{a}{a + d}$ sehr genau bestimmt werden, was wohl am besten durch photometrische Experimente im Laboratorium geschieht.

Die folgende Tabelle ist zur Bestimmung des Wertes von $\dfrac{a}{a + d}$ verwendbar, wenn man ein bestimmtes Größenintervall erzielen will.

In der vierten Kolonne findet man die Absorption für das Zentralbild, in der letzten Kolonne ist die Absorption für das Beugungsbild angegeben; daraus ergibt sich, welchen Vorteil unter Umständen ein Gitter bietet, für welches $\dfrac{a}{a + d} = 0{,}5$ ist (man nennt ein solches Gitter bisweilen auch Normalgitter), bei dem also Beugungsbild-Bild ohne Gitter $= 2{,}485$ Größenklassen wird. Hier ergibt sich bei der Bestimmung von $\dfrac{a}{a + d}$ eine relativ große Unempfindlichkeit gegen große Fehler; ein Normalgitter erweist sich daher als sehr brauchbar zum Prüfen des Größenintervalls von Gittern mit anderen Konstanten.

$\dfrac{a}{a+d}$	$\dfrac{d}{a+d}$	Größenintervall Zentralbild – Beugungsbild	Absorption in Sterngrößen Zentralbild – Bild bei freier Öffnung des Objektivs	Absorption Beugungsbild – Bild bei freier Öffnung des Objektivs
		m	m	m
0,9	0,1	4,806	0,229	5,035
0,8	0,2	3,155	0,484	3,639
0,7	0,3	2,171	0,774	2,945
0,6	0,4	1,486	1,109	2,595
0,5	0,5	0,980	1,505	2,485
0,4	0,6	0,605	1,990	2,595

Ein anderer Vorteil des Normalgitters liegt in der Einfachheit seiner Konstruktion. Um ein Gitter mit bestimmten Konstanten anzufertigen, muß der Rahmen, an dem die Drähte befestigt sind, sorgfältig auf einer Teilmaschine ausgemessen und geteilt werden, ein kleines Normalgitter kann dagegen einfach durch Abwickeln des ausgewählten Drahtes über einen quadratischen Rahmen, dessen Größe man derjenigen des Objektivs anpaßt, hergestellt werden, wobei die Drahtwindungen eng aneinander schließen müssen. Nachdem der Draht an zwei gegenüberliegenden Rahmenrändern angelötet ist, wird jeder zweite Draht wieder entfernt.

15. Helligkeitsbestimmung von Sternen mit Verwendung der Polfolgesterne. Wir wollen annehmen, daß in gleichen Zeiten gleiche Lichtintensitäten gleiche photographische Effekte hervorrufen.

Zur Bestimmung der photographischen Größe eines Sternes in irgendeiner Himmelsgegend geht man folgendermaßen vor: Das Fernrohr wird zuerst auf den Nordpol gerichtet und die Platte eine bestimmte Zeit lang durch die Polsequenz belichtet. Hierauf richtet man das Fernrohr gegen das gewünschte Sternfeld und belichtet die gleiche Platte mit diesen Sternen ebenso lange wie mit der Polsequenz. Nach einer zweiten Aufnahme der Polsequenz auf der gleichen Platte bei gleicher Belichtungsdauer wird die Platte entwickelt. Die zweite Aufnahme der Polsequenz erfolgt, um Verschiedenheiten bezüglich der Durchsichtigkeit der Atmosphäre festzustellen; zeigen die zwei Aufnahmen eine Differenz, so sollte die Platte zurückgestellt werden. Da aber vollkommen klarer Himmel sehr selten ist und auch andere Faktoren zur Verschiedenheit der Aufnahmen beitragen können, nimmt man, wenn die Differenz nicht groß ist, ein Mittel aus beiden Aufnahmen. In der Praxis bemüht man sich, um die Anbringung etwas unsicherer Verbesserungen für die atmosphärische Absorption zu vermeiden, das zu untersuchende Sternfeld dann aufzunehmen, wenn es sich in der gleichen Zenitdistanz wie der Pol befindet.

Die so gewonnene Aufnahme wird Sterne zeigen, die einerseits der interessierenden Gegend, andererseits der Polsequenz angehören; es handelt sich nun darum, die Größen der Sterne der Polsequenz und daraus die Größen der Sterne der zu untersuchenden Sterngruppe zu bestimmen.

Die Sternbilder sind kleine kreisförmige Scheibchen, deren Durchmesser je nach der Helligkeit des Sternes verschieden sind. Diese Scheibchen sind natürlich unscharf begrenzt, was auf Zerstreuung des Lichtes in der Schicht, Rest-Aberrationen des Fernrohrobjektivs, Schwankungen in der Durchsichtigkeit der Atmosphäre usw. zurückzuführen ist. Obgleich das Sternbildchen also keine Scheibe mit scharfem Rand ist, kann sein Durchmesser, vorausgesetzt, daß das Bildchen genügend geschwärzt ist, doch hinreichend genau ausgemessen werden. Wohl dürften zwei Messende in ihrem Urteil über den „Rand" der Scheibe kaum übereinstimmen, da die Methode aber auf der Vergleichung ähnlicher Bilder beruht, fallen solche Differenzen bei der Reduktion der Messungen zum größten Teil heraus. Die Durchmesser der Scheibchen können durch Einschätzen in einer Skala im Mikroskop ausgemessen werden; größere Genauigkeit ist bei Benutzung eines Fadenmikrometers erreichbar.

Die Polsequenz und das zu untersuchende Feld sollen nicht getrennt ausgemessen werden, da, wie bereits bemerkt, die Bilder nicht scharf abgegrenzt sind, der Messende sich daher eine Art „Auffassung" für das bilden muß, was als „Rand" des Sternscheibchens anzusehen ist. Da es bei einer längeren Messungsreihe durchaus möglich ist, daß sich während der dazu notwendigen Zeit diese Auffassung ein wenig ändert, sollen die Messungen immer in einer bestimmten Reihenfolge hin und in der entgegengesetzten Reihenfolge zurück ausgeführt werden, wobei man die Sterne der Polsequenz ausmißt, wie man sie zwischen den Sternen des untersuchten Feldes antrifft.

Für die Beziehung zwischen Scheibchendurchmesser und Größenklasse sind mehrfach Formeln aufgestellt worden.

Scheiner schlägt die Formel vor

$$d = a + b \log I,$$

wobei d der Durchmesser des Scheibchens, I die Lichtstärke, a und b zwei Konstanten sind.

Eine allgemeiner anwendbare Formel (Christie) lautet folgendermaßen:

$$\sqrt{d} = a + b \cdot \log I$$

oder anders ausgedrückt

$$M = m + k \sqrt{d},$$

wobei M die Größe des Sterns, d der Durchmesser, k und m zwei Konstanten sind.

Die Formel von Scheiner scheint für die kleineren Durchmesser, die zweite Formel, die sogenannte Greenwichformel, für die größeren Durchmesser geeignet zu sein.

Ross schlägt die Anwendung folgender Formel vor:

$$\sqrt{d + h} = a + b \log I,$$

worin h eine durch Annäherung bestimmte Konstante ist.

Im allgemeinen ist die Formel

$$M = m + k \sqrt{d}$$

befriedigend; sie ist in erster Linie für die Interpolation bestimmt und muß als empirische Formel natürlich mit einer gewissen Vorsicht benützt werden. Sie ist innerhalb eines Bereiches von drei oder vier Größenklassen gut brauchbar, soll aber bei Benützung gewöhnlicher astronomischer Fernrohre nicht über diesen Bereich hinaus beansprucht werden.

Die zwei Ursachen, welche die Bildung vollkommen befriedigender Bilder verhindern und theoretisch vom Standpunkte der Photographie erfaßt werden können, sind folgende:

a) Das sekundäre Spektrum des Objektivs;

b) Schwankungen bezüglich der Durchsichtigkeit der Atmosphäre.

Wegen des erstgenannten Fehlers sind überbelichtete Sternbildchen von einem schwer auszumessenden unscharfen Rand umgeben, wegen des zweiten

Fehlers ergibt sich folgendes: Sobald der Durchmesser der Sternbilder ein gewisses Minimum unterschreitet, ändert sich nur mehr die Schwärzung, nicht aber die Größe des Bildscheibchens.

Erstrecken sich die Messungen über einen weiteren Bereich von Größenklassen, so ist es vorteilhaft, die Sterne der Polsequenz in drei Gruppen zu teilen. Die Konstante k wird dann aus den hellsten Sternen, m aus den Sternen mittlerer und geringer Helligkeit ermittelt; man bedient sich zu diesem Zwecke einer Interpolationskurve.

Beispiel: Es wurde zur Bestimmung von Sterngrößen bis herab zur 9. Größe eine Reihe von Aufnahmen mit einem 6zölligen Objektiv gemacht. Die Sterne der Polsequenz auf der Platte, 65 an Zahl, sind in drei Gruppen geteilt: in solche heller als $7,5^m$, in solche zwischen $7,5^m$ und $8,5^m$ und schließlich in solche, die lichtschwächer als $8,5^m$ sind. Wir führen in nachstehender Tabelle nur die Gruppenmittel an; es ergeben sich nachstehende Gleichungen:

	$\sqrt{d}$	Mittlere Sterngröße der Gruppe m	Berechnete Größe m	Differenz m
(1)	$m + 3701\,k$ =	6,35	6,31	+0,04
(2)	$m + 2850\,k$ =	8,15	8,24	—0,09
(3)	$m + 2612\,k$ =	8,83	8,78	+0,05
(3)—(1)	$- 1089\,k$ =	2,48		
	k =	—0,002 28		
	$3\,m + 9163\,k$ =	23,33		
	m =	14,74		

Diese Gleichungen liefern die Sterngrößen der Gruppen; in der letzten Kolonne findet man die Differenz zwischen Durchschnittsgröße und berechneter Größe.

Dieses Beispiel stellt einen Extremfall dar; bei Mittelbildung aus den ganzen Reihen zeigt sich das Vorhandensein eines kleinen Fehlers.

	m	m	m
Mittlere Sterngröße der Gruppe....	6,5	8,2	8,8
Restfehler	+0,01	—0,02	+0,01

Die vorstehend besprochene Durchmessermethode ist zur Größenbestimmung schwacher Sterne, deren Bilder sich im wesentlichen durch ihre Schwärzung, aber wenig bezüglich ihrer Durchmesser unterscheiden, nicht anwendbar; hier ist eine andere Methode, welche auch von PICKERING bevorzugt wurde, am Platz. Man stellt durch eine Serie von Aufnahmen eines Sternfeldes mit zunehmender Belichtungszeit — bei passender Wahl des Expositionsverhältnisses je zweier Stufen — Vergleichsskalen her. Es genügt im allgemeinen ein Intervall von etwa $^1/_3$ Größenklasse, so daß zehn Stufen drei Größenklassen umfassen.

Man bildet mehrere solche Skalen in verschiedenen Teilen des Feldes und aus Sternen verschiedener Helligkeit, schneidet sie aus der Platte aus und montiert sie so, daß sie zu Vergleichszwecken benützt werden können.

Der auszumessende Stern und jener Bereich der Vergleichsskala, dessen Sterne ihm bezüglich Bildqualität am nächsten kommen, werden unter Zuhilfenahme einer Vorrichtung mit reflektierenden Prismen gleichzeitig im Mikroskop eines Komparators betrachtet. Nachdem das Bild des auszumessenden Sterns zwischen das nächstgelegene hellere und lichtschwächere Bild der Skala gebracht ist, können Schätzungen bis zu einem Zehntel eines Skalenintervalls vorgenommen werden, wobei man sowohl der Größe als auch dem Schwärzungsgrad des Bildes Rechnung trägt. Diese Methode ist vielleicht die beste, wenn es sich um die Ausmessung zarter grauer Bilder handelt, wobei allerdings zu beachten ist, daß Bilder, deren Schwärzungen nahe der Sichtbarkeitsgrenze bzw. nahe dem Schwellenwert der Plattenempfindlichkeit liegen, beträchtlich größeren zufälligen Fehlern unterworfen sind als solche, welche stärker belichtet wurden. Da die Gesamtmenge des reduzierten Silbers sehr klein ist, übt die lokale Verschiedenheit der Oberflächenempfindlichkeit der Platte einen starken Einfluß auf das Ergebnis aus; so zeigt sich z. B., daß bei zwei ganz gleichartig belichteten Platten auf der einen Platte noch gewisse Schwellenwerte sichtbar sind, die auf der anderen Platte nicht zum Ausdruck kommen.

Bei der Untersuchung heller Sterne ist die Extrafokal-Methode vorzuziehen. Statt die Belichtung der Platte im Brennpunkt vorzunehmen, stellt man das Fernrohr so ein, daß die Platte den Strahlenkegel noch innerhalb des Brennpunktes schneidet, so daß die Sternbilder als Scheibchen von verschiedener Schwärzung erscheinen.

Wäre das Objektiv für sphärische und chromatische Aberration vollkommen korrigiert, so würde das Scheibchen gleichmäßig geschwärzt erscheinen; da nun kein Objektiv vollkommen korrigiert ist, besteht die Scheibe aus einer Reihe mehr oder weniger regelmäßig angeordneter konzentrischer Kreisringe. Solche Scheiben sind zur Schwärzungsmessung wenig geeignet; nachstehende Methode von Schwarzschild vermag diesen Übelstand zu beheben: man läßt die Platte während der Aufnahme sich hin und her bewegen (Schraffierkassette), wodurch sich eine gleichmäßige Schwärzung der Scheibe ergibt. Dies bietet überdies den Vorteil, daß ein größeres Sternfeld ausgemessen werden kann, weil auf diese Art die verzerrten, am Rande gelegenen Bilder genau so aussehen, wie die Bilder.in der Mitte. Die Schwärzungen der Bilder werden somit leicht vergleichbar. Die Schwärzungen variieren mit der Helligkeit der Sterne und sind in einem Mikrophotometer sehr genau auszumessen.

16. Die Farbengleichung. Das Objektiv des Refraktors ist nur für einen verhältnismäßig schmalen Bereich des Spektrums chromatisch korrigiert. Das Glas, aus dem die Linsen hergestellt sind, kann bei den einzelnen Fernrohren verschieden sein; manche Fernrohrobjektive absorbieren die violetten Strahlen mehr, manche weniger. Daraus folgt, daß jedes Fernrohr von Sternen verschiedener Farbe verschieden helle (geschwärzte) Bilder liefern wird. In Zusammenhang damit spricht man von der **Farbengleichung** zur Festlegung der Sterngrößen.

Der Reflektor (Spiegelteleskop), der keine chromatische Aberration aufweist, kann, vorausgesetzt, daß sich die Silberoberfläche des Spiegels in gutem Zustand befindet, als frei von diesem Fehler angesehen werden. Die photographischen Größen der farbigen Sterne wurden aus diesem Grunde hauptsächlich auf Grund der Aufnahmen mit dem 60zölligen Reflektor auf dem Mount Wilson festgelegt. Auf Grund dieser Ergebnisse läßt sich dann die Farbengleichung eines jeden beliebigen Fernrohres ermitteln.

17. Das Mikrophotometer. J. Hartmann konstruierte ein Instrument zur Messung von Schwärzungen sehr kleiner Flächen auf einer photographischen Platte und bezeichnete dieses Gerät als Mikrophotometer. Jedes geschwärzte Flächenelement wird mit der entsprechenden Stelle eines photographisch hergestellten Keils, d. i. einer Platte mit Streifen kontinuierlich zu- bzw. abnehmender Dichte, verglichen. Die Einrichtung des Instruments ist aus Abb. 22 ersichtlich.

Die photographische Platte bzw. der Keil sind mit P bzw. W bezeichnet. Sie werden durch die Lichtquelle L, die hinter einem zerstreuenden Schirm S

aufgestellt ist, mit Hilfe der Spiegel R, R beleuchtet. Zwei Mikroskope C und D, deren optische Achsen im rechten Winkel zueinander stehen, entwerfen das Bild der Platte bzw. des Keils auf der Diagonalfläche eines Lummer-Brodhunschen Würfels, wo sie mit Hilfe des Okulars A betrachtet werden. Der Lummer-Brodhunsche Würfel wird von zwei rechtwinklig-gleichschenkeligen Prismen gebildet, deren Hypotenusenflächen zusammengekittet sind; in der Mitte der Hypotenusenfläche des einen Prismas ist ein kleines Flächenstück versilbert.

Der Beobachter sieht im Okular A, das auf die Mitte der Diagonalfläche eingestellt ist, ein kleines Flächenelement der zu untersuchenden Platte P, umgeben vom Bilde eines Teiles des Keiles W. Durch Bewegen des Keils kann man es dahin bringen, daß der Helligkeitsunterschied zwischen diesen beiden Bildern

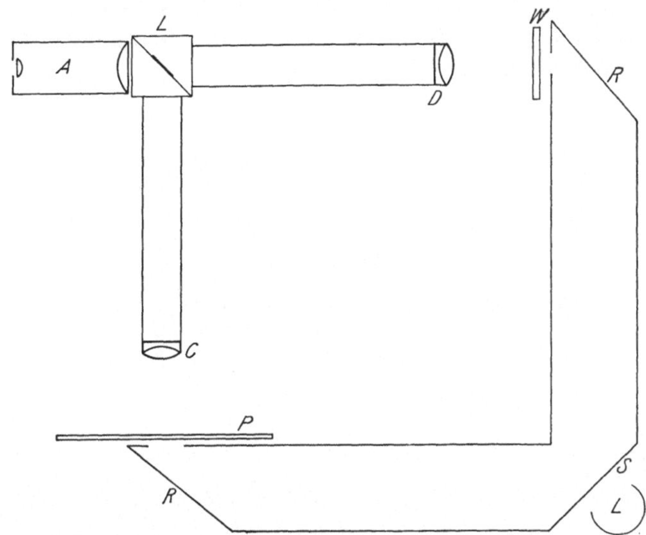

Abb. 22. Schematische Darstellung eines Mikrophotometers zur Auswertung der photographischen Sternhelligkeiten

verschwindet; diese Stellung des Keils wird an einer Skala abgelesen. Auf diese Art kann jeder Teil der Platte der Reihe nach photometriert werden.

18. Der Sternkomparator. Dieses Instrument kann mit Vorteil zur Messung photographischer Sterngrößen nach der Stufenschätzungsmethode eingerichtet werden.

Die versilberte Diagonalfläche eines Lummer-Brodhunschen Würfels kann verschiedene Formen haben; man hat gewöhnlich mehrere Würfel, die gegeneinander austauschbar sind, zur Verfügung. Die untere Hälfte der Diagonalfläche ist versilbert, die obere Hälfte bleibt durchsichtig. Der photographische Keil wird durch eine graduierte Skala „künstlicher" Sterne ersetzt. Der Beobachter sieht im Okular in der oberen Hälfte des Gesichtsfeldes die Skala der „künstlichen" Sterne (Vergleichssterne), in die untere Hälfte des Gesichtsfeldes bringt man das Bild des zu untersuchenden Sterns. Zur Erleichterung des Vergleichs werden Skala und zu untersuchender Stern so nahe als möglich nebeneinandergebracht.

Bei der Messung von Schwärzungen extrafokaler Bilder ergibt sich folgendes: Da das „Korn" des photographischen Keils anders aussieht als das „Korn" des Sternbildes, kann der Beobachter beim Vergleich von Keil- und Sternbild Schwierigkeiten haben. Sie lassen sich aber bis zu einem gewissen Grade

überwinden, indem man sowohl auf das Keilbild als auch auf das Sternbild ein
wenig extrafokal einstellt und auf diese Art die Körnung unterdrückt.

19. Der „Opacimètre intégrateur". Um dieser Schwierigkeit zu begegnen,
wurde das Hartmannsche Mikrophotometer durch J. Baillaud modifiziert; es
entstand so ein Instrument, das den Namen Opacimètre intégrateur führt.
Ein davon etwas abweichendes Gerät wird in Greenwich benützt; dieses Instrument ist in Abb. 23 schematisch dargestellt.

Im Brennpunkt des Mikroskopobjektivs L_1 liegt die zu untersuchende Platte P,
so daß ein Parallelstrahlenbündel die Diagonalfläche des Lummerschen Würfels
trifft. Im Brennpunkt des Objektivs L_2 befindet sich der Keil W, der ebenfalls
ein Parallelstrahlenbündel auf den Würfel sendet.

Die Diagonalfläche des Würfels ist in der Mitte versilbert (kreisförmige
Fläche); die Linse L_3, auf welche die oberwähnten Parallelstrahlenbündel auf-
treffen, vereinigt beide in ihrer Brennebene bei O.

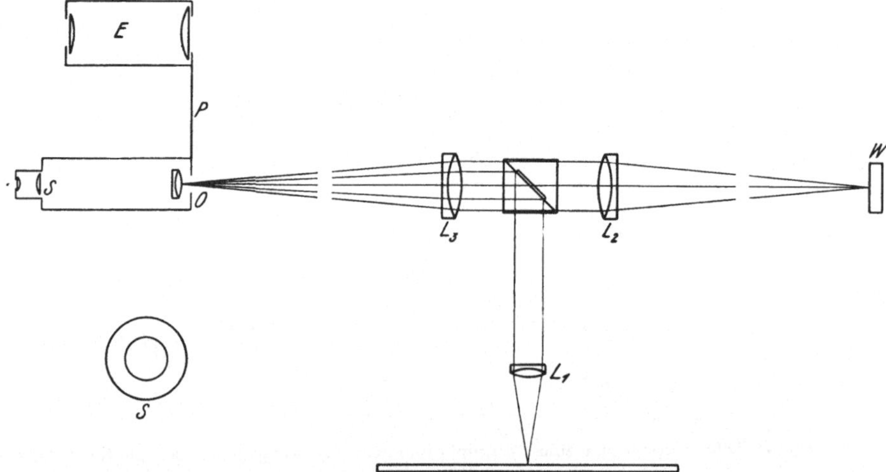

Abb. 23. Schematische Darstellung des auf der Sternwarte zu Greenwich verwendeten
Mikrophotometers

Die Linse L_1 hat eine Brennweite von 50 mm, die Linsen L_2, L_3 haben
300 mm Brennweite, somit wird das Bild der Platte sechsfach vergrößert,
während das Bild des Keils in gleicher Größe wie das Original erscheint.

Wenn der Beobachter sein Auge hinter eine kleine Öffnung bei O bringt,
so sieht er die Diagonalfläche des Würfels beleuchtet, und zwar den zentral
gelegenen Teil von der Platte aus, einen äußeren Kreisring vom Keil W. Durch
Bewegen des Keils lassen sich diese beiden Teile auf gleiche Helligkeit (Beleuchtung) bringen.

Die Beobachtung kann dadurch erleichtert werden, daß man eine Linse
hinter O anordnet, die bei S ein Bild der Diagonalfläche erzeugt. Dieses Bild
wird durch eine Okularlinse betrachtet. An Stelle des erwähnten optischen
Systems kann zur Betrachtung des durch die Linse L_3 erzeugten Bildes auch das
Okular E verwendet werden, das man durch Drehen der Scheibe P hinter die
Öffnung O bringt. Mit Hilfe dieses Okulars kann man die interessierende Stelle
der Platte bequem aufsuchen.

Die Größe der untersuchten Fläche wird durch die Größe der Öffnung O
bestimmt: beim Gebrauch einer kreisförmigen Blende von 1 mm Durchmesser

hat die entsprechende Fläche auf der Platte $^1/_6$ mm Durchmesser. In der Praxis benutzt man eine Reihe von Blenden mit verschiedenen Öffnungen.

Die Vorteile dieses Mikrophotometers sind folgende: Alles vom Würfel durchgelassene Licht wird gesammelt und der Beobachter vergleicht die Gesamtintensität des von einem bestimmten Element der zu untersuchenden Platte durchgelassenen Lichtes mit der Gesamtintensität des von einer bestimmten Stelle des Keils durchgelassenen Lichtes, ohne dabei durch verschiedene Eigentümlichkeiten der Bilder beirrt zu werden.

Bei der Ausmessung extrafokaler Sternbilder bedient man sich einer kreisförmigen Blende, die gerade den äußeren Rand des Bildscheibchens umschließt. Die Struktur des Bildes spielt bei der Messung mit diesem Gerät keine Rolle. Auf analoge Art lassen sich auch fokale Sternbilder unter Benutzung sehr kleiner Blenden, welche die Bilder gerade umschließen, ausmessen. Ist die verwendete Blende zu groß, so werden die Meßergebnisse ungenau, was im Prinzip dieses Meßverfahrens begründet ist.

20. Die „unpersönlichen" Mikrophotometer. Die beschriebenen Meßmethoden mit Verwendung visueller Photometer sind für das Auge des Beobachters lästig und ermüdend. Sie sind zur kontinuierlich-analytischen Photometrierung von Flächen größerer Ausdehnung, wie z. B. zur Photometrierung photographischer Emissions- und Absorptionsspektren wenig geeignet.

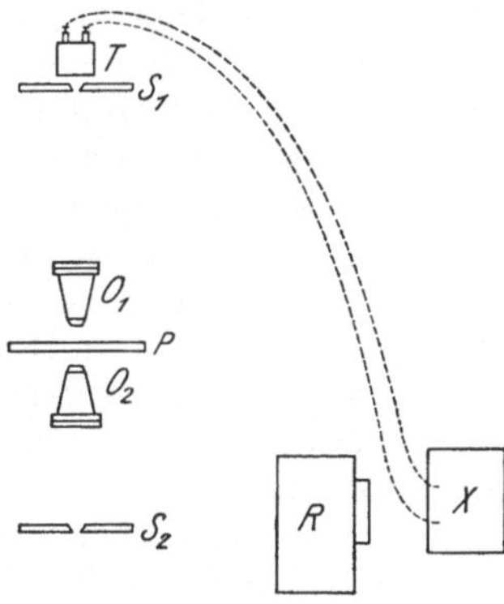

Abb. 24. Schema des thermoelektrischen Mikrophotometers von MOLL

KOCH konstruierte daher ein automatisch arbeitendes, mit einem Spalt versehenes Instrument; bei diesem selbstregistrierenden Mikrophotometer verzichtete er auf das vergleichende Photometrieren, bestimmte vielmehr die Schwärzungen durch direkte Messung des durchgelassenen Lichtes unter Benutzung einer lichtelektrischen Zelle. Das Prinzip des KOCHschen Apparates ist folgendes:

Das Licht einer NERNST-Lampe wird mit Hilfe eines Kondensors auf der photometrisch auszuwertenden Platte konzentriert. Ein Mikroskopobjektiv entwirft ein vergrößertes Bild des zu photometrierenden Plattenstreifens auf einen Spalt. Das vom Spalt durchgelassene Licht fällt auf die Kathode einer lichtelektrischen Zelle, die mit dem negativen Pol einer Akkumulatorenbatterie verbunden ist. Die Anode ist über einen hohen Widerstand geerdet. Das Potential der Anode wird mit Hilfe eines Fadenelektrometers gewöhnlicher Art gemessen. Offenbar wird der Ausschlag des Elektrometers ein mehr oder weniger genaues Maß der Schwärzung des in Untersuchung befindlichen Teiles des Plattenstreifens darstellen.

Eine andere Form dieses Gerätes stammt von MOLL, der statt einer in Verbindung mit einem Elektrometer stehenden lichtelektrischen Zelle eine Thermosäule in Verbindung mit einem Galvanometer benutzte. Hier sind natürlich die langwelligen Lichtstrahlen wirksam, die aber nach ihrem Durchgang durch die photographische Platte eine ebenso genaue Messung der Schwärzung ermöglichen wie die optisch wirksamen Strahlen.

In Abb. 24 ist T eine Thermosäule, S_1 ein schmaler Spalt. L ist ein Lampengehäuse, das eine kleine Glühlampe enthält und mit einem Kondensor C ausgestattet ist, der den Glühfaden der Lampe auf den Spalt S_2 projiziert. O_2 und O_1 sind zwei Mikroskopobjektive; das erste entwirft ein stark verkleinertes Bild des Spaltes S_2 auf der photometrisch zu untersuchenden photographischen Platte P, das zweite erzeugt ein vergrößertes Bild dieser Platte auf dem Spalt S_1. Die Platte wird mit Hilfe einer Mikrometerschraube in langsame Bewegung gesetzt. Die Thermosäule ist direkt mit dem Galvanometer verbunden; der Spiegel des Galvanometers wirft einen kleinen Lichtpunkt auf eine Registrier-Trommel R, die durch den gleichen Mechanismus, der die Platte bewegt, in Drehung versetzt wird. Andere Typen von Photometern, die gleichfalls mit Hilfe einer Photozelle oder einer Thermosäule arbeiten und auf mehreren Sternwarten in Verwendung stehen, sind von Rosenberg, Schilt und Zeiss entworfen.

21. Der Farbenindex. Das Spektrum eines Sterns gibt über seine Zusammensetzung, seine Temperatur und seinen Ionisationszustand Aufschluß.

Vergleicht man die photographisch ermittelten Größen der Sterne mit den auf visuellem Wege ermittelten Größen, so ergeben sich ziemlich große Differenzen. Die Größen der Sterne der Spektralklasse Ao werden gemäß Definition (vgl. S. 143) übereinstimmend gemacht; die „frühen" Typen von Sternen der Klasse B erscheinen photographisch heller, die „späten" Typen der Klassen G, K und M photographisch lichtschwächer als bei visueller Beobachtung. Der Unterschied ist auf die bestehende Farbendifferenz, somit auf das Spektrum der Sterne zurückzuführen.

Um einerseits der Verschiedenheit zwischen den visuellen Skalen verschiedener Beobachter wegen physiologischer Eigentümlichkeiten ihrer Augen Rechnung zu tragen, anderseits aber die größere Einfachheit und Genauigkeit auszunutzen, mit welcher die Größen von Sternen — besonders aber von lichtschwachen Sternen — photographisch bestimmt werden können, hat man eine photovisuelle Skala der Größenklassen aufgestellt.

Die gewöhnliche photographische Platte hat das Maximum ihrer Empfindlichkeit bei einer Wellenlänge von ungefähr $\lambda = 440\ \mu\mu$, dagegen hat das Auge seine größte Lichtempfindlichkeit bei ungefähr $\lambda = 550\ \mu\mu$. Da eine panchromatische Platte auch im Gelbgebiet empfindlich ist, kann auf einer solchen Platte bei Gebrauch eines Filters, das das Licht zwischen $\lambda = 550\ \mu\mu$ und $\lambda = 600\ \mu\mu$ durchläßt, ein Ergebnis erzielt werden, das dem visuellen ziemlich nahe kommt. Die von Seares auf dem Mount Wilson auf diese Art ermittelten photovisuellen Größen der Polsequenz hat man als die internationale photovisuelle Skala angenommen. Die Differenz photographische Größe minus photovisuelle Größe wird als **Farbenindex** bezeichnet.

Gemäß der Spektralklassifikation des Harvardobservatoriums schreitet die Farbe bei den Klassen B, A, F, G, K, M von Blau zu Rot fort. Der Farbenindex steht nach der visuellen Skala des Harvard-Observatoriums mit dem Spektraltypus in folgender Beziehung:

Spektraltype	B	A	F	G	K	M
	m	m	m	m	m	m
Farbenindex	—0,24	0,00	+0,28	+0,56	+1,00	+1,35

Auf Grund der angenommenen photovisuellen Skala ergibt sich folgende Reihe:

Spektraltype	B	A	F	G	K	M
	m	m	m	m	m	m
Farbenindex	—0,26	0,00	+0,38	+0,83	+1,48	+1,88

Die beiden Systeme unterscheiden sich aus verschiedenen Ursachen; da die am Mount-Wilson-Observatorium ermittelten photovisuellen Größen der Polsequenz systematisch gut fundiert sind, wurden sie von der Internationalen Astronomischen Union anerkannt. Dieses System wollen wir jetzt näher ins Auge fassen.

Die photovisuelle Skala der Größenklassen ist auf die gleiche Art wie die photographische Skala festgelegt. Sie kann auch aus der photographischen Skala abgeleitet werden, sobald man die Farbenunterschiede der Sterne direkt zu bestimmen vermag. Dieser Weg ist zu Kontrollzwecken auch tatsächlich eingeschlagen worden.

22. Die Methode der „Belichtungsverhältnisse" („Exposure Ratios"). Diese Methode zur Bestimmung des Farbenindex eines Sterns besteht einfach darin, daß das Verhältnis der Belichtungszeiten festgestellt wird, die notwendig sind, damit rein photographische und photovisuelle Bilder eines Sterns (d. h. „blaue" und „gelbe" Bilder) von gleicher Größe (Helligkeit) entstehen.

Eine panchromatische Platte hält, durch ein Gelbfilter belichtet, das „gelbe" oder photovisuelle Bild, ohne Verwendung eines Filters belichtet, vor allem das „blaue" Bild fest. Man stellt gewöhnlich von jedem Stern ein „gelbes" Bild und drei bis vier „blaue" Bilder her, wobei die Belichtungszeiten für letztere in einer geometrischen Progression anwachsen; man benutzt zumeist den Exponenten 2. Die Durchmesser der „blauen" Bilder werden den Logarithmen der Belichtungszeiten zugeordnet; aus der so abgeleiteten fast linearen Kurve kann die Belichtungszeit abgelesen werden, die nötig ist, um ein blaues Bild von gleicher Helligkeit (Größe) wie ein „gelbes" Bild zu erhalten. Vergleicht man das Verhältnis der so ermittelten notwendigen Belichtungszeit zu derjenigen, welche das „gelbe" Bild erzeugt (das sogenannte Belichtungsverhältnis [„exposure ratio"]) für irgendeinen Stern mit dem gleichen Verhältnis bei Sternen bekannter Farbe, so findet man den gesuchten Farbenindex.

Um das Gesagte zu erläutern, sei angeführt, daß sich z. B. bei einem bezüglichen Versuch mit einem Reflektor das Belichtungsverhältnis blau zu gelb ungefähr zu 1 : 8 für die Spektraltype A, Farbenindex 0,00, und zu 1 : 3 für die Spektraltype M, Farbenindex 1,88 ergab.

Nach dieser Methode läßt sich rasch arbeiten; wir benötigen dabei keine Kenntnis der wirklichen Größe der Sterne und vermögen das photovisuelle System gut zu überprüfen. Natürlich muß man bei Benutzung dieser Methode sehr sorgfältig arbeiten, da sie etliche Fehlerquellen enthält.

Bei allen Untersuchungen über Sternfarben ist in erster Linie das Spiegelteleskop, und zwar wegen seiner Farbenfreiheit, zu verwenden.

Da die „blauen" und „gelben" Bilder eine gewisse Gradationsverschiedenheit aufweisen, kann das Belichtungsverhältnis bei hellen und lichtschwachen Sternen verschieden sein. Es ist vorteilhaft, die Belichtungszeiten und die Teleskopöffnung so zu wählen, daß bei einer Standardbelichtung das gelbe Bild eine gewisse Standardgröße erhält.

Da die atmosphärische Extinktion die Intensität des blauen Lichtes stärker herabsetzt als die des gelben Lichtes und so das Verhältnis der Expositionszeiten verändert, soll man die Aufnahmen immer bei der gleichen Zenitdistanz, d. h. in der Zenitdistanz der Polsequenz, machen, aus der die Standardwerte abgeleitet werden.

Auch durch Absorption von Feuchtigkeit in der Gelatineschicht der photographischen Platte während der Aufnahme können Fehler entstehen.

23. Effektive Wellenlänge. Es gibt noch eine andere Methode zur Bestimmung der Farbe eines Sterns; sie beruht auf der Messung jener Wellenlänge, die den photographischen Maximaleffekt auslöst.

Wird vor das Objektiv ein grobes Drahtgitter gesetzt, so entstehen in der

Brennebene zu beiden Seiten des Hauptbildes kurze Beugungsspektren; die Entfernung zwischen den Zentral- und den Beugungsbildern ist eine Funktion des Gitterintervalls, der Brennweite des Objektivs und der Wellenlänge des angewendeten Lichtes.

Sind a der Zwischenraum zwischen den Gitterstäben,

d die Breite der Stäbe,

f die Brennweite des Objektivs,

D die gemessene Entfernung zwischen den zwei Spektren erster Ordnung,

x, y die Koordinaten des Sterns auf der Platte,

so ist

$$\lambda_{eff} = D \cdot \frac{a+d}{2f} \left\{ 1 - \frac{3x^2 + y^2}{2f^2} \right\}.$$

Die Menge des Lichtes, die zur Erzeugung der Beugungsspektren beiträgt, hängt von dem Verhältnis zwischen Dicke und Abstand der Gitterstäbe ab. Falls Dicke und Abstand der Stäbe gleich sind, erhält das Spektrum erster Ordnung den Maximalbetrag an Licht. Bei Gittern, die bei dieser Methode Anwendung finden, sollen daher Stabdicke und gegenseitiger Abstand der Stäbe einander gleich sein.

Die zur Erzeugung der Spektren erster Ordnung beitragende Lichtmenge beträgt nur ein Zehntel derjenigen, die ohne Vorhandensein eines Gitters zur Platte gelangen würden; der Verlust entspricht $2\frac{1}{2}$ Größenklassen. Dies ist der größte Nachteil des Objektivgitters. Aus diesem Grunde ist diese Methode vielleicht etwas weniger brauchbar als die früher besprochene Methode der „Belichtungsverhältnisse", hat aber dafür den Vorteil, daß man hier mit einer einzigen Aufnahme das Auslangen findet.

In dieser Richtung wurde von HERTZSPRUNG, BERGSTRAND, LINDBLAD und anderen mit gutem Erfolg gearbeitet.

In Greenwich wird an einem 30zölligen (76,2 cm) Spiegelteleskop mit 343 cm Brennweite ein Gitter aus Drähten von 1,5 mm Durchmesser und 3 mm Entfernung verwendet (Dicke und Abstand sind also gleich). Die Entfernung zwischen den Spektren erster Ordnung auf der photographischen Platte beträgt ungefähr 1 mm.

Diesen Abstand bestimmt man mit einem Fadenmikrometer im Mikroskop: aus dem Abstand der Punkte größter Schwärzung wird dann die photographisch maximal wirkende effektive Wellenlänge abgeleitet. Die Methode ist theoretisch und praktisch gut, verdient es daher, etwas ausführlicher besprochen zu werden.

Abb. 25 zeigt eine Greenwicher Aufnahme zur Bestimmung der Sternfarben aus effektiven Wellenlängen.

Die effektive Wellenlänge (λ_{eff}) ändert sich

a) mit der Fernrohrtype,

b) mit der verwendeten photographischen Platte,

c) mit der Schwärzung der Bilder,

d) mit der Zenitdistanz des Sternes.

Ad a) Das Fernrohr. In Greenwich benützt man auch bei Anwendung dieser Methode ein Spiegelteleskop, da alle Refraktor-Objektive chromatische Aberration aufweisen und eine Verlagerung des Brennpunktes einen Wechsel der Wellenlänge des in den Brennpunkt gelangenden Lichts zur Folge hat. Auch in senkrechter Richtung zur optischen Achse macht sich die chromatische Aberration bemerkbar. Beim Spiegelteleskop gibt es keine chromatische Aberration und λ_{eff} kann selbst in einem Abstand von mehr als 60' von der Mitte des Feldes mit ziemlich großer Genauigkeit bestimmt werden. Der letzte Ausdruck in obiger Formel (S. 158) ist nur bei Entfernungen von mehr 1° von der Achse bemerkbar, kann daher im allgemeinen vernachlässigt werden. Um die Schärfe (Güte) der seitlichen Bilder zu verbessern, wurde der 30 zöllige Spiegel auf 20 Zoll (51 cm) Öffnung abgeblendet.

Ad c) Die Schwärzung der Bilder. Die kurzen Spektren auf der Platte wachsen bei Zunahme der Belichtung nicht gleichmäßig in beiden Richtungen.

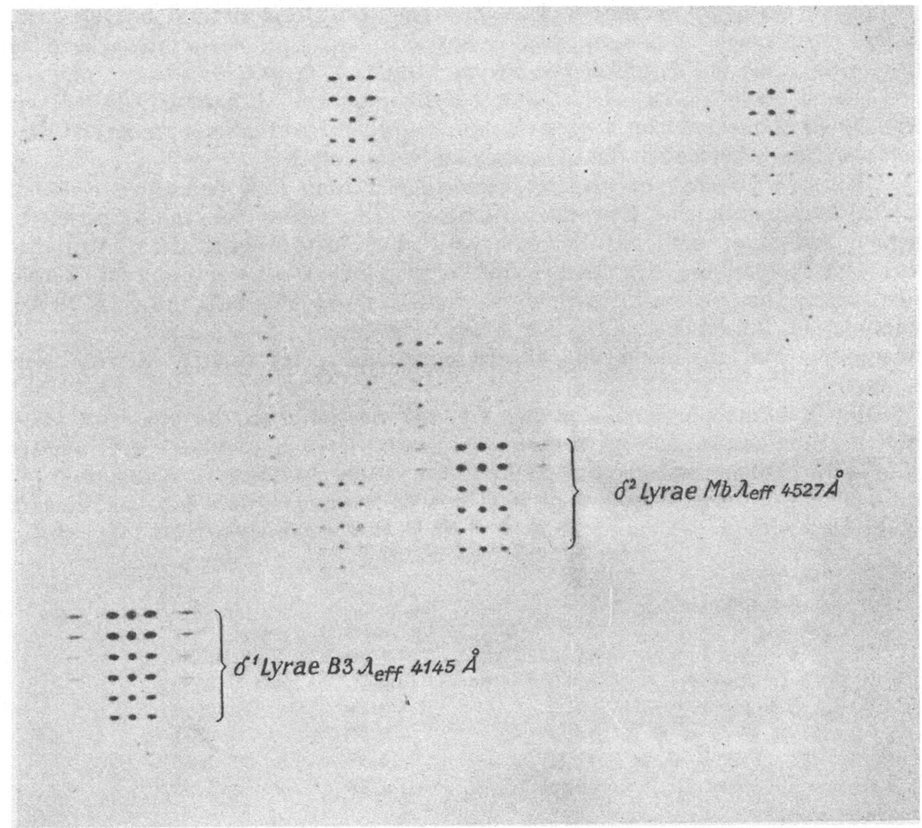

Abb. 25. Bestimmung der Sternfarben aus effektiven Wellenlängen. Vergrößerung einer Greenwicher Aufnahme. Beiderseits der Hauptbilder erscheinen infolge Verwendung des Objektivgitters Spektra erster, bei den hellsten Sternen auch Spektra dritter Ordnung. Die gegenseitige Distanz der Nebenbilder ist eine Funktion der effektiven Wellenlänge. Man beachte die Unterschiede zwischen dem weißen B 3-Stern und dem roten Stern der Klasse M b

Zuerst nimmt die Schwärzung am roten Ende viel rascher als am blauen Ende zu (dies hat seinen Grund im stärkeren Eindringungsvermögen der langen Wellen in die Gelatineschicht und in der damit verbundenen Zunahme des Gamma[1]); damit wächst λ_{eff}. Bei weiterer Belichtung hört infolge der Unempfindlichkeit der Platte im roten Spektralbereich das Wachsen des Spektrums gegen Rot hin auf; hingegen nimmt das blaue Ende an Schwärzung zu — auf diese Weise wird ein Ausgleich geschaffen. Wir müssen nun eine Standardschwärzung annehmen und

---

[1] Gamma ist der Kontrastfaktor der Platte, d. i. ein Maß für die Zunahme der Schwärzung mit zunehmender Belichtung.

wählen hiezu jene, die sich bei einer 10 Minuten langen Belichtung eines Sterns der 10. Größe und bei Gebrauch einer Spezial-Rapidplatte ergibt. Die Schwärzung eines solchen (weder über- noch unterexponierten) Bildes ist leicht ausmeßbar. Man hat Belichtungen von 10 Minuten, 2 Minuten und 0,4 Minuten Dauer vorgenommen und aus den so gewonnenen Bildern eine Verbesserung für den Standardwert der Schwärzung abgeleitet. Bei Benutzung der zur Messung am besten geeigneten Bilder brauchte nur eine kleine Verbesserung angebracht zu werden.

Ad d) **Atmosphärische Absorption.** Im Horizont und bei 60° Zenitdistanz ergibt sich infolge von atmosphärischer Absorption ein Anwachsen von λ_{eff} um 35 Å. E. im Vergleich zur Beobachtung im Zenit.

Dieser Fehler äußert sich in zwei Fällen: α) bei Aufnahmen, die bei verschiedenen Zenitdistanzen hergestellt wurden, β) bei Aufnahmen, während derer sich die Durchsichtigkeit der Atmosphäre verändert hat.

Der erste Fehler kann dadurch vermieden werden, daß man alle Aufnahmen in der Zenitdistanz des Pols macht, dem zweiten Fehler läßt sich dadurch begegnen, daß man auch das Polgebiet auf die Platte bringt; diese Aufnahme wird zur Feststellung der Absorption verwendet. Das Verfahren ist ähnlich demjenigen der photographischen Photometrie, wo ebenfalls (s. S. 149) Aufnahmen der Polsequenz auf jeder Platte erfolgen. Dieser Arbeitsvorgang ist notwendig, weil in einer Nacht Änderungen von λ_{eff} bis zu 30 Å. E. resultieren können.

Man hat angenommen, daß die λ_{eff} zur Bestimmung der Spektralklassen und Farbtemperaturen lichtschwacher Sterne gut brauchbar sein dürften. Eine beträchtliche Anzahl von Sternbildern ist von diesem Gesichtspunkt aus untersucht worden; die gefundene effektive Wellenlänge wurde mit den Harvard-Spektralklassen in Beziehung gebracht; im Mittel ergab sich dabei folgendes:

Spektralklasse	λ_{eff} Å. E.	Farbenindex photovisuell m	Farbenindex aus λ_{eff} m
Bo	4105	—0,26	—0,26
Ao	4250	0,00	+0,39
Fo	4278	+0,38	+0,52
Go	4320	+0,83	+0,71
Ko	4474	+1,48	+1,40
Ma	4580	+1,88	+1,88

Spektralklasse und λ_{eff}

Stern B. D.	Spektralklasse	λ_{eff} (Gewöhnliche Platte)	λ_{eff} (Panchromatische Platte und Gelbfilter)
+85° 383	Ao	4239	4637
78 34	Ao	4267	4653
80 64	Ao	4273	4745
86 51	$F5$	4283	5000
81 13	$F8$	4307	5217
84 59	Ko	4411	5419
79 94	Ko	4470	5435
82 703	Ko	4517	5551
83 640	$K5$	4561	5623
78 103	Ma	4581	5689

Der Farbenindex in der 4. Kolonne wurde aus der Formel

$$C = \frac{\lambda - 4163}{222}$$

abgeleitet.

Die auf diesem Wege ermittelten Werte von λ_{eff} ändern sich rasch von Bo nach Ao und von Go nach Ma hin. Die Änderung von Ao nach Go ist gering; dies hat seinen Grund wahrscheinlich in der starken Absorption im

Violettgebiet, die ihrerseits auf die Existenz der bei Ao das Maximum ihrer Intensität erreichenden BALMER-Serien der Wasserstofflinien zurückzuführen ist. Die Ao-Sterne erscheinen daher zu stark rot.

Diese Ergebnisse wurden mit gewöhnlichen nur im Blaugebiet empfindlichen Platten erzielt. Ein verbessertes Resultat ergibt sich beim Gebrauch panchromatischer Platten und eines Gelbfilters. Auf diese Art stellt man eine annähernd lineare Beziehung zwischen λ_{eff} und den einzelnen Spektralklassen zwischen B und M fest.

Obige zweite Tabelle und Abb. 26 geben über diese Ergebnisse Aufschluß.

Die untere Kurve in Abb. 26 beruht auf Messungen an gewöhnlichen Platten, die obere Kurve auf Messungen an panchromatischen Platten; die Daten obiger Tabelle sind in Abb. 26 durch Punkte angedeutet.

24. Ermittlung der effektiven Farbtemperatur. Farbenindex und effektive Wellenlänge der Sterne geben ein Maß für ihre Farbtemperatur. Eine exaktere Methode zur Bestimmung der effektiven Farbtemperatur ist die von HERTZSPRUNG angegebene, bei der ein Prisma und ein Gitter verwendet werden.

Gemäß der Theorie der Strahlung des schwarzen Körpers ist das Verhältnis der Intensitäten des von einem schwarzen Körper in zwei Spektralgebieten emittierten Lichtes eine Funktion der absoluten Temperatur. Ist

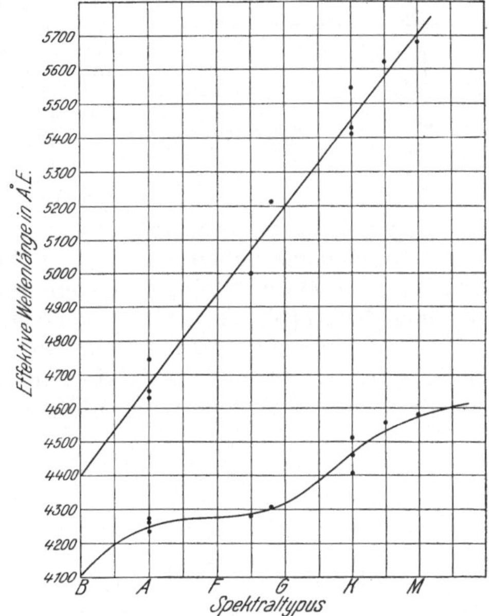

Abb. 26. Zusammenhang zwischen effektiver Wellenlänge und Spektralklasse. Die untere Kurve beruht auf Messungen an gewöhnlichen Platten, die obere auf Messungen an panchromatischen Platten (bei den Aufnahmen mit letzteren wurden Gelbfilter verwendet)

dieses Verhältnis feststellbar, so kann mit Hilfe der PLANCKschen Formel die Temperatur des Körpers errechnet werden.

Ist I_λ die Lichtintensität für die Wellenlänge λ, so gilt

$$I_\lambda = c_1 \lambda^{-5} \left(e^{\frac{c_2}{\lambda T}} - 1 \right)^{-1}$$

wobei c_2 eine absolute Konstante, c_1 unabhängig von λ, T die absolute Temperatur und e die Basis der natürlichen Logarithmen ist.

Ergibt sich für zwei Wellenlängen λ, λ' das Verhältnis $\dfrac{I_\lambda}{I_{\lambda'}}$, so läßt sich daraus T bestimmen.

Die unter Zuhilfenahme der photographischen Aufnahme ermittelten Intensitäten sind nicht absolute Intensitäten; die Messung ihres Verhältnisses kann photographisch durchgeführt werden, und zwar durch Vergleich mit einem schwarzen Körper bzw. einer Lichtquelle von bekannter Temperatur (z. B. dem positiven Krater des Kohlebogens), die unter analogen Bedingungen photographisch aufgenommen wird.

Ist in Abb. 27 ab das Spektrum eines Sterns, $a'b'$ das Spektrum eines schwarzen Körpers von bekannter Temperatur, sind ferner λ, λ' zwei ausgewählte

Wellenlängen, I_λ, $I_{\lambda'}$ die Lichtintensitäten des Sterns bei diesen Wellenlängen, J_λ, $J_{\lambda'}$ die Intensitäten der Vergleichslichtquelle bei diesen Wellenlängen, so lassen sich die Verhältnisse $\dfrac{I_\lambda}{J_\lambda}$ und $\dfrac{I_{\lambda'}}{J_{\lambda'}}$ auf Grund von Messungen auf der photographischen Platte ermitteln; andererseits ist das Verhältnis $\dfrac{J_\lambda}{J_{\lambda'}}$ aus der bekannten Temperatur der Vergleichslichtquelle berechenbar. Auf diese Weise ergibt sich schließlich $\dfrac{I_\lambda}{I_{\lambda'}}$ als das gesuchte Intensitätsverhältnis für den betreffenden Stern.

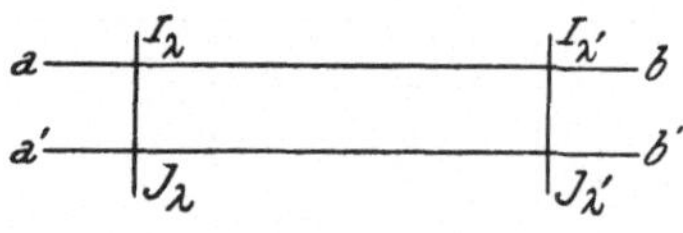

Abb. 27. Zur photographischen Bestimmung der Intensitätsverhältnisse

Die Aufgabe ist somit prinzipiell auf den Vergleich der Lichtintensitäten zweier Spektren bei den gleichen Wellenlängen zurückgeführt.

Das vor dem Fernrohrobjektiv befindliche Beugungsgitter bewirkt, daß in der Brennebene neben dem Hauptbild schwächere Beugungsbilder entstehen, deren Intensität nach einem bestimmten Verhältnis abnimmt. Wird zwischen Gitter und Fernrohr ein Prisma so eingeschoben, daß seine Dispersion senkrecht zur Dispersion des Gitters verläuft, so werden die vom Gitter erzeugten Nebenbilder zu leicht gekrümmten Spektren ausgezogen, deren Intensitäten sich um einen von der Gitterkonstanten abhängigen Betrag voneinander unterscheiden;

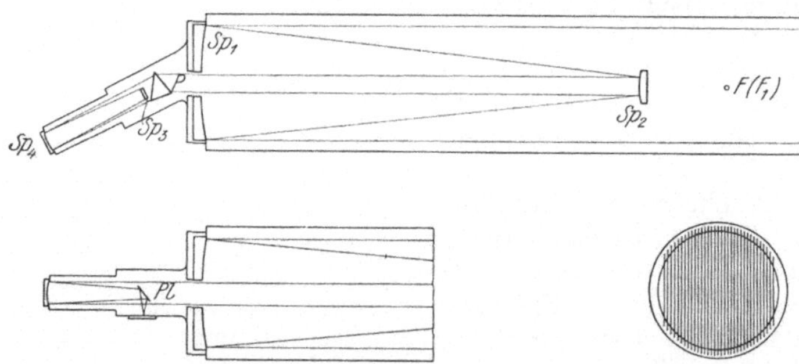

Abb. 28. Der Greenwicher 30 zöllige (76 cm) Reflektor mit dem Spektrographen, verwendet zur Bestimmung effektiver Farbtemperaturen der Sterne (schematisch). Rechts unten das Beugungsgitter

auf diese Weise ergibt sich eine Skala relativer photographischer Schwärzungen, die für jede Wellenlänge in relative Lichtintensitäten umgerechnet werden können.

Andererseits läßt sich die Beziehung zwischen Schwärzungs- und Intensitätswerten auch durch Standardbelichtungen hinter Farbenfiltern, die nur einen beschränkten Spektralbereich durchlassen, ermitteln.

In dieser Richtung wurden zu Edinburgh und an anderen Sternwarten zahlreiche Arbeiten durchgeführt.

Das in Greenwich für diese Arbeiten verwendete Instrument war der dortige 30 zöllige Cassegrain-Reflektor, und zwar in der Anordnung, daß die Brennpunkte des Konvexspiegels Sp_2 und des großen Hohlspiegels Sp_1 zusammenfielen (vgl. Abb. 28); so ergab es sich, daß ein Parallelstrahlenbündel von 14 cm Durchmesser durch die Mittelöffnung des großen Spiegels austrat. Dieses Lichtstrahlenbündel passierte hierauf P, ein Flintglasprisma mit einem brechenden Winkel von 40^0, und fiel sodann auf einen Konkavspiegel Sp_4 von 18 cm Öffnung nnd 89 cm Brennweite, der 76 cm hinter dem Prisma angebracht war. Nach

Abb. 29. Spektralaufnahmen zur Bestimmung effektiver Farbtemperaturen. 1. γ Ursae maioris $A\,0$, 2. Polarstern $F\,8$, 3. Polarstern $F\,8$, 4. α Cygni $A\,2\,p$, 5. α Cygni $A\,2\,p$. 2 und 3, bez. 4 und 5 sind Aufnahmen des gleichen Sterns mit verschiedenen Belichtungszeiten zur Ermittlung der Beziehung zwischen Intensität der Belichtung und Schwärzung der Platte. Die Aufnahmen 4 und 5 erfolgten durch das Objektivgitter. Die Aufnahmen 1 bis 3 erfolgten zwecks Herabsetzung der Expositionszeit ohne Gitter

Reflexion an einem schräg gestellten ebenen Spiegel Sp_3 gelangt dieses Lichtstrahlenbündel in die Kamera und schließlich auf die photographische Platte.

Die Kassette ruht auf einem Schlitten, die sich durch eine Mikrometerschraube rechtwinklig zur Längsrichtung des Spektrums verschieben läßt. Das Spektrum kann durch geringfügige Bewegungen der Mikrometerschraube (in regelmäßigen Intervallen während der Belichtung) auf jede gewünschte Breite ausgezogen werden. Man vermag die Verbreiterung des Spektrums auch dadurch herbeiführen, daß man den Stern in Rektaszension sich bewegen läßt; im allgemeinen ist aber die Bewegung mit Hilfe der Mikrometerschraube vorzuziehen.

Das Gitter (s. Abb. 28 rechts unten), bestehend aus 1,5 mm starken Drähten mit 3 mm Mittenabstand (Drahtdicke gleich Drahtabstand), wird so vor das Fernrohr gesetzt, daß seine Zerstreuung in Richtung der Rektaszension verläuft, während die Zerstreuung des Prismas in Richtung der Deklination zur Geltung kommt.

Die Länge des so gebildeten Spektrums beträgt zwischen H_ε und H_a 30 mm, der Abstand zwischen dem Zentralbild und den Spektren erster Ordnung etwa 1 mm; auf diese Art ergibt sich eine Verbreiterung des Spektrums um mehr als $\frac{1}{2}$ mm, ohne daß zwischen den Spektren Interferenzen entstehen.

Die direkte Vergleichung des Sterns mit einer irdischen Lichtquelle (schwarzem Körper) macht Schwierigkeiten: die größte Schwierigkeit besteht darin, daß der Stern durch eine ziemlich dicke Schicht der Erdatmosphäre beobachtet wird, während der irdischen Lichtquelle nur eine sehr dünne oder überhaupt keine atmosphärische Schicht vorgelagert ist.

Da die „Konstante" der atmosphärischen Absorption veränderlich und vom Gehalt der Luft an Wasser und anderen Stoffen abhängig ist, muß sie für die Zeit der Beobachtung speziell festgestellt werden.

Es ist besser, Sterne mit Sternen zu vergleichen und die Annahme zu machen, daß bei den Sternen der Spektralklasse G_0 (s. S. 189), deren Spektrum dem Sonnenspektrum ähnlich ist, die Temperatur mit jener der Sonne übereinstimmt. Die Temperatur der Sonne selbst ist durch andere Methoden bereits recht gut ermittelt.

Von den zwei zu vergleichenden Sternen wird je eine Aufnahme gemacht, und zwar so, daß die Spektren dicht nebeneinander auf der gleichen Platte liegen. Die Platte zeigt von jedem Stern ein Hauptspektrum und links und rechts von diesem je ein lichtschwächeres Spektrum, dessen Helligkeit um ungefähr eine Größenklasse geringer ist als diejenige des Hauptspektrums.

Abb. 29 und 30 zeigen Spektralaufnahmen, wie sie in Greenwich zur Ermittelung von Farbtemperaturen gewonnen wurden.

Zum Vergleiche der Spektren der zwei Sterne werden die Schwärzungen ihrer Haupt- und Nebenspektren an etlichen Stellen mit Hilfe eines Mikrophotometers gemessen. Aus diesen Messungen lassen sich die Größendifferenzen der beiden Sterne für jede gemessene Wellenlänge ermitteln.

Die Umrechnung der gemessenen photographischen Schwärzungen in Lichtintensitäten geschieht folgendermaßen:

Man bezeichnet in der Photographie den Kontrastfaktor einer Platte mit Gamma (γ). (Vgl. diesbezüglich Bd. IV dieses Handbuches, Artikel Sensitometrie von F. Formstecher.) Die Dichte des photographischen Niederschlags ist gleich dem Logarithmus des reziproken Wertes der Menge des durchgelassenen Lichts an dieser Stelle der Platte:

$$D = \log \frac{1}{T}$$

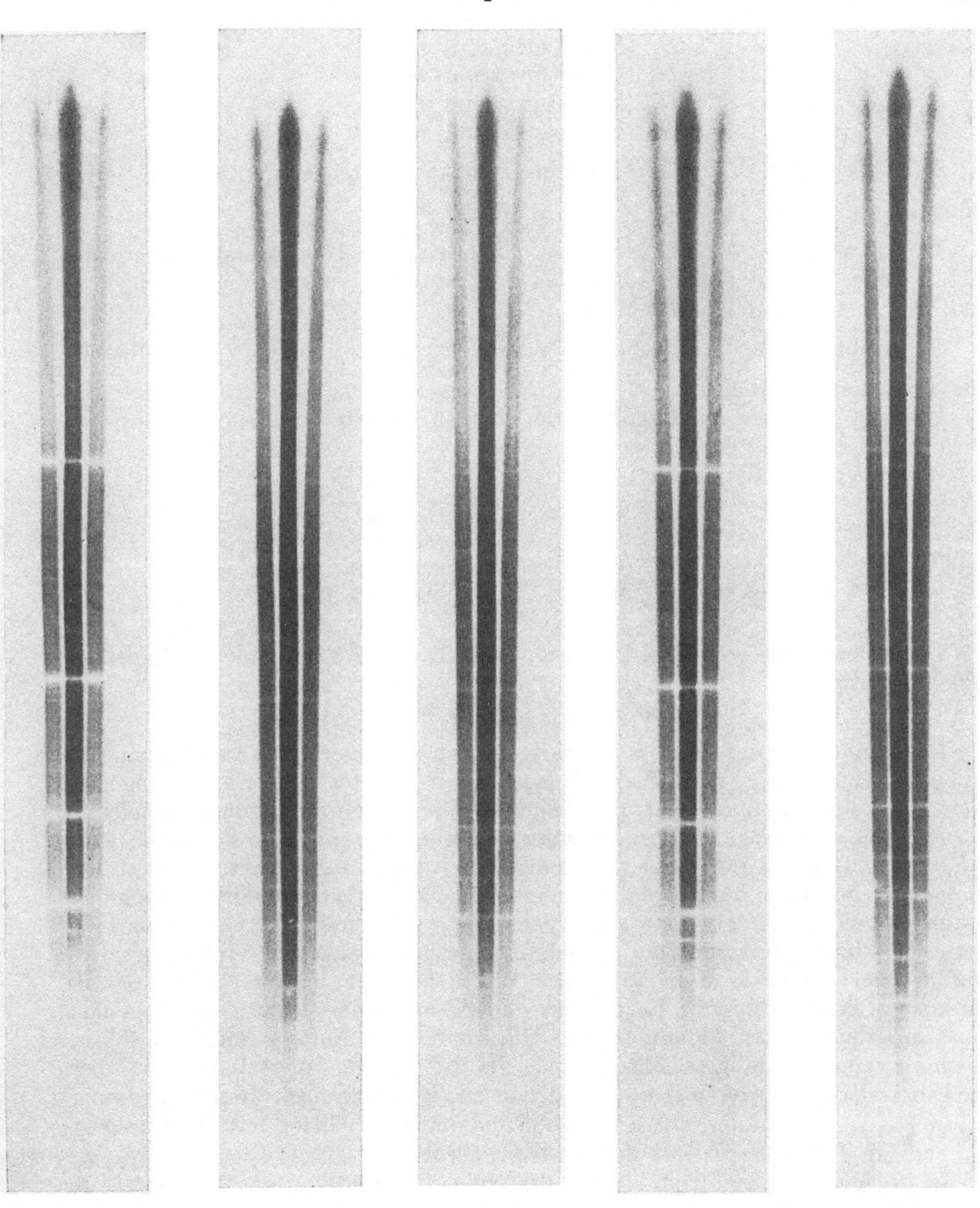

Abb. 30. Spektralaufnahmen mit dem 30 zölligen Greenwicher Spiegelteleskop zur Ermittlung der Farbtemperaturen. 1. β Arietis $A\,5$, 2. δ Orionis B_0, 3. ε Orionis B_0, 4. β Arietis $A\,5$, 5. γ Orionis $B\,2$. Alle Aufnahmen erfolgten mit Objektivgitter — vgl. Abb. 27

Wenn wir die Dichtewerte als Ordinaten, den Logarithmus der Intensität als Abszisse auftragen, so ist

$$\gamma = \frac{d \log D}{d \log I}$$

Zur Bestimmung von γ dienen nun die Nebenspektren.

Für eine bestimmte Wellenlänge λ seien die gemessenen Dichten der zwei Sterne α und β

$$D_1 \text{ (Hauptspektrum von } \alpha)$$
$$D_2 \text{ (Nebenspektrum von } \alpha)$$
$$D_3 \text{ (Hauptspektrum von } \beta)$$
$$D_4 \text{ (Nebenspektrum von } \beta)$$

E_1, E_2, E_3, E_4 seien die entsprechenden Lichtintensitäten ausgedrückt in Sterngrößen, d. h. in $\log \dfrac{I}{I_1} \cdot \dfrac{1}{0,4}$.

Ferner sei $E_1 - E_2 = E_3 - E_4 = g$, wobei g die Helligkeitskonstante des Gitters bedeutet. Mit einem Gitter, bei dem Stabdicke und Stababstand gleich sind, ist $g = 0,98$ Größenklassen.

Es ergibt sich sodann $\dfrac{D_1 - D_2}{E_1 - E_2}$ oder $\dfrac{D_3 - D_4}{E_3 - E_4} = \gamma_1$ oder γ_2, γ selbst ist eine Funktion der Dichte.

Um die relativen Helligkeiten der beiden Sterne bei einer bestimmten Wellenlänge λ zu vergleichen, setzt man

$$E_\lambda = \frac{E_1 + E_2}{2} \quad \text{und} \quad E_\lambda' = \frac{E_3 + E_4}{2}$$

Dann gilt angenähert:

$$E_\lambda - E_\lambda' = \frac{(D_1 + D_2) - (D_3 + D_4)}{(D_1 - D_2) + (D_3 - D_4)} \cdot g$$

Diese Beziehung wäre streng gültig, wenn D und E zueinander in folgender Beziehung stünden:

$$D = p + q\,E + r\,E^2.$$

Die Benutzung des Gitters ist mit starken Lichtverlusten verbunden. Da nur ein Zehntel des vom Stern ausgehenden Lichtes zur Entstehung der Spektren erster Ordnung beiträgt, benötigt man, abgesehen von den hellsten Sternen, eine sehr lange Expositionszeit. Für die lichtschwächeren Sterne wird aus diesem Grunde der Arbeitsvorgang ein wenig abgeändert. Sobald wir einmal angenommen haben, daß eine gewisse Dichte-Intensitätsbeziehung für das ganze Feld der Platte gilt, ist es nicht mehr notwendig, für jeden einzelnen Stern der Platte eine derartige Beziehung speziell abzuleiten. (Bei dieser Gelegenheit sei bemerkt, daß auf einer Platte mehrere Spektrenpaare photographiert werden können.) Es genügt daher, auf jeder Platte einen hellen Stern mit dem Gitter aufzunehmen. Hat man zwei Aufnahmen, von denen die eine zweimal so lang belichtet wurde als die andere, so verfügt man über eine Dichteskala, mit deren Hilfe es möglich ist, Abweichungen zweiter Ordnung zu ermitteln. Alle anderen Sterne können dann ohne Gitter mit $^1/_5$ der sonst notwendigen Belichtungszeit aufgenommen werden.

Ist T_1 die effektive Temperatur des Sterns α,

T_2 „   „   „   „   „ β,

so gibt die Plancksche Formel

$$0,4\,(E_\lambda - E_\lambda') = A + \log_{10}(e^{x_2} - 1) - \log_{10}(e^{x_1} - 1),$$

wobei $x_1 = \dfrac{c_2}{\lambda\,T_1}$, $x_2 = \dfrac{c_2}{\lambda\,T_2}$ und A eine Konstante, unabhängig von λ, bedeuten.

Man erhält dann

$$\frac{d\,(E_\lambda - E_\lambda') \cdot \dfrac{0,4}{\log_{10} e}}{d\,\dfrac{1}{\lambda}} = \frac{c_2}{T_2} - \frac{c_2}{T_1} + \frac{c_2}{T_2}\left(\frac{1}{e^{x_1} - 1}\right) - \frac{c_2}{T_1}\left(\frac{1}{e^{x_2} - 1}\right)$$

Wird die Temperatur T im absoluten Maße und λ in Mikron ausgedrückt, so ist $c_2 = 14320$.

Wir haben weiter

$$\frac{d\,\delta\,m_\lambda}{d\,\frac{1}{\lambda}} \cdot 0{,}922 = G_2 - G_1,$$

wobei

$$\delta m_\lambda = E_\lambda - E_\lambda', \quad G_1 = K + \frac{c_2}{T_1} \cdot \frac{1}{1 - e^{\frac{-c_2}{\lambda\,T_1}}}, \quad G_2 = K + \frac{c_2}{T_2} \cdot \frac{1}{1 - e^{\frac{-c_2}{\lambda\,T_2}}}.$$

K ist eine Konstante zur Charakterisierung des Nullpunkts, von dem aus die Messung der G-Werte erfolgt.

Die Größe $G_2 - G_1 = 0{,}922\,\dfrac{d\,\delta\,m_\lambda}{d\,\frac{1}{\lambda}}$, die aus den Messungen abgeleitet wird, bezeichnet man als Gradient der beiden Sterne.

In der Praxis gewinnt man $G_2 - G_1$ aus einer Reihe von Messungen, die sich über einen größeren Bereich erstrecken; der Durchschnittswert von λ aus dieser Meßreihe wird für λ in obige Formel eingesetzt.

Bei zwei Lichtquellen (Sternen) vom Charakter eines schwarzen Körpers ergibt sich für den Gradienten in sehr guter Annäherung eine Darstellung in Form einer geraden Linie, sobald man den reziproken Wert der Wellenlänge als Abszisse, die Größendifferenz δm_λ als Ordinate aufträgt.

Der Wert des Gradienten muß noch mit Rücksicht auf den Einfluß der selektiv wirkenden atmosphärischen Absorption verbessert werden.

Erfolgen die Aufnahmen der Sterne α und β in den Zenitdistanzen z_1 und z_2, und ist der ermittelte Gradient ΔG, so beträgt der wahre Gradient

$$\Delta G' = \Delta G + A\,(\sec z_2 - \sec z_1),$$

wobei A die Konstante der selektiven atmosphärischen Absorption darstellt.

Die Konstante A wird aus einer Reihe von Beobachtungen einiger Sternpaare mit größerer Winkeldistanz bestimmt. Aus Beobachtungen, die vorgenommen werden, wenn die Sterne in verschiedenen Höhen stehen, z. B. Stern α hoch, Stern β tief und nachher Stern α tief, Stern β hoch, ergibt sich für das Argument $(\sec z_2 - \sec z_1)$ eine Reihe von Werten, aus denen A und im weiteren Verlauf der wahre Wert des Gradienten $\Delta G'$ zu ermitteln ist.

Ein Mittelwert der Konstante A, der auf diese Art für Greenwich bestimmt wurde, beträgt 0,73. Dieser Wert ist etwas größer als an anderen Orten, was wahrscheinlich seinen Grund darin hat, daß die Atmosphäre in der Nähe Londons eine starke selektive Absorption aufweist.

Diese Konstante variiert wahrscheinlich mit den meteorologischen Verhältnissen. Zwei Sterne, die zwecks Temperaturbestimmung zu vergleichen sind, sollen womöglich in gleichen Höhen beobachtet werden, damit die notwendige Verbesserung für die atmosphärische Absorption einen kleinen Wert habe.

Es wurde eine Reihe von Sternen der Spektralklassen A und B zwecks Bestimmung ihrer relativen Gradienten gegen das Mittel der A-Sterne beobachtet.

Ist die Temperatur irgendeines Sterns bekannt, so kann daraus die Temperatur aller übrigen Sterne abgeleitet werden. In folgender Tabelle sind bezügliche Daten zusammengestellt. Die Gradienten beziehen sich auf ein mittleres Ao; bei der Umrechnung des Gradienten in Temperatur wurde angenommen, daß die Temperatur der Sterne der Klasse Ao 13000^0 beträgt.

Gradient G und Farbtemperatur etlicher Sterne.

Stern	Type	G	T_0	Stern	Type	G	T_0
γ Cassiopeiae	B o p	+0,12	11 450	γ Ursae Majoris..	A o	0,00	13 000
ζ Persei.........	B 1	+0,39	9 150	ε Ursae Majoris..	A o p	0,00	13 000
ε Persei.........	B 1	—0,19	16 650	δ Cygni.........	A o	—0,02	13 300
β Cephei........	B 1	—0,28	19 300	γ Ursae Minoris..	A 2	+0,23	10 400
γ Pegasi........	B 2	—0,29	19 600	α Cygni.........	A 2 p	+0,32	9 650
q Cephei........	B 2 p	+0,75	7 350	β Leonis........	A 2	+0,21	10 550
η Ursae majoris..	B 3	—0,19	16 600	ζ Ursae Majoris..	A 2 p	+0,16	11 000
ε Cassiopeiae	B 3	—0,17	16 300	δ Leonis........	A 3	+0,33	9 600
δ Persei.........	B 5	—0,07	14 200	δ Cassiopeiae	A 5	+0,29	9 900
η Tauri	B 5 p	+0,01	12 900	β Arietis	A 5	+0,34	9 550
β Tauri	B 8	—0,11	14 800	β Trianguli	A 5	+0,30	9 850
α Leonis........	B 8	—0,04	13 600	α Ophiuchi	A 5	+0,36	9 400
β Persei.........	B 8	—0,01	13 100	α Aquilae	A 5	+0,45	8 850
ζ Pegasi.........	B 8	—0,09	14 500	α Cephei	A 5	+0,50	8 500
α Andromedae ...	A o p	—0,06	14 000	β Delphini.......	F 5	+0,87	6 900
β Aurigae	A o p	+0,11	11 550	β Comae	G o	+1,12	6 150
β Ursae Majoris..	A o	+0,03	12 600	η Bootis.........	G o	+1,08	6 250
α Canum Ven. ...	A o p	—0,01	13 100	ζ Herculis	G o	+1,28	5 730
α Coronae Borealis	A o	+0,05	12 300	ν Pegasi.........	G o	+1,17	5 990
α Lyrae	A o	+0,05	12 300	Piazzi 332	G o	+1,00	6 480
ζ Aquilae	A o	+0,07	12 000				
α Pegasi.........	A o	—0,02	13 300				

Aus obiger Tabelle ist zu ersehen, daß die Farbtemperaturen der Sterne sich zwischen 20 000° für die B-Klasse und 6000° für die sonnenähnliche G-Klasse bewegen. Unter den „frühen" B-Sternen ist die Streuung im Gradienten und den auftretenden Temperaturen sehr groß; die Sterne ζ Persei und q Cephei fallen durch ihre verhältnismäßig geringen Farbtemperaturen auf.

Die Temperaturen werden durch Vergleichung der Sterne mit einer irdischen Lichtquelle von bekannter Temperatur, z. B. dem positiven Krater des Kohlenbogens, in absolute umgewandelt. Natürlich ist die Güte dieser Umrechnung von der einwandfreien Bestimmung der Konstanten A der atmosphärischen Absorption zur Zeit der Beobachtung abhängig.

Gegenwärtig befaßt man sich mit der Festlegung einer Anzahl von A-Sternen, die über den Himmel gut verteilt sind und deren relative Gradienten gleichartig nach einem Verfahren möglichst genau bestimmt worden sind. Diese Sterne sollen als Standardsterne dienen.

Auf jeder Platte, welche die Aufnahme eines Sterns und die Aufnahme der Vergleichslichtquelle enthält, wird noch ein hoch und ein tief gelegener Standardstern aufgenommen. Beim Vergleich des beobachteten relativen Gradienten eines Standardsterns mit seinem bekannten relativen Gradienten ergibt sich eine Gleichung, aus der A ermittelt werden kann.

25. Das Objektivprisma. Die Spektralklassen. Setzt man vor das Objektiv eines Fernrohrs ein Prisma, so hat man ein Spektroskop in seiner einfachsten Form vor sich. Da der Stern sich in unendlich großer Entfernung befindet, fällt das von ihm kommende Licht auf das Prisma als Parallelstrahlenbündel auf. Der Stern erscheint unter einem außerordentlich kleinen Winkel; sein Bild wird durch das Prisma ohne Vermittlung von Spalt oder Kollimator in ein reines Spektrum ausgezogen. Da die so entstehende Lichtlinie zu schmal ist, um die einzelnen Spektrallinien sichtbar werden zu lassen, müssen wir diese Linie auf geeignete Art so verbreitern, daß sie einer Untersuchung zugänglich wird.

Im Spaltspektroskop wird der größte Teil des Lichtes durch die Spaltplatte abgefangen und gelangt niemals zur photographischen Platte. Beim Objektivprisma gelangt das ganze Licht (abgesehen vom absorbierten und reflektierten Licht) auf die Platte, so daß mit verhältnismäßig kleinen Apparaten brauchbare Spektren ziemlich lichtschwacher Sterne gewonnen werden können. Man kann ferner bei Verwendung eines Objektivprismas und eines Objektivs mit

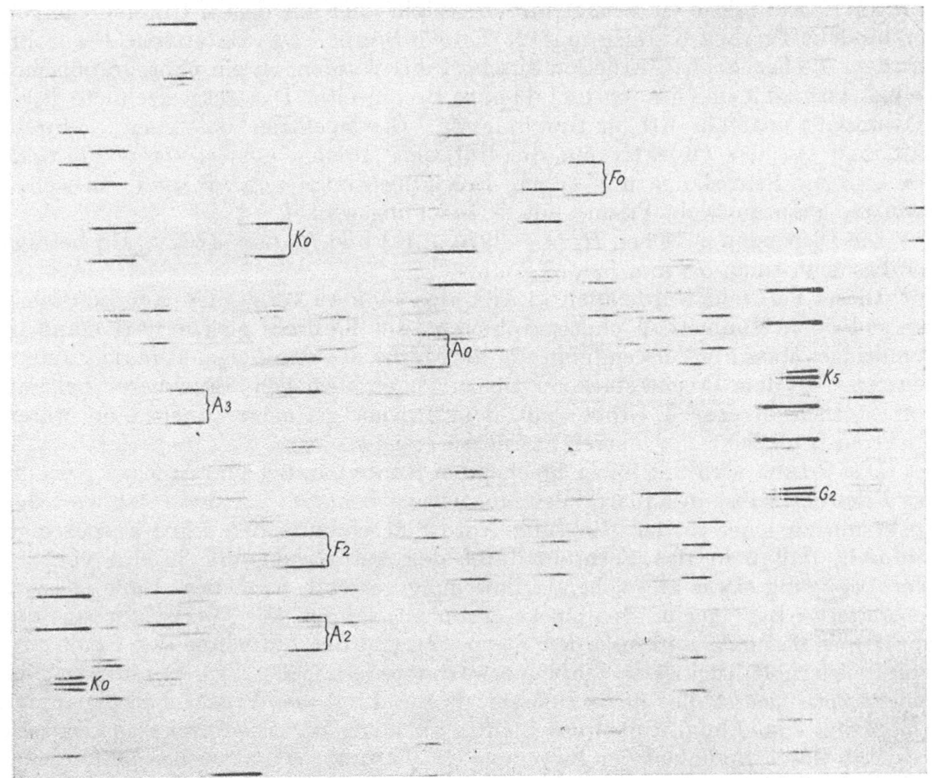

Abb. 31. Spektralklassifikation der Sterne mit Hilfe des Objektivprismas und Gitters. Aufgenommen mit einer 6 zölligen (15 cm) Linse an der Sternwarte in Upsala

großem Gesichtsfeld gute Spektren vieler Sterne bei einer einzigen Aufnahme erzielen, während man sich bei Benutzung eines Spaltspektrographen mit jedem Stern einzeln befassen muß.

Anderseits hat das Objektivprisma eine Reihe großer Nachteile: Die Reinheit der durch das Objektivprisma gebildeten Spektren hängt von der Größe der durch das Fernrohr erzeugten Sternbildchen sowie vom Auflösungsvermögen des Fernrohrs bzw. des Prismas ab. Da die Nächte zumeist nicht sonderlich klar sind, die Arbeit also nicht immer unter idealen atmosphärischen Verhältnissen vor sich geht, kann die Qualität der mit dem Objektivprisma gewonnenen Spektren nicht an die Qualität der mit dem Spaltspektrographen erhaltenen heranreichen, da die Leistung des letzteren — von den Lichtverlusten abgesehen — durch die atmosphärischen Verhältnisse weniger stark in Mitleidenschaft gezogen wird.

Ein anderer Nachteil des Objektivprismas besteht darin, daß es hier keine befriedigende Möglichkeit zur Herstellung eines Vergleichsspektrums gibt. Weiters hat man bei Anwendung des Objektivprismas keine Möglichkeit, Temperaturschwankungen festzustellen bzw. zu kompensieren; es kann somit der Dispersionswinkel während der Aufnahme variieren. Trotz dieser Nachteile lassen sich mit Hilfe eines Objektivprismas sehr schöne Spektren erzielen, die in verschiedenen Zweigen der Astrophysik verwendet werden können.

Abb. 31 zeigt eine Spektralaufnahme mit Hilfe des Objektivprismas.

Mit Hilfe des Objektivprismas wurden sehr umfangreiche Untersuchungen vom Harvard College Observatorium angestellt; der aus diesen Untersuchungen entstandene DRAPER-Katalog umfaßt 250000 Sterne. Das BACHEsche Fernrohr, mit dem die bezüglichen Arbeiten durchgeführt wurden, ist ein photographisches Dublet von 20,3 cm Öffnung und 114 cm Brennweite. Das ausgezeichnete Bildfeld umfaßt ungefähr 10^0 im Durchmesser. Die Spektren entstehen dadurch, daß man vor das Objektiv ein quadratisches Prisma aus schwerem Flintglas von 20,3 cm Seitenlänge mit einem Brechungswinkel von 13^0 setzt, bisweilen benutzte man auch ein Prisma mit 5^0 Brechungswinkel.

Die Dispersion zwischen H_ε ($\lambda = 3970$ Å. E.) und H_β ($\lambda = 4861$ Å. E.) beträgt bei diesen Prismen 5,8 mm bzw. 2,2 mm.

Dieses Fernrohr wurde auch in Arequipa in Peru verwendet, um die Sterne des südlichen Himmels zu photographieren; ein Fernrohr gleicher Art stand in Cambridge, Mass., in Verwendung, um die Sterne des nördlichen Himmels aufzunehmen. Mit dem Prisma stärkerer Dispersion ergaben sich brauchbare Spektren von Sternen bis zur 6. Größe, mit dem Prisma geringerer Dispersion waren Spektren noch lichtschwächerer Sterne zu erzielen.

Das Prisma wird mit seiner brechenden Kante parallel zum Äquator gestellt, das Fernrohr selbst in äquatorialer Montierung benutzt; auf diese Art wird das Spektrum zu einer in der Richtung Nord-Süd verlaufenden Linie ausgezogen. Dadurch, daß man das Fernrohr durch das Antriebsuhrwerk in eine von der Sternbewegung etwas abweichende Bewegung versetzt, wird diese Linie passend verbreitert. Bei einem Spaltspektrographen erfolgt die Verbreiterung des Spektrums dadurch, daß man den Stern während der Aufnahme den Spalt entlang wiederholt rückwärts- und vorwärtswandern läßt. Bei Benutzung des Objektivprismas ist dies nicht zulässig, da die durch das Prisma herbeigeführte Ablenkung vom Einfallwinkel des Lichtes abhängig ist. Die durch das Uhrwerk bewirkte Geschwindigkeit der Bewegung des Fernrohres muß so beschaffen sein, daß sich während der Belichtungsdauer die gewünschte Verbreiterung des Spektrums ergibt. Dabei kommt es häufig vor, daß die Spektrallinien mit der Richtung des Spektralbandes einen schiefen Winkel bilden, was die Brauchbarkeit der Spektren für die Zwecke der Sternklassifikation aber nicht beeinträchtigt. Diese Arbeit hatte den Zweck, die Sterne nach ihrem physikalischen Zustand zu klassifizieren; die Klassifikation nach dem DRAPER-Katalog, wie sie am Harvard-Observatorium auf Grund eingehenden Studiums dieser Spektren durchgeführt wurde, ist heute mit einigen Abänderungen und Ergänzungen bezüglich der Bezeichnungsweise allgemein angenommen worden.

Die Spektren wurden in Gruppen geteilt und mit Buchstaben so bezeichnet, daß deren Reihenfolge · dem Werdegang (der Entwicklung) des Sterns entspricht. Man hat die ursprüngliche Bezeichnung im wesentlichen beibehalten; im Laufe späterer Untersuchungen erwiesen sich Umgruppierungen als notwendig, und es wurden einige als überflüssig erkannte Gruppen ausgeschieden. Die wichtigsten Tatsachen, die sich aus den angedeuteten Untersuchungen ergeben haben, sind folgende:

Die Sternspektren zeigen wenig bemerkenswerte Unterschiede bezüglich ihres Typus. Mehr als 99% der Sternspektren fallen in eine der sechs großen und wichtigen Gruppen von Spektren, die mit B, A, F, G, K, M bezeichnet werden.

Da sie eine fortlaufende Reihe bilden, können dazwischenliegende Typen nach einer dezimalen Unterteilung eingeordnet werden; z. B. ist B 5 eine Mitteltype zwischen B und A. Die übrigen Sterne (etwa 1% der Gesamtzahl) fallen fast alle in die mit den Buchstaben P, O, S, R, N bezeichneten Gruppen,

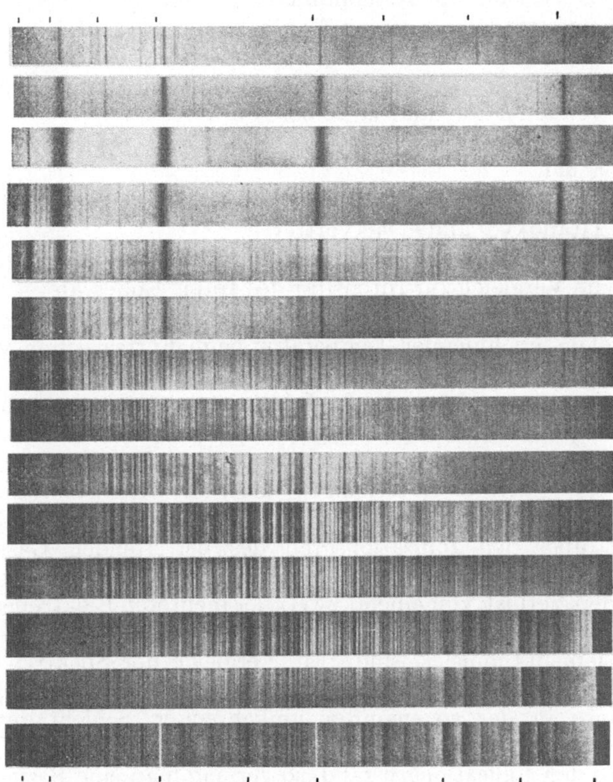

Abb. 32. Die Haupttypen der Spektralklassen nach der gebräuchlichen Harvard-Einteilung. Aufnahmen von CURTISS in Ann Arbor

wobei O zweifellos B vorangeht, während S, R und N wahrscheinlich am anderen Ende der Reihe stehen.

Abb. 32 zeigt die Haupttypen der Spektralklassen nach der gebräuchlichen Harvard-Einteilung.

Im allgemeinen scheint der Aufbau aller Sterne gleichartig zu sein, da die Hauptunterschiede in den Spektren hauptsächlich auf Verschiedenheiten einer einzigen physikalischen Veränderlichen der Sternatmosphäre, der Temperatur, zurückzuführen sind.

Das für die Sternklassifikation maßgebende Kriterium ist die verschiedene Intensität einzelner Liniengruppen in den Sternspektren; es sind dies helle Linien in den Sternspektren der „früheren" Klassen bzw. Absorptionslinien in den Sternspektren der „späteren" Klassen; so treten z. B. die hellen Nebellinien in der Klasse P auf. Die Heliumlinien erscheinen hell bis zur Klasse

O d; sie verwandeln sich dann in der Klasse O e in Absorptionslinien, die allmählich stärker werden, bis sie ein Maximum an Intensität bei B 2 erreichen.
Dann werden sie wieder schwächer und verschwinden schließlich bei B 9. Die
Wasserstofflinien, die in P, O a, O b, O c hell sind, treten in O d als Absorptionslinien auf und erreichen ihr Maximum an Intensität bei A o, worauf sie wieder
schwächer werden und bei M b verschwinden. Kalcium, wie es durch die Linien
hoher Temperatur (ionisierte Linien) H und K vertreten ist, kommt bei B o
zum Vorschein, erreicht seine Maximalintensität bei K o und verschwindet bei
M d. Dagegen zeigt sich die Kalciumlinie niederer Temperatur $\lambda = 422{,}7\ \mu\mu$
zuerst bei B 9 und wird dann gegen M hin immer stärker.

Einige Linien, die ionisierten Metallen angehören, erscheinen in der Klasse
B 8 und nehmen dann an Intensität zu, entsprechende Linien niedrigerer Temperatur treten etwas später, und zwar bei A 5 auf.

Kohlenwasserstoff zeigt sich bei F 5, Titanoxyd beginnt sich bei K 5 bemerkbar zu machen.

Die Klasse M zeichnet sich durch Bandenspektren aus, unter denen insbesondere die Titanoxydbanden hervortreten.

Beim Fortschreiten von B nach M nimmt die Intensität des blauen Endes
des Spektrums im Vergleich zur Intensität des roten Endes ab.

SAHA hat gezeigt, daß das Verhalten der Spektrallinien durch die Ionisation
der Atome infolge zunehmender Temperatur beim Fortschreiten von M nach O
erklärt werden kann. Die grundlegenden Ideen seiner Theorie sind folgende:

a) In den Sternatmosphären ist die Ionisation eines Gases — die Dissoziation
seiner Atome in positiv geladene Ionen durch den Verlust eines oder mehrerer
Elektronen — abhängig von seiner Temperatur, dem Druck, unter dem es steht,
und der Natur des Gases bzw. derjenigen Gase, mit denen es vermischt ist.

b) Das Vorhandensein oder Fehlen gewisser Serien von Linien im Sternspektrum gibt über den Ionisationsgrad des betreffenden Gases Aufschluß:
manche Linien erscheinen nämlich nur dann, wenn ein genügend großer Teil der
Atome durch den Verlust von einem, zwei oder mehreren Elektronen ionisiert ist,
andererseits verschwinden manche Linien nur dann, wenn nahezu alle Atome des
betreffenden Elements ionisiert sind. Ein Vergleich der Spektren verschiedener
Elemente mit einem Sternspektrum führt zur Erkenntnis des Ionisationszu-
standes der Gase in der sogenannten umkehrenden Schicht des betreffenden
Sterns.

Kennt man den Ionisationszustand, so vermag man eine Beziehung zwischen
Temperatur und Druck (genauer ausgedrückt Elektronendruck) in der umkehrenden Schicht abzuleiten. Die SAHAsche Theorie versetzt uns also in die
Lage, die Temperatur der strahlenden Schicht eines Sterns zu ermitteln,
sobald einmal Annahmen über den dort herrschenden Druck vorliegen.

Die auf diesem Wege ermittelten Temperaturwerte stehen in guter Übereinstimmung mit den durch direkte Spektralphotometrie festgestellten Farbtemperaturen. Natürlich weichen die von verschiedenen Forschern gewonnenen
Ergebnisse im allgemeinen etwas voneinander ab; bei Annahme nachstehend an-
geführter Temperaturwerte für die einzelnen Spektralklassen dürfte man wohl
keinen großen Fehler begehen:

$$
\begin{array}{ll}
\text{B o} & \ldots\ldots\ 23000^{0} \\
\text{A o} & \ldots\ldots\ 13000^{0} \\
\text{G o} & \ldots\ldots\ \ 6000^{0} \\
\text{M o} & \ldots\ldots\ \ 3500^{0}
\end{array}
$$

Zu Ende des 19. Jahrhunderts wurde fast allgemein angenommen, daß durch
die Reihung der Spektralklassen in der Folge P, O, B, A, F, G, K die normale

Entwicklung (Lebensgeschichte) der Sterne, ausgehend von den planetarischen Nebeln, dargestellt sei; durch die Einreihung eines Sterns weiter vorne oder weiter rückwärts in dieser Reihe sollte also das Alter (das Entwicklungsstadium) eines Sterns („ältere" und „jüngere" Sterne) angedeutet werden. Wir wissen heute, daß dies nicht ganz richtig ist. Als erster hat LOCKYER und nach ihm RUSSELL behauptet, die Lebensgeschichte eines Sterns beginne nicht am vorderen, sondern am rückwärtigen Ende der oberwähnten Reihe der Spektralklassen. Bei seiner Entstehung hat der Stern eine enorme Ausdehnung, geringe Dichte, niedrige Temperatur und ist rot. Infolge der einwirkenden Gravitationskraft zieht sich der Stern allmählich zusammen. Durch das Zusammenziehen der Masse wächst die Dichte, wobei auch die Temperatur zunimmt. Der Stern wird heißer und weißer, bis er jenes Stadium erreicht, in welchem ein Ausgleich zwischen ausstrahlender und durch Zusammenziehung erzeugter Wärme stattfindet; in diesem Zustand ist der Stern am heißesten und kühlt sich dann allmählich wieder ab, wobei er die gleichen Farbstufen durchläuft, die er am Wege zu seinem Maximum passiert hatte.

Bei seiner Entstehung ist jeder Stern ein M-Stern. Beim Zusammenziehen wird er die Klassen K, G bis herab zu den frühesten Typen passieren; sobald er den heißesten Zustand, der für ihn überhaupt möglich, erreicht hat, kühlt er sich auf dem Wege über K, G und M wieder ab. Im aufsteigenden Ast der Reihe wird er ein Riese, im absteigenden Ast ein Zwerg genannt (HERTZSPRUNG).

26. Spektroskopische Parallaxen. Unter absoluter Leuchtkraft der Sterne versteht man ihre wahre relative Leuchtkraft, wenn wir sie alle in gleicher Entfernung vom Beobachter annehmen. Als diese Entfernung setzen wir jene an, bei der die Sterne eine Parallaxe von 0,1″ hätten. Sobald die scheinbare Größe und Parallaxe eines Sterns bekannt sind, kann seine absolute Größe bestimmt werden; umgekehrt läßt sich, sobald scheinbare und absolute Größe des Sterns bekannt sind, die Parallaxe bestimmen. Die so abgeleiteten Parallaxen bezeichnet man als spektroskopische Parallaxen.

Es ist leicht zu zeigen, daß

$$\text{Absolute Größe } (M) = \text{Scheinbare Größe } (m) + 5 + 5 \log \pi,$$

wobei die Parallaxe π in Einheiten von 0,″1 ausgedrückt wird.

Noch bis vor wenigen Jahren hat man Unterschiede zwischen den Spektren von Riesen und Zwergen der gleichen Type nicht bemerkt. HERTZSPRUNG und RUSSELL haben zuerst gezeigt, daß zwischen der absoluten Leuchtkraft eines Sterns und seinem Spektrum eine Beziehung besteht. Durch ein genaues Studium der Spektren bekannter Riesen und Zwerge haben ADAMS und KOHLSCHÜTTER folgendes festgestellt:

a) Das kontinuierliche Spektrum der Riesen (Sterne von hoher Leuchtkraft) ist im Violetten relativ lichtschwächer als im Roten, verglichen mit dem Spektrum der Zwerge (Sterne von geringer Leuchtkraft) der gleichen Klasse. Die Spektralklasse wird durch den Charakter der Linien des Spektrums, wie er sich aus dem Ionisationsgrad ergibt, bestimmt. Da die Riesen geringere Dichte haben, wird die Ionisation bei einer niedrigeren Temperatur als bei den Zwergen stattfinden; aus diesem Grunde werden die Riesen röter sein.

b) Bei gewissen Typen sind die Wasserstofflinien der Riesen kräftiger als diejenigen der Zwerge.

c) Andere Linien sind bei den Zwergen schwach, bei den Riesen kräftig, und umgekehrt.

Auf diese Art ergibt sich die Möglichkeit, die absolute Größe eines Sterns durch das Studium seines Spektrums zu ermitteln.

Auf Grund sorgfältiger Untersuchungen ergab sich, daß die unter c) angegebenen Erscheinungen das beste Kriterium zur Ermittelung der absoluten Leuchtkraft eines Sterns abgeben.

Da die Wasserstoff- und Eisenlinien von der Leuchtkraft der Sterne nur in geringem Maße beeinflußt werden, verwendet man sie für eine genaue Klassifikation der Sternspektren nach dem Harvard-Schema; zur Bestimmung der absoluten Helligkeiten (Leuchtkraft) wählt man dagegen folgende vier von der Leuchtkraft stark abhängige Linien.

Die zur Bestimmung der absoluten Sternhelligkeiten
verwendeten Linien.

Linie in Å. E.	Element	Bei Sternen		Laboratoriumsspektrum	
		hoher Leuchtkraft	geringer Leuchtkraft	Funken	Bogen
4077	Sr^+	kräftig	schwach	kräftig	schwach
4215	Sr^+	kräftig	schwach	kräftig	schwach
4290	Ti^+	kräftig	schwach	kräftig	schwach
4455	Ca	schwach	kräftig	schwach	kräftig

Es ist klar, daß bei Sternen von hoher Leuchtkraft die ionisierten Linien $\lambda = 4077$, 4215, 4290 Å. E. kräftig, die neutrale Linie $\lambda = 4455$ Å. E. dagegen schwach erscheinen muß. Die absolute Leuchtkraft eines Sterns wird durch Vergleich der oben angegebenen „empfindlichen" Linien mit benachbarten Linien von ähnlicher Intensität, die aber von der Leuchtkraft der Sterne unabhängig sind, bestimmt. Diese Vergleichslinien sind die Eisenlinien $\lambda = 4072$, 4250, 4271, 4495 Å. E.

Da diese Linien nicht für alle Spektralklassen gleich gut verwendbar sind, geht man folgendermaßen vor:

Für die Klassen F o bis F 7 vergleicht man

4077 Sr^+ mit 4072 Fe,
4290 Ti^+ mit 4271 Fe.

Für die Klassen F 8 bis G vergleicht man

4077 Sr^+ mit 4072 Fe,
4215 Sr^+ mit 4250 Fe,
4290 Ti^+ mit 4271 Fe,
4455 Ca   mit 4495 Fe.

Für die Klassen G bis M vergleicht man

4215 Sr^+ mit 4250 Fe,
4455 Ca   mit 4462 Fe,
4455 Ca   mit 4495 Fe.

Aus einer Reihe von Sternen, deren Parallaxen und Größen bekannt sind, läßt sich eine zahlenmäßige Beziehung zwischen den absoluten Größen der Sterne und der Intensitätsdifferenz der in ihren Spektren beobachteten Linienpaare aufstellen. Ordnet man diese Intensitätsdifferenzen nach den absoluten Größen der bekannten Sterne, so läßt sich aus einer Kurve, deren Abszissen die Intensitätsdifferenzen, deren Ordinaten die absoluten Größen der bekannten

Sterne sind, durch Interpolation oder Extrapolation die absolute Größe jedes anderen Sterns ermitteln.

Das Gesagte gilt nur für Sterne der nach Fo folgenden „späteren" Typen. Es ist aber gelungen, diese Methode auszubauen, so daß auch die heißeren Sterne der Klassen A und B sich in das Schema eingliedern lassen.

ADAMS und JOY haben gefunden, daß unter den Sternen der Klasse A jene mit scharfen und schmalen Linien im Spektrum viel größere Leuchtkraft besitzen, als jene der gleichen Spektralklasse mit verwaschenen (unscharfen) Spektrallinien.

Die Spektren, auf denen die Arbeiten des Mt. Wilson-Observatoriums beruhen, wurden mit einem Spaltspektrographen aufgenommen. Es sei aber bemerkt, daß für diesen Zweck auch mit dem Objektivprisma geeignete Spektren zu erzielen wären.

RIMMER am Norman Lockyer Observatorium in Sidmouth hat eine große Anzahl spektroskopischer Parallaxen aus den absoluten Sterngrößen auf Grund von Spektralaufnahmen, die mit einem 12zölligen Fernrohr mit Objektivprisma gewonnen wurden, abgeleitet. Das Prisma hat einen brechenden Winkel von 20^0; die auf der Platte sich ergebende Dispersion ist so beschaffen, daß die Entfernung zwischen H_β und H_δ 21,4 mm beträgt. Während ADAMS den Unterschied der Intensität der Linien der benutzten Linienpaare (vgl. S. 173) schätzte, hat RIMMER diesen Unterschied mit Hilfe eines Keils gemessen. Die von RIMMER verwendeten Linien waren — von etlichen Ergänzungen abgesehen — die gleichen, wie die von ADAMS benutzten. Bei der Auswahl der Linienpaare wurden folgende Bedingungen beobachtet:

a) Jede Linie eines Paares muß über die ganze Länge hin scharf sein; die Linie darf durch die Nachbarlinien nicht beeinflußt sein.

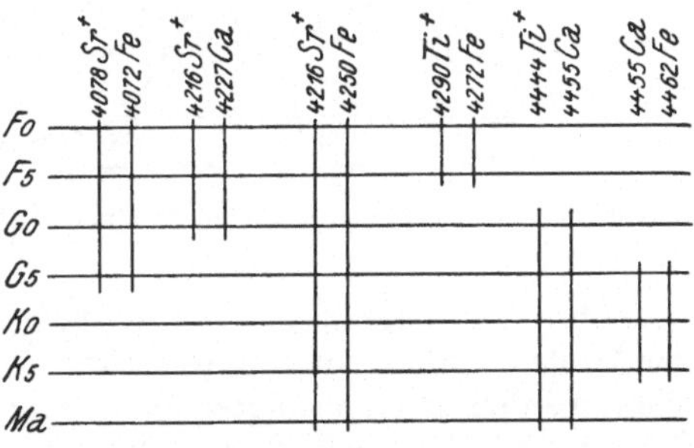

Abb. 33. Schema der von RIMMER in Sidmouth verwendeten Linienpaare bei der Bestimmung spektroskopischer Parallaxen

b) Die Linien des Paares müssen im Spektrum genügend nahe beieinander liegen, damit sie nicht durch Fehlerquellen, die die Schwärzung des kontinuierlichen Spektrums beeinflussen, ungleichartig in Mitleidenschaft gezogen werden.

c) Die Abhängigkeit der relativen Intensität der Linien des Paares von der absoluten Größe des Sternes soll bei einer bestimmten Spektraltype so groß, bei verschiedenen Spektraltypen aber so klein als möglich sein. Dieses Paar soll sich auch für einen ziemlich großen Bereich von Spektraltypen verwenden lassen. Die gewählten Paare sind aus Abb. 33 ersichtlich; sie zeigt auch den Bereich der Spektraltypen, für welche die verschiedenen Paare angewendet wurden.

Die ausgewählten Linienpaare wurden auf allen verfügbaren Spektrogrammen der Standardsterne ausgemessen; die Parallaxen dieser Sterne waren durch trigonometrische Methoden bestimmt, ihre absoluten Helligkeiten waren daher auch bekannt.

Nachdem man die Intensitätsdifferenzen für jedes Paar nach der absoluten Größe der zugehörigen Sterne angeordnet hatte, wurden zwischen diesen Punkten Kurven interpoliert; diese Kurven sind die Standardkurven, aus denen dann für eine gemessene Intensitätsdifferenz die absolute Leuchtkraft des zugehörigen Sterns ermittelt werden kann.

F. Das Spektroskop in der Astronomie

Nach der Undulationstheorie pflanzt sich das Licht in Form transversaler Wellen im Äther fort. Die Wellen sind von verschiedener Länge und bewegen sich im leeren Raum mit gleicher Geschwindigkeit fort. Beim Eintritt in ein dichteres Medium wird ihre Geschwindigkeit herabgesetzt, und zwar bei den kürzeren Wellen in stärkerem Maße als bei den längeren Wellen. Durch diese Änderung der Geschwindigkeit ergibt sich die Erscheinung der Brechung.

27. Die Wirkung eines Prismas. Das in einem bestimmten Augenblick von einem Punkt emittierte Licht verläßt diesen in einer bestimmten Phase, geht in alle Richtungen und wird zu einem späteren Zeitpunkt auf allen Punkten einer Kugeloberfläche in gleicher Phase eintreffen. Jene Fläche, in welcher alle Wellen bei gleicher Phase geschnitten werden, wird als Wellenfront bezeichnet; nach den Methoden der physikalischen Optik läßt sich zeigen, daß die Richtung der Fortpflanzung des Lichtes in jedem Augenblick senkrecht zur Wellenfront steht.

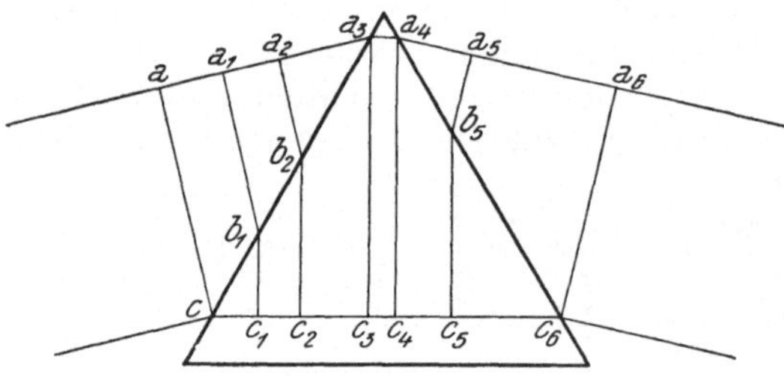

Abb. 34. Weg der Lichtstrahlen in einem Prisma

Ein Lichtstrahlenbündel, das in einem gegebenen Augenblick durch die Wellenfront ac repräsentiert wird (vgl. Abb. 34), beginnt in das dichtere Medium des Prismas bei c einzutreten. Infolge der geringeren Geschwindigkeit im dichteren Medium bewegt sich das Licht von c nach c_1, während das Licht von a nach a_1 gelangt; auf diese Art wird der untere Teil der Wellenfront ac in die Richtung b_1c_1 abgelenkt. Weitere Teile der Wellenfront werden nach erfolgter Brechung bei a_1, b_1, c_1; a_2, b_2, c_2; a_3, c_3 sichtbar. Sobald das Licht bei a_4 aus dem Prisma austritt, schreitet es rascher fort, als bei c_4, wo es zurückbleibt, bis schließlich die Wellenfront in die Richtung a_6, c_6 übergeht.

Der Richtungsunterschied zwischen ein- und austretender Wellenfront hängt von der Differenz der Geschwindigkeit des Lichtstrahls in den zwei Medien (Luft, Glas) ab; da diese Differenz für die violetten (kurzen) Wellen größer ist als für die roten (langen) Wellen, muß ein Lichtstrahlenbündel, das violette und rote Lichtstrahlen enthält, gespalten werden, wobei das Violett eine stärkere Ablenkung erfährt als das Rot. Diese Erscheinungen bezeichnet man als Brechung; der Unterschied in der Richtung der ein- und austretenden Wellenfront ist die **Ablenkung**, der Unterschied in der Richtung der Wellenfronten für die Lichtstrahlen verschiedener Farbe ist die **Dispersion**.

28. Das Spektroskop. Ein Spektroskop einfachster Form wird durch Einschalten einer Linse in den Strahlengang hinter a_6c_6 (vgl. Abb. 34) hergestellt. Im Brennpunkt der Linse erscheint eine Reihe farbiger Bilder der Lichtquelle. Ein derartiges Spektroskop (Objektivprisma) ist für die Astronomie von großem Nutzen, aber nur dann anwendbar, wenn die Lichtquelle, wie dies bei einem Stern ja der Fall ist, keine nennenswerte Ausdehnung hat.

Ist die Lichtquelle größer (z. B. die Sonne) oder wird auch die Aufnahme eines Vergleichsspektrums gewünscht, wie dies bei den Ermittlungen der Radialgeschwindigkeiten der Fall ist, so muß man das von FRAUNHOFER erfundene Spaltspektroskop benutzen.

Setzt man vor das Prisma eine Linse, so werden die von einer in ihrem

Brennpunkt befindlichen Lichtquelle divergierenden Strahlen, bevor sie in das Prisma eintreten, parallel gemacht. Eine hinter dem Prisma angeordnete Linse vereinigt die aus dem Prisma austretenden Strahlen in der Brennebene dieser Linse. Ein Spalt im Brennpunkt der ersterwähnten Linse macht eine ausgedehnte Lichtquelle zu einer linienförmigen; das entstehende Spektrum besteht daher aus einer Reihe von farbigen Bildern des beleuchteten Spalts.

In Abb. 35 ist L die Lichtquelle hinter dem Spalt S. Die divergierenden Strahlen werden durch den Kollimator C parallel gemacht. Nach Durchgang durch das Prisma vereinigen sich die Strahlen in der Brennebene des Fernrohrobjektivs als Spektrum RV, das eine Reihe von farbigen Bildern des Spaltes (für verschiedene Wellenlängen) darstellt.

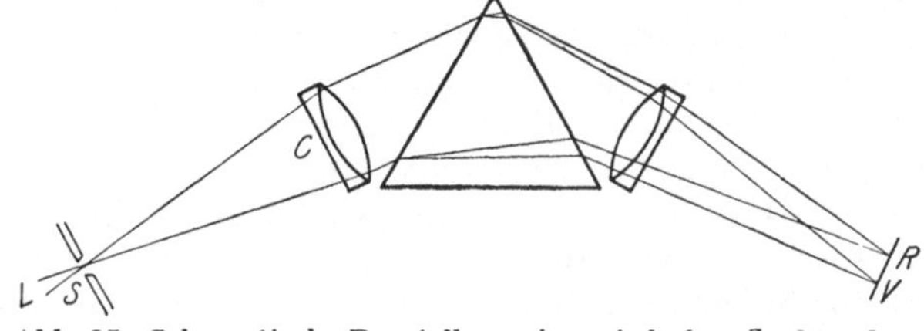

Abb. 35. Schematische Darstellung eines einfachen Spektroskops

Bei einem einwandfreien Spaltspektroskop müssen folgende Bedingungen erfüllt sein:

a) Die Kollimatorlinse muß auf die erste Prismenfläche ein Parallelstrahlenbündel werfen.

b) Die optischen Achsen des Kollimators und des Fernrohr-(Kamera-) Objektivs müssen durch eine Hauptebene des Prismas gehen.

c) Der Spalt muß parallel zur brechenden Kante des Prismas verlaufen.

d) Das Prisma bzw. der Prismensatz müssen in jene Stellung gebracht werden, in der das Minimum der Ablenkung für eine mittlere Wellenlänge, mit der man zu arbeiten wünscht, erfolgt.

Damit der Ablenkungswinkel ein Minimum werde, müssen zwei Bedingungen erfüllt sein: α) die Strahlen müssen durch eine Hauptebene gehen (die Hauptebene ist eine Ebene, die senkrecht zur brechenden Kante des Prismas verläuft), β) Einfalls- und Austrittswinkel müssen einander gleich sein. Ist das einfallende Lichtstrahlenbündel kein Parallelstrahlenbündel, so ergibt sich die beste Schärfe für jene Wellenlänge, deren Strahlen das Prisma so passieren, daß Einfalls- und Austrittswinkel einander gleich sind (symmetrischer Durchgang durch das Prisma) und daß die Strahlen innerhalb des Prismas parallel zur Basiskante des Prismas verlaufen.

Das auf das Prisma auffallende Lichtstrahlenbündel ist dann ein Parallelstrahlenbündel, wenn der Spalt im Brennpunkt des Kollimatorobjektivs steht.

Der Brennpunkt des Kollimatorobjektivs kann nach einer der folgenden Methoden gefunden werden.

a) Methode der Autokollimation. Man entferne den Kollimator vom Spektrographen und richte ihn senkrecht auf einen ebenen Spiegel. Mittels eines kleinen über die eine Hälfte des weit geöffneten Spalts gesetzten Prismas sende man ein Lichtstrahlenbündel in das Fernrohr und beobachte durch ein über die andere Spalthälfte gelegtes Kobaltglas (dieses liefert ein blaues Bild) das sogenannte „Spiegelbild" des Spaltes. Man verschiebe nun den Spalt so lange, bis er selbst und dieses Spiegelbild in der gleichen Ebene, der Brennebene des Kollimatorobjektivs, zusammenfallen.

b) Die Methode von SCHUSTER. Das Prisma wird in die Stellung des Minimums der Ablenkung gebracht und das Fernrohr so eingestellt, daß das Bild aller Spektrallinien (dunkel oder hell) zu sehen ist. Das Fernrohr wird sodann ganz wenig gedreht; es ist klar, daß es zwei Lagen des Prismas gibt, und zwar zu beiden Seiten des Minimums der Ablenkung, in denen das Bild der Linie des Minimums der Ablenkung in die Mitte des Gesichtsfeldes des Fernrohrs fällt. Das Prisma wird nacheinander in diese beiden Lagen gebracht; die Linie wird beidemal beobachtet. Erscheint die Linie in beiden Lagen gut fokussiert, d. h. scharf, so sind Kollimator und Fernrohr richtig justiert. Erscheint die Linie in der einen Position schärfer als in der andern, so wird folgendes Verfahren angewandt: Man bringt das Prisma zuerst in die eine Lage, dann fokussiert man das Fernrohr, bis die Linie scharf zu sehen ist; hierauf bringt man das Prisma in die zweite Lage und fokussiert den Kollimator. Dieser Vorgang wird wiederholt, wobei man immer das Fernrohr bei der ersten Stellung, den Kollimator bei der zweiten Stellung des Prismas fokussiert. Nach drei bis vier Versuchen wird wohl keine Änderung der Fokussierungen mehr nötig sein; Kollimator und Fernrohr sind dann für Parallelstrahlen einwandfrei justiert.

c) **Die Methode von NEWALL.** Für die endgültige Aufstellung eines photographischen Spektroskops oder Spektrographen, bei denen das Fernrohr durch eine Kamera ersetzt ist, hat sich folgende Methode, die eigentlich nur eine Verbesserung der Methode von SCHUSTER darstellt und mehr auf das photographische Verfahren Bedacht nimmt, sehr gut bewährt. Man verfährt dabei folgendermaßen:

α) Nachdem Kollimator und Kamera visuell annähernd eingestellt sind, werden drei oder mehr Aufnahmen auf einer Platte gemacht, wobei nur geringe Verschiebungen längs der Fokussierungsskala der Kamera erfolgen. Man arbeitet hier bei voller Öffnung des Spaltes und läßt die Stellung desselben unverändert. Die Prüfung der gewonnenen Aufnahmen zeigt, in welcher Stellung der Kamera sich die schärfste Abbildung ergibt.

β) Die Kamera wird in die so ermittelte Stellung gebracht; nun werden auf einer anderen Platte drei Belichtungen vorgenommen, wobei vor das Kollimatorobjektiv Blenden gesetzt werden, die jeweils eine Hälfte der Kollimatoröffnung so bedecken, daß abwechselnd jener Teil des Strahlenbündels, der durch den dicken Teil des Prismas bzw. jener Teil des Strahlenbündels, der durch den dünnen Teil des Prismas geht, durchgelassen wird. Die auf solche Art gewonnenen Photogramme zeigen das, was man als „dichtes" bzw. „dünnes" Spektrum bezeichnen könnte. Ist in jenem Teil des Spektrums, den man zu verwenden wünscht, keine Verschiebung der Linien im „dichten" Spektrum gegenüber den gleichen Linien im „dünnen" Spektrum festzustellen, so ist die Stellung des Kollimators richtig.

γ) Zeigt sich eine Verschiebung, so wird die Fokussierung des Kollimators geändert; die Kamera wird bei voller Öffnung des Objektivs durch Herstellung einer zweiten Aufnahmereihe von neuem fokussiert; dabei ergibt sich eine neue Einstellung auf beste Schärfe (Bildgüte).

δ) Hierauf wird wieder eine „dichte", eine „dünne" Aufnahme gemacht; auf diese Art ergeben sich durch eine Reihe von Versuchen die richtigen Einstellungen für Kollimator und Kamera.

Beim Vergleich der Aufnahmen zeigt sich, daß die Linien sowohl im „dichten" als auch im „dünnen" Spektrum schärfer sind, als bei Benutzung der vollen Öffnung; Der Wert dieser Methode liegt darin, daß das Aufsuchen jener Anordnung des Instruments möglich ist, bei der alle Teile des durchgehenden Strahlenbündels einen gemeinsamen Brennpunkt auf der Platte besitzen, ob sie nun durch den dicken und stärker absorbierenden Teil oder durch den dünnen Teil des Prismensystems hindurchgehen.

d) **Die Methode nach HARTMANN.** Bei der HARTMANNschen Methode wird die Lage des Brennpunktes des Kollimators für photographische Strahlen zuerst auf einer optischen Bank bestimmt. Man bedeckt das Objektiv mit einer Blende, die zwei Spalte von 2 mm Breite und 16 mm Abstand enthält, und bringt eine GEISSLER-Röhre, die parallel zu den erwähnten Spalten verläuft, in eine bestimmte Entfernung vom Objektiv; hierauf erfolgt eine Aufnahme in unmittelbarer Nähe der Brennebene. Auf der sich so ergebenden Aufnahme werden zwei Bilder der GEISSLER-Röhre erscheinen; die Entfernung zwischen ihnen ist von dem Abstand zwischen Platte und Schnittpunkt der beiden Strahlenbündel, also von der Entfernung der Platte vom Brennpunkt, abhängig. Durch eine Reihe von Aufnahmen bei verschiedenen Einstellungen an der Fokussierungsskala, und zwar vorzugsweise zu beiden Seiten des Brennpunktes, und durch Messung der Entfernungen zwischen den Bildern, läßt sich die Lage des Brennpunktes mit großer Exaktheit bestimmen. Aus der gemessenen Entfernung der GEISSLER-Röhre vom Objektiv kann dann die Lage des Hauptbrennpunktes berechnet werden.

Das gleiche Prinzip wird beim Fokussieren der Kamera, nachdem das parallel gemachte Lichtstrahlenbündel den Prismensatz passiert hat, befolgt. Die Methode zur Bestimmung der genauen Lage des Brennpunktes einzig aus der Schärfe der Linien des Spektrums ist etwas unsicher. Es werden daher abwechselnd zwei Blenden vor das Objektiv des Kollimators gesetzt, die es ermöglichen, daß das Licht das Prisma nahe der brechenden Kante bzw. nahe der Basis passiert. Da die Platte sich außerhalb des tatsächlichen Brennpunkts befindet, liegen die zwei so gewonnenen Spektren nebeneinander. Die Lage des Brennpunktes läßt sich mit großer Genauigkeit aus der gemessenen Entfernung zwischen den beiden Spektren sowie aus den anderen bekannten Elementen ermitteln.

Sind die Linsen für die photographisch wirksamen Strahlen korrigiert, so muß die Platte fast senkrecht zur Kameraachse stehen. Im allgemeinen wird eine Anordnung zum Neigen der Platte nötig sein, um den besten Kompromiß bei der Einstellung zu erzielen.

Es zeigt sich, daß die Linien des Spektrums immer gekrümmt sind, und zwar konvex gegen das rote Ende des Spektrums. Dies kommt daher, daß nur die von der Mitte des Spaltes ausgehenden Strahlen durch eine Hauptebene des Prismas gehen. Die von anderen Teilen des Spalts kommenden Strahlen gehen nicht durch eine Hauptebene, erleiden vielmehr eine stärkere Ablenkung, die mit dem Abstand der Strahlen von der Mitte des Spalts zunimmt. Die Enden der Linien weisen gegen das violette Ende des Spektrums; die Krümmung nimmt gegen das violette Ende des Spektrums zu.

Diese Krümmung der Spektrallinien ist insbesondere bei der Arbeit mit dem Spektroheliographen in Rechnung zu ziehen, da hier beträchtlich lange Spalte verwendet werden. Es kann unter Umständen vorteilhaft sein, auf achromatische Kollimatorlinsen zu verzichten. Mit einer gewöhnlichen achromatischen Linse werden nämlich zwei Strahlen bestimmter Wellenlänge in einer Ebene vereinigt (fokussiert), alle Strahlen von größerer oder kleinerer Wellenlänge vereinigen sich außerhalb dieser Ebene und auch durch Neigen der Platte vermag man das Spektrum in der Brennebene nicht zu verbreitern. Sind die Kollimatorobjektive einfache Linsen aus einer Glassorte, so liegen die Brennpunkte für alle Wellenlängen auf einer gekrümmten Fläche; bei passender Krümmung der lichtempfindlichen Schicht gelangen also alle Strahlen in ihren Brennpunkt; die Länge des Spektrums ist nur vom Bildfeld der Linse abhängig. Bei Benutzung eines Films, dessen Krümmung man der Krümmung des Feldes anzupassen vermag (KIENLE), und bei Einstellung mit Ausnutzung der Brennlinien des astigmatischen Bildes am Rande des Bildfeldes kann ein ziemlich langes Spektrum erzielt werden.

29. Der Spalt des Spektroskops. Der Spalt wird von zwei Metallbacken gebildet, die durch Betätigung einer feinen Bewegungsschraube einander genähert und voneinander entfernt werden können. Die Backen, die zu scharfen Schneiden fein abgeschliffen sind, müssen vollkommen gerade und parallel sein. Da die Schneiden sehr empfindlich sind, ist das Schließen des Spalts mit Vorsicht durchzuführen. Um zu verhindern, daß die Schneiden der Spaltbacken beim Schließen Schaden nehmen, wird der Spalt unter Zuhilfenahme einer Feder, gegen die eine Schraube wirkt, geschlossen; auf diese Art erfolgt das Schließen des Spalts nicht plötzlich, sondern allmählich.

Bei der Konstruktion eines astronomischen Sternspektrographen ist, da die Sterne sehr schwache Lichtquellen sind, darauf zu achten, daß die Apparatur so leistungsfähig als möglich sei, und zwar bezüglich Reinheit des Spektrums, Stärke der Dispersion und Auflösungsvermögen.

30. Das Auflösungsvermögen des Spektroskops. Das Auflösungsvermögen hängt von der Differenz zwischen dem längsten und dem kürzesten Lichtweg im Prisma ab, ist also proportional zur Oberfläche des Prismensystems. Das gleiche Auflösungsvermögen kann daher mit einem einzigen großen Prisma oder mit einer Reihe kleinerer Prismen erreicht werden. Damit das vom Refraktor kommende Licht möglichst weitgehend ausgenutzt werde, muß das vom Kollimator ausgehende Lichtstrahlenbündel das Prisma nahezu vollkommen ausfüllen und der Kollimator das gleiche Öffnungsverhältnis wie das Fernrohrobjektiv besitzen.

31. Die Reinheit des Spektrums. Die Reinheit des Spektrums hängt von dem Winkel ab, unter dem man den Spalt von der Mitte der Kollimatorlinse aus sieht. Je länger der Kollimator ist, um so weiter kann der Spalt sein, ohne daß das Spektrum an Reinheit einbüßt. Die zulässige Länge des Kollimators wird daher durch die Größe der Prismen, die im Prismensatz verwendet werden, sowie durch das Öffnungsverhältnis des Fernrohrs bestimmt.

Der Länge des Kollimators und der Größe des Prismensatzes sind dadurch Grenzen gesetzt, daß das Gerät nicht mechanisch ungelenk und zu schwer werden darf. Um den erforderlichen Grad an Reinheit des Spektrums zu erreichen, muß man einen sehr engen Spalt anwenden, wobei ein Lichtverlust aus zwei Gründen eintritt: a) wegen der verminderten Größe der leuchtenden Fläche (Lichtquelle), b) wegen der Beugungserscheinungen an einem engen Spalt.

Das Bildscheibchen eines Sterns in einem großen Fernrohr für visuelle Beobachtungen bedeckt (theoretisch und praktisch) in jedem einzelnen Augenblick nur den Bruchteil einer Bogensekunde (durchschnittlich 0,25″); dagegen umfaßt das photographische Bildscheibchen zwei, meistens sogar mehr als drei Bogensekunden. Bei Verwendung eines engen Spektrographenspalts wird nur ein kleiner Ausschnitt dieses „Flimmerscheibchens" verwertet, weshalb es ratsam ist, den Spalt so breit zu machen, als dies die übrigen Anforderungen gestatten.

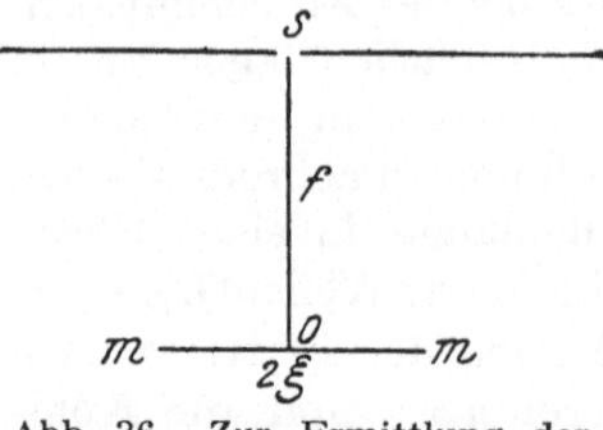

Abb. 36. Zur Ermittlung der Spaltbreite des Spektroskops (nach NEWALL)

32. Die Spaltbreite. NEWALL hat eine Methode zur Ermittlung der Spaltbreite aus den im Spektroskop beobachtbaren Beugungserscheinungen bzw. eine Methode zur Bestimmung der geeignetsten Spaltbreite auf Grund der beobachteten Beugungserscheinungen angegeben.

Man beobachtet die durch einen engen Spalt beim Durchgang eines Parallelstrahlenbündels hervorgerufenen Beugungserscheinungen auf einem in einer Entfernung f vom Spalt S angebrachten Schirm. (Vgl. Abb. 36.)

Die Entfernung zwischen dem $m$ten dunklen Beugungsstreifen rechts von der Schirmmitte vom $m$ten dunklen Beugungsstreifen links von der Schirmmitte beträgt

$$2 \xi = \frac{2\,m\,\lambda\,f}{s}.$$

Wird um O (Abb. 36) als Mittelpunkt ein Kreis mit dem Durchmesser a gezogen, so berühren die $m$ten dunklen Streifen den Kreis, wenn $2\,\xi = a$. Die Spaltbreite läßt sich so abstimmen, daß diese Beziehung für jeden gewünschten Wert von m gilt.

Sind f, a, λ und m bekannt, so kann die Breite des Spaltes nach der sogenannten Diffraktionsmethode ermittelt werden.

$$s = \frac{2\,m\,\lambda\,f}{a}.$$

Bei einem Fernrohr, dessen Objektivöffnung a und dessen Brennweite f sei, ist das Beugungsbild eines Sterns so beschaffen, daß der $m$te dunkle Beugungsring einen Durchmesser

$$d = \frac{2\,p\,\lambda\,f}{a}$$

hat, wobei p zu m in folgender Beziehung steht:

Wie man sieht, unterscheiden sich $2\,p$ von $2\,m$ nahezu durch eine konstante Größe, die wenig von 0,5 abweicht; wir können daher setzen:

$$d = \frac{\left(2\,m + \dfrac{1}{2}\right)\lambda\,f}{a} =$$
$$= \frac{2\,m\,\lambda\,f}{a} + \frac{1}{2}\,\frac{\lambda\,f}{a}.$$

Beziehung zwischen p und m
(vgl. Text)

Ring $m$ter Ordnung	p	Ring $m$ter Ordnung	p
1	1,22	6	6,24
2	2,23	7	7,24
3	3,24	8	8,25
4	4,24	9	9,25
5	5,24	10	10,25

Wir wollen diese Tatsachen auf das Spektroskop anwenden. Nehmen wir an, der Spalt sei gegen eine weit entfernte Lichtquelle gerichtet, so können wir ihn auf jede gewünschte Breite bringen und dabei das feine Beugungsbild am Objektiv beobachten. Hat das Objektiv eine Öffnung a und eine Brennweite f, so wird, wenn der $m$te Streifen auf die Ränder des Objektivs fällt, die Spaltbreite

$$s = \frac{2\,m\,\lambda\,f}{a}$$

und

$$s = d - \frac{1}{2}\,\frac{\lambda\,f}{a}$$

sein.

Der zweite Ausdruck rechts in der letzten Gleichung macht eine exakte Festlegung dieser Beziehung unmöglich. In der Praxis erweist sich folgende Regel als gut brauchbar. Würde die Spaltbreite so gewählt, daß die $m$ten Beugungsstreifen auf die Ränder des Kollimatorobjektivs fallen, so hätte der Spalt annähernd die Breite des $m$ten dunklen Ringes im Beugungsbild eines Sterns, wie es vom Kollimatorobjektiv entworfen wurde. Die Spaltbreite kann somit durch m bzw. durch eine Funktion von m ausgedrückt werden, z. B. Spalt $m = 1$ oder Spalt $m = 2$.

Bei der Sternspektroskopie wird so verfahren, daß man das Öffnungsver-

hältnis $\dfrac{A}{F}$ des Fernrohrs dem Öffnungsverhältnis des Kollimators $\dfrac{a}{f}$ gleich
macht. Unter diesen Umständen ist das Beugungsbild eines Sterns von der
gleichen linearen Ausdehnung wie das vom Kollimator erzeugte Beugungsbild.
Wurde also die Spaltbreite so gewählt, daß die m ten Beugungsstreifen auf den
Rand des Kollimatorobjektivs fallen, so ist die Spaltbreite so groß, daß sie m
Maxima im Beugungsbild des Sterns umfaßt; ferner wird unter diesen Umständen
das geometrisch-optische Bild des Spaltes in der Brennebene des Kameraobjektivs
gerade so viele Maxima des Beugungsbildes umfassen, als bei diesem Objektiv
zu gewärtigen ist.

Die Reinheit des Spektrums hängt von der Spaltbreite ab. Bezeichnen wir
mit P die Reinheit des Spektrums, mit R das theoretische Auflösungsvermögen
des Spektroskops und mit ψ das Verhältnis $\dfrac{a}{f} = \dfrac{A}{F}$, so gilt nach Rayleigh und
Schuster folgende Beziehung zwischen Reinheit, Auflösungsvermögen und
Wellenlänge

$$P = \frac{\lambda \cdot R}{s\,\psi + \lambda},$$

woraus sich

$$P = \frac{1}{2\,m + 1} \cdot R$$

ergibt.

Für verschiedene Werte von m ergeben sich folgende Zahlenwerte für P und R:

Auf diese Art läßt sich durch Prüfung des Beugungsbildes auf dem Kollimatorobjektiv abschätzen, welcher Bruchteil des theoretischen Auflösungsvermögens ausgenutzt wurde.

Zahlenwerte für P und R (s. Text)

m	P (Schuster)	P (Wadsworth)
1	$\dfrac{1}{3}\,R$	$\dfrac{1}{2}\,R$
2	$\dfrac{1}{5}\,R$	$\dfrac{1}{4}\,R$
3	$\dfrac{1}{7}\,R$	$\dfrac{1}{6}\,R$
4	$\dfrac{1}{9}\,R$	$\dfrac{1}{8}\,R$
5	$\dfrac{1}{11}\,R$	$\dfrac{1}{10}\,R$

Die Einstellung der Spaltbreite geschieht praktisch folgendermaßen: der Beobachter läßt Sonnenlicht oder aus einer weit entfernten Lichtquelle von geringer Winkelausdehnung kommendes Licht auf den Spalt fallen. Bringt man nun, wenn der Spalt breit ist, das Auge in den Brennpunkt der Kamera, so ist ein heller Fleck in der Mitte des Kameraobjektivs zu sehen. Wird der Spalt dann verengert, so sieht man die dunklen Beugungsstreifen sich verbreitern, und es ist
ohneweiters möglich, dem Spalt eine solche Breite zu geben, daß gerade die
gewünschten Streifen auf den Rand des Kameraobjektivs fallen. Ist das Spektroskop auf einem Fernrohr befestigt, so ist es praktisch, vor das Objektiv eine Blende
zu setzen, deren Breite den scheinbaren Durchmesser der Sonne nicht übertrifft.
Das Fernrohr wird jetzt auf die Sonne gerichtet und die Spaltbreite, so wie dies
oben beschrieben wurde, eingestellt.

Der Wert dieser Methode für die Sternspektroskopie liegt darin, daß es dem
Beobachter auf diese Art möglich ist, dem Spalt jenen Wert m zu geben, bei dem
die maximale Reinheit bei geringstem Lichtverlust zu erreichen ist; dies ist sehr
wichtig, wenn es sich um die Untersuchung lichtschwacher Sterne handelt. Die
Erfahrung hat gezeigt, daß bei schwachem Licht der Spalt einen Wert von
$m = 3$ oder sogar $m = 4$ haben muß; die Anwendung eines so breiten Spaltes ist

deshalb möglich, weil der Spalt ja von einem Scheibchen beträchtlichen Durchmessers beleuchtet wird.

In begleitender Tabelle sind für $\lambda = 4400$ Å. E. und Fernrohre von verschiedenem Öffnungsverhältnis die Werte von m in Millimeter umgewandelt.

Es ist interessant, daß beim 60-Zoll-Reflektor auf dem Mt. Wilson bei einem Öffnungsverhältnis $\frac{1}{16}$ als übliche Spaltbreite 0,050 mm gewählt wird. Nach obiger Tabelle ergibt sich Spalt $m = 3$ bis $m = 4$. Beim 72-Zoll-Victoria-Reflektor mit dem Öffnungsverhältnis 1/18 beträgt die Spaltbreite auch 0,050 mm; dies entspricht Spalt $m = 3$.

Werte von m in mm für Fernrohre mit verschiedenen Öffnungsverhältnissen und $\lambda = 4400$ Å. E.

Öffnungs-verhältnis A/F	$m =$				
	1	2	3	4	5
1/10	0,009	0,017	0,026	0,035	0,043
1/15	0,013	0,026	0,039	0,052	0,065
1/20	0,017	0,035	0,052	0,070	0,087

33. Besondere Anforderungen an einen Sternspektrographen. Beim Anbringen des Spektroskops am Fernrohr sind einige wichtige Faktoren zu beachten. Ein Spektroskop für Laboratoriumszwecke ist darauf abgestimmt, unter ganz anderen Umständen benutzt zu werden als in Verbindung mit einem astronomischen Fernrohr. Das Spektroskop auf einem durch ein Uhrwerk bewegten Fernrohr muß Biegungen in allen Richtungen widerstehen können; es müssen hier auch besondere Vorkehrungen getroffen werden, um den Einwirkungen von Temperaturschwankungen zu begegnen.

Es ist wichtig, daß keine Verschiebungen des optischen Systems zwischen Spalt und photographischer Platte erfolgen. Um dies zu erreichen, wurde eine ganz besonders kompakte, am Fernrohr einwandfrei montierbare Form eines Spektrographen entwickelt; wir verdanken die Schaffung eines solchen Geräts den Bemühungen CAMPBELLs und WRIGHTs am Lickobservatorium.

Bei dieser Anordnung befindet sich der Spektrograph als Ganzes, d. h. der Kollimator, die Prismen und die Kamera, in einem starren kastenförmigen Rahmen. Der Spektrograph ist am Fernrohr mit Stahlstangen befestigt, die eine Art Hängwerk bilden. Das Instrument wird an seinen beiden Enden von diesem Hängwerk getragen; überdies ist es nahe der Mitte des Prismengehäuses sowie nahe dem den Spalt enthaltenden Teil des Kollimators durch Streben gestützt, wobei die Befestigung so erfolgt, daß die in den Trägern entstehenden Spannungen auf den Spektrographen nicht übertragen werden.

Bei Verwendung eines Prismensatzes von drei Prismen mit je 60° Brechungswinkel ergibt sich ein Ablenkungswinkel von ungefähr 180°; die Kamera wird parallel zum Kollimator gestellt, wodurch das System die nötige Starrheit erhält.

Bei Temperaturschwankungen würden sich die Brechungsindizes der Prismen ändern; damit ergäbe sich auch eine Änderung des Ablenkungswinkels und ein Unscharfwerden der Spektrallinien, was sich insbesondere bei längeren Belichtungen sehr bemerkbar machen würde.

Wickelt man den Spektrographen in dicke Tücher, so lassen sich Temperaturschwankungen kompensieren und gute Spektrogramme gewinnen. Wirklich gute Ergebnisse können aber nur bei vollkommenem Konstanthalten der Temperatur erzielt werden. Zu diesem Zweck schließt man den ganzen Spektrographen in einen Kasten ein, der innen mit Filz ausgeschlagen ist. Die Temperatur im Inneren des Spektrographenkastens wird mittels eines elektrisch geheizten Thermostaten konstant erhalten. Durch einen Ventilator wird die

Luft im Inneren des Spektrographen in Zirkulation erhalten. Auf diese Art läßt sich die Temperatur mit einem Fehler von $\pm 0,1^0$ C konstant halten.

34. Die Führung des Sternbildes auf dem Spalt. Das Sternbild, welches auf den Spalt fällt, ist praktisch ein Lichtpunkt. Dieser wird zu einer Linie ausgezogen, die — sollen Einzelheiten im Spektrum sichtbar werden — zu einem Band erweitert werden muß. Zur einwandfreien Unterscheidung zwischen tatsächlichen Spektrallinien und anderen Linien sowie für genaue Messungen ist eine Breite des Spektrums von 0,25 mm, besser aber von 0,5 mm erforderlich; dies wird dadurch erreicht, daß man den Stern während der Belichtung vor- und rückwärts den Spalt entlang wandern läßt.

Der Stern darf natürlich während der Aufnahme nicht vom Spalt „abkommen". Unter den verschiedenen zu diesem Zweck ersonnenen Führungsvorrichtungen ist die von HUGGINS wohl die beste; sie wird auch am häufigsten verwendet. Die Backen des Spalts sind aus poliertem Stahl und so beschaffen, daß die polierte Oberfläche der Backenschneiden einen Winkel von ungefähr 3^0 mit der Brennebene einschließt. Sobald der Stern auf dem Spalt „sitzt", wird jener Teil des Lichtes, der nicht ins Spektroskop gelangt, in einem Winkel von 6^0 zur optischen Achse reflektiert. Dieses Licht fällt auf ein kleines Reflexionsprisma, das die Lichtstrahlen in ein schwach vergrößerndes Mikroskop wirft; man sieht auf diese Art das Sternbild auf den Spalt projiziert.

Die Achsen des Fernrohrs und des Kollimators müssen zusammenfallen. Sobald der Stern auf der Mitte des geöffneten Spaltes aufsitzt und das Auge sich am Orte des Mittelpunktes des Kamerabildfeldes befindet, soll das beleuchtete Objektiv des Fernrohrs so erscheinen, daß es das Objektiv des Kollimators konzentrisch erfüllt.

35. Vergleichsspektren. Die Bewegungsgeschwindigkeit eines Sterns in der Gesichtslinie, die sogenannte Radialgeschwindigkeit, wird dadurch festgestellt, daß man die Verschiebung der Spektrallinien dieses Sterns relativ zu den Spektrallinien einer irdischen Lichtquelle feststellt.

Zum Zwecke der Herstellung des Vergleichsspektrums wird bisweilen der elektrische Funke verwendet, doch hat sich der Eisenbogen, erzeugt bei ungefähr 200 Volt Gleichstrom, als geeignetste Vergleichslichtquelle erwiesen. Der Bogen wird seitwärts vom Spektrographen montiert; sein Licht gelangt durch ein System reflektierender Prismen in die optische Achse des Kollimators. Das Bild des Bogens wird mittels einer Kondensorlinse von entsprechender Öffnung, um das Kollimatorobjektiv auszufüllen, auf den Spalt projiziert.

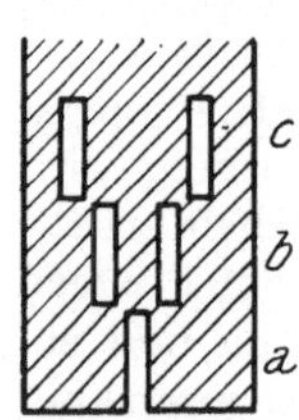

Abb. 37. Einfache Schiebeblende zur Herstellung von Vergleichsspektren

Es ist wünschenswert, daß ober- und unterhalb des Sternspektrums je ein Vergleichsspektrum vorhanden sei. Eine der frühesten Methoden zur zweckmäßigen Anordnung der Vergleichsspektren bestand darin, daß vor dem Spalt eine Blende mit ausgeschnittenen Fenstern angebracht wurde.

Die Schiebeblende läßt sich (vgl. Abb. 37) in jede der drei Lagen a, b, c bringen. Während der Exposition des Sterns kommt sie in die Stellung a; dabei ist nur ein kleiner Mittelteil des Spaltes frei. Bei der Aufnahme des Vergleichsspektrums wird die Schiebeblende in die Stellung b oder c gebracht; dabei verdeckt sie den vom Stern eingenommenen Teil des Spaltes, läßt aber die angrenzenden Teile des Spaltes unbedeckt. Mittels eines Prismas, das in die optische Achse gebracht werden kann, leitet man das Vergleichsspektrum durch eine der vier Öffnungen. Um zu prüfen, ob das Spektroskop einwandfrei arbeitet, wird die Blende mehrmals vorgeschoben und die Belichtung des Sterns dabei jedesmal unterbrochen.

Eine bessere Methode, die zuerst WRIGHT am Lickspektrographen angewendet hat und die allgemein benutzt wird, ist folgende: zwei kleine reflektierende Prismen werden auf einer Platte vor dem Spalt derart angebracht, daß der vom Fernrohr ausgehende Strahlenkegel zwischen ihnen hindurchgeht. Die Prismen ruhen auf Schlitten, die durch eine rechts- bzw. linksgängige Schraube in Bewegung gesetzt werden können; beim Drehen der Schraube — das Maß der Drehung kann man an einer Skala am Schraubenkopf ablesen — lassen sich die Prismen in einen mehr oder weniger großen Abstand voneinander bringen. Das Vergleichsspektrum kann so in jedes der Prismen geworfen werden, ohne daß es notwendig wäre, die Aufnahme des Sterns zu unterbrechen; durch entsprechende Einstellung der oberwähnten Schrauben (Ablesung am Schrauben-

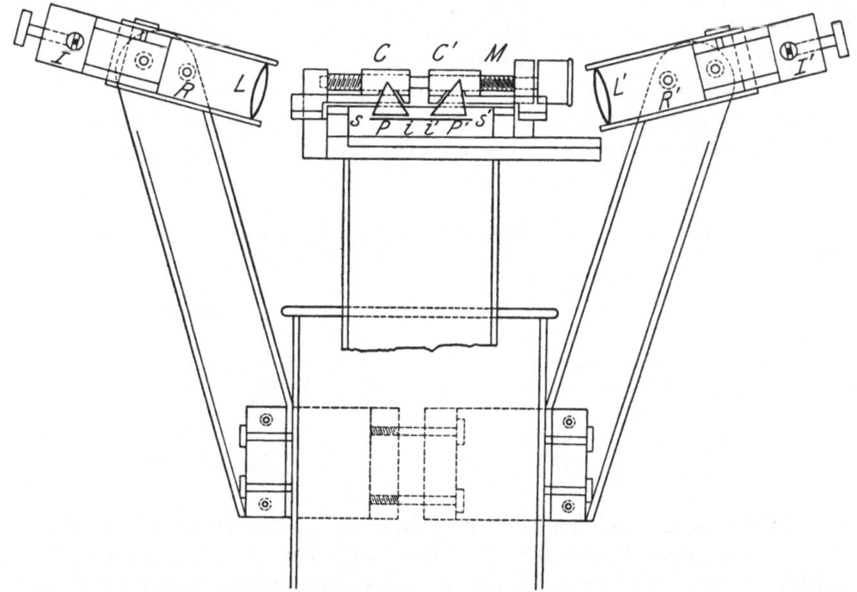

Abb. 38. Einrichtung zur Projektion der Vergleichsspektren am Spektrographen der Licksternwarte

kopf) kann man das Vergleichsspektrum dort zur Entstehung bringen, wo man es benötigt.

Diese Anordnung ist in Abb. 38 dargestellt.

SS' sind die Spaltplatten, PP' die reflektierenden Prismen, CC' die Schlitten, auf denen diese Prismen montiert sind und die durch die rechts- bzw. linksgängige Schraube M bewegt werden können. LL' sind Kondensorlinsen von kurzer Brennweite, welche die Elektroden II' bei i und i' abbilden.

Die Winkel der Prismen bei i und i' betragen 49°; die Linsen L bzw. L' schließen mit den Spaltplatten Winkel von 8° ein. Das Öffnungsverhältnis der Linse ist groß gewählt, damit das Kollimatorobjektiv vom Licht vollkommen ausgefüllt wird.

Das von der Vergleichslichtquelle kommende Licht muß den gleichen optischen Weg wie das Licht des Sterns zurücklegen, d. h. das Kollimatorobjektiv muß vom Licht ganz ausgefüllt sein. Ob dies der Fall ist, läßt sich in der Art prüfen, daß man das Auge in den Brennpunkt der Kamera bringt und von hier aus das beleuchtete Objektiv des Kollimators betrachtet.

36. Die Kamera des Sternspektrographen. Die zu wählende Brennweite und Öffnung des Kollimatorobjektivs sind von der Größe der Prismen und vom

Öffnungsverhältnis des Fernrohrobjektivs abhängig. Für die Dimensionierung der Kamera sind andere Erwägungen ausschlaggebend.

Wegen der Zerstreuung des Lichtes beim Verlassen der Prismen ist eine etwas größere Öffnung des Kameraobjektivs wünschenswert. Während die Kollimatorlinse in erster Linie für achsiale Strahlen korrigiert sein muß, muß die Kameralinse ein großes Bildfeld decken; das Kollimatorobjektiv kann somit eine Art Fernrohrobjektiv sein, als Kameraobjektiv wird man hingegen ein Dublet oder Tripletobjektiv wählen.

Für hellere Sterne wird man einen Satz aus drei Prismen verwenden, für lichtschwächere Sterne benutzt man zwei oder ein Prisma und ein kurzbrennweitiges Kameraobjektiv.

Als Beispiel diene der Sternspektrograph, der am 60zölligen (1,52 m) Spiegelteleskop des Mt. Wilson-Observatoriums verwendet wird. Die Kollimatorlinse ist dort ein für das H_γ-Gebiet des Spektrums korrigiertes gekittetes Triplet. Es werden abwechselnd zwei Kameraobjektive benutzt: dasjenige mit größerer Brennweite ist ein ungekittetes Triplet, das andere eine Spezial-Cooke-Linse für astrophotographische Zwecke. Über nähere Einzelheiten gibt folgende Tabelle Aufschluß:

Daten, betreffend den Sternspektrographen, der am 60zölligen Spiegelteleskop des Mt. Wilson-Observatoriums verwendet wird

Kollimator		Kamera		Lineare Dispersion bei H_γ in Å. E. pro mm mit		
Öffnung	Brennweite	Öffnung	Brennweite	1 Prisma	2 Prismen	3 Prismen
64 mm	1020 mm	88 mm	1020 mm	15,7		5,2
		102 „	460 „		18,0	

Die Erfahrung hat gelehrt, daß die Mehrzahl der Sterne der Spektralklasse A und B bei geringerer Dispersion und bei kleinerem Aufnahmemaßstab besser beobachtet werden können, weil die Spektrallinien dann besser sichtbar bzw. erkennbar sind. Die Beobachter auf dem Mt. Wilson haben gefunden, daß mit einem optischen System, bestehend aus zwei Prismen und einem kurzbrennweitigen Kameraobjektiv oder aus einem einzelnen Prisma und einem langbrennweitigen Kameraobjektiv, bei den meisten Sternen die besten Ergebnisse zu erzielen sind. Bei Sternen mit zahlreichen Spektrallinien werden des stärkeren Auflösungsvermögens wegen zwei Prismen vorzuziehen sein, bei Sternen mit wenig Linien im Spektrum ist wohl das Einzelprisma am geeignetsten.

Die Belichtungszeiten sind von den Sichtverhältnissen abhängig. Unter den günstigsten Verhältnissen wurde das Spektrum eines Sterns der 6. Größe bei Benutzung eines Prismas und des langbrennweitigen Kameraobjektivs in 60 Minuten aufgenommen, bei Benutzung zweier Prismen und des kurzbrennweitigen Kameraobjektivs war die notwendige Belichtungszeit etwas kürzer. Unter durchschnittlichen Verhältnissen waren die notwendigen Belichtungszeiten etwas länger. Die gewöhnlich angewendete Spaltbreite betrug 0,05 mm.

Am Spektrographen des 72zölligen (1,83 m) Spiegelteleskops in Victoria (Kanada) benutzt Plaskett ein einziges Prisma und ein Kameraobjektiv von mittlerer Brennweite; es ergab sich bei H_γ eine lineare Dispersion von 35 Å. E. pro Millimeter. Bei normalen Sichtverhältnissen wurde hier ein gut exponiertes Spektrum eines Sterns der 7. Größe in 25 Minuten erhalten, wobei die Spaltbreite 0,05 mm betrug.

37. Die Bestimmung der Radialgeschwindigkeiten. Eine der wichtigsten Anwendungen des Spaltspektrographen in der Astronomie ist die Bestimmung der Radialgeschwindigkeiten von Fixsternen und anderen Objekten.

DOPPLER hat behauptet, daß zufolge der Wellentheorie des Lichts eine Änderung der beobachteten Wellenlänge des Lichts eintreten muß, wenn die Lichtquelle sich relativ zum Beobachter bewegt. FIZEAU hat gezeigt, daß auf Grund des DOPPLERschen Prinzips die Verschiebung einer Linie im Spektrum einer Lichtquelle erwartet werden kann, sobald sich die Lichtquelle relativ zum Beobachter bewegt; umgekehrt kann aus der Verschiebung einer Spektrallinie gegenüber ihrer normalen Stellung auf die Bewegung der Lichtquelle geschlossen werden.

Es sei c = Lichtgeschwindigkeit = 299,820 km/sek, n, λ = die t a t s ä c h - l i c h e Frequenz bzw. Wellenlänge einer von einer beweglichen Lichtquelle ausgehenden Lichtschwingung, n', λ' die b e o b a c h t e t e Frequenz bzw. Wellenlänge der Schwingung; ferner sei u die relative Geschwindigkeit der Lichtquelle und des Beobachters in der Visierlinie; bei Abzählung der Zahl der Wellen, die den Beobachter in einer gegebenen Zeit erreichen, ergibt sich, daß

$$\frac{n'}{n} = \frac{c - u}{c}$$

Ist $\delta\lambda$ die Verschiebung der Linie gegen das rote Ende des Spektrums hin, so haben wir für den Fall, daß u im Verhältnis zu c klein ist,

$$\frac{\delta\lambda}{\lambda} = \frac{\lambda' - \lambda}{\lambda} = \frac{n - n'}{n'} = \frac{u}{c - u}$$

oder

$$u = c\,\frac{\delta\lambda}{\lambda}$$

38. Die Ausmessung des Spektrogramms. Die fertige Aufnahme zeigt das Spektrum des Sterns; darüber und darunter befinden sich die Vergleichsspektren des Eisens.

Die einfachste Methode zur Ausmessung des Spektrums besteht darin, daß man das Fadenkreuz eines Mikroskops nacheinander auf jede Linie des Sternspektrums bzw. der angrenzenden Vergleichsspektren einstellt. Diese Messungen erfolgen entweder unter Zuhilfenahme einer passend angebrachten Skala oder einer Mikrometerschraube; in beiden Fällen müssen die Meßdaten auf Wellenlängen umgerechnet werden. Aus den bekannten Wellenlängen der Standardlinien des Vergleichsspektrums und den Mikrometermessungen an diesen Linien lassen sich Konstanten berechnen, die eine Beziehung zwischen den Mikrometermessungen und den korrespondierenden Wellenlängen schaffen. Mit diesen Konstanten lassen sich alle Meßdaten (sowohl im Sternspektrum als auch in den Vergleichsspektren) in Wellenlängen umrechnen, wobei dem Vergleichsspektrum die Geschwindigkeit Null zukommt. Aus dem ermittelten Unterschied zwischen den Wellenlängen der Linien des Sternspektrums gegenüber den Wellenlängen der korrespondierenden Linien in den ROWLANDschen Sonnentafeln (man kann auch andere Lichtquellen heranziehen, wenn die betreffenden Wellenlängen nicht in der Sonne aufscheinen) läßt sich die Radialgeschwindigkeit des Sterns ableiten.

Wie bereits bemerkt, ist

$$V_S = \frac{\delta\lambda}{\lambda}\cdot 299{,}820 \text{ km/sek.}$$

Die Umrechnung der Wellenlängenmessungen erfolgt nach der HARTMANN-CORNuschen Formel:

$$\lambda = \lambda_0 + \frac{c}{x - x_0},$$

wobei x das Meßergebnis, λ_0, c und x_0 Konstante sind.

Die Formel wird wie folgt verwendet:

Sind x_1, x_2, x_3 die Meßdaten an drei Linien im Vergleichsspektrum, und zwar am Anfang, nahe der Mitte und am Ende des beobachteten Spektrums, ferner λ_1, λ_2, λ_3 die entsprechenden angenommenen Wellenlängen, so wird

$$\lambda_1 = \lambda_0 + \frac{c}{x_1 - x_0}$$

$$\lambda_2 = \lambda_0 + \frac{c}{x_2 - x_0}$$

$$\lambda_3 = \lambda_0 + \frac{c}{x_3 - x_0}.$$

Es sei

$$X_0 = x_2 - x_0$$
$$\Lambda_0 = \lambda_2 - \lambda_0;$$

so erhalten wir

$$X_0\,(\lambda_1 - \lambda_2) + \Lambda_0\,(x_1 - x_2) = -\,(x_1 - x_2)\,(\lambda_1 - \lambda_2)$$
$$X_0\,(\lambda_3 - \lambda_2) + \Lambda_0\,(x_3 - x_2) = -\,(x_3 - x_2)\,(\lambda_3 - \lambda_2).$$

Daraus ergibt sich

$$x_0 = x_2 - X_0$$
$$\lambda_0 = \lambda_2 - \Lambda_0$$
$$C = (x - x_0)\,(\lambda - \lambda_0).$$

Nachstehendes numerisches Beispiel mag das Gesagte erläutern: Es seien

$$\lambda_1 = 4383{,}550 \qquad\qquad x_1 = 64{,}3917$$
$$\lambda_2 = 4294{,}130 \qquad\qquad x_2 = 51{,}0894$$
$$\lambda_3 = 4202{,}033 \qquad\qquad x_3 = 35{,}2551$$
$$\lambda_1 - \lambda_2 = +\,89{,}420 \qquad\qquad x_1 - x_2 = +\,13{,}3023$$
$$\lambda_3 - \lambda_2 = -\,92{,}097 \qquad\qquad x_3 - x_2 = -\,15{,}8343$$

$$89{,}420\,X_0 + 13{,}3023\,\Lambda_0 = -\,89{,}420 \times 13{,}3023$$
$$-\,92{,}097\,X_0 - 15{,}8343\,\Lambda_0 = -\,92{,}097 \times 15{,}8343$$

$$6{,}722146\,X_0 + \Lambda_0 = -\ 89{,}420$$
$$-\,5{,}816297\,X_0 - \Lambda_0 = -\ 92{,}097$$
$$0{,}905849\,X_0 = -\,181{,}517$$

$$X_0 = -\,200{,}3833, \quad \Lambda_0 = 1257{,}588, \quad x_0 = 251{,}4727, \quad \lambda_0 = 3036{,}542, \quad c = 251\,999{,}6.$$

Bei Anwendung auf einen kleinen Spektralbereich ist diese Methode für die meisten Zwecke genügend genau; bei Anwendung auf einen weiten Spektralbereich ist unter Umständen eine empirische Korrektur der gefundenen Werte notwendig.

Außer den oberwähnten drei Linien zur Bestimmung der Konstanten werden noch etliche andere Linien ausgemessen; die für sie ermittelten Wellenlängen werden mit bekannten Wellenlängen verglichen. Trägt man die bei diesem Vergleich sich ergebenden Differenzen als Ordinaten zu den entsprechenden Wellenlängen auf und verbindet man die so erhaltenen Punkte durch eine Kurve, so läßt sich aus dieser für jede Wellenlänge die entsprechende Verbesserung ablesen.

Der Spektrokomparator von J. HARTMANN ermöglicht es, die Messung einer großen Zahl von Einzellinien in den Spektren und solche Fehler zu vermeiden, die auf die Unsicherheit der angenommenen Wellenlängen zurückzuführen sind.

Der Gedankengang der bei Verwendung dieses Gerätes geübten Methode ist folgender: Sterne der Klassen F, G und K haben mit der Sonne, die ein Stern der Go-Klasse ist, viele Linien gemeinsam. Man fertigt nun nebst einem Standardspektrum der Sonne und einem Vergleichsspektrum auf ganz gleiche Art und mit dem gleichen Instrument das Sternspektrum sowie ein Vergleichsspektrum an; wenn es möglich ist, den Stern mit der Sonne und das Sternvergleichsspektrum mit dem Sonnenvergleichsspektrum zu vergleichen und wenn man im Meßkomparator die Enden der Spektren von Stern und Sonne Linie für Linie koinzidieren läßt, so werden die Lagedifferenzen der Vergleichsspektren die DOPPLERsche Verschiebung darstellen, welche durch die Differenz der Radialgeschwindigkeiten von Sonne und Stern bedingt ist.

Die Geschwindigkeit der Sonne kann berechnet und daraus die des Sterns abgeleitet werden.

Das Prinzip des Komparators wird am besten aus Abb. 39 verständlich.

Das Sternspektrum wird in den Schlitten bei S_2, das Standardsonnenspektrum in den Schlitten bei S_1 eingelegt. Der Schlitten S_1 kann durch eine Mikrometerschraube relativ zu S_2 bewegt werden. Die Spek-

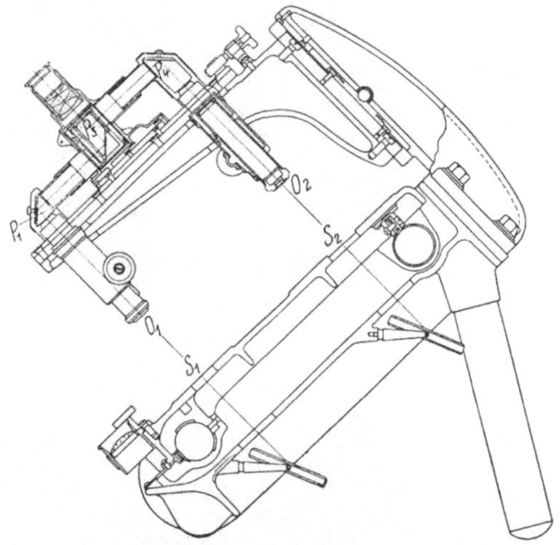

Abb. 39 a. Schematische Skizze des HARTMANNschen Spektrokomparators von CARL ZEISS, Jena (neuestes Modell)

tren werden durch die Mikroskopobjektive O_1 und O_2 betrachtet. Am oberen Ende der Objektivtuben gehen die Lichtstrahlen durch die Prismen P_1 und P_4, wodurch sie Richtungen auf Prisma P_5 hin erhalten, das sie dem Okular zuführt. Auf einer Hypotenusenfläche des Prismas P_5 — sie läuft auf Abb. 39 a waagrecht und mitten durch den Buchstaben P_5 — ist der mittlere Teil versilbert, die äußeren Teile lassen die Strahlen aus P_1 durchtreten. Sobald die beiden Spektren unter die Mikroskope O_1 und O_2 gebracht und passend angeordnet werden, sieht der Beobachter einen Teil des Sternspektrums in der Mitte und die Vergleichsspektren neben dem Sternspektrum. Die Sonnenspektren zeigen sich zu beiden Seiten des Sternspektrums; die Sonnenvergleichsspektren erscheinen zu beiden Seiten der Sternvergleichsspektren. Mittels der Mikrometerschraube kann das Sonnen- oder Standardspektrum so lange verschoben werden, bis die Linien des Sonnen- und Sternspektrums zur Koinzidenz gebracht sind; hierauf werden die Linien des Sonnenvergleichs- bzw. Sternvergleichsspektrums zur Koinzidenz gebracht. Die Differenz der Ablesungen für die beiden Koinzidenzlagen ist die DOPPLERsche Verschiebung.

Die auf Grund der Messungen an der Platte festgestellte Geschwindigkeit eines Sterns ist die relative Geschwindigkeit des Beobachters und des Sterns. Es ist notwendig, noch folgendes zu berücksichtigen:

a) Die Bewegung der Erde in ihrer Bahn;
b) die Bewegung des Beobachters um die Erdachse;
c) die Bewegung der Erde um den Schwerpunkt des Systems Erde—Mond.

Ad a) Die Geschwindigkeit der Erde in ihrer Bahn beträgt ungefähr 30 km pro Sekunde. Für einen in der Ekliptik liegenden Stern folgt daraus, daß sich die Erde diesem Stern in einer bestimmten Zeit mit einer Geschwindigkeit von

Abb. 39 b. Hartmannscher Spektrokomparator von Carl Zeiss
(neuestes Modell). Ansicht

30 km pro Sekunde nähert und sich sechs Monate später von dem gleichen Stern mit der gleichen Geschwindigkeit wieder entfernt. Die beobachtete Geschwindigkeit eines Sterns ist daher von seiner scheinbaren Lage am Himmel und von der Position der Erde in ihrer Bahn, überdies aber auch von der Eigenbewegung des Sterns in bezug auf das Sonnensystem abhängig.

Verbesserungen für die jährliche Bahnbewegung. Sind
λ, β = die Länge und Breite des Sterns,
$\odot$ = die Länge der Sonne zur Zeit der Beobachtung,
π = die Länge der Sonne bei Erdnähe = $281^0 \, 29' + 1{,}03 \, (t - 1925{,}0)$,
a = die halbe große Achse der Erdbahn (149 600 000 km),
e = die Exzentrizität der Erdbahn (0,0168),
T = die Länge des Sternjahres in Sekunden (31 558 150),
v = die mittlere Erdgeschwindigkeit in ihrer Bahn,

so ist

$$v = \frac{2\,\pi\,a}{T\,(1 - e^2)^{\frac{1}{2}}} = 29{,}77 \text{ km/sek.}$$

Die Verbesserung für die beobachtete Geschwindigkeit beträgt mit Berücksichtigung der Bewegung der Erde in ihrer Bahn:

$$v_a = v \cos \beta \,[\sin (\odot - \lambda) + e \sin (\pi - \lambda)].$$

Setzt man

$$b = v \cos \beta$$
$$c = v \cos \beta \; e \; \sin (\pi - \lambda),$$

dann ist

$$v_a = b \sin (\odot - \lambda) + c.$$

Ad b) Infolge der Drehung der Erde um ihre Achse wird sich der Beobachter fortwährend dem Ostpunkt nähern und vom Westpunkt entfernen. Für einen Beobachter am Äquator beträgt die Geschwindigkeit der Annäherung bzw. der Entfernung eines Sternes 0,47 km pro Sekunde. Der tägliche Einfluß dieser Drehung ist einerseits von der geographischen Breite des Beobachtungsortes, anderseits vom Stundenwinkel und der Deklination des Sterns abhängig.

Verbesserung für die tägliche Drehung der Erde um ihre Achse. Ist

$A =$ der äquatoriale Erdradius,

$T =$ die Länge des Sterntages in mittleren Sekunden (86164,1),

$\Phi =$ die geographische Breite des Beobachtungsortes,

$\varrho =$ der Radiusvektor vom Erdzentrum bis zum Beobachter,

$\delta =$ die Deklination des Sterns,

$t =$ der westliche Stundenwinkel des Sterns,

so wird

$$v_b = \frac{-2\,\pi\,A\,\varrho}{T} \cos \Phi \; \sin t \cos \delta.$$

v_b wird Werte zwischen 0 und $\pm 0{,}47$ km/sek annehmen.

Ad c) Der Mond und die Erde kreisen um den gemeinsamen Schwerpunkt. Dieser Massenmittelpunkt von Mond und Erde liegt vom Erdmittelpunkt angenähert $^3/_4$ des Erdradius entfernt. Durch diesen Umstand wird eine Bewegung des Beobachters gegen den Stern bzw. vom Sterne weg verursacht. Der Einfluß dieser Bewegung ist klein; er übersteigt nicht $\pm$ 0,014 km pro Sekunde.

Verbesserung mit Rücksicht auf die monatliche Bewegung. Der Ausdruck für diese Verbesserung ist dem Ausdruck für die Verbesserung für die jährliche Bewegung ähnlich, doch kann hier die Exzentrizität der Mondbahn und ihre Neigung zur Ekliptik vernachlässigt werden.

Ist $\mathbb{C} =$ die Mondlänge zur Zeit der Beobachtung, so wird

$$v_c = v_m \cos \beta \sin (\mathbb{C} - \lambda),$$

wobei

$$v_m = 0{,}0124 \text{ km/sek.}$$

Die gesamte Verbesserung für die beobachtete Geschwindigkeit des Sterns, um die wahre Geschwindigkeit des Beobachters in der Visierlinie zu erhalten, beträgt:

$$v_a + v_b + v_c$$

G. Die Rotation der Planeten

Auf Grund des DOPPLER-FIZEAUschen Prinzips mit dem Spektroskop angestellte Beobachtungen geben wertvolle Aufschlüsse über die Rotationsgeschwindigkeiten der Planeten.

Wird der Spalt des Spektroskops derart auf einen Planeten gerichtet, daß die Projektion seiner Rotationsachse mit dem Spalt zusammenfällt, so ist an den Linien des Spektrums des Planeten kein durch die Rotation hervorgebrachter Effekt zu beobachten, bringt man dagegen den Spalt in irgendeine andere Lage gegenüber dem Bild des Planeten, so erscheinen die Linien zu ihrer Normalstellung geneigt; die Enden der Linien, die dem zurücktretenden Rand des Planeten entsprechen, erscheinen gegen das Rot, jene Enden, die dem sich nähernden Rand entsprechen, gegen das Violett verschoben.

Rotiert der durch das Licht der Sonne beleuchtete Planet, so ist die Verschiebung der Linien auf die Wirkung der geometrischen Rotation relativ zur Sonne (als Lichtquelle) und relativ zum Beobachter zurückzuführen. Die durch die planetarische Rotation verschobenen FRAUNHOFERschen Linien bleiben gerade Linien; die Rotationsgeschwindigkeit wird durch Messung der Winkel zwischen den Linien des Vergleichsspektrums und den geneigten planetarischen Linien bestimmt.

Wir wollen die Gleichungen, die den Zusammenhang zwischen den äquatorialen und spektrographischen Geschwindigkeiten eines Planeten vermitteln, im folgenden entwickeln:

Es seien ABC der Äquator des Planeten,

i der Winkel am Orte des Planeten zwischen Sonne und Erde,

AC der für den Beobachter sichtbare Teil des Äquators,

I_s = der Winkel, um den die Sonne ober- bzw. unterhalb des Planetenäquators steht,

I_e = der Winkel, um den die Erde ober- bzw. unterhalb des Planetenäquators steht,

V_o = die äquatoriale Rotationsgeschwindigkeit des Planeten in km/sek.,

v_a = die spektrographische Geschwindigkeit von A,

v_c = die spektrographische Geschwindigkeit von C,

v_s = der Überschuß von v_c gegenüber v_a.

Es ist

$$v_c = V_o \cos I_s + V_o \cos i \cos I_c$$
$$v_a = V_o \cos i \cos I_s - V_o \cos I_e$$

und

$$v_s = - V_o (1 + \cos i)(\cos I_s + \cos I_e)$$

Stehen Sonne und Erde in der Ebene des Planetenäquators, so wird

$$v_s = 2 V_o (1 + \cos i).$$

Befindet sich der Planet in Opposition oder in oberer Konjunktion, so ist

$$v_s = 4 V_o.$$

Eine sehr interessante Anwendung des DOPPLER-FIZEAUschen Prinzips machte KEELER 1895 beim Saturnsystem.

MAXWELL hat auf Grund theoretischer Erwägungen behauptet, daß die Ringe des Saturns nicht lange bestehen könnten, wenn sie fest, flüssig oder gasförmig wären. Um ständig in ihrer Lage zu verbleiben, müßten sie aus einer Mannigfaltigkeit kleiner Körper bestehen, wobei sich jeder dieser Körper als kleiner unabhängiger Mond um den Planeten in einer eigenen Bahn dreht. Demzufolge müßte sich der innere Rand des Ringsystems rascher drehen als der äußere Rand.

Ist nun der Spalt des Spektrographen auf das Saturnsystem, und zwar auf die in der Projektion gesehene Längsachse des Ringes, gerichtet und wird beiderseits vom Ringspektrum ein Vergleichsspektrum angeordnet, um die normale Richtung der Linien zu bestimmen, so findet man, daß die Linien des Planeten infolge der Rotation der Kugel stark geneigt erscheinen. Dagegen verlaufen die Linien des Ringspektrums nicht in der Richtung der Linien des Planetenspektrums; sie sind zu den Linien des Vergleichsspektrums vielmehr fast parallel und zeigen, mit den Linien des Planeten verglichen, eine geringe Neigung in entgegengesetzter Richtung; damit erscheint die Behauptung MAXWELLs bewiesen.

Diese Methode ist bei den meisten Planeten mit bekannter Rotationsgeschwindigkeit angewendet worden. Die Übereinstimmung dieser bekannten Werte mit den aus der Neigung der Spektrallinien ermittelten Werten für die Geschwindigkeiten zeigt, daß diese Methode gut brauchbar sein kann, wenn man sie auf Planeten ohne Oberflächendetails und daher von unbekannter Rotationsperiode anwendet. SLIPHER vom Lowell-Observatorium hat auf diesem Wege die Rotationsperiode des Uranus, dessen Rotation rückläufig ist, zu 10 Stunden 50 Minuten bestimmt. Die Rotationsperiode der Venus ist noch unbestimmt. BELOPOLSKY fand für die Venus eine Periode von 22 Stunden, die Beobachtungen von SLIPHER ergaben einen viel größeren Wert. In Wirklichkeit dürfte die Rotationsperiode der Venus der Umlaufsperiode um die Sonne gleichkommen.

Auch einige der helleren planetarischen Nebel sind zwecks Feststellung einer Rotation bezüglich des DOPPLER-FIZEAU-Effektes untersucht worden. Tatsächlich wurden Anzeichen von relativer Bewegung innerhalb einiger Nebel festgestellt; bei einigen zeigte sich auch unzweifelhaft Rotation. Die hier angewandte Methode war die gleiche wie beim Saturn. Der Spalt wurde zuerst auf die große Achse, dann auf die kleine Achse des Nebels gerichtet. Im ersten Falle zeigte sich, daß die Spektrallinien des Nebels gegen die durch die Vergleichslinien gegebene Normalrichtung ein wenig geneigt waren, während sich im zweiten Falle keine Neigung zeigte.

H. Die Rotation der Sonne

Eine der frühesten Anwendungen des DOPPLER-FIZEAUschen Prinzips in der Astrophysik ergab sich bei der Untersuchung der Sonnenrotation; die ersten einschlägigen Arbeiten wurden von VOGEL im Jahre 1871 ausgeführt. Die kleinen Verschiebungen der Spektrallinien, die er entdeckte, lieferten einen Beweis für die Richtigkeit des Prinzips. Später wurde mit einer größeren Apparatur eine Methode zur Bestimmung der Sonnenrotation ausgearbeitet, die insofern besser war, als sie die Beobachtung der Erscheinungen auf der Sonnenoberfläche erleichterte.

Eine Sonnenrotation dauert ungefähr 25 Tage lang; infolgedessen nähert sich der Ostpunkt des Sonnenäquators der Erde mit einer Geschwindigkeit von etwa 2 km pro Sekunde; der Westpunkt entfernt sich im gleichen Maße.

Setzt man zwei totalreflektierende Prismen vor die beiden Spalthälften eines Spektrographen, so lassen sich die Spektren der diametral gegenüberliegenden Sonnenränder übereinander bringen. Die Sonnenrotation äußert sich dann in einer Verschiebung der beiden Spektren, und zwar des einen gegen das Rot, des anderen gegen das Violett hin.

Die tellurischen Linien, d. s. jene Linien, die im Spektrum durch den Wasserdampf und Sauerstoff der Luft hervorgerufen werden, erleiden keine Verschiebung, sind vielmehr durchlaufende gerade Linien in beiden Spektren. Sie lassen sich sehr gut als Vergleichslinien zur Messung der Verschiebung der benachbarten Sonnenlinien verwenden, da alle Fehler instrumenteller Natur bei dieser Methode ganz ausgeschaltet sind.

Bei der photographischen Untersuchung der Sonnenrotation ist die gleichzeitige Aufnahme beider Sonnenränder mit Hilfe der oberwähnten reflektierenden Prismen empfehlenswert, aber nicht unbedingt notwendig. Durch Öffnen, bzw. Schließen der Spalthälften können Aufnahmen der beiden Sonnenränder nacheinander gemacht werden; die Spektren werden auf der Platte untereinander erscheinen; besser ist es, zwischen zwei Spektren des einen Randes das Spektrum des anderen Randes anzuordnen. Die tellurischen Linien ermöglichen festzustellen, ob in der Zeit zwischen den Aufnahmen Veränderungen am Instrument vor sich gegangen sind.

Nach der visuellen Methode waren bereits gute und genaue Ergebnisse zu erzielen; die photographische Methode dürfte aber zweifellos noch mehr Vorteile bieten. Die visuellen Bestimmungen beziehen sich auf eine kleine Zahl von Linien in den weniger brechbaren Teilen des Spektrums, bei der photographischen Methode kann sich die Untersuchung auf eine viel größere Zahl von Linien sowie auf den stärker brechbaren Teil des Spektrums erstrecken, in welchem unter den zahlreichen Linien eine bessere Auswahl möglich ist.

Die photographische Methode gelangte erstmalig im Jahre 1906 auf dem Mt. Wilson-Observatorium unter Benützung des Snow-Teleskops und des 18 Fuß-Spektrographen (5,5 m) zur Anwendung.

Das Snow-Fernrohr ist ein fix montiertes horizontales, mit einem Zölostaten ausgestattetes Spiegelteleskop.

Der Spiegel des Zölostaten von 76,2 cm wirft ein Lichtstrahlenbündel auf einen zweiten ebenen Spiegel von 61,0 cm Durchmesser, der südlich von ihm angebracht ist. Von diesem Spiegel geht das Licht zu einem Konkavspiegel von 61,0 cm Öffnung und 18,3 m Brennweite, der am Nordende des Fernrohrgebäudes aufgestellt ist. Der Zölostatenspiegel kann auf einem Geleise nach Osten und Westen, der zweite ebene Spiegel dagegen nach Norden und Süden bewegt werden; letztere Bewegung erfolgt, um der Änderung der Sonnendeklination Rechnung tragen zu können.

Das durch den Konkavspiegel entworfene Bild hat einen mittleren Durchmesser von 17,0 cm.

Der zu dieser Untersuchung verwendete 5,5 m-Spektrograph ist von der optischen Achse des Spiegelteleskops etwa 45,7 cm entfernt und liegt ungefähr 30,5 cm über derselben. Es ist eine Art Littrowscher Spektrograph (Autokollimatortype), versehen mit einer Linse von 10,2 cm Durchmesser und einem ebenen Gitter gleicher Öffnung.

Spalt und Plattenträger werden von einem Rahmen getragen; die Entfernung zwischen der Spaltmitte und der Mitte der Öffnung des Plattenträgers beträgt ungefähr 8 cm, ein Betrag, der so klein ist, daß kein Astigmatismus in den Spektrallinien auftritt.

Um die diametral gegenüberliegenden Ränder der Sonne gleichzeitig photographisch aufnehmen zu können, wurde folgende Anordnung getroffen. Ein Messingrahmen mit einer runden Öffnung von 17,8 cm Durchmesser trägt zwei Arme von 17,8 cm Länge, die um den Mittelpunkt der Öffnung rotieren. Am äußeren Ende jedes Armes ist je ein kleines rechtwinkeliges Prisma montiert, dessen mittlere Entfernung vom Drehungsmittelpunkt dem mittleren Radius des Bildes der Sonne entspricht. Diese Prismen lassen sich gegen den Mittelpunkt hin bzw. vom Mittelpunkt weg verschieben, um einer Änderung des Sonnenbilddurchmessers gerecht werden zu können. An den inneren Enden der Arme und unmittelbar gegenüber dem Spalt befinden sich zwei weitere rechtwinkelige Prismen, welche die vom ersten Prismenpaar ausgehenden Lichtstrahlen empfangen. Diese Prismen sind an den Enden 0,5 mm breit; ihre Ränder sind ungefähr 0,25 mm voneinander entfernt. Letztgenannter Abstand bewirkt die Trennung der den beiden diametral gegenüberliegenden Rändern der Sonne entsprechenden Spektren in der photographischen Aufnahme. Am äußeren Ende der Arme befinden sich Zeiger, deren Stellung an einem zweckmäßig skalierten Kreis abgelesen werden kann. Der ganze Apparat ist konzentrisch zur Mitte des Spaltes angeordnet.

Das benutzte Gitter ist ein ROWLAND-Gitter mit einer rastrierten Oberfläche von 8,3 × 4,4 cm und umfaßt 14438 Linien pro Zoll, d. s. 570 Linien pro Millimeter. Verwendet wurde das Spektrum 4. Ordnung, wobei der große Maßstab der Aufnahme sehr zustatten kam. Bei dieser Anordnung entspricht bei $\lambda = 4200$ Å. E. 1 mm = 0,71 Å. E.

Der Arbeitsvorgang bei der Aufnahme ist folgender: Die Hilfsapparatur mit den Prismen wird vor den Spektrographen gebracht, hierauf das Bild der Sonne eingestellt und auf den Spalt fokussiert. Dann wird das Bild durch eine Drehung des Zölostatenspiegels ein wenig verschoben, das Uhrwerk angehalten und mittels des Positionskreises der Durchgang eines Sonnenflecks oder eines anderen gut pointierbaren Objekts auf der Sonnenscheibe beobachtet. Auf diese Weise ergibt sich die Ost- und Westlinie. Die Lage des Pols und des Äquators der Sonne läßt sich dann rasch aus einer Hilfstafel berechnen. Sobald die Stellung des Sonnenäquators bekannt ist, werden die Prismen in den gewünschten Abstand gebracht; nun erfolgt die Aufnahme. Vor der Aufnahme wird noch die Beleuchtung des Gitters geprüft; der Beobachter muß sich davon überzeugen, ob das Gitter von beiden Prismen gleichmäßig beleuchtet ist. Nach neuerlicher Einstellung auf dem Positionskreis erfolgt die zweite Aufnahme. Für gewöhnlich werden auf jeder Platte sechs Aufnahmen gemacht, wobei man zwischen 0° und 75° Breite um 15° voneinander abliegende Punkte auswählt.

Seit 1908 sind die Beobachtungen auf dem Mt. Wilson mit dem Turmteleskop und dem 9,1 Meter-Spektrographen fortgesetzt worden. Das SNOW-Teleskop ist, wie bereits früher erwähnt wurde, mit einem Zölostaten versehen, der mittels eines zweiten Spiegels ein Lichtstrahlenbündel auf ein unmittelbar darunter liegendes (für visuelle Zwecke korrigiertes) Objektiv von 30,5 cm Öffnung sendet. Dieses Objektiv bildet die Sonne auf dem Spalt des Spektrographen ab, der sich 18,3 m darunter, etwa 1,5 m über dem Niveau des Bodens befindet. Das Objektiv kann durch den Beobachter von einer Stelle nahe dem Ende des Spektrographen aus fokussiert werden; vom gleichen Orte aus wird die Position des Sonnenbildes durch langsame Nachführung des Instruments kontrolliert.

Der Spektrograph hat, wie erwähnt, eine Brennweite von 9,1 m und steht in vertikaler Stellung in einem unterirdischen Raum. Der Spektrograph ist vom Autokollimationstypus und besteht aus einem Stahlgerippe, dessen unteres Ende ein schweres Gußstück trägt, an dem die Linsen und die Gittermontierung befestigt sind. Das Gußstück endigt in einen runden Kopf, der auf ein anderes becherförmiges Gußstück paßt, das auf einem schmalen Pfeiler am Boden des unterirdischen Raumes angebracht ist. Dieser Pfeiler trägt praktisch das ganze Gewicht des Spektrographen und besitzt einen Zapfen, um den das Instrument gedreht werden kann. Das obere Ende des Instruments besteht aus einer großen runden Platte, welche Spalt und Kassettenrahmen trägt. Am äußeren Rand dieser Platte befindet sich ein in Grade geteilter Kreis von 0,76 m Durchmesser. Der ganze Spektrograph einschließlich dieser Platte kann mittels eines Zahngetriebes um eine vertikale Achse gedreht werden.

Die Einrichtung mit Verwendung der Prismen ist einfacher als die Anordnung beim Snow-Teleskop. Da der Spektrograph als Ganzes rotiert, wird der die Prismen tragende Rahmen am Spektrographen befestigt, wobei dafür Sorge zu tragen ist, daß die äußeren Prismen der Größe des Sonnenbildes entspechend eingestellt werden können.

Es gelangte das gleiche Gitter wie bei den früheren Beobachtungsreihen zur Anwendung (vgl. S. 195). Man benutzte die Spektren 3. Ordnung statt der Spektren 4. Ordnung, doch gab der Spektrograph größerer Brennweite (9,1 statt 5,5 m) einen Gewinn im Abbildungsmaßstab. Im Violettgebiet des Spektrums entspricht nämlich dann 1 mm 0,56 Å. E.

Der Arbeitsvorgang bei der Aufnahme ist der gleiche wie früher. Der für die Messung ausgewählte Teil des Spektrums liegt zwischen $\lambda = 4200$ Å. E. und $\lambda = 4300$ Å. E. In folgender Tabelle sind die ausgemessenen Linien zusammengestellt.

Wellenlängenmessungen mit dem Mt.-Wilson-Turmteleskop und dem 9,1 m-Spektrographen

λ in Å. E.	Element	Intensität	Verhalten am Rand
4169,699	La	2	stark geschwächt
4197,257	CN	2	leicht geschwächt
4203,730	Cr	2	verstärkt und verbreitert
4207,566	CN	1	geschwächt
4216,136	CN	1	geschwächt
4220,599	Fe	3	leicht verstärkt und verbreitert
4233,328	Mn	4	stark geschwächt; wahrscheinlich nicht Mn, sondern ionisiertes Fe
4257,815	Mn	2	leicht verstärkt und verbreitert
4258,477	Fe	2	stark verstärkt und verbreitert
4265,418	Fe	2	leicht geschwächt
4266,081	Mn	2	leicht geschwächt
4268,915	Fe	2	leicht geschwächt
4276,836	Zr	2	geschwächt
4283,169	Ca	4	verstärkt und verbreitert
4284,838	Nc	1	leicht geschwächt
4287,566	Ti	1	leicht verstärkt und verbreitert
4288,310	Ti, Fe	1	verbreitert
4289,525	Ca	4	scheinbar leicht verstärkt
4290,317	Ti	2	leicht geschwächt, ionisiertes Ti
4290,542	Fe	1	leicht geschwächt

Es wurden solche Linien benutzt, die vermutlich einem verhältnismäßig niederen Niveau der Sonnenatmosphäre angehören. Bei Deutung der gewonnenen Resultate ergab sich, daß den verschiedenen Linien verschiedene Rotationsgeschwindigkeiten entsprechen. Da dies mit dem Niveau, in welchem die Linien in der Sonnenatmosphäre entstehen, zusammenhängt, ist eine Erforschung der Linien jener Elemente, die große Niveauunterschiede zeigen, von Interesse. Kalcium und Wasserstoff erheben sich zu großer Höhe über die Sonnenphotosphäre, doch sind die Linien H und K des ionisierten Kalciums, das zur höchsten

Höhe aufsteigt, für genaue Messungen zu breit; die Kalciumlinie bei $\lambda = 4227$ Å. E. entsteht in einem bedeutend tieferen Niveau. Von den Wasserstofflinien ist H_a die einzige zur Messung geeignete Linie.

Eine Reihe von Aufnahmen wurden von der Ca-Linie $\lambda = 4227$ Å. E. und H_a gemacht; damit ergab sich die Bestätigung, daß die höheren Schichten mit einer größeren Geschwindigkeit als die tieferen Schichten rotieren. In folgender Tabelle sind die gewonnenen Resultate zusammengestellt.

Die H- und K-Linien des Kalciums wurden infolge ihrer großen Breite im FRAUNHOFERschen Spektrum auf dem Mt. Wilson nicht verwendet.

Winkelrotation der Sonne (pro Tag)

Breite	Umkehrende Schicht	Ca $\lambda = 4227$ Å. E.	H_a
0⁰	14⁰,54	14⁰,9	15⁰,0
15⁰	14,31	14,8	14,9
30⁰	13,67	14,3	14,6
45⁰	12,79	13,7	14,3
60⁰	11,92	13,1	13,9
75⁰	11,27	12,7	13,7
Pol	(11,04)	(12,5)	(13,6)

Wird der Spalt neben den Sonnenrand gestellt, so kann man die H- und K-Linien der Chromosphäre und der Protuberanzen als scharfe helle Linien, die einer genauen Messung zugänglich sind, photographieren. Die Linien erfahren infolge der Bewegung in den Gasen der Protuberanzen wohl Verzerrungen, doch ist es EVERSHED an ruhigen Tagen gelungen, die Sonnenrotation aus den hohen Schichten des Kalciums in den Protuberanzen zu bestimmen. Die Ergebnisse EVERSHEDS sind in nebenstehender Tabelle wiedergegeben.

Breite	Winkelrotation aus den Protuberanzen
8⁰	22⁰,1 $\pm$ 1⁰,1
18⁰	16,6 $\pm$ 0,8
25⁰	19,7 $\pm$ 1,4
35⁰	16,8 $\pm$ 1,8

Damit erscheint bestätigt, daß die Rotationsgeschwindigkeit nach außen hin mit zunehmender Entfernung von der Sonnenoberfläche zunimmt.

I. Die Sonnenphotographie

GALILEI entdeckte im Jahre 1610 mittels seines damals neu erfundenen Fernrohrs das Vorhandensein von dunklen Flecken auf der Sonnenoberfläche. Dem systematischen Studium dieser Flecken haben wir unsere Kenntnis über die Rotation der Sonne um ihre Achse sowie über viele ihrer physikalischen Eigenschaften zu danken.

Seit der Erfindung der Photographie hat man diese Untersuchungen mit dem sogenannten Photoheliographen fortgesetzt. Dieses Instrument ist ein Fernrohr, bei dem das im Brennpunkt des Objektivs entstandene Bild mit Hilfe eines Projektionsokulars auf einer photographischen Platte vergrößert abgebildet wird. Als Beispiel für einen Photoheliographen sei das zu Greenwich in täglicher Verwendung stehende Instrument besprochen. Abb. 40 zeigt die Aufnahme einer Sonnenfleckengruppe mit diesem Gerät (21. März 1920). Das Fernrohr hat ein photographisch korrigiertes Objektiv von 22,9 cm Öffnung und 274 cm Brennweite, das Bild der Sonne in seinem Brennpunkte hat einen Durchmesser von 25 mm. Mittels einer positiven Linse wird dieses Bild achtfach vergrößert auf eine photographische Platte projiziert. Die Aufnahme erfolgt derart, daß man einen Spalt, gebildet durch Metallbacken, rasch über das Bild in der Brennebene des Objektivs ziehen läßt. Man verwendet hier Platten mit sehr feinem Korn; die Platten sind wohl wenig empfindlich, was aber mit Rücksicht auf die Intensität des Sonnenlichtes keine Rolle spielt; wegen dieser In-

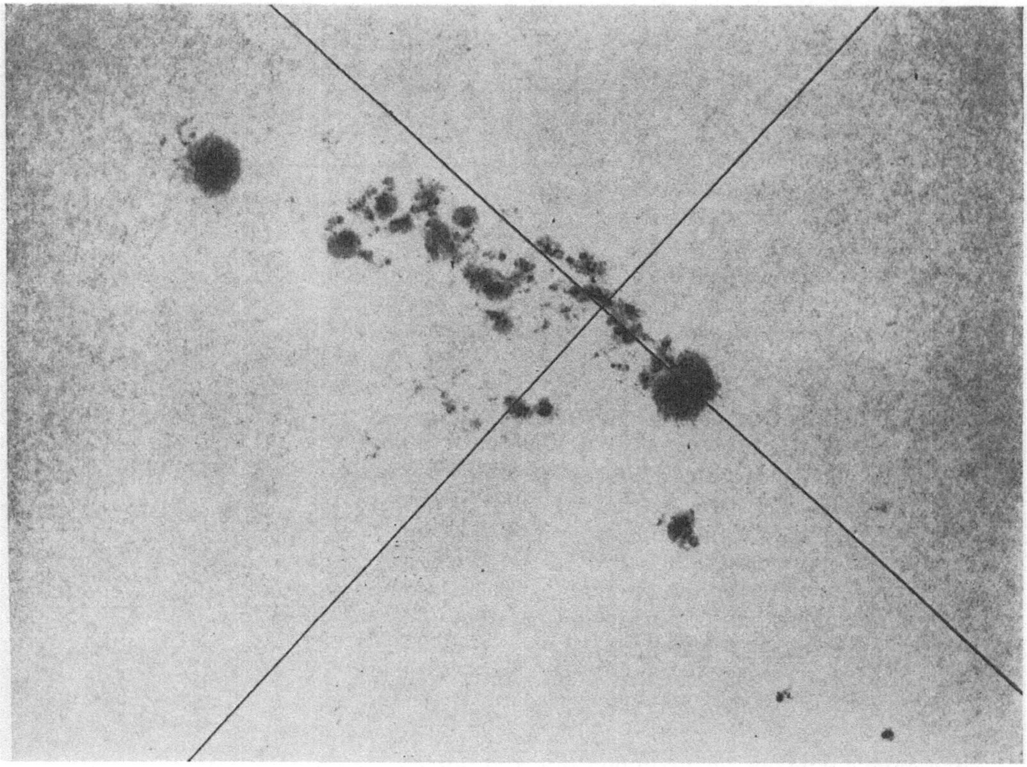

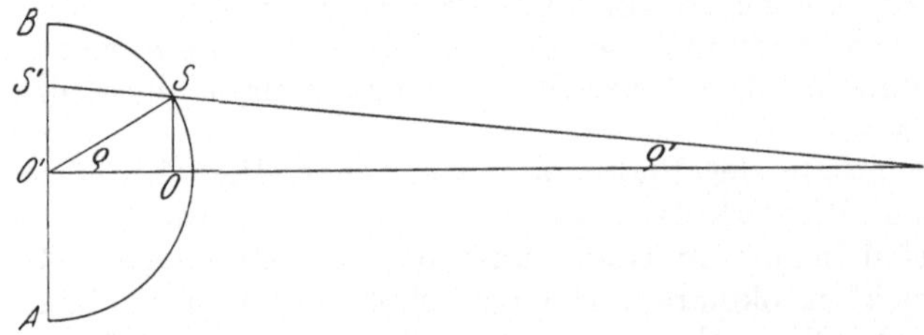

Abb. 40. Sonnenfleckengruppe am 21. März 1920. Nach einer Aufnahme der Sternwarte in Greenwich. Das mitphotographierte Fadenkreuz dient zur Orientierung der Platte

tensität muß man den Spalt so eng machen, daß bisweilen Störungen durch an den Spaltbacken sich festsetzenden Staub entstehen.

Abb. 41. Skizze zur Ableitung der heliographischen Positionen der Sonnenflecken

In der Brennebene des Objektivs werden Spinnfäden im rechten Winkel zueinander angebracht; diese Fäden erscheinen im vergrößerten Bild der Sonne mit abgebildet; sie dienen zur Orientierung der Aufnahme. (Vgl. Abb. 40.) Die Orientierung der Fäden selbst wird durch zwei Aufnahmen ermittelt, die nacheinander auf der gleichen Platte erfolgen. Die Zwischenzeit zwischen den Aufnahmen wird so gewählt, daß die erzielten Sonnenbilder einander übergreifen. Verbindet man die Schnittpunkte der Sonnenbilder untereinander, so erhält man nach erfolgter Berücksichtigung der Sonnenbewegung in Deklination die wahre Nord-Südlinie.

Die Aufnahmen werden mit einem Mikrometer ausgemessen; aus diesen Messungen ergibt sich der Positionswinkel eines Flecks und seine Entfernung vom Rotationszentrum. Das vergrößerte Sonnenbild wird nämlich durch ein schwach vergrößerndes Okular betrachtet, in dessen Brennebene sich eine Glasplatte mit einem in kleine Quadrate geteilten Netz befindet. Jedes Quadrat entspricht annähernd $^1/_{500\,000}$ der Sonnenscheibe; die Fläche jedes Sonnenflecks wird nach dieser Skala geschätzt. Die Orientierung des Sonnenbildes ist durch Messung des Positionswinkels der auf die Bildscheibe projizierten Fäden zu ermitteln, nachdem der wahre Nullpunkt mit Hilfe der oberwähnten zwei Aufnahmen auf einer Platte festgestellt wurde. Aus diesen Messungen lassen sich Breite und Länge der Sonnenflecken berechnen, wobei die Länge vorerst vom Zentralmeridian der Sonnenscheibe aus gezählt wird.

Die Umwandlung in Sonnenlänge erfolgt durch Festlegen der Länge des Zentralmeridians zur Zeit der Aufnahme; diese Länge wird wie folgt definiert:

Als Nullmeridian gilt nach CARRINGTON jener Meridian, den der aufsteigende Knoten des Sonnenäquators auf der Ekliptik am 1. Januar 1854, mittlerer Mittag Greenwich, passiert hatte. Daraus läßt sich die Länge des Zentralmeridians zu einem gegebenen Zeitpunkt unter der Annahme einer siderischen Rotationsperiode der Sonne von 25,38 Tagen berechnen.

Die heliographischen Positionen der Flecken werden aus den gemessenen Positionen auf folgende Art abgeleitet:

Ist r die gemessene Entfernung des Fleckens vom Zentrum,

R der Halbmesser des Sonnenbildes im Photogramm,

(R) der Halbmesser der Sonne in Bogenminuten,

ϱ' die gemessene Entfernung ausgedrückt in Sonnenhalbmessern (in Bogenminuten), so gilt die Proportion

$$r : \varrho' = R : (R)$$

$$\varrho' = \frac{r}{R} \cdot (R)$$

Ist nun ϱ die wahre Winkeldistanz eines Fleckens vom Zentrum der Sonne, so gilt

$$\frac{r}{R} = \frac{O'S'}{O'B} = \frac{O'S'}{O'S} = \sin OSS' =$$

$$= \sin(\varrho + \varrho')$$

oder

$$\varrho + \varrho' = \sin^{-1}\frac{r}{R}.$$

Daher ist — vgl. Abb. 41 —

$$\varrho = \sin^{-1}\frac{r}{R} - \varrho'.$$

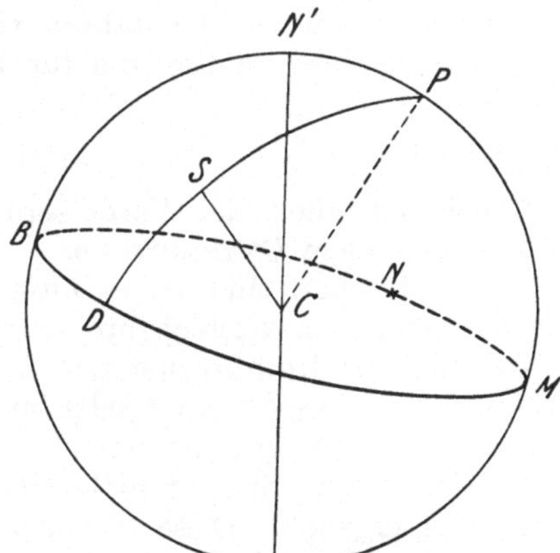

Abb. 42. Skizze zur Ableitung der heliographischen Positionen der Sonnenflecken

Um die Rechnungen zu erleichtern, wurden Tafeln angelegt, die für das Argument $\frac{r}{R}$ die Werte für $\log \sin \varrho$ und $\log \cos \varrho$ angeben.

In Abb. 42 sei P der Nordpol der Sonne,

N' der Nordpunkt auf der Sonnenscheibe,

$N'C$ der Meridian durch das Sonnenzentrum,

NDM der Sonnenäquator,

N die Position des aufsteigenden Knotens,

S die Position eines Flecks,

$NBD = l$ die heliographische Länge eines Flecks, gerechnet von N ausgehend, längs des Sonnenäquators.

$NBDM = L =$ die heliographische Länge der Erde,

$DS = \Phi =$ die heliographische Breite des Flecks.

Im Dreieck PSC ist der Winkel $PCS = SCN' + N'CP$, d. h. gleich dem gemessenen Positionswinkel des Flecks plus dem Positionswinkel des Sonnenpols (feststellbar aus den Jahrbüchern).

Es sei $X =$ Winkel SCP,

$\varrho = SC$,

$90 - D = PC$, d. i. die heliozentrische Breite der Erde (ebenfalls aus den Jahrbüchern entnommen).

Im Dreieck PSC ist nach den Fundamentalformeln der sphärischen Trigonometrie

$$\sin \Phi = \cos \varrho \sin D + \sin \varrho \cos D \cos X$$
$$\sin (L - l) = \sin X \sin \varrho \sec \Phi,$$

womit gleichzeitig die heliographischen Koordinaten gewonnen sind.

Den zu Greenwich angestellten Messungen der Fleckenpositionen auf Grund photographischer Sonnenaufnahmen lag die von CARRINGTON auf Grund seiner Beobachtungen zwischen 1853 und 1861 festgestellte Lage der Rotationsachse der Sonne für 1850,0 mit

$$I = \quad 7^0\ 15'$$
$$N = 73^0\ 40'$$

zugrunde, wobei I die Neigung des Sonnenäquators zur Ekliptik, N die Länge auf der Ekliptik, gerechnet vom aufsteigenden Knoten, bezeichnet.

Aus der beobachteten Breite der Sonnenflecken auf Aufnahmen, die in einem Zeitraum von 39 Jahren von 1874 bis 1912 hergestellt wurden, wurde folgende verbesserte Position für 1850,0 bestimmt:

$$I = \quad 7^0\ 10,5'$$
$$N = 73^0\ 46,8'$$

Die Kleinheit der Verbesserung ist ein Zeichen für die Genauigkeit der Untersuchungen CARRINGTONS.

Die Flecken sind keine unveränderlichen Erscheinungen der Sonnenoberfläche; trotzdem vermag ihre andauernde Beobachtung Anhaltspunkte zur Bestimmung der Rotationsperiode und der Achsenrichtung der Sonne zu geben. Da einzelne Flecken zwei oder mehrere ganze Perioden hindurch unverändert bleiben, könnte man annehmen, daß sich daraus die Periode rasch und genau bestimmen läßt; dies ist nicht der Fall, da verschiedene Flecken verschiedene Perioden ergeben. Diese Tatsache hat ihren Grund darin, daß die Sonne kein fester Körper ist; so wird es erklärlich, daß kein konstanter und einheitlicher Wert für die Rotationsperiode zu ermitteln ist. In den äußeren Schichten geht die Bewegung mit einer Geschwindigkeit vor sich, die von der Breite abhängt; dies ist ein Analogon zu den Bewegungen der oberen Erdatmosphäre.

Am Äquator beträgt die siderische Rotationsperiode etwas weniger als 25 Tage, dagegen in 50⁰ Breite ungefähr 27 Tage. Die entsprechenden synodischen Perioden belaufen sich auf 27 bzw. 29 Tage.

Die Sonne steht in Greenwich seit mehr als 50 Jahren unter täglicher photographischer Beobachtung. Ihre Rotationsperiode wurde aus Messungen an lange bestehenden Flecken, die sich zwischen 1878 und 1923 zeigten, bestimmt. Unter

lange bestehenden Flecken versteht man solche, die 25 Tage oder länger an-
dauern; diese Flecken haben gewöhnlich eine ungefähr kreisförmige Form;
ihre regelmäßige Gestalt und ihre lange Lebensdauer machen sie zur Bestimmung der Rotationsdauer sehr geeignet.

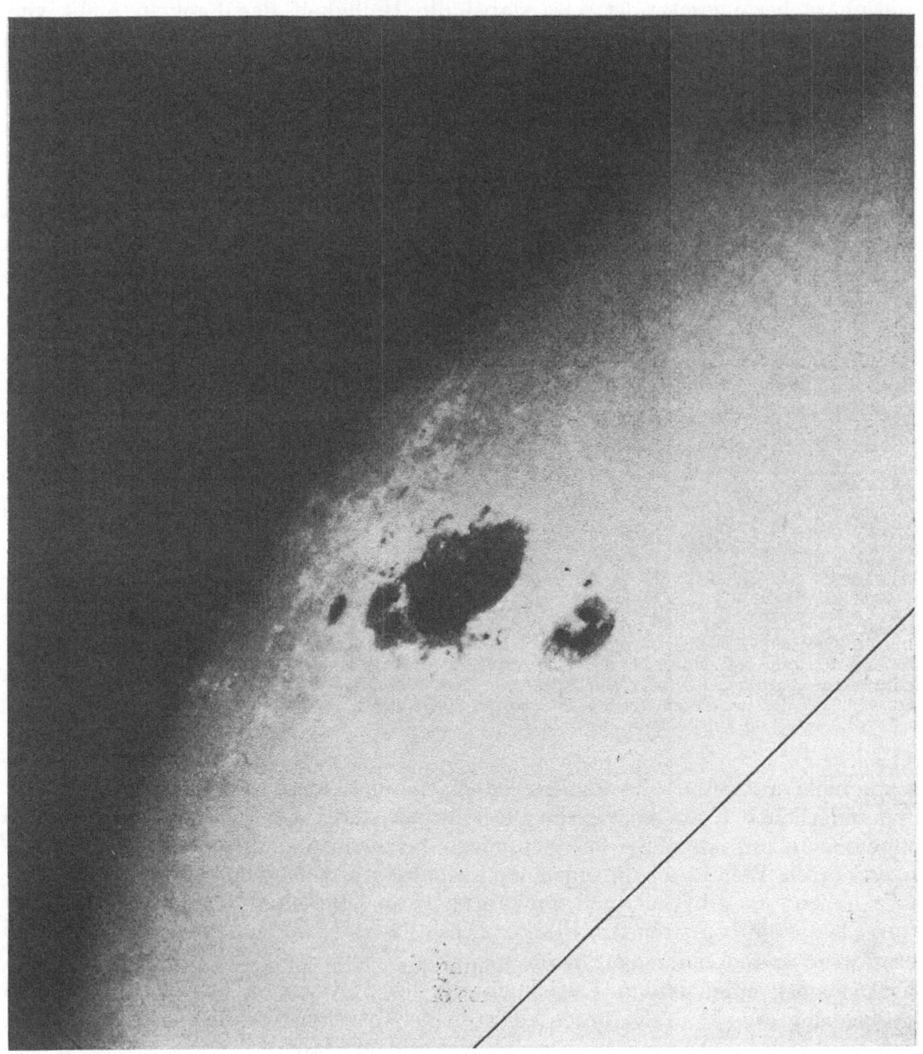

Abb. 43. Der größte bisher in Greenwich aufgenommene Sonnenfleck vom 20. Januar 1926. Er
umfaßt eine Fläche von über 4000 Millionen Quadratmeilen. Man beachte die ausgedehnte Fackel-
gruppe nahe dem Sonnenrand

Das zur Verfügung stehende große Beobachtungsmaterial ergab, daß die
siderische tägliche Winkelbewegung durch die Formel

$$\xi = 14^{0},37 - 2^{0},60 \sin^2 \Phi$$

ausgedrückt werden kann, worin ξ die Winkelbewegung und Φ die Breite bedeuten.
    Eine gute photographische Aufnahme wird in der Nachbarschaft der Flecken
helle Stellen, die sogenannten Fackeln, aufweisen, die den hellen auf Spektro-

heliogrammen sich zeigenden Kalciumflocken ähnlich sind. Es sind glühende Gase, die in einem niedrigeren Niveau als die Flocken, aber in einem höheren Niveau als die Photosphäre auftreten. Am besten sind sie nahe dem Sonnenrande zu erkennen, wo die Helligkeit der Photosphäre durch die Absorption der Sonnenatmosphäre herabgesetzt ist. Da dabei die Helligkeit der Fackeln nicht vermindert wird, ist wohl anzunehmen, daß sie oberhalb dieser absorbierenden Schichte liegen. In der Nähe der Sonnenmitte sind die Fackeln selten sichtbar, da die Photosphäre ihnen an Leuchtkraft gleichkommt.

Abb. 43 zeigt die Aufnahme des größten bisher in Greenwich aufgenommenen Sonnenflecks (20. Januar 1926).

Wohl sind vereinzelte Fackeln von Sonnenflecken begleitet, dagegen treten niemals Flecken ohne Fackeln auf. Es sind nie ausgedehnte Flächen von Fackeln beobachtet worden, die sich nicht zugleich mit benachbarten Flecken entwickelt hätten; somit besteht zweifellos ein sehr enger Zusammenhang zwischen ihnen und den Sonnenflecken.

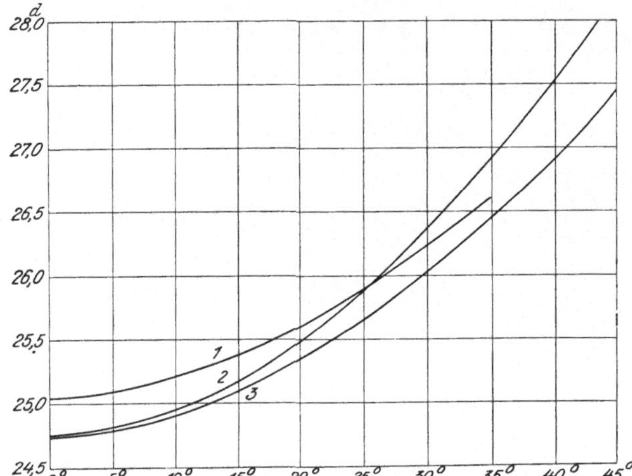

Abb. 44. Periode der siderischen Sonnenrotation in Tagen nach Breiten geordnet. Kurve 1 errechnet aus den Flecken, Kurve 2 aus der umkehrenden Schicht, Kurve 3 aus den Fackeln

Die Bestimmung der Sonnenrotationsperiode auf Grund von Beobachtungen der Fackeln stößt auf Schwierigkeiten, die bei Beobachtung der Sonnenflecken nicht auftreten; die Fackeln haben nämlich keine so scharfen und relativ unveränderlichen Umrisse wie die Flecken, sie sind auch nicht auf der ganzen Sonnenfläche zu finden. Sie besitzen gegenüber den Sonnenflecken aber einen gewissen Vorteil. Wenn auch die einzelnen Fackeln im allgemeinen keine lange Lebensdauer haben, so gibt es doch Fackelgruppen, die eine längere Lebensdauer haben als die sie begleitenden Flecke. Diese Fackelgruppen erleben zwei bis drei Rotationen, manchmal sogar noch mehr.

Aus einer eingehenden Untersuchung der günstigsten zwischen 1888 und 1923 beobachteten Fackelgruppen konnte eine Rotationsperiode ermittelt werden, die sich durch nachstehende Formel ausdrücken läßt:

$$\xi = 14^0, 54 - 2^0, 81 \sin^2 \Phi$$

Adams hat durch Beobachtungen der Dopplerschen Verschiebung an den entgegengesetzten Sonnenrändern die Periode der Sonnenrotation spektroskopisch bestimmt. Seine Ergebnisse werden durch die Formel

$$\xi = 14^0, 54 - 3^0, 50 \sin^2 \Phi$$

ausgedrückt. In der Tabelle auf S. 204 sind die Ergebnisse aus den Bestimmungen nach den erwähnten drei Methoden zusammengestellt. Vgl. auch Abb. 44.

Eine auf diese Art sich ergebende und gut bestimmte äquatoriale Beschleunigung bzw. polare Verzögerung konnte bisher nicht erklärt werden. Eine physi-

Abb. 45. Teil der Sonnenoberfläche, die sogenannte Granulation zeigend. Aufnahme von JANSSEN vom 2. Juni 1885

kalische Deutung geht dahin, daß die rascher rotierenden Schichten im Inneren der Sonne von ausgesprochen sphärischer Gestalt sind und sich infolgedessen der Oberfläche nahe dem Äquator nähern; ihre Bewegungen müßten somit eine äquatoriale Beschleunigung hervorrufen.

Auf scharfen photographischen Aufnahmen erscheint die Oberfläche der Sonne fein gefleckt (granuliert). Die Granulation nimmt verschiedene Formen an und ist gewöhnlich von mehr oder minder verwischten Flecken durchsetzt. Dies wird gewöhnlich den ganz lokalen Konvektionsströmungen in der unteren Atmosphäre zugeschrieben, wobei die hellen Stellen den Spitzen der aufsteigenden

Gassäulen, die dun¹·leren Partien den kühleren absteigenden Gasen entsprechen. Die Granulation ist sehr vergänglich; bei zwei aufeinanderfolgenden Aufnahmen, von denen die zweite nach einem Zeitraum von zwei oder drei Minuten gemacht wird, ist sie bereits verschieden. Die oberwähnten verwischten Flecken sind wahrscheinlich nicht solaren Ursprungs, sondern auf unregelmäßige Brechungen in der Erdatmosphäre — und zwar ziemlich nahe dem Fernrohr — zurückzuführen. Vgl. Abb. 45.

Siderische Sonnenrotation

Breite	Winkelgeschwindigkeit aus			Periode in Tagen aus		
	Flecken	Fackeln	umkehrender Schicht	Flecken	Fackeln	umkehrender Schicht
	0	0	0	d	d	d
0⁰	14,37	14,54	14,54	25,05	24,76	24,76
10⁰	14,29	14,46	14,43	25,15	24,90	24,95
20⁰	14,07	14,21	14,13	25,59	25,34	25,48
30⁰	13,72	13,84	13,67	26,24	26,01	26,34
40⁰	—	13,38	13,10	—	26,90	27,48

39. Die Sonnenfleckenperiode. Auf den periodischen Charakter der Sonnenaktivität, d. i. der Größe des von Flecken bedeckten Feldes der Sonnenscheibe, hat SCHWABE im Jahre 1843 hingewiesen. Zu einer bestimmten Zeit kann die Sonne fast frei von Flecken sein, dann beginnen Flecken zu erscheinen und nehmen an Zahl zu, bis ein Maximum erreicht ist. Hierauf nimmt die Aktivität stufenweise wieder bis zu einem Minimum ab, wobei die Periode ungefähr elf Jahre dauert. Eine Eigentümlichkeit des Phänomens liegt darin, daß der Ausbruch in ziemlich hohen Breiten (in etwa 35⁰) vor sich geht. Mit dem Fortschreiten des Zyklus bewegen sich die Fleckenzonen mehr gegen den Äquator hin, wobei das Maximum der Aktivität in ungefähr 15⁰ Breite liegt; der Zyklus endet schließlich nahe bei 6⁰. Bevor noch der Zyklus vollkommen abgelaufen ist, beginnt bereits in der Breite von 35⁰ ein neuer Fleckenzyklus. Dies ist aus Abb. 46 gut zu entnehmen.

In Abb. 46 ist die Anzahl der Flecken im Verhältnis zur Breite, in der sie auftreten, dargestellt. Die obere Kurve des unteren Teiles der Abb. 46 zeigt die mittleren Flächen des mit Flecken bedeckten Gebietes in Millionstel der sichtbaren Sonnenhemisphäre; die untere Kurve gibt den täglichen Gang der Magnetnadel in Deklination wieder; es erweist sich sehr deutlich, daß ein allgemeiner Zusammenhang zwischen Sonnenaktivität und Erdmagnetismus besteht.

Insbesondere zeigen sich folgende Beziehungen:

a) Einzelne Flecken entsprechen einzelnen magnetischen Gewittern.

b) Die Sonnenrotationsperiode spiegelt sich in den Daten magnetischer Natur.

Man bemerkt, daß nicht der Durchgang jedes großen Flecks durch den Sonnenmeridian mit einem magnetischen Gewitter verbunden ist, auch ist ein magnetisches Gewitter nicht unbedingt mit einem den Sonnenmeridian passierenden Fleck verknüpft, dieser Zusammenhang ergibt sich aber im Falle der stärksten magnetischen Gewitter mit ziemlicher Deutlichkeit; sie treten gewöhnlich — wenn auch nicht unbedingt — zugleich mit großen Sonnenflecken, und zwar innerhalb eines Zeitraumes von vier Tagen, nachdem die Flecken den Zentralmeridian passiert haben, auf.

Es ist demnach wahrscheinlich, daß unsere magnetischen Störungen ihren Ursprung in der Sonne haben. Die einzige Theorie, die im großen und ganzen Anerkennung gefunden hat, besagt, daß die Sonnentätigkeit, die den Anlaß zu diesen Stürmen gibt, nicht nach allen Richtungen gleichmäßig wirksam ist, sondern nur längs schmaler genau abgegrenzter Streifen, die nicht notwendig genau radial verlaufen müssen. Diese Streifen entspringen aktiven Flächen

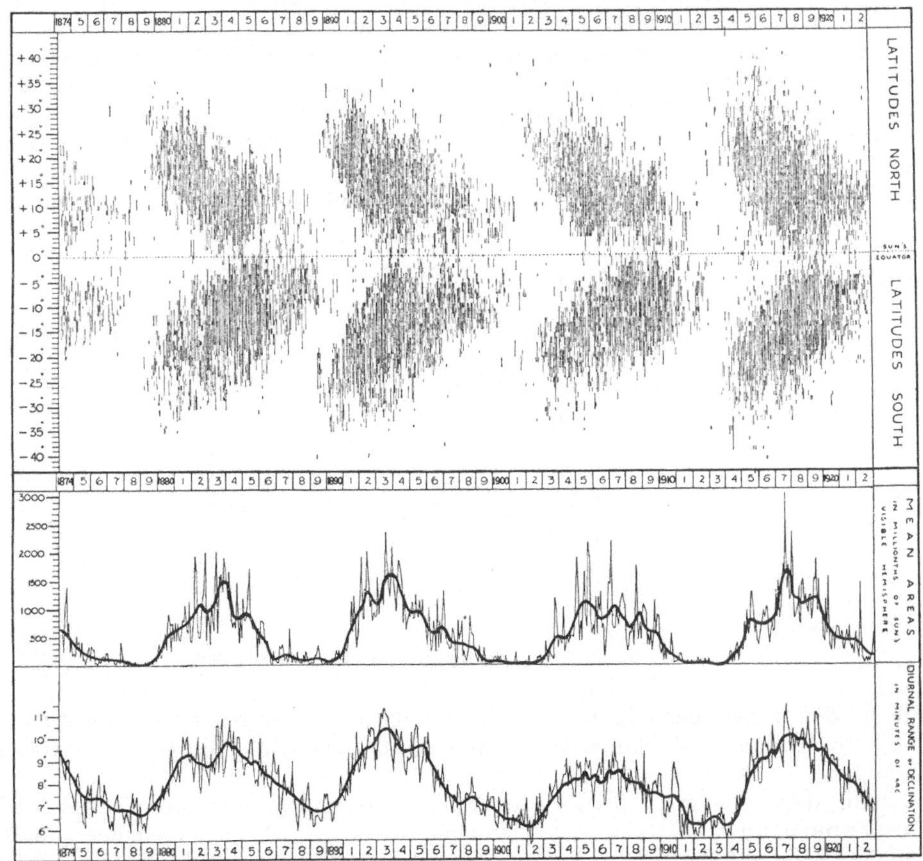

Abb. 46. Die Sonnenaktivität 1874 bis 1922. Oben: Die Breiten der Sonne, in denen die Flecken jeweils aufgetreten sind. Mitte: Die jeweilige von Flecken erfüllte Fläche. Unten: Die gleichzeitige Schwankung der magnetischen Deklination auf der Erde. In allen drei Teilen der Abbildung ist der 11jährige Zyklus deutlich zu erkennen

von begrenztem Umfang. Die tätigen Flächen sind nicht nur die Quelle unserer magnetischen Störungen, sondern auch die Bildungsstellen der Sonnenflecken. Ihre Aktivität wird für uns gewöhnlich durch die Gegenwart der Sonnenflecke und durch die Änderungen, die sie erfahren, offenkundig. Diese Flächen können schon magnetisch wirksam sein, bevor sich ein Fleck gebildet hat, sie können es aber auch erst werden, nachdem der Fleck bereits verschwunden ist. Obwohl Sonnenflecke und magnetische Störungen in enger Beziehung zueinander stehen, können letztere auch dann auftreten, wenn keine Flecken sichtbar sind. Da die Sonnentätigkeit bezüglich ihrer Richtung beschränkt ist, können manche große Flecke für uns sichtbar sein, ohne daß sich irgendein Einfluß derselben auf den Erdmagnetismus bemerkbar macht.

Ein weiterer Beweis für den Zusammenhang zwischen Erdmagnetismus und Sonnenphänomenen kann darin erblickt werden, daß die magnetischen Gewitter bisweilen mit Pausen auftreten, die der Rotationsperiode der Sonne entsprechen.

40. Der Spektroheliograph. Das Sonnenspektrum ist ein Spektrum mit dunklen Linien, also ein Absorptionsspektrum, gebildet durch die Überlagerung helliniger Spektren der leuchtenden Gase in der Sonnenatmosphäre durch das hellere kontinuierliche Spektrum der Photosphäre.

Eine Absorptionslinie ist infolgedessen nur relativ dunkel und erscheint, wenn sie von dem helleren kontinuierlichen Spektrum isoliert wird, als helle Linie, welche die Strahlung des für sie charakteristischen glühenden Gases wiedergibt. Sie ist auch ein Abbild der Verteilung des Gases auf der vom Spalt des Spektroskops gedeckten Fläche im Lichte der entsprechenden Wellenlänge. Läßt man den Spalt über die Sonnenscheibe wandern, so entstehen nacheinander

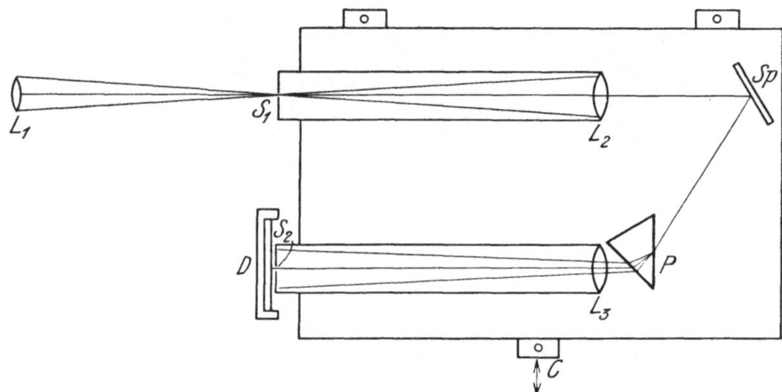

Abb. 47. Schematische Skizze eines Spektroheliographen

Bilder, die, zusammengefügt, ein vollkommenes Abbild der Sonne im Lichte der betreffenden Wellenlänge geben und so die Verteilung dieses einen Gases darstellen.

Auf dem Gesagten beruht der Spektroheliograph, der von HALE und DESLANDRES um das Jahr 1890 erfunden wurde (von beiden Forschern unabhängig voneinander) und dazu dient, die Sonnenscheibe im monochromatischen Lichte irgendeiner gewünschten Wellenlänge aufzunehmen.

Die schematische Einrichtung des Spektroheliographen ist aus Abb. 47 ersichtlich. L_1 ist ein Fernrohrobjektiv, gewöhnlich von langer Brennweite, damit ein großes Bild auf dem Spalt S_1 des Spektroheliographen entsteht. Das durch diesen Spalt dringende Licht wird durch die Kollimatorlinse L_2 parallel gemacht und dann durch den ebenen Spiegel Sp auf das Prisma P geworfen. Das Licht wird hier spektral zerstreut und sodann durch die Kameralinse L_3 am Orte des Spaltes S_2 vereinigt.

Es sind Einrichtungen vorgesehen, die eine kontinuierliche Bewegung des Spaltes S_2 längs des Spektrums ermöglichen, so daß jede Linie beliebiger Wellenlänge unter S_2 gebracht werden kann. Das ganze übrige Spektrum fällt auf die Spaltbacke. Die photographische Kassette D wird von einem besonderen Träger festgehalten; die Schichtseite der verwendeten Platte wird so nahe als möglich an die Ebene des Spaltes S_2 herangebracht.

Wir können somit jede gewünschte Wellenlänge des Spektrums isolieren, was immer für Licht auf den Spalt S_1 fallen mag. Um die Einzelheiten irgendeiner Fläche photographieren zu können, muß man dafür sorgen, daß sich das ganze Instrument (Spektrograph, Kollimator, Spiegel, Prisma und Kamera) gleichförmig über die zu untersuchende Fläche in einer zur Längsrichtung der Spalte S_1, S_2 senkrechten Richtung bewegen läßt. Zu diesem Zweck ist das ganze Instrument auf einer starren Plattform montiert, die ihrerseits von drei

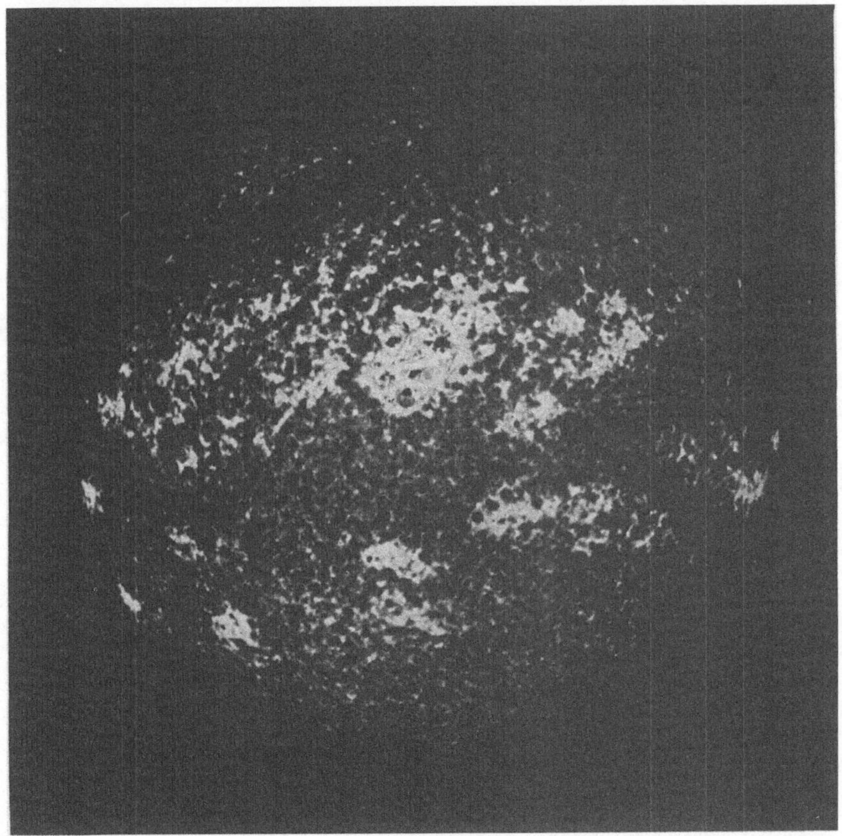

Abb. 48. Spektroheliogramm im Lichte des Kalciums (*K*-Linie). Aufnahme von Evershed am 10. August 1917

Kugeln (aus hartem Stahl) getragen wird; durch den Bewegungsmechanismus C kann die ganze Platte gleichmäßig bewegt werden. Gewöhnlich werden die Aufnahmen im Lichte des Wasserstoffs, und zwar der hellen Linie $H\alpha$, aber auch im Lichte des Kalciums gemacht, das in den Fackeln vorherrscht und durch zwei sehr kräftige Linien im Ultraviolett bei den Wellenlängen $\lambda = 3968$ Å. E. und $\lambda = 3933$ Å. E., die man gewöhnlich mit H bzw. K bezeichnet, charakterisiert ist. Die Linie $\lambda = 3968$ Å. E. ist der Wasserstofflinie $\lambda = 3970$ Å. E. eng benachbart; man macht daher der Sicherheit wegen die Aufnahme im Lichte der K-Linie.

Der Spalt S_2 wird so eingestellt, daß oberwähnte Linie sich genau in der Spaltmitte befindet. Hierauf wird das Bild der Sonne auf die Spaltbacke S_1 gebracht und das ganze Instrument so lange verschoben, bis der Spalt S_1 über

die Sonnenscheibe hinaus ist. Jetzt wird die photographische Platte eingelegt
und das Instrument in Betrieb gesetzt, d. h. es wird der Spalt S_1 allmählich
von einem Rand der Sonne zum andern geführt.

Während dieser Zeit wirkt durch den zweiten Spalt hindurch die Strahlung
des Kalciumlichtes aus allen jenen Teilen der Sonne, an denen die erwähnte
Kalciumlinie gerade hell erscheint, auf die Platte. Bei entsprechender Verlänge-

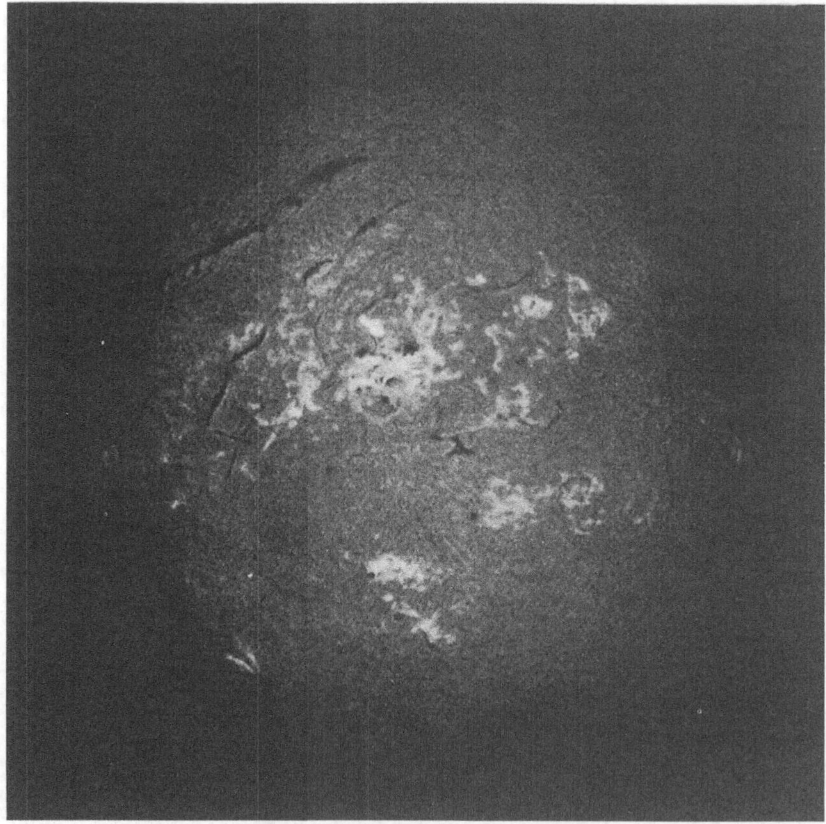

Abb. 49. Spektroheliogramm im Lichte des Wasserstoffes ($H\alpha$-Linie). Die Aufnahme erfolgte am
gleichen Tage wie die in Abb. 48 wiedergegebene. Man beachte die charakteristischen Unterschiede

rung der Exposition kann die ganze Kalciumatmosphäre der Sonne mitsamt
den umgebenden Protuberanzen photographiert werden. Im vorstehenden
haben wir den Spektroheliographen im Prinzip beschrieben; im folgenden
wollen wir einige Einzelheiten, die sich auf den 152 cm-Spektroheliographen
des Sonnenobservatoriums auf dem Mt. Wilson beziehen, kurz schildern.

Dieses Gerät hat eine massive gußeiserne Grundplatte mit V-förmigen
Schienen an ihren vier Ecken. Die gußeiserne Platte, die das eigentliche
Instrument mit der optischen Einrichtung trägt, besitzt vier Λ-förmige
Schienen die auf Kugellagern ruhen. Das ganze Gewicht des Instruments ruht
zudem auf Quecksilber in drei Näpfen, in die von der unteren Seite der guß-
eisernen Platte ausgehende hölzerne Schwimmer eintauchen. Das Bild der
Sonne von 170 mm Durchmesser wird auf der Spaltplatte durch einen Spiegel

von 61 cm Öffnung und 18,3 m Brennweite entworfen. Die Spalte sind 216 mm lang. Bei beiden Spalten ist eine Backe fest, die andere mit Hilfe einer Mikrometerschraube beweglich. Da die durch einen geraden Spalt gebildete Spektrallinie eine gekrümmte Linie ist, kann der zweite Spalt gekrümmt gebaut werden, um mit der verwendeten Linie übereinzustimmen; das so gewonnene Sonnenbild wird aber verzerrt sein. Um diese Verzerrung zu beheben, sind der erste und der zweite Spalt gekrümmt.

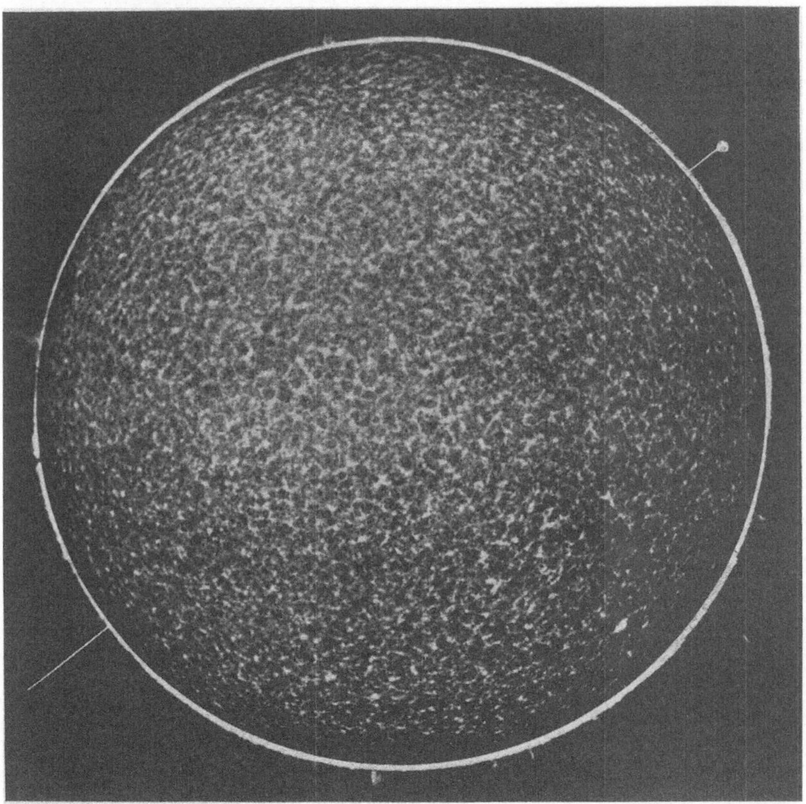

Abb. 50. Aufnahme der Sonne im Lichte einer Kalciumlinie zur Zeit des Sonnenfleckenminimums. Man bemerkt wenig oder überhaupt keine Flecken und Fackeln sowie nur vereinzelte Protuberanzen. (Letztere ragen über den Sonnenrand heraus)

Das Kollimatorobjektiv und das Kameraobjektiv — beide sind vom Typus der Portraitobjektive — haben eine Öffnung von 203 mm und eine Brennweite von 1520 mm. Der Prismensatz besteht aus 1, 2, 3 oder 4 Prismen aus Jenenser Glas, die 210 mm hoch und 125 mm breit sind; ihr Brechungswinkel beträgt 63° 28′. Die Kassette ruht in einem Aluminiumkasten, die Schichtseite der Platte ist mit den Backen des zweiten Spaltes fast in Berührung. Die Kasseteneinrichtung steht mit dem beweglichen Teil des Spektrographen durch einen ausziehbaren Balg in Verbindung.

Wie bereits erwähnt, ruht die den Spalt und die optischen Teile des Spektroheliographen tragende bewegliche Platte auf vier Stahlkugeln von 1 Zoll Durchmesser, die auf V-förmigen Schienen laufen. Die Schienen sind aus gehärtetem Stahl und glatt poliert. Da das Gesamtgewicht der sich bewegenden Teile fast

700 kg beträgt, ist, um die Reibung an den Stahlkugeln herabzusetzen, die Lagerung in Quecksilber vorgesehen; das so erzielte Ergebnis war äußerst befriedigend.

Die Bewegung der Plattform erfolgt vermittels eines elektrischen Motors mit variabler Geschwindigkeit. Das Instrument wird langsamer oder rascher in Bewegung gesetzt, je nachdem ein enger oder weiter Spalt, eine helle oder eine lichtschwache Linie verwendet wird.

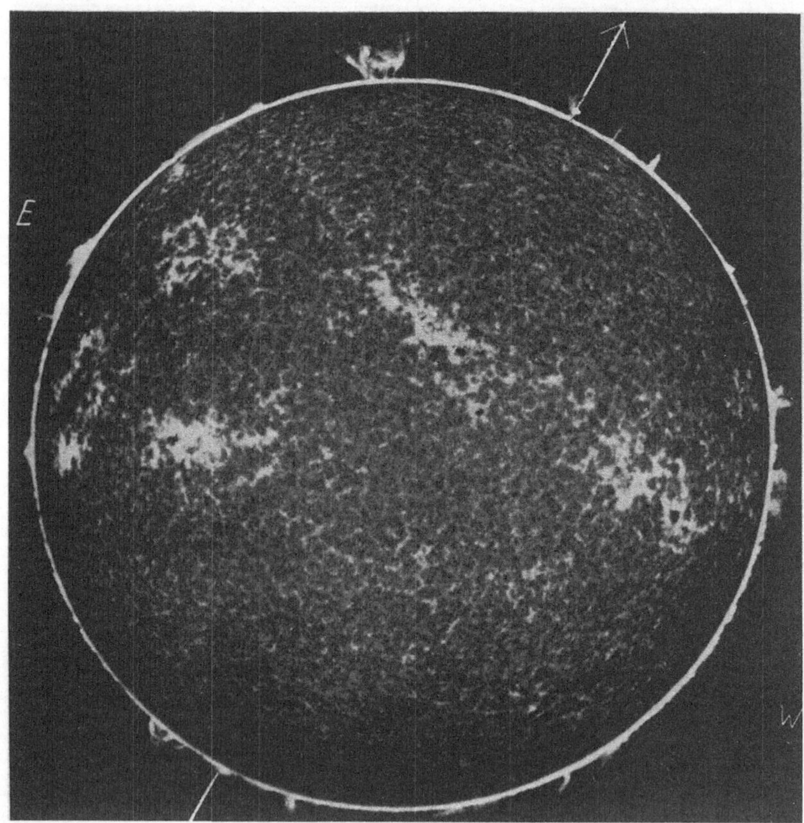

Abb. 51. Aufnahme der Sonne im Lichte einer Kalciumlinie zur Zeit des Sonnenfleckenmaximums. Zum Unterschied von Abb. 50 erkennt man um die Flecken herum weite Gebiete, erfüllt von hellen Kalciumflocken; zahlreiche Eruptionen von Protuberanzen sind zu sehen

Spektroheliogramme wurden im Lichte des Wasserstoffs, des Kalciums und des Eisens aufgenommen. Man bemerkt deutliche Unterschiede zwischen den Wasserstoff- und den Kalciumaufnahmen. Beim Kalcium (H) ist die Sonnenscheibe mit hellen Flocken bedeckt, dagegen sind die meisten der Wasserstoff-Flocken dunkel. Die hellen Flocken des Kalciums und Eisens stimmen ziemlich genau überein.

Die H- und K-Linien des Kalciums haben im Absorptionsspektrum Verbreiterungen, und es macht einen Unterschied, auf welchen Teil der Linie der Spalt eingestellt wird. Ein Spektrogramm starker Dispersion von H zeigt eine breite dunkle Linie, überlagert von einer hellen Linie; überdies zeigt sich eine schmale dunkle Linie in der Mitte der hellen Linie. Diese schmale dunkle

Linie wird mit H_3 bezeichnet; die zwei hellen Linien, von denen sie flankiert wird, heißen H_2, die dunkle Linie am Rand heißt H_1. Die Breite der Absorptionslinie wird dem Druck zugeschrieben, unter dem das Gas steht; je größer die Entfernung vom Zentrum, um so niedriger ist der Druck. Spektroheliogramme im Lichte der H_1-Linie zeigen Kalciumflocken niedrigen Niveaus sowie Sonnenflecken. Bei Einstellung des Spalts auf H_2 erscheinen die Flocken in einem mittleren Niveau, während H_3 von den hohen Wolken im Kalcium herrührt.

Spektroheliogramme, die im Lichte von Ha aufgenommen wurden, besitzen ein sehr verschiedenes Aussehen. Eine bemerkenswerte Erscheinung sind die deutlichen dunklen Stellen, die das Vorhandensein von Wasserstoffprotuberanzen auf der Sonnenscheibe anzeigen.

Die Abb. 48 bis 52 zeigen verschiedene Spektroheliogramme.

41. Sonnenflecke. Auf einer gewöhnlichen photographischen Aufnahme der Photosphäre erscheint ein Sonnenfleck hauptsächlich durch einen scharf begrenzten dunklen Kern (Umbra) sowie eine weniger dunkle Umgebung, die Penumbra genannt wird, charakterisiert. In der Nachbarschaft des Flecken findet sich gewöhnlich auch eine ziemlich große Menge von Fackeln.

Wird der Spalt eines Spektrographen von hoher Dispersion auf einen Sonnenfleck gerichtet, so zeigt das Spektrum gegenüber dem Sonnenspektrum merkliche Unterschiede. Die wichtigsten sind folgende:

a) Das Stärker-, bzw. Schwächerwerden verschiedener Linien. Bei einigen Elementen werden fast alle Linien verstärkt, bei anderen geschwächt; wieder bei anderen Elementen zeigen sich beide Effekte.

b) Das Vorkommen zahlreicher im Sonnenspektrum nicht vorkommender Linien, von denen viele Banden oder Kanellierungen bilden.

c) Die Verbreiterung, Verdoppelung und Verdreifachung zahlreicher Linien. Sorgfältige Untersuchungen haben gezeigt, daß die geschwächten Linien fast immer Funken-Linien oder Linien hoher Temperatur, die verstärkten Linien dagegen solche von tiefer Temperatur sind. Die Banden bzw. Kanellierungen hat man vorwiegend auf Titaniumoxydverbindungen zurückführen können. All diese Erscheinungen weisen auf eine tiefere Temperatur in den Flecken hin. Die Verdoppelung und Verdreifachung der Linien wurde als eine Folge des ZEEMAN-Effektes erkannt, ist also dem magnetischen Feld des Sonnenflecks zuzuschreiben. HALE hat festgestellt, daß das Ha-Spektroheliogramm deutlich eine die Umbra der Sonnenflecken umgebende vertikal verlaufende Struktur aufweist. Bei weiterer Beobachtung hat sich tatsächlich gezeigt, daß die Wasserstoff-Flocken einwärts gegen die Mitte ziehen und schließlich dort verschwinden.

EVERSHED hat folgendes festgestellt: Befand sich ein Fleck nahe dem Sonnenrand, und war der Spalt radial zum Fleck gestellt, also gegen den Mittelpunkt der Sonnenscheibe gerichtet, so wiesen die FRAUNHOFERschen Linien an den entgegengesetzten Seiten des Flecks eine DOPPLERsche Verschiebung entgegengesetzter Richtung auf. Man beobachtete auf der Seite nahe dem Sonnenrande ein Auseinandergehen, auf der Seite gegen die Sonnenmitte hin eine Annäherung der Linien. Wird der Spalt so zum Fleck gestellt, daß er rechtwinkelig zum Sonnenhalbmesser verläuft, so zeigt sich keine derartige Verschiebung. EVERSHED folgerte daraus, daß sich die Gase im Niveau der umkehrenden Schicht nach außenhin bewegen. Auf diese Art gewann man ein deutlicheres Bild über die Natur des Sonnenflecks, der in Wirklichkeit ein Wirbel ist; die Gase in hohem Niveau werden spiralfärmig nach innen und abwärts gezogen, bis sie die Höhe der Umkehrschicht erreichen. Unter Zugrundelegung der Hypothese, daß ein Sonnenfleck ein Wirbel ist, in welchem durch Ionisation der Sonnen-

atmosphäre elektrisch gewordene Partikelchen in eine Wirbelbewegung großer
Geschwindigkeit geraten sind, gelangte HALE zur Annahme, daß darin der Ursprung der magnetischen Felder in den Sonnenflecken — betrachtet als elektrische
Wirbel — zu suchen sei. Eine Untersuchung bezüglich des Vorhandenseins eines
auf diese Art zu vermutenden ZEEMAN-Effektes führte tatsächlich zu einem
positiven Ergebnis.

Bei Beobachtung eines normalen ZEEMAN-Triplets parallel zu den Kraft-

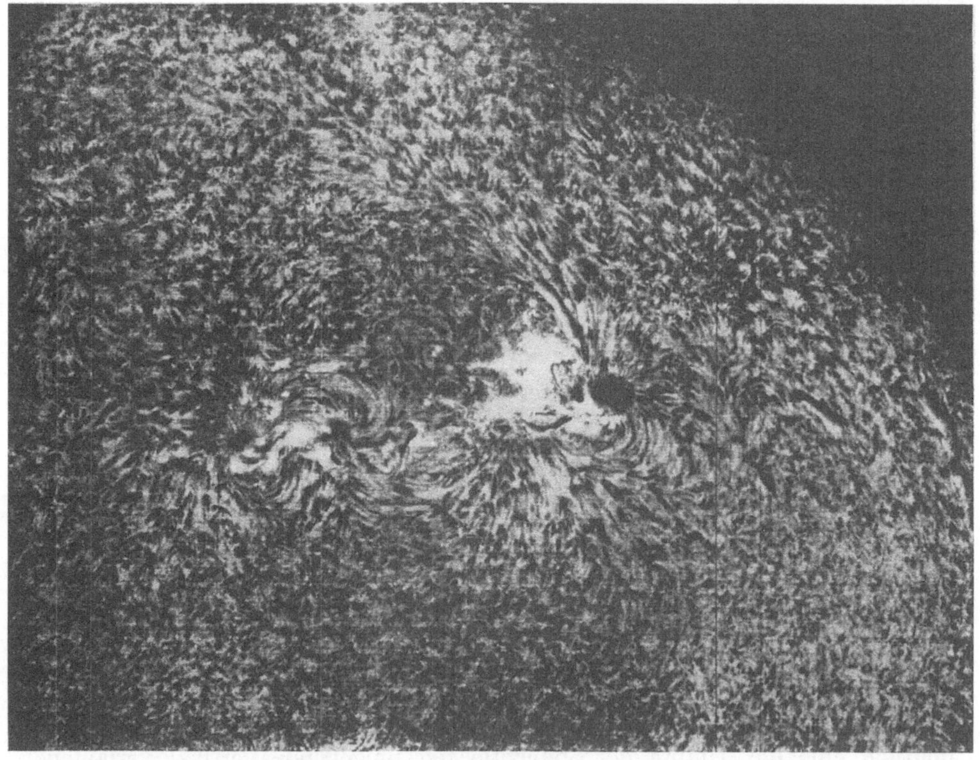

Abb. 52. Spektroheliogramm im Lichte der $H\alpha$-Linie. Aufnahme der Mt. Wilson-Sternwarte. Man
erkennt deutlich die Wasserstoffwirbel in der Sonnenatmosphäre oberhalb der Flecken, sowie den
entgegengesetzten Richtungssinn derselben

linien eines magnetischen Feldes ist die zentrale Komponente P nicht vorhanden, die zwei Seitenkomponenten (n) dagegen kreisförmig in entgegengesetzten Richtungen polarisiert. Wird zwecks Verwandlung des zirkular
polarisierten Lichtes in linear polarisiertes Licht ein Viertelwellenlängenplättchen
mit einem Nicolprisma vor den Spalt des Spektroskops gesetzt, so kann durch
Drehen des Nicols jede der beiden Seitenkomponenten (n) nach Belieben abgeschnitten werden. Ist die Anordnung des Polarisationsapparates derart, daß
eine Komponente verschwindet, so wird bei Umkehrung der Richtung des
durch die Magnetspulen fließenden Stromes diese Komponente wieder erscheinen und die andere Komponente verschwinden.

Die Methode bietet ein einfaches Mittel zur Bestimmung der Polarität eines
magnetischen Feldes und wird unter Benutzung des 22,5 m Spektrographen
des 45 m Turmteleskops auf dem Mt. Wilson zum Studium der magnetischen

Polarität der Sonnenflecke verwendet. Die meisten Beobachtungen erfolgten im Spektrum zweiter Ordnung mit Hilfe eines großen Beugungsgitters, wobei die lineare Dispersion 1 Å. E. = 2,96 mm beträgt.

Abb. 53. Die Sonnenkorona zur Zeit eines Fleckenminimums. Aufnahme von BARNARD mit 30 Sekunden Belichtungszeit gelegentlich der totalen Sonnenfinsternis vom 28. Mai 1900

Die Flecken sind keine einfachen magnetischen Felder; sie werden daher unter allen möglichen Winkeln sowohl am Rande als auch in der Mitte der Scheibe beobachtet. Zur Bestimmung der magnetischen Polarität eines Sonnenflecks ist eine Abschätzung der relativen Intensitäten der roten und violetten Komponenten des ZEEMAN-Triplets notwendig.

Beobachtungen an nahezu 1000 Flecken haben gezeigt, daß die Mehrzahl aller Sonnenflecke zur Gruppenbildung oder zur Bildung von Doppelformen neigt, die entgegengesetzte magnetische Polaritäten aufweisen können. Die magnetische Polarität der Hauptflecken in der nördlichen Hemisphäre ist zu jener der Hauptflecken in der südlichen Hemisphäre entgegengesetzt.

Abb. 52 zeigt ein Spektroheliogramm im Lichte der $H\alpha$-Linie.

42. Die Sonnenkorona. Die Sonnenkorona kann nur gelegentlich einer totalen Sonnenfinsternis studiert werden. Es sind wohl Versuche unternommen worden, die Korona zu anderen Zeiten zu photographieren, jedoch ohne jeden Erfolg. Welche Schwierigkeiten bestehen, wird klar, wenn man bedenkt, daß das Gesamtlicht der Korona geringer ist als das des Vollmondes.

Die allgemeine Gestaltung der Korona folgt dem Sonnenfleckenzyklus. Bei einem Sonnenfleckenmaximum sind die Koronastrahlen ziemlich gleichmäßig um den Rand der Sonne herum verteilt und zeigen keine Bevorzugung irgendeiner heliographischen Breite, dagegen sind bei einem Sonnenfleckenminimum die Hauptstrahlen auf die äquatorialen Regionen beschränkt; in den Polargebieten

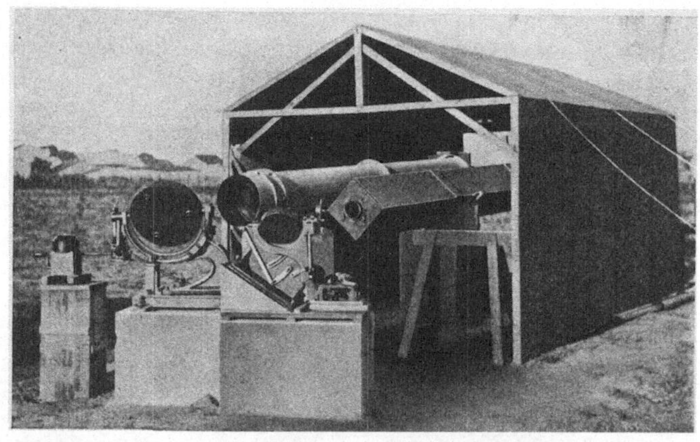

Abb. 54. Anordnung der Instrumente bei einer Sonnenfinsternisexpedition. Liegende Aufstellung der Fernrohre; Zölostaten mit Uhrwerksantrieb empfangen und reflektieren das Sonnenlicht

zeigen sich diesfalls sehr auffällige kurze feine Strahlen, die als „Federn" bezeichnet werden. Die Krümmung der Federn und Hauptstrahlen weist auf das Vorhandensein eines magnetischen Kraftfeldes hin und ist sehr beachtenswert.

Bei jeder Sonnenfinsternis wird versucht, die Korona zu photographieren, so daß es mit der Zeit wohl gelingen dürfte, die Ursachen für oberwähnte Erscheinungen ausfindig zu machen.

Die allgemeine Gestalt der Korona kann mittels Objektiven mittlerer Brennweite — etwa 1500 mm — photographiert werden. Zur Untersuchung der feinsten Einzelheiten in der inneren Korona ist ein größerer Maßstab erforderlich. Diesfalls bedient man sich sehr langbrennweitiger Objektive ca. 12 m bis 19 m.

Abb. 53 zeigt eine Aufnahme der Sonnenkorona zur Zeit eines Fleckenminimums.

Da Sonnenfinsternisse meist nur in sehr entlegenen Gebieten der Erde zu beobachten sind, können diese langen Fernrohre nicht auf die gleiche Art wie in festen Observatorien aufgestellt werden. Sie werden entweder horizontal aufgestellt und empfangen das Licht von einem durch Uhrwerk betriebenen Spiegel, dem sogenannten Zölostaten (vgl. Abb. 54) oder sie werden auf jenen Punkt des Himmels gerichtet, an welchem die Sonne sich zur mittleren Zeit

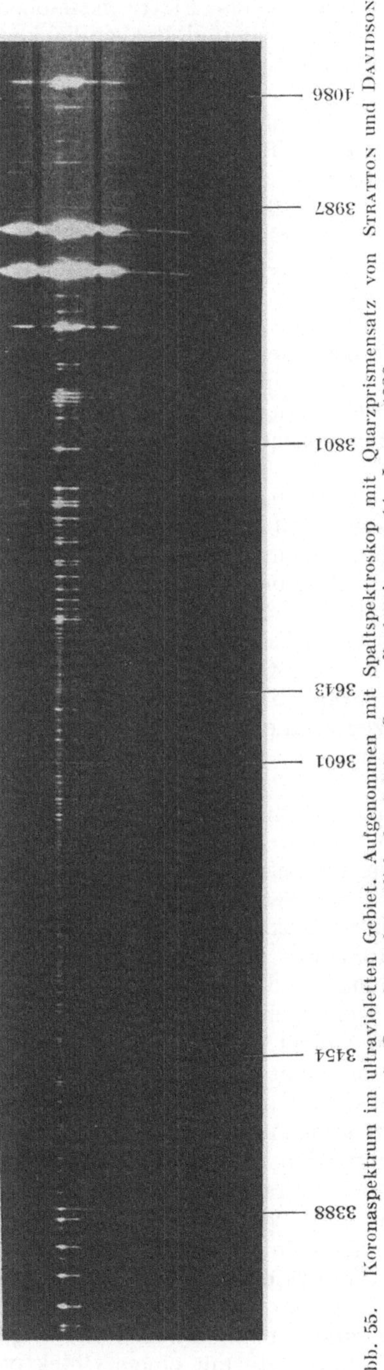

Abb. 55. Koronaspektrum im ultravioletten Gebiet. Aufgenommen mit Spaltspektroskop mit Quarzprismensatz von Stratton und Davidson in Sumatra gelegentlich der totalen Sonnenfinsternis vom 14. Januar 1926

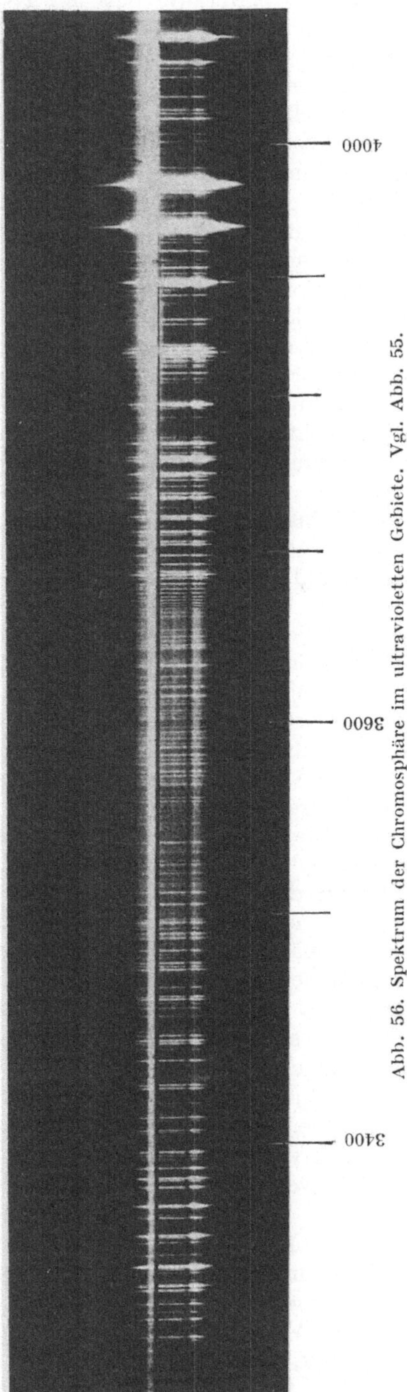

Abb. 56. Spektrum der Chromosphäre im ultravioletten Gebiete. Vgl. Abb. 55.

der Finsternis befinden wird. Die photographische Platte wird unter Verwendung eines Uhrwerkantriebs mit zweckdienlicher Geschwindigkeit in Bewegung erhalten; das Sonnenbild muß auf der photographischen Platte feststehen. Die erstgenannte Methode hat den Vorteil der Einfachheit und Bequemlichkeit, die zweitgenannte den Vorteil, daß die Lichtstrahlen einen einfacheren optischen Weg zurücklegen.

Bei Verwendung einer sehr empfindlichen Platte und eines Objektivs mit dem Öffnungsverhältnis 1 : 60 betrug die notwendige Belichtungszeit zur Aufnahme der gesamten Korona 30 Sek., zur Aufnahme der mittleren Korona 5 Sek. und zur Aufnahme der inneren Korona 2 Sek. Der große Helligkeitsbereich der Korona macht es unmöglich, mit einer einzigen Aufnahme die äußere Korona aufzunehmen und gleichzeitig Einzelheiten der inneren Korona zu erhalten; allerdings läßt sich durch zweckmäßige Entwicklung sehr viel ausgleichen.

Die Grenze der Koronastrahlen ist nicht bekannt. Bis nun erscheint das Bild auf der Aufnahme durch einen Schleier begrenzt, der vom zerstreuten Licht der Erdatmosphäre stammt. Besseren Erfolg dürfte eine Aufnahme in ultrarotem Licht zeitigen, da diesfalls kaum ein Zehntel der bei der gewöhnlichen photographischen Aufnahme auftretenden atmosphärischen Zerstreuung wirksam wird.

43. Das Spektrum der Korona. Es hat sich gezeigt, daß die Korona ein zusammengesetztes Spektrum besitzt. Ein kleiner Teil der Korona nahe dem Sonnenrand gibt Emissionslinien, die bisher noch nicht mit Sicherheit einem bekannten Element zugeordnet werden konnten. Die innere Korona ist durch ein kontinuierliches Spektrum charakterisiert, während die äußere Korona ein kontinuierliches Spektrum mit Fraunhoferschen Absorptionslinien aufweist. Abb. 55 zeigt ein Koronaspektrum im ultravioletten Gebiet.

Das Spektrum kann mit einem Spaltspektrographen photographiert werden, dessen Spalt entweder radial oder tangential zur Sonne gestellt ist. Bei letztgenannter Stellung des Spalts ergeben sich längere Linien; auch zeigt sich dabei eine größere Fläche der Korona.

44. Die Chromosphäre. Rund um die Sonne herum und nahe ihrem Rand befindet sich die Chromosphäre, d. i. die Atmosphäre der glühenden Gase. Das Spektrum der Chromosphäre wurde bei vielen Finsternissen beobachtet; die vorkommenden Elemente sind zum größten Teil nachgewiesen worden. Die Chromosphäre ist mit einem Objektivprisma oder Objektivgitter im Augenblick des Beginnes der Totalität leicht zu photographieren; die Belichtungszeit beträgt etwa eine Sekunde. Will man Wellenlänge und Intensität der Linien genauer bestimmen, ist ein Spaltspektroskop vorzuziehen. Abb. 56 zeigt ein Spektrum der Chromosphäre im ultravioletten Gebiet.

Das Spektroskop wird so angeordnet, daß der Spalt in tangentiale Stellung zum Sonnenrand an jenem Punkt gebracht werden kann, bei dem die Sonne schließlich verschwindet: Der Beobachter macht seine Aufnahme gerade in dem Moment, wenn die letzten hellen Perlen verschwinden. Da die Chromosphäre nur 1″ bis 2″ tief ist, kann man sich dabei leicht verspäten und den Augenblick des „Flash", wie das Phänomen genannt wird, verfehlen. Abb. 57 zeigt die Aufnahme eines Flashspektrums, aufgenommen mit Objektivprisma. Die Erscheinung hat ihren Namen daher, daß das Absorptionsspektrum im Augenblick des Verschwindens der Sonne blitzartig in ein helles Linienspektrum überspringt, d. h. sich in ein helles Linienspektrum verwandelt. Daraus folgt, daß es leichter ist, die tieferen Niveaus der Chromosphäre mit einem Objektivprisma als mit einem Spaltspektroskop zu erfassen. Die Höhenlagen der verschiedenen Gase können nach den Längen der chromosphärischen Bogen, wie

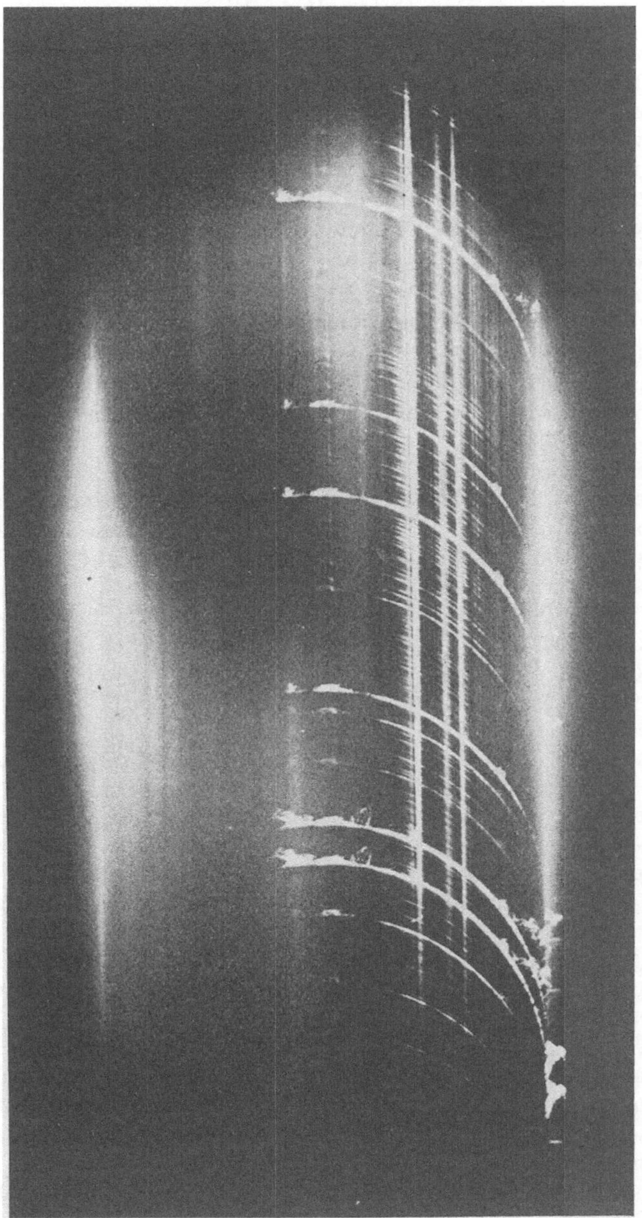

Abb. 57. Die Chromosphäre am Sonnenrand. Flashspektrum, aufgenommen mit Objektivprisma im blauen Gebiete (zwischen K und $H\beta$) gelegentlich der totalen Sonnenfinsternis in Sumatra am 14. Januar 1926. Man beachte, wie zugleich Protuberanzen mitabgebildet werden

sie sich im Objektivprismenspektrum zeigen, abgeschätzt werden: je größer die Höhe, desto länger der Bogen. Für eine Aufnahme der tieferen Niveaus wäre eine kurze Finsternis, bei der die Sonne nur ganz kurze Zeit bedeckt ist, günstiger, wobei die höheren Niveaus des Wasserstoffs und Kalciums, wie dies am 29. Juni 1927 der Fall war, vollkommene Kreise bleiben.

J. Das Spiegelteleskop

Entwürfe für ein Spiegelteleskop — wenn auch nur am Papier — gehen bis auf das Jahr 1663 zurück. Der schottische Mathematiker Gregory veröffentlichte damals die Beschreibung jener Konstruktion, die noch heute nach ihm benannt wird: Es handelt sich um einen in der Mitte durchbohrten Parabolspiegel und einen Ellipsoidspiegel hinter dem Brennpunkt des erstgenannten Spiegels. Dieser entwirft ein Bild im Okular, das sich hinter der Ausnehmung des Parabolspiegels befindet.

Der Konstruktionsgedanke Gregorys, theoretisch und, wie sich später zeigte, auch praktisch richtig, stellte jedoch an die Handfertigkeit der zeitgenössischen Optiker zu hohe Anforderungen.

Im Jahre 1672 bediente sich Newton folgender Konstruktion: Er benutzte einen sphärischen Hohlspiegel und setzte ein wenig innerhalb des Brennpunktes einen ebenen unter 45⁰ gegen die Vertikalebene geneigten Spiegel, sodaß das Bild außerhalb der Rohre fällt.

Cassegrain veröffentlichte (ebenfalls 1672) einen Plan zur Konstruktion eines Spiegelteleskops. Der Unterschied gegenüber der Gregoryschen Konstruktion bestand darin, daß der Ellipsoidspiegel durch einen innerhalb der Brennweite des paraboloidischen Hauptspiegels angebrachten sphärischen Konvexspiegel ersetzt wurde.

Wir wissen nicht bestimmt, ob einer dieser Entwürfe über das Modellstadium hinauskam. Das erste tatsächlich als Spiegelteleskop zu bezeichnende Instrument wurde von John Hadley im Jahre 1722 gebaut. Er wagte den entscheidenden Schritt, vor dem Gregory und Newton zurückgescheut waren, den Spiegel tatsächlich parabolisch zu gestalten.

Unter Herschels geschickten Händen erreichte das Spiegelteleskop einen hohen Grad der Vollkommenheit und wurde daher gerne benutzt.

Das Spiegelteleskop weist gegenüber dem Refraktor zwei große Vorteile auf:
a) Einfachheit seiner Konstruktion,
b) vollkommene Achromasie.

Als Mängel können sein großes Gewicht und die daraus sich ergebenden Schwierigkeiten der Anordnung angesehen werden. Mängel sind ferner seine Formveränderungen bei Temperaturschwankungen sowie das allmähliche Trübwerden der Spiegeloberflächen, die nur ein sehr geschickter Optiker einwandfrei instandhalten kann.

Als es nun gelang, den Refraktor achromatisch zu machen, kam das Spiegelteleskop eine Zeitlang außer Gebrauch. Eine neue Entwicklungsperiode für diesen Instrumententypus begann erst wieder, als die Methoden der Spiegelversilberung verbessert wurden; es gelang auf diese Art, den schweren Metallspiegel durch einen versilberten Glasspiegel zu ersetzen.

Diese Silberschicht reflektiert im günstigsten Falle 95% des einfallenden Lichtes. In der Nachbarschaft von Städten neigt der Spiegel zur Trübung und verliert etwas von seiner Leistungsfähigkeit; im Durchschnitt können wir annehmen, daß ein solcher Spiegel 80% des einfallenden Lichtes reflektiert. Eine Neuversilberung des Spiegels macht keine allzugroßen Schwierigkeiten.

Obwohl der Reflektor dem modernen Refraktor bezüglich Bildschärfe nicht gleichkommt, so gibt es doch ein großes Arbeitsfeld, auf dem der Reflektor infolge seiner vollkommenen Achromasie entschieden überlegen ist; es handelt sich hier um Aufgaben der Astrophotographie, um Probleme der Spektroskopie, um die Ermittlung der Farbenindizes der Sterne, um die Bestimmung von Farbtemperaturen und um Aufnahmen von Sternen und Nebeln.

Mit einem Refraktor vereinigt man nur ein schmales Gebiet des Spektrums in der Brennebene; bei einem gewöhnlichen zweilinsigen photographischen Fernrohr ist es das Gebiet zwischen $\lambda = 4410$ Å. E. und $\lambda = 4800$ Å. E. Hat man

Abb. 58. Beispiel für ein Spiegelteleskop (Reflektor). Der 72-zöllige (1.83 m) Spiegel der Dominion-Sternwarte in Victoria (Kanada), das zweitgrößte Instrument der Welt. Links ist der Spektrograph im Cassegrainfokus montiert

einen Stern für diesen Bereich auf den Spalt eines Spektroskops eingestellt, so wird Licht benachbarter Wellenlängen nicht mehr in der Brennebene vereinigt. Dadurch ergibt sich eine Verminderung der Lichtstärke im Bild und das gewonnene Photogramm wird die Intensitäten nicht im ganzen Spektralbereich richtig wiedergeben.

Ein Reflektor mit großer Öffnung hat eine verhältnismäßig geringe Absorption. Bei einem aus zwei getrennten Linsen zusammengesetzten Refraktorobjektiv geht Licht durch Reflexion an vier Oberflächen verloren; außerdem ergibt sich beim Passieren des Glases ein Lichtverlust durch Absorption, dessen Größe von der Art der verwendeten Glassorte abhängig ist. Auf alle Fälle wirkt die Absorption im Blau- und Ultraviolettgebiet des Spektrums am stärksten. Es ist aus diesem Grunde nicht möglich, mit einem gewöhnlichen großen photographischen Objektiv einen größeren Teil des ultravioletten Spektrums eines Sterns zu photographieren; hingegen wird man mit einem Reflektor mit versilbertem Glasspiegel das Spektrum fast bis zur Grenze der atmosphärischen Extinktion photographisch erfassen können.

Abb. 58 zeigt das 72zöllige Spiegelteleskop der Dominion-Sternwarte in Victoria (Kanada), das zweitgrößte Instrument der Welt.

„Aufnahmefähigkeit" des Refraktors bzw. Reflektors für photographisch wirksame Strahlen

Öffnung	„Aufnahmefähigkeit"	
	Refraktor	Reflektor
28 cm	5,4	3,8
56 ,,	18,2	15,1
84 ,,	34,6	33,9
112 ,,	51,4	60,2
140 ,,	68,6	94,1
168 ,,	81,8	135,5
196 ,,	96,0	184,4

Unter der Annahme, daß 50% der photographisch wirksamen Strahlen ($\lambda = 4300$ Å. E.) die Brennebene eines NEWTON-Reflektors erreichen, und bei Berücksichtigung der Lichtverluste infolge Reflexion und Absorption an, bzw. in den Linsen des Refraktors, läßt sich zeigen, daß bei kleiner Öffnung der Refraktor leistungsfähiger ist, daß aber mit Zunahme der Öffnung die durch wachsende Dicke der Linsen gesteigerte Absorption diesen Vorteil wieder wettmacht.

Nebenstehende Tabelle gestattet den Vergleich der „Aufnahmefähigkeit" für photographisch wirksame Strahlen von Refraktoren und Reflektoren bei verschiedenen Öffnungen.

Aus obiger Tabelle geht hervor, daß bei 84 cm Öffnung der Reflektor ebenso leistungsfähig ist wie der Refraktor, dagegen sind der 100zöllige und 60zöllige Reflektor auf dem Mt. Wilson sowie der 72zöllige Reflektor des Dominion-Observatoriums (Victoria, Kanada) leistungsfähiger als gleich große Refraktoren, falls solche in diesen Dimensionen überhaupt herstellbar wären.

Mit ganz besonderer Sorgfalt sind die HALEschen Reflektoren auf dem Mt. Wilson konstruiert; die dort verwendeten Spiegel (150 und 250 cm) wurden von RITCHEY hergestellt.

Der Spiegel, der nur eine optisch wirksame Oberfläche aufweist, ist gegen Temperaturschwankungen sehr empfindlich. Es macht große Schwierigkeiten, einen großen Spiegel so zu montieren, daß er keine Formänderungen erleidet; man hat dieses Problem dadurch zu lösen versucht, daß man den Spiegel auf einem ausbalanzierten Lager gewissermaßen „schwimmen" läßt.

Eine kurze klare Beschreibung des 60zölligen Spiegelteleskops auf dem Mt. Wilson gibt L. AMBRONN in Kultur der Gegenwart, Teil 3, Abt. 3, Bd. 3 (Astronomie), B. G. Teubner, Leipzig und Berlin, 1921, S. 590 ff.

Mit Hilfe des 60zölligen Spiegels wurden ausgezeichnete Photographien von Nebeln und anderen Himmelsobjekten gemacht. Im nachstehenden wollen wir die Beobachtungsmethode RITCHEYS näher beschreiben.

Wegen der Empfindlichkeit des großen Spiegels gegenüber Temperaturschwankungen ist es üblich, den 60 Zoll-Reflektor von der Morgendämmerung an bis zum frühen Abend in Tücher einzuhüllen. Dadurch verhütet man, daß das Instrument sich um mehr als einige Grade über die Temperatur beim Morgengrauen erwärmt. Auf jeden Fall ist es notwendig, bei längeren Expositionen die Einstellung von Zeit zu Zeit zu überprüfen.

Das angewandte Fokussierungsverfahren ist das sogenannte Messerschneidenverfahren, wie es zur Prüfung optischer Oberflächen benutzt wird. Eine sehr dünne scharfe Schneide wird durch den vom Stern herkommenden Lichtkegel nahe der Brennebene bewegt. Das Auge (ohne Okular) befindet sich knapp außerhalb des Brennpunktes, so daß der Lichtkegel von der Pupille aufgenommen wird und die ganze Oberfläche des Spiegels beleuchtet erscheint. Befindet sich die Ebene der Messerschneide innerhalb der Brennebene, so sieht man den beleuchteten Spiegel sich von der gleichen Seite her verfinstern, von der aus die Messerschneide in den Lichtkegel eindringt. Befindet sich die Messerschneide außerhalb der Brennebene, so sieht man den Spiegel sich zuerst auf der entgegengesetzten Seite verfinstern, befindet sich die Messerschneide in der Brennebene, so sieht man den Spiegel sich überall gleichmäßig verdunkeln.

Die Genauigkeit dieser Fokussierungsmethode ist nur von der optischen Vollkommenheit des Spiegels und von der jeweiligen Beschaffenheit der Atmosphäre abhängig.

Der Reflektor wurde in der NEWTONschen Form verwendet, die Führung des Instruments erfolgte unter Zuhilfenahme der von COMMON erfundenen Doppelschlittenkassette. Diese Kassette faßt Platten von 89 mm im Quadrat. Die Platten sind deshalb so klein gewählt, um mit dem Leitokular möglichst nahe an die Mitte des Feldes herankommen zu können. Das scharf und verzeichnungsfrei ausgezeichnete Bildfeld umfaßt 36 Bogenminuten im Quadrat. Die Kassette ruht auf Kreuzschlitten, deren jeder mittels feiner Schrauben beweglich ist.

Ein auf einem kleinen Schlitten seitlich der Kassette montiertes Okular kann auf jeden geeigneten Leitstern, der außerhalb der von der Platte bedeckten Fläche liegt, eingestellt werden. Der Leitstern wird auf dem Fadenkreuz des Okulars durch Betätigung der feinen Bewegungsschrauben des Kreuzschlittens biseziert gehalten. Um die eventuelle Drehung eines Feldes während einer langen Exposition festzustellen, wird ein zweites Okular auf der entgegengesetzten Seite der Kassette angebracht und gleichfalls auf einen Stern gerichtet. Die Kassette und die Okulare sind gemeinsam auf einer kreisförmigen Bronzeplatte angebracht, die mit Hilfe feingängiger Bewegungsschrauben relativ zum Kreuzschlitten verdreht werden kann.

Die Lage der Metallkassette ist durch kleine Anschläge aus hartem Stahl festgelegt, so daß sie (etwa zwecks Prüfung der Lage der Brennebene) herausgenommen und ganz genau an der gleichen Stelle wieder eingesetzt werden kann.

Da selbst auf dem Mt. Wilson nicht immer vollkommen scharfe Bilder zu erzielen sind — Augenblicke mit guter und schlechter Sicht wechseln ab — wurde vor der Platte ein Verschluß montiert, der, da beide Hände mit der Betätigung der Schrauben für den Kreuzschlitten beschäftigt sind, durch eine entsprechende Vorrichtung vom Mund aus betätigt wird. Sobald ein ungünstiger Moment eintritt, wird der Beobachter die Aufnahme unterbrechen und die Belichtung erst dann fortsetzen, wenn das Sternbild wieder scharf erscheint.

Unter Zuhilfenahme aller dieser Vorkehrungen können, falls notwendig, Nacht für Nacht Aufnahmen auf derselben Platte mit gleicher Sicherheit durchgeführt werden, ohne daß Änderungen bezüglich der Lage der Brennebene und Rotationen des Feldes zu befürchten sind. Auf den derart gewonnenen Negativen sind die Sternbilder vollkommen rund; auf den besten (bei Belichtungen von elf Stunden, die sich über drei Nächte erstrecken) haben die kleinsten Sternscheiben einen Durchmesser von genau einer Sekunde.

Abb. 59. Der Orionnebel mit seiner Umgebung. Aufnahme von Ross am 6. Januar 1927 auf der Yerkes-Sternwarte mit Weitwinkelobjektiv und einer Belichtungszeit von 5 Stunden

Um die Schärfe des photographischen Bildes zu steigern, ist man von der Verwendung hochempfindlicher Platten mit ihrem groben Korn abgegangen und benützt Platten mit feinem Korn, da diese ein großes Auflösungsvermögen besitzen; das Auflösungsvermögen ist zur Größe des Korns etwa verkehrt proportional. Photographien von kugelförmigen Sternhaufen und Spiralnebeln, die mit Hilfe des oben beschriebenen verfeinerten Instruments und auf feinkörnigen Platten hergestellt wurden, können geradezu als Offenbarungen bezeichnet werden. Die Kugelhaufen erwiesen sich als aus vielen Tausenden von Sternen bestehend, während sich in den kleinen Spiralnebeln zahlreiche feine Details wie beim großen Nebel in der Andromeda zeigten.

Auch mit Spiegelteleskopen von kleineren Dimensionen und bei Anwendung minder exakter Methoden lassen sich gute Ergebnisse erzielen.

Wird die Platte direkt in die Brennebene des Spiegels gebracht, so erspart man die Reflexion an dem ebenen Spiegel, was besonders dann beachtens-

Abb. 60. Der große diffuse Gasnebel im Orion. Aufgenommen von RITCHEY am 19. Oktober 1901 mit dem Yerkes-Spiegelteleskop und einer Belichtungszeit von einer Stunde.

wert ist, wenn die Spiegel sich nicht im besten Zustand befinden. In diesem Falle ist eine direkte Führung des Teleskops nicht möglich, man benützt hiezu vielmehr ein Fernrohr, das am Tubus des Reflektors starr befestigt ist. Es ist sehr sorgfältig darauf zu achten, daß der Spiegel sich in seiner Fassung nicht verschiebe, da eine kleine Neigungsänderung des Spiegels eine Verschiebung der optischen Achse des Spiegels relativ zur optischen Achse des Leitfernrohrs mit sich bringt, wodurch Bildverzerrungen entstehen.

Um ein bewegliches Objekt, wie z. B. einen Kometen, einen kleineren Planeten oder einen schwachen Mond eines Planeten zu photographieren, bedarf es einer Abänderung der Führungsmethode. Diese Objekte sind relativ zu den Sternen in Bewegung, müssen aber relativ zur Platte unbeweglich gehalten werden, während die Sterne Striche machen dürfen. Es ist nicht praktisch, mit dem

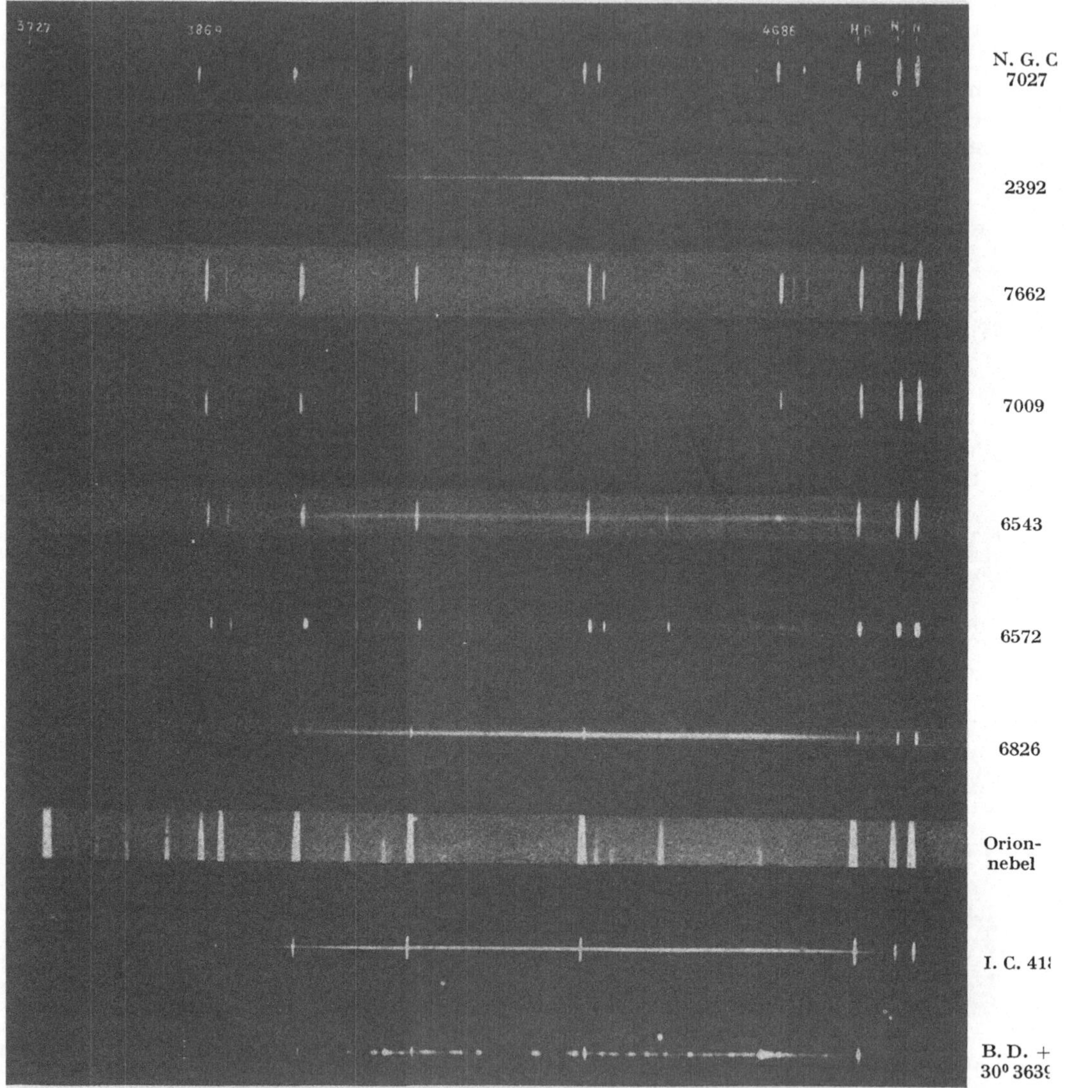

Abb. 61. Typische Spektren von Gasnebeln nach Aufnahmen mit dem 36zölligen (91 cm) Reflektor der Lick-Sternwarte

betreffenden Objekt selbst zu führen, da dieses meistens leicht zu schwach oder zu wenig scharf erscheint. Man errechnet Richtung und Größe der Bewegung des betreffenden Objekts und berücksichtigt diese Daten, indem man nach entsprechenden Zeitintervallen mit Hilfe eines am Leitfernrohr angebrachten Positionsmikrometers nachführt. Wird ein Leitstern auf den beweglichen Fäden pointiert, so muß das Fernrohr dem beweglichen Objekt folgen, das auf der Aufnahme unverzerrt erscheint, während die Sterne als Spuren abgebildet werden.

Abb. 62. Dunkle Wolken in der Milchstraße. Der dunkle Nebel BARNARD 72. Aufgenommen am 4. Juli 1921 mit dem größten Fernrohr der Welt, dem 100zölligen HOOKER-Spiegel der Mt. Wilson-Sternwarte. Belichtungszeit 2 Stunden 15 Minuten

K. Nebel

Man kann die Nebel ganz roh in drei große Gruppen einteilen: Diffuse Nebel, planetarische Nebel und Spiralnebel.

Die diffusen Nebel sind von unbestimmter Form und können dunkel oder leuchtend sein. Ihr Spektrum kann aus einem lichtschwachen kontinuierlichen Spektrum, überlagert von einigen hellen Emissionslinien, bestehen, wie sie bei der P-Klasse der Sterne (Harvardklassifikation) auftreten. (Vgl. Abb. 61.) Viele Nebel haben ein kräftigeres kontinuierliches Spektrum sowie Absorptions-

Abb. 63. Ringnebel in der Leyer. Beispiel der direkten Aufnahme eines sogenannten planetarischen Nebels (Plaskett, Dominion-Sternwarte, Kanada). Maßstab der Platte: 1 mm = 2,9 Bogensekunden

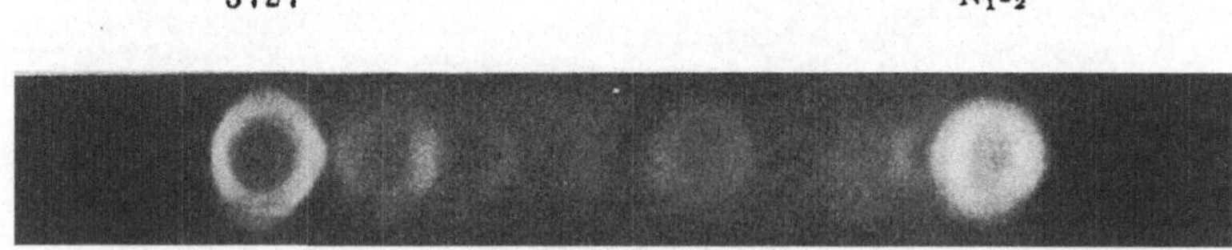

Abb. 64. Der Ringnebel in der Leyer, photographiert mit einem spaltlosen Spektrographen. Aufgenommen am 27. Juni 1916 am 36 zölligen Spiegelteleskop der Lick-Sternwarte (Kalifornien)

.linien, andere bilden eine Art Mitteltypus zwischen den genannten, während sich wieder bei anderen in verschiedenen Teilen des Nebels sowohl Absorptions- als Emissionsspektren zeigen. Der große Nebel im Orion ist ein leuchtender diffuser Nebel (s. Abb. 60).

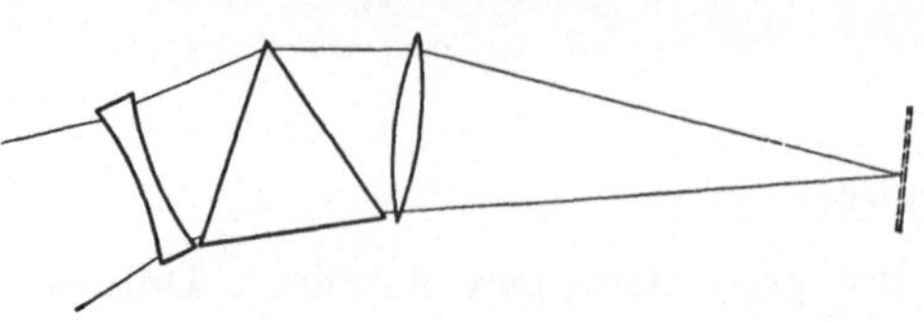

Abb. 65. Schema eines spaltlosen Spektrographen

Die Entdeckung dunkler Nebel ist hauptsächlich Barnard zu verdanken, der große Himmelsbereiche in vorbildlicher Weise photographierte. (Vgl. Abb. 62.) Die Existenz der dunklen Nebel ist durch das Vorhandensein scheinbar leerer Räume zwischen den Sternen entdeckt worden, die aber tatsächlich von dunkler, zwischen der Erde und den entfernteren Sternen lagernder kosmischer Materie erfüllt sind.

Planetarische Nebel erscheinen auf einer Photographie als runde Scheiben wie Planeten und erhielten daher von HERSCHEL die Bezeichnung planetarische Nebel. Sie haben verschiedene Struktur; im allgemeinen zeigt sich bei ihnen ein unregelmäßiger Ring mit einem Zentralkern. Vgl. Abb. 63. Manche dunkle

Abb. 66. Der große Spiralnebel in der Andromeda, Aufnahme der Yerkes-Sternwarte

Nebel haben flügelartige Ausläufer, manche eine spiralige Form. Sie sind wahrscheinlich gasförmig. Wird der Spalt des Spektrographen auf sie gerichtet, so geben die Hüllen die charakteristischen Linien der Spektren der Sternklasse P; die inneren verdichteten Stellen haben ein kontinuierliches Spektrum. Entfernt man den Spalt des Spektrographen, so daß das Gesamtbild des Nebels auf einmal sichtbar ist, so verwandelt sich das Spektrum in eine Reihe von Bildern im monochromatischen Lichte der Nebellinien; die Bilder sind nicht von gleicher Größe, was auf eine ungleichmäßige Verteilung der Materie des Nebels hinweist. Vgl. Abb. 64.

45. Der spaltlose Spektrograph. Da die meisten uns interessierenden Linien im Spektrum der Nebel im Ultraviolett liegen, benötigen wir zur Gewinnung dieses Spektrums einen Quarzspektrographen in Verbindung mit einem Spiegelteleskop. Kollimator- und Kameraobjektiv des Quarzspektrographen in seiner

Abb. 67. Der Spiralnebel M 81 (N. G. C. 3031) im großen Bären. Aufnahme von Ritchey am 5. Februar 1910. Plattenmaßstab: 1 mm = 7,9 Bogenminuten

gebräuchlichsten Ausführungsform sind einfache Quarzlinsen; die Schärfe des Spektrums wird dadurch erreicht, daß man der Platte eine starke Neigung gegen die optische Achse erteilt. Bei Verwendung eines spaltlosen Spektrographen (vgl. Abb. 65) wird der Kollimator entfernt und die sammelnde Kollimatorlinse durch eine zerstreuende Linse von gleicher Brennweite ersetzt. Man bringt das Instrument dann mit dem Teleskop derart in Verbindung, daß das vom Fernrohrspiegel kommende konvergierende Lichtstrahlenbündel durch den konkaven Kollimator aufgefangen und parallel gemacht wird. Hierauf wird das Parallelstrahlenbündel an den Prismenoberflächen gebrochen; das Lichtstrahlenbündel wird nach dem Austritt aus dem Prisma durch das Kameraobjektiv wieder gesammelt. Es ist klar, daß bei einer derartigen Anordnung der Spektrograph einfach als zerstreuendes System wirksam ist. Da die durch

den zerstreuenden Kollimator entstandenen Aberrationen des Lichtstrahlen-
ganges fast zur Gänze durch das sammelnde Kameraobjektiv wieder kompensiert
werden, steht das Bild schließlich senkrecht zur optischen Achse der Kamera
und ist nur ganz leicht gekrümmt.

Abb. 68. Ein „über die Kante" gesehener Spiralnebel. Der Nebel N. G. C. 4565 im Haar der
Berenike. Nach einer Aufnahme von RITCHEY im Jahre 1910

Die Spiralnebel haben, wie der Name besagt, eine spiralförmige Gestalt.
Vgl. Abb. 66 und 67. Sie sind sehr zahlreich und im Raume stark zerstreut.
Nach unseren heutigen Anschauungen befinden sie sich durchwegs weit
außerhalb des Milchstraßensystems. Bezüglich ihrer scheinbaren Größe sind
sie sehr verschieden: vom großen Andromedanebel bis herab zu Objekten, die
sich von Nebelsternen nicht unterscheiden. Im Gegensatz zu den kugelförmigen
planetarischen Nebeln sind sie abgeplattet und präsentieren sich uns mit ihrer
vollen Fläche, geneigt oder gewissermaßen „über die Kante". Vgl. Abb. 68.

Im allgemeinen haben diese Objekte zwei spiralige Arme mit Nebelknoten; Jeans nimmt an, daß die Spiralnebel in Bildung begriffene Sternsysteme sind. Ihre Gestalt läßt auf eine rotierende Bewegung schließen. Man hat versucht, diese Rotation aus Positionsmessungen an den am besten definierbaren Knoten in den Armen vorzunehmen, wobei photographische Aufnahmen, deren Herstellung mehrere Jahre auseinanderliegt, herangezogen werden.

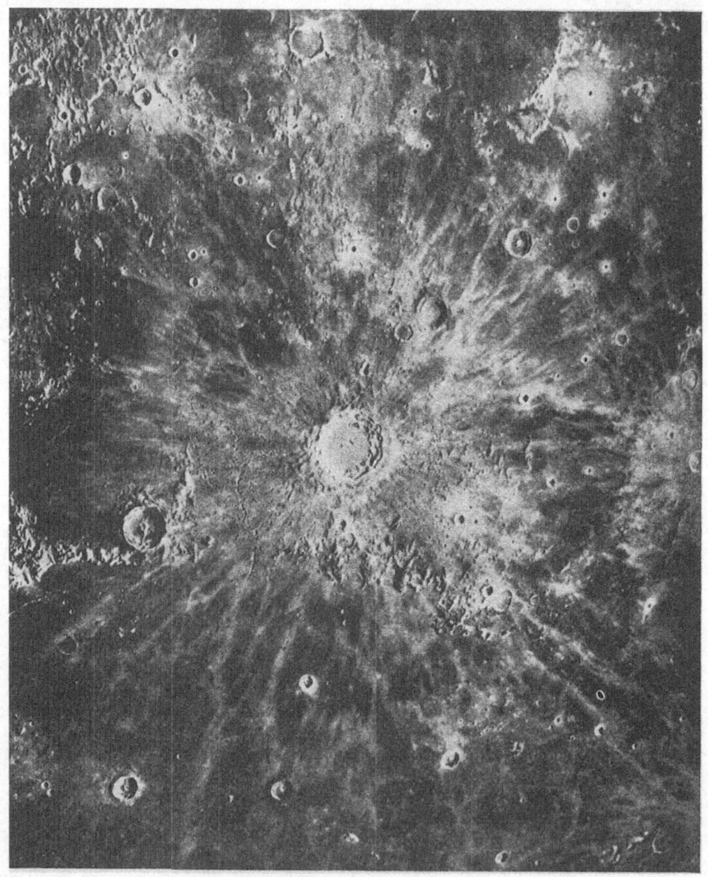

Abb. 69. Mondphotographie. Die Gegend um den großen Krater Kopernikus, aufgenommen am 20. September 1920 mit dem 100 zölligen Hooker-Spiegelteleskop der Mt. Wilson-Sternwarte

Einen zuverlässigeren Beweis für eine Rotationsbewegung könnte das Spektroskop bei Beobachtung der Dopplerschen Verschiebung der Spektrallinien ergeben; diese Beobachtungen sind deshalb schwierig, weil das Spektrum ein Absorptionsspektrum vom Typus des Sonnenspektrums ist, zu dessen Aufnahme selbst bei geringer Dispersion des verwendeten Prismensystems lange Belichtungen notwendig sind. Wird der Spiralnebel über eine Kante gesehen, so erscheint er spindelförmig mit einem dunklen Längsstreifen, der auf die Lichtabsorption in den äußeren, wahrscheinlich kühleren Teilen der Nebel zurückzuführen ist.

L. Die Photographie des Mondes

Die Mappierung des Mondes wird am besten auf photographischem Wege ausgeführt. Es gibt viele ausgezeichnete Mondaufnahmen; zu den schönsten gehören jene, die auf dem Mt. Wilson mit dem 100zölligen Reflektor gewonnen wurden. Vgl. Abb. 69. Es war möglich, nach diesen Photographien die bedeutendsten Formen der Mondoberfläche festzustellen und deren Positionen zu bestimmen.

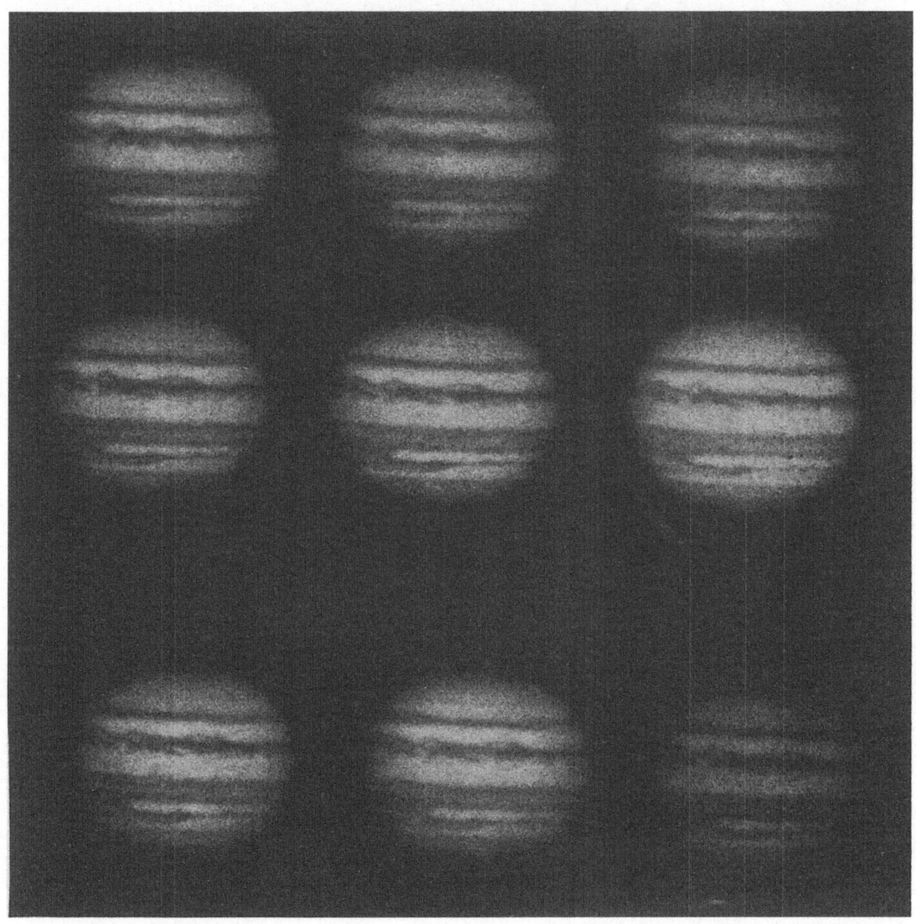

Abb. 70. Photographien des Planeten Jupiter. Aufgenommen am 19. Dezember 1917 von SLIPHER auf der Lowell-Sternwarte (Arizona)

In dieser Richtung bleibt nicht mehr viel zu tun übrig, dagegen kann man durch die Herstellung photographischer Aufnahmen im Lichte bestimmter Wellenlänge (in verschiedenen Teilen des Spektrums) zu wertvollen Erkenntnissen gelangen. Laboratoriumsversuche haben gezeigt, daß viele Substanzen, die im gewöhnlichen Lichte weiß erscheinen, im ultraviolettem Lichte schwarz aussehen. Chinaweiß (Zinkoxyd) und die meisten weißen Blumen sind dafür gute Beispiele. Das Weiß dieser Blumen wird sich vom Weiß des Schnees, bei gewöhnlichem Licht photographiert, fast gar nicht abheben, aber sehr deutlich hervortreten, wenn die Aufnahmen in ultraviolettem Licht erfolgen.

Im Jahre 1910 zeigte H. W. WOOD, daß sich in Photographien des Mondes, die in kurzwelligem Licht hergestellt wurden, gewisse Gestaltungen zeigen, welche weder visuell wahrgenommen werden, noch in Aufnahmen bei gewöhnlichem Licht zu erkennen sind. In den bei verschiedenem Licht aufgenommenen Bildern waren deutliche Unterschiede bezüglich der Verteilung von Licht und Schatten zu beobachten. Die auffallendsten Unterschiede zeigten sich beim Krater Aristarchus, in dessen Umgebung bei den Ultraviolettaufnahmen ausgedehnte dunkle Stellen zu sehen waren, die bei den Aufnahmen im gelben Lichte völlig fehlten.

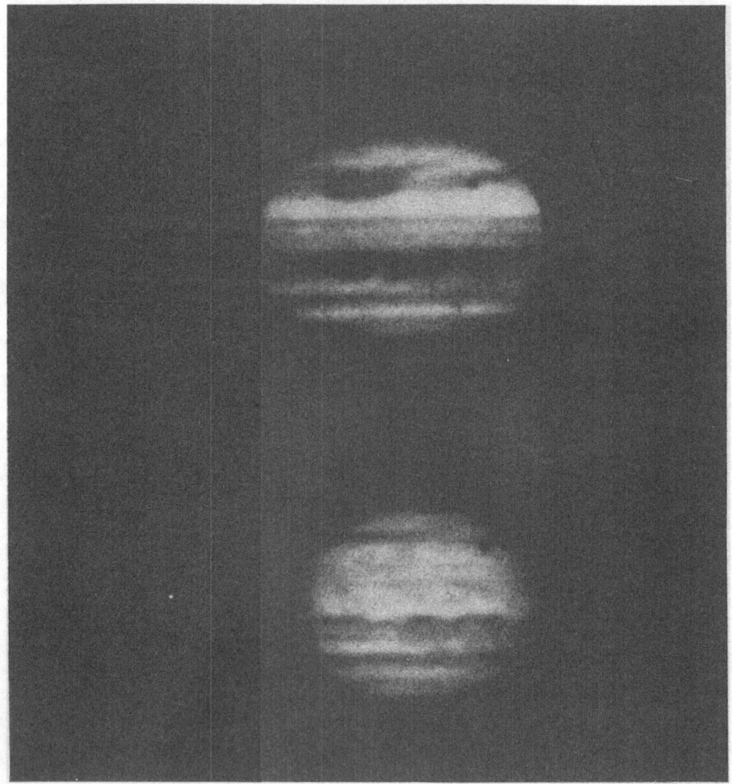

Abb. 71. Aufnahme des Jupiter im ultravioletten (oben) und infraroten (unten) Lichte. Photographiert am 2. Oktober 1927 von WRIGHT auf der Lick-Sternwarte

Laboratoriumversuche über die photographische Wiedergabe verschiedener Gesteine und Mineralien bei Verwendung der gleichen Lichtfilter ließen es wahrscheinlich erscheinen, daß die dunklen Flecken auf Schwefel oder schwefelhältiges Gestein zurückzuführen sind.

MIETHE und SEEGERT, die mit ultravioletten und orangefarbenen Lichtfiltern arbeiteten, erhielten Paare von Bildern, die übereinandergelegt auf einen Schirm projiziert und durch ein Blau- und Rotorangefilter betrachtet wurden. Sie erhielten so ein Zweifarbenbild, das die lokalen Unterschiede im Reflexionsvermögen der Mondoberfläche für die genannten zwei Spektralgebiete zeigte. Die angeführten Versuche lassen den Schluß zu, daß es durch das Studium von Aufnahmen in drei oder mehr Spektralbereichen möglich sein dürfte, die Mondoberfläche petrographisch zu erfassen.

M. Planetenphotographie

Obwohl schöne photographische Aufnahmen des Mars, des Jupiter und des Saturn mit den großen Instrumenten des Yerkes-, Lick- und Flagstaff-Observatoriums gemacht worden sind, hat die direkte Photographie der Planeten keine wesentlichen Aufschlüsse gebracht, d. h. diese Photogramme boten nicht viel mehr, als von geübten Beobachtern hergestellte Zeichnungen der Planetenoberfläche zu geben vermögen.

Der Grund dafür ist darin zu sehen, daß das Auflösungsvermögen eines großen Fernrohres unter $0{,}2''$ liegt, während die günstigstenfalls erzielbare photographische Schärfe schon wegen der Schwankungen der Durchsichtigkeit der Atmosphäre $0{,}9''$ beträgt.

Die besten Aufnahmen sind mit visuellen Fernrohren und unter Verwendung panchromatischer Platten in Verbindung mit entsprechenden Gelbfiltern erzielt worden. WRIGHT hat mit dem 36zölligen Reflektor der Lick-Sternwarte unter Verwendung von Licht verschiedener Wellenlängen sehr schöne Resultate erzielt.

Eine ferne Landschaft, auf gewöhnlichen photographischen Platten bei gewöhnlichem Licht ($\lambda = 4400$ Å. E.) aufgenommen, wird infolge des über ihr lagernden bläulichen Dunstes (die bläuliche Farbe ist auf die Zerstreuung der kurzen Wellenlängen zurückzuführen) wenig Einzelheiten aufweisen. Das Bild der gleichen Landschaft, in ultrarotem Licht aufgenommen, zeigt zahlreiche Details, da die langwelligen Strahlen den Dunst durchdringen.

WRIGHT, der diese Tatsache für die Photographie der Planeten ausnutzte, veröffentlichte im Jahre 1924 eine photographische Studie über den Mars. Er bediente sich hauptsächlich zweier Filter: für $\lambda = 4400$ Å. E. (Diapositivplatte) und für $\lambda = 7600$ Å. E. (Kryptozyaninplatte).

Es zeigte sich, daß die gewöhnliche Aufnahme etwas mehr als die äußeren Grenzen der planetarischen Atmosphäre wiedergab; mit dem visuellen Fernrohr und dem Gelbfilter dringt man etwas tiefer, im ultraroten Lichte wird es aber möglich, durch die Atmosphäre des Planeten hindurch bis zu den unveränderlichen Details der festen Oberfläche durchzudringen.

Der Durchmesser der Planetenscheiben im ultraroten Licht war kleiner als im Violettbild; der Unterschied stellt ein Maß der Dicke der Marsatmosphäre dar. Unter Berücksichtigung aller in Betracht kommenden Fehlerquellen ergab sich für die Größenordnung der Dicke der Marsatmosphäre ein roher Schätzungswert von 60 Meilen (100 km).

Bei der Opposition des Jahres 1926 wurde das Marsstudium wieder aufgenommen; man verwendete eine große Reihe von Lichtfiltern, mit deren Hilfe die Erscheinungen in verschiedenen Niveaus der Atmosphäre studiert werden konnten.

Ähnliche Aufnahmen hat man auch vom Planeten Jupiter gewonnen. Vgl. diesbezüglich die Abb. 70 und 71. Auch hier geben die Ultraviolett- und Infrarotaufnahmen bemerkenswerte Unterschiede, sowohl bzgl. der Durchmesser der Planetenscheibe, als auch in Hinsicht auf Einzelheiten der Oberfläche.

Literaturverzeichnis[1]

SCHEINER, J., Photographie der Gestirne, Leipzig 1897. — KING, E. S., A manual of celestial photography, Boston 1931. — ROSS, F. E., The physics of the developed image, New York 1924. — EBERHARD, G., Photographische Photometrie, Handb. d. Astroph., Band II, J. Springer, Berlin 1931. — Weiters sei noch auf folgende Beiträge des Handb. d. Astrophysik hingewiesen: Band I BIRCK, EBERHARD, RUNGE, Band II BOTTLINGER, BRILL, Band IV ABETTI, GRAFF, MITCHELL, sowie Band V.

---

[1] Anmerkung des Übersetzers.

Das Projektionswesen

(Mit Ausschluß der Kinematographie)

Von

F. Paul Liesegang, Düsseldorf

Mit 54 Abbildungen

I. Geschichte des Bildwerfers

Der Vorgänger des Bildwerfers, die Zauberlaterne, geht zurück auf ein uraltes magisches, von B. DELLA PORTA 1589 erstmalig genau beschriebenes Spiegel-Schattenwurfgerät, das ATHANASIUS KIRCHER in Rom durch Hinzufügung einer Sammellinse verbesserte, wodurch er die erste eigentliche Projektionsvorrichtung schuf. Er beschrieb sie 1646 in seiner Ars magna. KIRCHER malte die Bilder auf den Beleuchtungsspiegel; er wandte noch nicht auswechselbare Glasbilder an. Weitere Verbesserungen durch andere führten zur Laterna magica. Die älteste Kunde über einen solchen Apparat deutet auf das Jahr 1659 und betrifft eine „Laterne" des berühmten Gelehrten CHRISTIAN HUYGENS, der sich aber mit dieser „Bagatelle" nicht weiter befaßte. Der Däne THOMAS WALGENSTEIN, der in Leyden studierte und mit HUYGENS bekannt war, griff diese Erfindung auf, stellte Zauberlaternen fabrikmäßig her und verbreitete sie durch Verkauf in Frankreich und Italien. WALGENSTEINs Zauberlaterne hatte als Beleuchtungsapparat einen einfachen Hohlspiegel, keine Kondensorlinse; das Objektiv bestand aus zwei Linsen. In der Folgezeit wurden keine wesentlichen Fortschritte gemacht. Aus den im Jahre 1798 von ROBERTSON in Paris veranstalteten, großes Aufsehen erregenden Geisterprojektionen entwickelten sich in England allmählich die so beliebten Nebelbilder, welche — unterstützt durch das im Jahre 1823 erfundene mächtige Kalklicht — ein halbes Jahrhundert hindurch Träger der Projektionskunst blieben. 1844 erfolgte die erstmalige Anwendung des elektrischen Bogenlichtes zur Mikroprojektion durch DONNÉ und FOUCAULT in Paris. Seit etwa dem Jahre 1850 baute der Pariser Optiker DUBOSCQ vorbildlich gewordene Projektionsapparate, die auch zur experimentellen Projektion dienten. Im Jahre 1872 verschaffte MARCY in Philadelphia der Projektionskunst eine große Verbreitung durch sein „Skioptikon", bei welchem die Öllampe durch eine Petroleumflachdochtlampe ersetzt wurde. Den heutigen Aufschwung verdankt der Bildwerfer in erster Linie der Einführung der hochkerzigen Projektionsglühlampe. Sie bringt eine große Umwälzung mit sich, indem sie dem episkopischen Bildwurf immer mehr Geltung verschafft. Der episkopische Bildwerfer (Wunderkamera) wurde erstmalig von dem berühmten Mathematiker LEONHARD EULER 1750 beschrieben, und wenn nicht schon damals, so doch jedenfalls einige Jahre später auch hergestellt. Der Apparat mußte mehrmals aufs neue erfunden werden, bis er allgemein bekannt wurde.

II. Aufgabe und Einteilung der optischen Projektionskunst

Der optischen Projektionskunst fällt die Aufgabe zu, in der Regel kleine Gegenstände und Bilder auf einer Auffangfläche lichtbildlich wiederzugeben sowie physikalische und chemische Erscheinungen objektiv darzustellen. In den meisten Fällen steht die Projektionskunst im Dienste der Veranschaulichung: sie hat dann ihre Darbietungen in einem so großen Maßstabe zu machen, daß diese für einen Kreis von Beschauern sichtbar sind. Die Vergrößerung ist aber keineswegs ein besonderes Merkmal der Projektion, vielmehr gehören in ihren Bereich ebensogut Wiedergaben in gleichem wie auch in verkleinertem Maßstab.

Im allgemeinen hat man beim Projektionsverfahren zu unterscheiden zwischen dem Abbildungsvorgang und dem Beleuchtungsvorgang. Nur in wenigen Fällen, die in die experimentelle Projektion fallen (z. B. Interferenzversuche), liegt keine eigentliche Abbildung vor.

Die Hilfsmittel zur Abbildung konnten unmittelbar aus der Photographie und Mikroskopie übernommen werden; wenn es gilt, besondere Anforderungen zu erfüllen, so geben die auf diesen Gebieten gewonnenen Erfahrungen die erforderlichen Unterlagen zur Ausarbeitung des jeweiligen Problems. Somit gilt die wichtigste Aufgabe der Projektionskunst der Ausbildung des Beleuchtungsvorganges. Die Art des Beleuchtungsvorganges richtet sich in erster Linie darnach, ob das abzubildende Ding durchsichtig oder undurchsichtig ist. Im ersteren Falle kann das Ding durchleuchtet werden. Die hierzu ausgebildete Projektionsart nennt man die diaskopische (kurz Dia-Projektion, verdeutscht Bildwurf mit durchfallendem Licht), im anderen Falle muß man mit auffallendem Licht beleuchten, wodurch sich eine ganz andersartige, die episkopische Projektionsart ergibt (Epi-Projektion, Bildwurf mit auffallendem Licht). Diese beiden Projektionsarten sollen getrennt behandelt werden.

Die Dia-Projektion läßt sich nicht in allen Fällen einheitlich durchführen: kleine und sehr kleine Dinge erfordern häufig besondere Anordnungen. Es ergab sich zunächst die Einteilung in Makro- und Mikroprojektion, wobei ersterer die Wiedergabe von größeren durchsichtigen Dingen, insbesondere von Glasbildern, obliegt, während die zweite Projektionsart mikroskopische Präparate stark vergrößert auf den Schirm zu bringen hat. Dazwischen stellte sich in neuerer Zeit die Kino- und Bildbandprojektion.

A. Der Bildwurf mit durchfallendem Licht

1. Herleitung des einfachsten Projektionssystems. Es sei die Aufgabe gestellt, einen ebenen, durchsichtigen Gegenstand, z. B. ein Glasbild von der Größe $8\frac{1}{2} \times 10$ cm, auf der Projektionswand als Lichtbild vergrößert wiederzugeben. Dazu stehe ein lichtstarkes Objektiv von geeigneter Brennweite zur Verfügung, von dem wir annehmen, daß es frei von Abweichungen sei; in den Abbildungen ist es durch eine einfache Sammellinse veranschaulicht. Ferner sei eine Lichtquelle mit kleiner kreisförmiger gleichmäßig leuchtender Fläche vorhanden. Wie ist nun die Beleuchtung zu gestalten? Offenbar soll jeder einzelne Punkt des Glasbildes einen Strahlenkegel gegen das Objektiv schicken derart, daß dieser die Öffnung des Objektivs gleichmäßig ausfüllt (Abb. 1). Nur unter dieser Bedingung können wir uns eine volle Ausnutzung der Möglichkeiten versprechen, die das Objektiv bietet. Wird die Forderung gemäß Abb. 1 erfüllt, so liegt umgekehrt auch auf jedem Punkt der Objektivöffnung die Spitze eines Strahlenkegels, dessen Basis das Glasbild ist (Abb. 2). Wir haben hier also einen Strahlen-

gang, wie ihn die Sammellinse auf der Bildseite liefert: das Glasbild ist als Ort
der Sammellinse anzusehen, die Objektivöffnung als Ort des Bildes; den im Objektiv abgebildeten kreisförmigen Gegenstand müssen wir uns auf der anderen

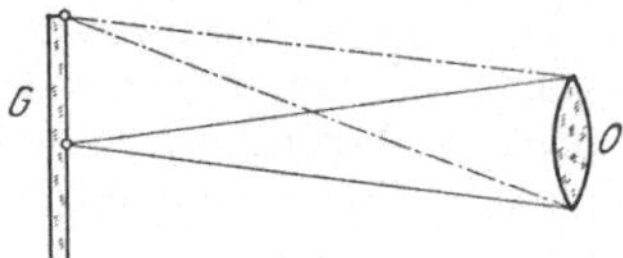

Abb. 1. Das Objektiv O soll von
jedem Punkt des Glasgebildes G
aus voll beleuchtet werden

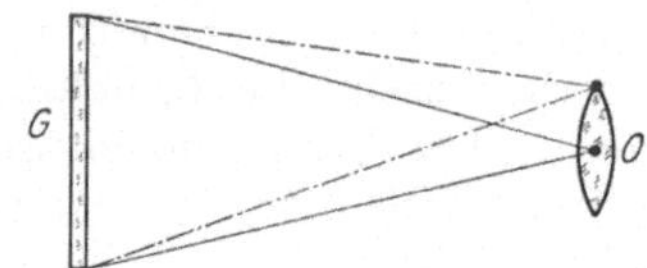

Abb. 2. Jeder Punkt des Objektivs O
soll vom ganzen Glasbild G aus Licht
empfangen

Seite des Glasbildes bzw. der Linse denken. Verwirklichen wir diesen Gedanken
und nehmen als Gegenstand die zur Verfügung stehende Lichtquelle L (Abb. 3),
so haben wir damit den verlangten Beleuchtungsvorgang: indem die Sammellinse K die Lichtquelle L in der Objektivöffnung in L' abbildet, schickt sie von

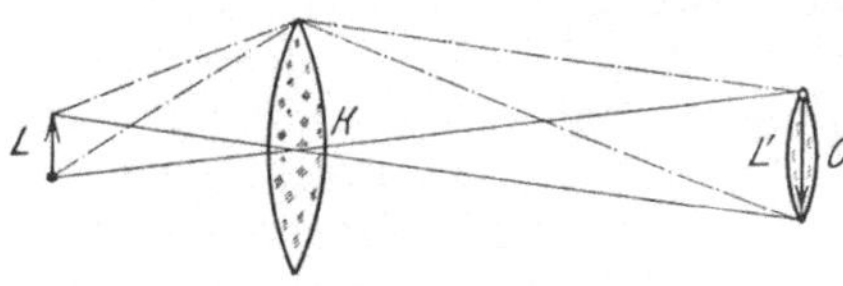

Abb. 3. Einfachstes Projektionssystem
(Grundsystem = Projektionsvorrichtung mit
eingliedrigem Beleuchtungssystem)

jedem Punkt der Linse aus — und damit
auch von jedem Punkt des unmittelbar
davor anzuordnenden Glasbildes — einen
Strahlenkegel von annähernd homogenem
Querschnitt gegen das Objektiv O.

Damit dies in vollkommener Weise
geschehen kann, muß auch die Be-
leuchtungslinse frei von Abweichungen
sein. Wir wollen bei den theoretischen
Betrachtungen annehmen, daß dies der Fall ist. Für diese Linse bzw. Linsen-
zusammenstellung hat sich die Bezeichnung Kondensor eingebürgert.

Das hergeleitete Projektionssystem macht den beleuchtungstechnisch-
optischen Teil des diaskopischen Bildwerfers einfachster Form aus. Wir können
dieses System als das Grundsystem bezeichnen, da sich die verwickelteren
Projektionssysteme hierauf aufbauen, und wir können weiterhin von dem darin
angewandten Beleuchtungssystem als einem eingliedrigen sprechen im Gegensatz zu den später zu behandelnden mehrgliedrigen Beleuchtungssystemen.

2. Bestandteile und Aufgaben des Projektionssystems. Das einfachste
Projektionssystem besteht also aus drei Teilen: Lichtquelle, Kondensor und
Objektiv. Diese drei Teile müssen so zusammenwirken, daß mit möglichst
geringem Aufwand eine hohe Leistung erzielt wird, und zwar soll das darzustellende Lichtbild a) eine hohe und gleichmäßige Beleuchtungsstärke aufweisen,
b) den Gegenstand naturgetreu, d. h. scharf und verzeichnungsfrei wiedergeben.
Von diesen beiden Forderungen ist die erste lichttechnischer Art, die zweite
optischer Art.

3. Die Wirkungsweise des Projektionssystems in lichttechnischer Hinsicht. Wir
betrachten den Vorgang zunächst in lichttechnischer Hinsicht. Die Lichtquelle
strahlt einen Gesamtlichtstrom Φ aus; der Kondensor nimmt davon einen Teil
von der Größe φ auf; von diesem gelangt wiederum nur ein Teil von der Größe φ'
zum Schirm, um dort das Lichtbild darzustellen. Das Verhältnis $\frac{\varphi}{\Phi}$ bezeichnet
man als Ausnutzungskoeffizienten (ε), das Verhältnis $\frac{\varphi'}{\Phi}$ als optischen Wirkungsgrad des Bildwerfers. Das Verhältnis $\frac{\varphi'}{\varphi}$ endlich ist ein Maß für die Größe der
Verluste, die der Lichtstrom im optischen System erleidet.

Um einen einfachen Ausdruck zu erhalten, nehmen wir an (vgl. Abb. 4), daß die Lichtquelle innerhalb des vom Kondensor aufgenommenen Raumwinkels Ω nach allen Richtungen hin mit der gleichen Stärke strahlt, wie dies bei einer kleinen leuchtenden Kugel der Fall ist, deren größter Querschnitt gleich L sei. Es ist alsdann der vom Kondensor aufgenommene Lichtstrom $\varphi = B L \Omega$, worin B die Leuchtdichte und L die Größe der Leuchtfläche bedeuten.

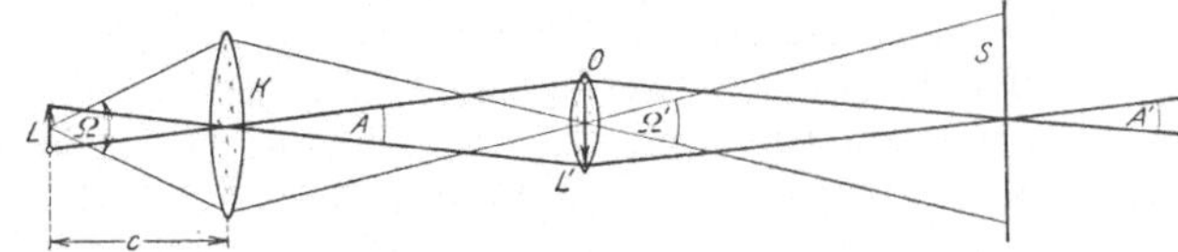

Abb. 4. Lichttechnische Verhältnisse beim einfachsten Projektionssystem

Wir können auch schreiben $\varphi = E_1 K = B K A$, da $E_1 = \dfrac{BL}{c^2} = B A$. Darin sind K die Kondensorfläche, E_1 die Beleuchtungsstärke auf dem Kondensor und A der Raumwinkel, unter dem die Lichtquelle vom Kondensor aus erscheint. Wenn wir annehmen, daß der Lichtstrom auf dem Wege durch das optische System keinen Verlust erleidet, so hat auch der aus dem Kondensor austretende Lichtstrom den Wert $\varphi = B K A$. Dies bedeutet: der in den Kondensor eintretende Lichtstrom φ verleiht ihm das Vermögen, unter dem Raumwinkel A mit der Leuchtkraft B gegen das Objektiv zu strahlen.[1] Der gefundene Ausdruck liefert uns einen mehr oder minder groben Näherungswert, da $\varphi = E_1 K$ nur für kleine Winkel gilt.

Auf die gleiche Weise erhalten wir den Ausdruck $\varphi = B L' \Omega' = \varphi'$, welcher besagt, daß das im Objektiv liegende Lichtquellenbild L' unter dem Raumwinkel Ω' mit der Leuchtkraft B gegen den Schirm strahlt. Wir können endlich feststellen, daß das Schirmbild, wenn wir es auf einem vollkommen transparenten Schirm auffangen, unter dem Raumwinkel A' mit der Leuchtkraft B strahlen würde.

Unter Fortlassung von B ergibt sich die wiederum nur als Annäherung geltende Gleichung $L \Omega = K A = L' \Omega' = S A'$; das Produkt: leuchtende Fläche mal zugehöriger Raumwinkel, unter dem sie strahlt, ist konstant. Das Produkt kann angesehen werden als eine lichttechnische Analogie zu den Produkten: Kraft mal Weg bzw. Volt mal Ampere. Jedes Glied des Systems wirkt wie ein Transformator, analog dem Transformator der

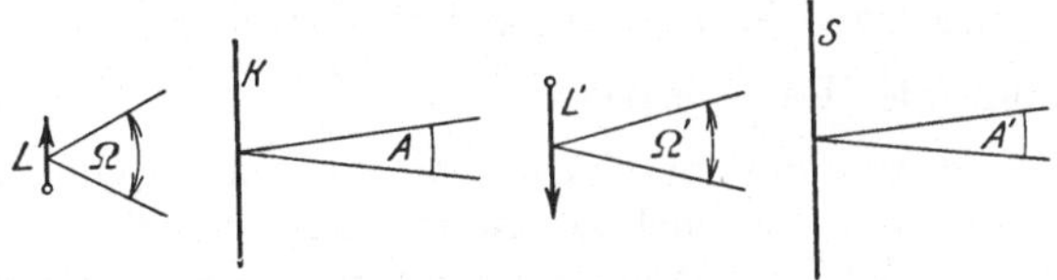

Abb. 5. Das Projektionssystem wirkt wie ein Transformator

Elektrotechnik. Der Kondensor verwandelt die für die unmittelbare Beleuchtung des Glasbildes zu kleine Leuchtfläche L mit ihrem großen Strahlenraumwinkel Ω in die erforderliche große Leuchtfläche K mit dem entsprechend kleineren, dem Objektiv angepaßten Strahlenraumwinkel A (vgl. Abb. 4 und 5). Dabei ist der Kondensor imstande, aus einer ungleichmäßigen Leuchtfläche eine (annähernd) gleichmäßige Leuchtfläche zu machen, denn jedes kleinste Element der Lichtquelle gibt ja eine (annähernd) gleichmäßige Beleuchtung des ganzen Kondensors.

---

[1] In der gemeinsamen Sitzung der Deutsch. Ges. f. angewandte Optik und der Beleuchtungstechn. Ges. vom 10. April 1930, wurde beschlossen, die Bezeichnung Leuchtdichte nur bei der Lichtquelle selbst zu benutzen und an allen anderen Stellen des Systems die Bezeichnung Leuchtkraft anzuwenden (Kinotechnik, 12, 1930, S. 234).

Das im Objektiv liegende Lichtquellenbild L' strahlt mit der Lichtstärke $J' = BL'$ gegen den Schirm. Nun ist bei der Glasbilderprojektion in der Regel L' größer als L, mithin J' größer als die Lichtstärke J der Lichtquelle. Wird beispielsweise die Lichtquelle linear auf das Zweifache vergrößert, so ist $L' = 4\,L$ und $J' = 4\,J$, das Lichtquellenbild beleuchtet also den Schirm mit einer viermal so großen Lichtstärke als sie der Lichtquelle selbst eigen ist. Darin liegt nur scheinbar ein Gewinn. Die Beleuchtungsstärke E auf dem Schirm wird hierdurch keineswegs gesteigert. Da der Wert des Lichtstromes φ, wenn kein Verlust eintritt, erhalten bleibt, so muß die Beleuchtungsstärke in jedem Falle ebenso groß sein, als wenn die Lichtquelle den Schirm unmittelbar unter dem Raumwinkel Ω bestrahlte. Dies geht hervor aus der Gleichsetzung $E = \dfrac{\varphi}{S} = \dfrac{B\,L\,\Omega}{S} = \dfrac{B\,L'\,\Omega'}{S}$. Das größere Lichtquellenbild muß eine größere Lichtstärke haben, weil es den Schirm unter dem kleineren Winkel Ω' bestrahlt, der einen im Verhältnis der linearen Vergrößerung von L' größeren Schirmabstand bedingt.

Den Ausdruck für die Beleuchtungsstärke $E = \dfrac{\varphi}{S}$ kann man auch schreiben $E = \dfrac{B\,S\,A'}{S} = B\,A' = \dfrac{B\,L'}{a^2} = \dfrac{B\,O}{a^2}$, wobei O die vom Lichtquellenbild bedeckte Objektivöffnung (vgl. Abb. 4) und a der Abstand des Objektivs vom Projektionsschirm ist. Der letzte Ausdruck ergibt sich ohneweiters, wenn man davon ausgeht, daß die Objektivfläche O mit der Leuchtkraft B gegen den im Abstand a befindlichen Schirm strahlt. Wollen wir die Schirmvergrößerung v in den Ausdruck hineinbringen, die bei großem Schirmabstand ungefähr $v = \dfrac{a}{f_2}$ ist, worin f_2 die Objektivbrennweite bedeutet, so ergibt sich $E = \dfrac{B\,O}{v^2 f_2{}^2} = \dfrac{B\,\pi}{4\,v^2}\left(\dfrac{d}{f_2}\right)^2$, wenn wir mit d den Durchmesser der Objektivöffnung bezeichnen.

In lichttechnischer Hinsicht wird vom Bildwerfer verlangt, daß er unter möglichst geringem Aufwand eine hohe, über die ganze Fläche gleichmäßige Beleuchtungsstärke liefert. (In optischer Hinsicht kommt noch die Forderung hoher Schärfe und Verzeichnungsfreiheit hinzu.) Die Bedingungen hierfür sind folgende: Der Ausdruck $E = \dfrac{B\,L\,\Omega}{S}$ sagt uns, daß die Beleuchtungsstärke abhängt von der Beschaffenheit der Lichtquelle und des optischen Systems. In erster Linie wächst E mit der Leuchtdichte B. Weiterhin wächst E mit der Größe der Leuchtfläche L und mit dem vom Kondensor aufgenommenen Raumwinkel Ω. Man kann die Werte von L und Ω nicht beliebig steigern, sie stehen vielmehr durch die Beziehung $\Omega = L\,\Omega = K\,A$ mit dem Objektiv in Zusammenhang. Sowohl eine Vergrößerung von L als auch eine solche von Ω führt eine entsprechende Zunahme des Raumwinkels A herbei, erfordert also ein Objektiv von größerer Öffnung.

Wenn man, um eine möglichst hohe Leistung zu erzielen, zunächst Kondensor und Objektiv derart wählt, daß die ihnen zukommenden Raumwinkel Ω und A die größten praktisch erreichbaren Werte haben, so ist die Größe der ausnutzbaren Leuchtfläche gegeben durch den Ausdruck $L = K\,\dfrac{A}{\Omega}$. Ist nun die zur Verfügung stehende Leuchtfläche größer als der berechnete Wert L, so können wir bei gleicher Ausnutzung $\dfrac{\varphi}{\Phi}$ den Raumwinkel Ω entsprechend kleiner machen, also einen Kondensor von kleinerer Öffnung anwenden. Ist andererseits die Leuchtfläche kleiner, so kann die Objektivöffnung entsprechend kleiner genommen werden. Eine Leuchtfläche, die kleiner ist als der rechnerisch gegebene Wert, bietet hier also lichttechnisch keinen Vorteil, wohl aber optisch, indem geringere Anforderungen an das Objektiv gestellt werden.

Bei gleicher Leuchtdichte B und Schirmgröße S ist die Beleuchtungsstärke E proportional $L\Omega$. Wir können mithin die gleiche Beleuchtungsstärke erhalten sowohl mit großer Leuchtfläche L bei kleinem Raumwinkel Ω, also geringer Kondensoröffnung, als auch mit kleinem L bei großem Ω. Im ersteren Falle ist der Energieaufwand ein größerer. Wenn die lichttechnische Forderung erfüllt werden soll, daß der Ausnutzungskoeffizient $\left(\varepsilon = \dfrac{\varphi}{\Phi} \right)$ recht groß ist (ideal gleich 1), so muß der ausgenutzte Raumwinkel möglichst groß und L entsprechend klein sein. Wie groß der ausgenutzte Prozentsatz bei einem bestimmten Raumwinkel Ω ist, hängt von der Form der Lichtquelle ab, d. h. davon, in welcher Weise die Lichtquelle in den Raum ausstrahlt. Eine leuchtende Kugel strahlt nach allen Seiten hin gleichmäßig; bei einer leuchtenden Fläche nimmt die Stärke der Ausstrahlung mit dem Cosinus des Ausfallwinkels ab. Ideal wäre vom Standpunkte der Ausnutzung offenbar eine Lichtquelle, die den ganzen Lichtstrom innerhalb des vom Kondensor aufgefaßten Winkels ausstrahlt; diesem Ideal würde ein tiefer, leuchtender Krater am nächsten kommen. (Er müßte so geformt sein, daß er eine möglichst gleichmäßige Beleuchtung des Schirmes herbeiführt.) HALBERTSMA hat den Ausnutzungskoeffizienten ε für verschiedene Formen von Lichtquellen bestimmt, und zwar in bezug auf den halben Öffnungswinkel ω des Kondensors.[1] Es ist für den leuchtenden Punkt (bzw. eine kleine leuchtende Kugel) $\varepsilon = \dfrac{1 - \cos\omega}{2}$; für die leuchtende Halbkugel $\varepsilon = \dfrac{1 - \cos\omega}{2} \cdot \dfrac{3 + \cos\omega}{2}$, für die leuchtende ebene Fläche $\varepsilon = 1 - \cos^2\omega = \sin^2\omega$; für das leuchtende Stäbchen (in einem einfachen Sonderfall) $\varepsilon = \dfrac{\omega}{180} - \dfrac{\cos\omega\,\sin\omega}{\pi}$. Aus einer umfangreichen Tabelle, die HALBERTSMA berechnet hat, seien einige Zahlen wiedergegeben:

Tabelle 1. Ausnutzungskoeffizient verschiedener Lichtquellen

Halber Öffnungswinkel des Kondensors ω	Leuchtender Punkt bzw. kleine Kugel	Leuchtende Halbkugel	Leuchtende ebene Fläche	Stäbchen in Richtung der opt. Achse	Stäbchen senkrecht zur opt. Achse
	Ausnutzungskoeffizient $\varepsilon =$				
30⁰	0,067	0,129	0,250	0,029	0,079
60⁰	0,250	0,437	0,750	0,196	0,279
90⁰	0,500	0,750	1,000	0,500	0,500

Bei einem ganzen Öffnungswinkel von 60⁰ (halber Öffnungswinkel $\omega = 30^0$) ist demnach der Ausnutzungskoeffizient für die leuchtende Fläche ungefähr doppelt so groß als für die Halbkugel und ungefähr viermal so groß als für die Kugel. Bei größeren Winkeln nimmt diese Überlegenheit ab; sie wird namentlich bei der Kugel und beim Stäbchen erheblich herabgesetzt, wenn man das nach rückwärts fallende Licht zum Teil durch einen Reflektor nutzbar macht. Bei der

---

[1] Der Raumwinkel Ω steht in keinem einfachen Verhältnis zum zugehörigen halben Flächenwinkel ω. HALBERTSMA gibt ein zeichnerisches Verfahren an, durch das man den Zahlenwert von Ω zu jedem Wert von ω sofort ermitteln kann (Phot. Korr. Bd. 64, 1917, S. 314).

Kugel wird das vom Reflektor entworfene Lichtquellenbild die Lichtquelle unliebsam vergrößern.

Von der Art der Ausstrahlung hängt nicht nur die Größe des Ausnutzungskoeffizienten ε, sondern auch der Wert des Lichtstromes φ ab, den der Kondensor aufnimmt. Bei der leuchtenden kleinen Kugel, die nach allen Seiten gleichmäßig strahlt, ist dieser Lichtstrom $\varphi_1 = B\,L\,\Omega$, oder wenn wir den Raumwinkel durch den halben Öffnungswinkel ω ausdrücken, $\varphi_1 = B\,L\,2\,\pi\,(1 - \cos\,\omega) = B\,L\,4\,\pi\,\sin^2\dfrac{\omega}{2}$. L bedeutet darin den größten Querschnitt der Kugel (ihre scheinbare Flächengröße). Für die ebene Leuchtfläche L ergibt sich $\varphi_2 = B\,L\,\pi\,\sin^2\,\omega$. Einen zahlenmäßigen Vergleich der beiden Lichtstromwerte gestattet der Ausdruck $\dfrac{\varphi_2}{\varphi_1} = \dfrac{\sin^2\omega}{4\sin^2\dfrac{\omega}{2}} = \cos^2\dfrac{\omega}{2} = \dfrac{1 + \cos\omega}{2}$. Es leuchtet ohneweiters ein, daß der

Lichtstrom φ_1 der Kugel größer sein muß als φ_2, da sie nach allen Seiten hin mit der gleichen Leuchtdichte B strahlt, während diese bei der leuchtenden Fläche mit dem Cosinus des Ausstrahlungswinkels abnimmt. Der Vorteil der Kugel tritt nur bei größeren Winkeln richtig zutage; bei kleinen Winkeln ist er gering. So ergibt sich für $\omega = 30^0$ (ganzer Öffnungswinkel $= 60^0$) das Verhältnis $\dfrac{\varphi_2}{\varphi_1} = 0{,}93$; für $\omega = 45^0$ zu $0{,}85$; für $\omega = 60^0$ zu $0{,}75$; für den Grenzfall $\omega = 90^0$ zu $0{,}5$.

Die Form der Lichtquelle ist auch von Einfluß auf die Verteilung des Lichtes über den Schirm. Bei verzeichnungsfreier Abbildung entspricht die Lichtverteilung derjenigen auf dem Glasbilde bzw. dem Kondensor und wird die gleiche sein, als wenn die Lichtquelle den Schirm unter dem Raumwinkel Ω unmittelbar bestrahlte. Bei der flächenförmigen Lichtquelle ist der Lichtabfall stärker als bei der halbkugeligen und kugeligen Lichtquelle. Unter sonst gleichen Verhältnissen nimmt der Lichtabfall mit der Vergrößerung des vom Kondensor aufgefaßten Winkels bedeutend zu. Praktisch ist die ungleichmäßige Beleuchtung dank dem Umstande, daß der Lichtabfall nicht sprungweise stattfindet, in den meisten Fällen gar nicht oder kaum bemerkbar.

4. Die Wirkungsweise des Projektionssystems in optischer Hinsicht. Grundsätzlich könnte man ohne Kondensor auskommen, das Objektiv müßte aber dann eine so große Öffnung haben, daß es alle von der Lichtquelle durch das Glasbild geworfenen Lichtstrahlen aufnimmt, wobei der dem Objektiv zukommende Raumwinkel A größer ist als der dem Kondensor zukommende Raumwinkel Ω (Abb. 6). Durch die Einschaltung des Kondensors wird das Objektiv entlastet. Kondensor und Objektiv teilen sich in die Arbeit derart, daß ersterer bei kleinem Gesichtsfeld eine große Öffnung ausleuchtet, letzteres bei kleiner Öffnung ein großes Feld. Es besteht in dieser Hinsicht eine gewisse Analogie zur Arbeitsteilung zwischen Objektiv und Okular beim Mikroskop.

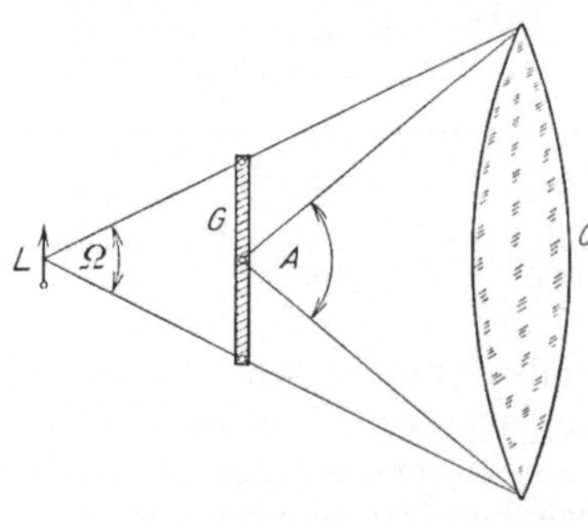

Abb. 6. Projektion ohne Kondensor

5. Geometrisch-optische Beziehungen. Aus Abb. 7 ergibt sich ohneweiters, daß der Gesichtsfeldwinkel des Kondensors, d. h. der Winkel, unter dem vom Kondensor aus gesehen die Lichtquelle erscheint, gleich dem Öffnungswinkel des Objektivs ist und daß eine kleinere Lichtquelle eine größere Kondensoröffnung bedingt und mithin günstiger ausgenutzt wird.

Den vorausgehenden Betrachtungen wurde die Annahme zugrunde gelegt, daß der Kondensor frei von Abweichungen sei. Damit diese Voraussetzung erfüllt wird, muß sein $l \sin \omega = l' \sin \omega'$. Die halben Öffnungswinkel ω und a von Kondensor und Objektiv, wobei letzterer gleich dem Gesichtsfeldwinkel des Kondensors ist, lassen sich nur dann in eine einfache Beziehung zueinander bringen,

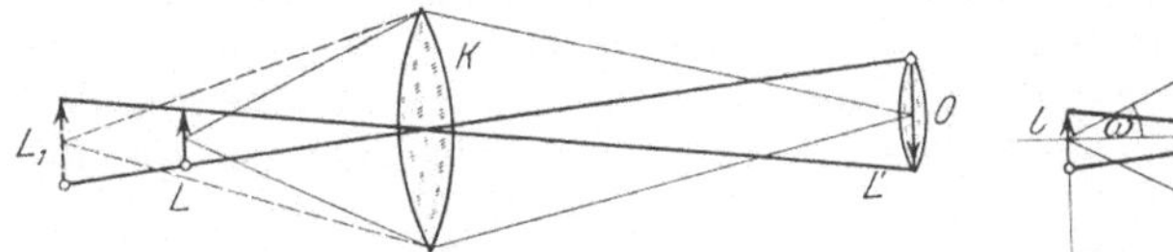

Abb. 7. Projektionssystem mit großer und kleiner Lichtquelle

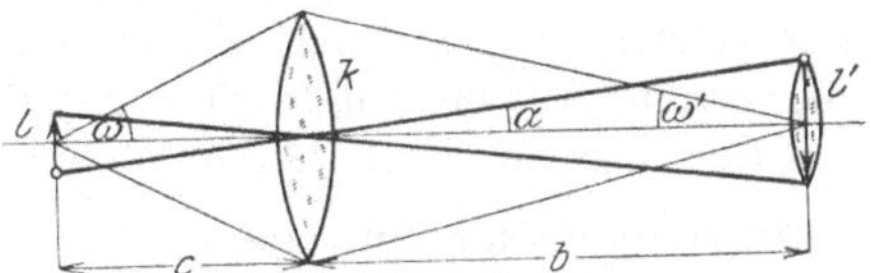

Abb. 8. Beziehung zwischen den Öffnungswinkeln von Kondensor und Objektiv

wenn man vom Sinusgesetz absieht und sich mit der sehr groben Näherung begnügt, welche die geometrische Darstellung (Abb. 8) mit ihrem der Wirklichkeit nicht entsprechenden Strahlengang bietet. Diese Darstellung besagt $\dfrac{\operatorname{tg} \omega}{\operatorname{tg} a} = \dfrac{l}{k}$ oder $\operatorname{tg} \omega = \dfrac{l}{k} \operatorname{tg} a$. Wenn das Objektiv voll ausgenutzt werden soll, so muß (nach grober Näherung) das Öffnungsverhältnis des Kondensors ebensovielmal größer sein als das des Objektivs, als der Durchmesser des Kondensors größer ist als der Durchmesser der Leuchtfläche.

Die Kondensorbrennweite. Wenn wir mit n die lineare Vergrößerung des Lichtquellenbildes bezeichnen, also $n = \dfrac{l'}{l}$, so ist die Kondensorbrennweite $f_1 = \dfrac{b}{n+1}$. Nun ist bei Projektionen auf größere Entfernungen b annähernd gleich der Objektivbrennweite f_2. Mithin ist annähernd $f_1 = \dfrac{f_2}{n+1}$. Da der Objektivdurchmesser o gleich dem Lichtquellenbild l' sein soll, können wir auch schreiben $\dfrac{f_2}{f_1} = \dfrac{o}{l} + 1$.

6. Die praktische Ausführung des Kondensors. In der Praxis werden völlig korrigierte Kondensorsysteme nur ausnahmsweise benutzt, immer häufiger aber Linsen mit asphärischen Flächen, bei denen die sphärische Abweichung für eine bestimmte Bildweite behoben ist. In den meisten Fällen begnügt man sich damit, durch die Zusammensetzung des Kondensors aus zwei oder drei Linsen von annähernd günstigster Form die sphärische Abweichung möglichst herabzusetzen. Auf diese Weise entstehen die üblichen doppelten und dreifachen Kondensoren (Abb. 9 und 10). Die verbleibende sphärische Abweichung ist bei diesen zusammengesetzten Kondensoren keinesfalls unbeträchtlich, ebenso die Farbenabweichung. Wir können nicht, wie in der Theorie angegeben wurde, mit einem scharfen Lichtquellenbild L' rechnen, es entspricht vielmehr jeder Zone des Kondensors ein Lichtquellenbild in einem jeweils anderen Abstand vom Kondensor. Damit ist eine Verbreiterung

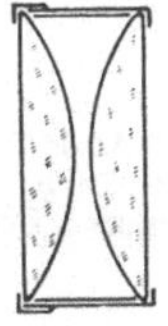
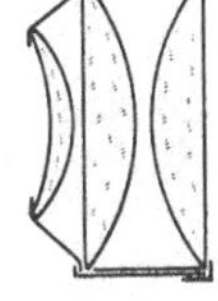

Abb. 9.
Doppelter
Kondensor

Abb. 10.
Dreifacher
Kondensor

des Strahlenkegels verbunden und diese bedingt das Vorhandensein eines Objektivs von größerer Öffnung, als es bei einem abweichungsfreien Kondensor erforderlich wäre. Wenn das zur Verfügung stehende Objektiv den Strahlenkegel völlig aufnimmt, wie dies bei kleiner Leuchtfläche (besonders Bogenlicht) häufig der Fall ist, so bietet die mangelhafte Korrektur des Kondensors in lichttechnischer Hinsicht keinen Nachteil, wenn aber die Objektivöffnung den Strahlenkegel nicht faßt, so wird das System durch die Abweichungen benachteiligt.

Durch die Streuung wird die Leuchtkraft, unter der das Objektiv O gegen den Schirm strahlt, herabgesetzt. Wir können dieser Beeinträchtigung in der Formel Rechnung tragen durch einen Streufaktor p, der anzeigt, wievielmal kleiner bei einem abweichungsfreien Kondensor der Querschnitt des Strahlenbündels an der engsten Stelle (Lichtquellenbild) sein würde. Der Ausdruck für die Beleuchtungsstärke auf dem Schirm lautet dann $E = \dfrac{B\,p\,O}{a^2} = \dfrac{B\,p\,\pi}{4\,v^2}\left(\dfrac{d}{f_2}\right)^2$.

Namentlich bei Lichtquellen mit großer Leuchtfläche zeigt es sich in der Praxis, daß ein größerer Öffnungswinkel (also eine größere Annäherung der Lichtquelle an den Kondensor) einen Lichtgewinn bringt, obwohl in diesem Falle das Objektiv den Strahlenkegel nicht ganz aufnimmt. Dies kommt daher, daß infolge der Abweichungen an der engsten Stelle des Strahlenkegels die Lichtstärke in der Randzone geringer ist als in der mittleren Zone.

Je kleiner anderseits die Leuchtfläche der Lichtquelle ist, um so stärker machen sich die Abweichungen des Kondensors in solchen Fällen störend bemerkbar, wo die Objektivöffnung zu klein ist oder das Objektiv abgeblendet wird, wie dies bei photographischen Vergrößerungen notwendig sein kann, und zwar zeigen sich dann auf dem Schirm rotgelbe oder blaue Ränder oder Flecken. Die gleiche Fehlererscheinung tritt bei mangelnder Übereinstimmung zwischen Kondensor- und Objektivbrennweite, sowie bei ungenügender Zentrierung der Lampe auf.

Die Wirkungsweise des Kondensors ist so gedacht, daß die erste plankonvexe Linse (bzw. beim dreifachen Kondensor diese Linse in Verbindung mit dem Meniskus) die von der Lichtquelle aus dagegen fallenden Strahlen annähernd parallel macht, während die zweite plankonvexe Linse die parallelen Strahlen sammelt. Da das Bild L' der Lichtquelle in der Objektivöffnung liegen soll, muß bei diesem Strahlenverlauf die dem Objektiv zugekehrte Kondensorlinse ungefähr die gleiche Brennweite haben wie das Objektiv. Bei Anwendung einer anderen Objektivbrennweite wäre also grundsätzlich diese Linse auszuwechseln (vgl. Abb. 11),

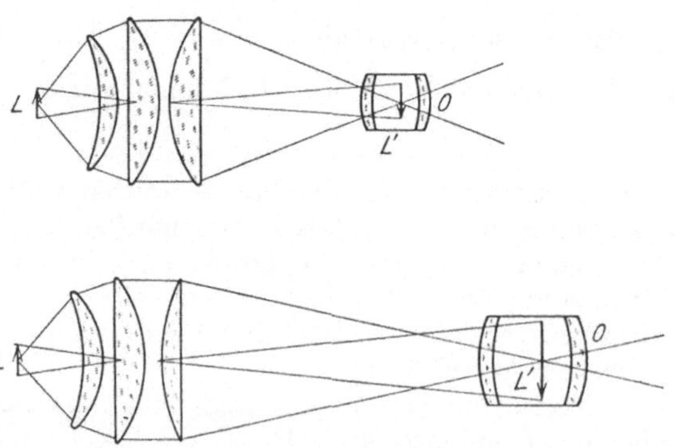

Abb. 11. Die längere Objektivbrennweite im unteren System erfordert, daß hier auch der Kondensor eine Linse von längerer Brennweite erhält

praktisch kann man aber innerhalb gewisser Grenzen durch Verschieben der Lichtquelle einen Ausgleich schaffen. In Fällen, wo die der Lichtquelle zugekehrte Linse durch die Hitze gefährdet erscheint, wählt man eine Linse aus optischem Hartglas (Pyrodurit, Ignalglas).

7. Das Objektiv. Von den Objektiven, welche die Photographie zur Verfügung stellte, erwies sich für Projektionszwecke das alte Petzval-Objektiv als sehr geeignet. Es ist lichtstark, beansprucht keine sehr kostspieligen Glasarten und kann daher verhältnismäßig billig hergestellt werden. Die zur Glasbilder-

Projektion dienenden PETZVAL-Objektive werden im Durchmesser von 42/50 mm und 54/60 mm in Brennweiten von etwa 15 cm an hergestellt. Das PETZVAL-Objektiv gibt keinen großen Bildwinkel, wenn daher auf kurzen Abstand projiziert werden soll, so muß man zu einem anastigmatischen Objektiv greifen. Unter den verschiedenen Anastigmaten wird heute zur Projektion die Tripletform bevorzugt. In neuerer Zeit hat der Triplet-Anastigmat in der Glasbilderprojektion das PETZVAL-Objektiv zum großen Teil verdrängt.

Namentlich bei Anwendung von Bogenlicht wird häufig nur eine kleine Objektivöffnung beansprucht; man kann dann mit einer achromatischen Linse auskommen, ja, manchmal genügt eine einfache Sammellinse.

Die Projektionsobjektive haben Fassungen mit Zahn- oder Schneckentrieb. Vielfach werden sie auch in zylindrischer Form zum Einstecken in eine sogenannte Auswechselfassung verwendet.

Die Beziehung zwischen Objektivbrennweite (f_2), Apparatabstand (a), sowie den Größen von Glasbild (g) und Schirm (s) ist gegeben durch die Linsenformel, welche uns sagt $\dfrac{a}{f} = v + 1$ und wobei die Vergrößerung $v = \dfrac{s}{g}$ ist.

Eine Umformung ergibt $\dfrac{f}{g} = \dfrac{a}{s+g}$, d. h. die Objektivbrennweite übertrifft das Glasbild an Größe genau so oft, wie der Apparatabstand die um die Abmessung des Glasbildes vermehrte Schirmgröße. Da in der Regel g klein ist gegen s, so kann man mit meist ausreichender Genauigkeit schreiben $\dfrac{f}{g} = \dfrac{a}{s}$.

8. Lichtverluste im Projektionssystem, Wirkungsgrad und Beleuchtungsstärke. Auf dem Wege durch das System ist der Lichtstrom erheblichen Verlusten ausgesetzt. Zunächst gehen an jeder gegen Luft grenzenden Linsenfläche etwa 4% des auffallenden Lichtes verloren; das macht beim Doppelkondensor etwa 15%, beim dreifachen Kondensor etwa 22%. Dazu kommt die Schwächung des Lichtes durch Absorption im Glase; sie ist bei reinem weißen Linsenmaterial im Verhältnis zum Reflexionsverlust gering und auf jede Linse nur zu einigen Prozent zu veranschlagen, so daß wir den Gesamtverlust für den dreifachen Kondensor zu etwa 30% als Minimum annehmen können. Verluste gleicher Art erleidet der Lichtstrom im Objektiv; ist dieses ein PETZVAL-Objektiv oder ein Anastigmat, so betragen sie ebenfalls ungefähr 30% (v. ROHR bestimmte sie für das PETZVAL-Objektiv zu 26%). Kondensor und Objektiv schwächen also durch Reflexion und Absorption das Licht zweimal um etwa je 30%, also um rund 50%. Diese Verluste, die man als innere bezeichnen könnte, setzen in gleichem Maße die Beleuchtungsstärke auf dem Schirm herab. In gleichem Sinne wirken Verluste in einem etwa vorhandenen Kühlgefäß sowie Verluste im Glasbild.

Die durch Blenden verursachten Verluste haben verschiedene Wirkung, je nach der Stelle, an welcher Teile des Lichtstromes abgeschnitten werden. Handelt es sich um eine Aperturblende, so wird dadurch gewissermaßen die Größe des Lichtquellenbildes herabgesetzt und damit wiederum, wie bei den inneren Verlusten, die Beleuchtungsstärke auf dem Schirm. Die Aperturblende kann naturgemäß nur bei einem abweichungsfreien Kondensor rein wirken. Eine Gesichtsfeldblende läßt die Beleuchtungsstärke unberührt und verkleinert nur die Größe des Bildfeldes; sie wirkt gerade so, als wenn der Kondensor entsprechend kleiner wäre. Wir können demgemäß den durch die Gesichtsfeldblende verursachten Verlust als äußeren bezeichnen. Befindet sich eine Blende zwischen Gesichtsfeld und Apertur, so tritt Vignettierung (Abschattung) ein. Je größer die Leuchtfläche der Lichtquelle ist, um so mehr Licht geht zwischen den Linsen des Kondensors durch Streuung verloren.

Durch die Verluste wird der in den Kondensor eintretende Lichtstrom φ herabgesetzt auf den Wert φ'. Schreiben wir $\varphi' = w\,\varphi$, so bezeichnet w den Wirkungsgrad des optischen Teiles des Projektionssystems. Denjenigen Teil dieses Faktors, der den inneren Verlusten entspricht und den wir w_1 bezeichnen wollen, kann man durch Versuche in der Weise bestimmen, daß man einmal mit dem ganzen, nicht abgeblendeten Projektionssystem, zum anderen Male der der bloßen Lichtquelle, die man unter dem Öffnungswinkel des Kondensors wirken läßt, auf dem Projektionsschirm ein gleich großes Feld beleuchtet und in beiden Fällen die Beleuchtungsstärke E bzw. E_1 mißt. Es ist dann $\dfrac{E}{E_1} = w_1$. Der Anteil des äußeren Verlustes ergibt sich ohneweiters durch einen Vergleich der lichten Fläche G des Glasbildes mit der Fläche K des Kondensors bzw. dem Querschnitt des Strahlenbündels in der Bildebene. Dieser Verlust ist recht beträchtlich. Die Fläche eines quadratischen Bildausschnittes ist um ein Drittel kleiner als eine sie gerade umgrenzende Kreisfläche. Nun müssen wir von der Kreisfläche des Strahlenbündelquerschnittes den äußersten rötlichen Saum fortfallen lassen, der um so breiter wird, je weiter das Glasbild vom Kondensor entfernt ist. Dadurch verlieren wir weitere 10 bis 15%, so daß der Gesamtverlust auf etwa 40 bis 45% zu veranschlagen ist.

Die zur Darstellung eines befriedigenden Lichtbildes erforderliche Beleuchtungsstärke hängt ab von der Größe des Raumes und der Beschaffenheit der Projektionsfläche. Bei der Glasbilderprojektion geht man möglichst nicht unter 25 Lux. Es gelten 50 Lux als gute, 100 Lux als sehr hohe Beleuchtungsstärke.

Der gesamte Wirkungsgrad, der gegeben ist durch die Beziehung $W = \dfrac{\varphi'}{\Phi}$, läßt sich auch schreiben $W = \varepsilon\,w$, worin ε der Ausnutzungskoeffizient der Lichtquelle und w der Wirkungsgrad des optischen Systems sind. Man ermittelt den Wirkungsgrad W in der Weise, daß man einmal den gesamten Lichtstrom Φ der Lichtquelle in Lumen feststellt (für Projektionsglühlampen in den Preislisten angegeben) und anderseits die Beleuchtungsstärke E auf dem Projektionsschirm S bestimmt. Denn es ist $W = \dfrac{E\,S}{\Phi}$. Zahlenmäßige Angaben über den Wirkungsgrad von Bildwerfern machen Halbertsma,[1] Targonski,[2] Bloch,[3] Meinel[4] für den Kinematographen. Diese Angaben seien ergänzt durch Angaben über einen neueren Bildwerfer von folgender Zusammensetzung: 250 Watt-Lampe 110 Volt von 5900 Lumen mit Kugelspiegel; dreifacher Kondensor, Durchmesser 115 mm; dreilinsiges Objektiv von 50 mm Durchmesser und 180 mm Brennweite. Der Apparat vergrößere ein Diapositiv mit 75×75 mm Maskenausschnitt auf 2×2 m mit einer Beleuchtungsstärke von 120 Lux, schicke also zum Schirm einen Lichtstrom von $4 \cdot 120 = 480$ Lumen. Der gesamte Wirkungsgrad beträgt mithin ungefähr 8%.

Abb. 12 soll veranschaulichen, wie sich die Verluste in der Höhe von 92% schätzungsweise verteilen: 60% Verlust im Lampenhaus; 40% im Kondensor (unter Berücksichtigung der Streuung zwischen den Linsen); 45% durch die Gesichtsfeldblende (Maskenausschnitt des Diapositivs); 15% Verlust durch das Diapositiv mit Deckglas (glasklare Stellen); 30% durch das Objektiv. Man kann auch folgende Rechnung anstellen: Die Leuchtdichte einer Lampe beträgt nach

---

[1] Phot. Korr. Bd. 54, 1917, S. 318.
[2] Kinotechnik, Bd. 3, 1921, S. 643.
[3] Kinotechnik Bd. 6, 1924, S. 64.
[4] Kinematograph H. 890 u. 898, 1924.

einer Liste der Osram G. m. b. H., Berlin, 5,7 HK/mm²; sie mag durch den Kugelspiegel um 60% auf 9,1 gesteigert werden. (Es ist zu berücksichtigen, daß zu dem Reflexionsverlust am Spiegel noch der Verlust kommt, den das zurückgeworfene Licht auf dem Rückwege durch den Glaskolben der Lampe erleidet.) Im System wird die Leuchtkraft geschwächt durch die inneren Verluste: Kondensor 30% (die Streuung ist hier nicht zu berücksichtigen), Glasbild 15%, Objektiv 30%, so daß für die Leuchtkraft des Lichtquellenbildes ein Wert von 3,8 verbleibt. Hat nun das Lichtquellenbild eine ungefähre Größe von 24 × 36 mm² = = 864 mm², so kommt ihm eine Lichtstärke von 3,8 . 864 = 3215 HK/mm² zu, und es bestrahlt den im Abstand von 5,2 m befindlichen Schirm mit einer Beleuchtungsstärke von $\frac{3215}{5,2^2}$ = rund 120 Lux.

9. Richtige Wiedergabe der Tonwerte. Es wurde bei den bisherigen Erörterungen stillschweigend vorausgesetzt, daß die Glasbilder auch an den dichten Stellen nicht streuend wirken. Wenn nun aber, wie dies meist der Fall sein wird,

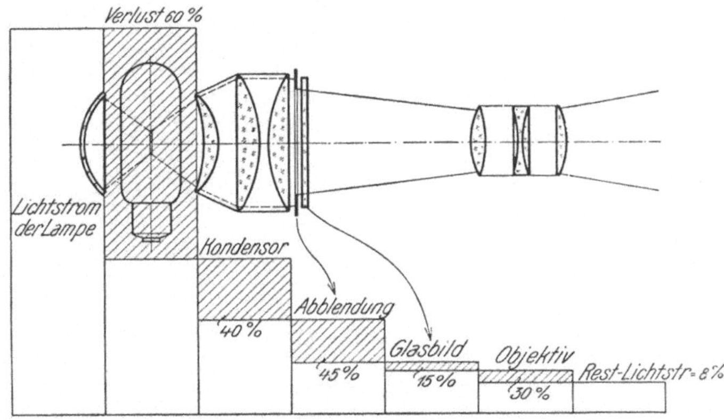

Abb. 12. Lichtverluste im Bildwerfer. Die stufenförmig kleiner werdenden Rechtecke bedeuten den von Stelle zu Stelle abnehmenden Lichtstrom; die schraffierten Flächen geben die jeweiligen Verluste an

an diesen Stellen eine Streuung des Lichtes erfolgt, so nimmt das Objektiv nicht das ganze von diesen Stellen ihm zugedachte Licht auf und die betreffenden Stellen erscheinen im Lichtbilde dunkler. Dieser „Callier-Effekt" hat eine falsche Wiedergabe der Tonwerte zur Folge: das Lichtbild erscheint zu hart. Während man bei der Projektion diesen Fehler in Kauf nimmt, muß er bei photographischen Vergrößerungen behoben werden; es wird im Abschnitt über den Vergrößerungsapparat hierauf näher eingegangen werden.

10. Projektionssysteme für kleine durchsichtige Dinge. Die Ergebnisse der bisherigen Erörterungen können ohneweiters auf Projektionssysteme für kleine Glasbilder, Filmbilder, mikroskopische Präparate u. dgl. angewandt werden, bei denen der Kondensor einen so kleinen Durchmesser hat, daß er das wiederzugebende Ding gerade ausleuchtet. Das kleine System stellt sich dabei in lichttechnisch-optischer Beziehung wesentlich ungünstiger. Denn wenn wir in der Näherungsgleichung $\varphi = B\,K\,A$ den Wert der Kondensorfläche K verkleinern, so muß das Produkt $B\,A$ in gleichem Maße vergrößert werden, damit der Wert des Lichtstromes φ erhalten bleibt, wir müssen also entweder die Leuchtdichte B oder den Raumwinkel A des in das Objektiv eintretenden Lichtstroms und damit die Objektivöffnung entsprechend steigern oder beides zugleich tun. Dies besagt auch der oben angegebene Näherungsausdruck für die Beleuchtungsstärke $E = \dfrac{B\,\pi}{4\,v^2}\left(\dfrac{d}{f_2}\right)^2$, da wir ja bei Anwendung kleinerer Dinge einen entsprechend höheren Wert für die Schirmvergrößerung v einsetzen müssen. Die Verhältnisse werden besser veranschaulicht durch eine geometrische Darstellung: Das Projektionssystem I (Abb. 13) werde einschließlich der Lichtquelle L linear auf die Hälfte verkleinert. Leuchtdichte sowie Öffnung von Kondensor und Objektiv bleiben erhalten. Das so verkleinerte System II (Abb. 13) mit seiner viermal schwächeren Lichtquelle L_1 würde auf einem ebenfalls verkleinerten Schirm S_1 dieselbe Beleuchtungsstärke liefern wie das große System auf dem Schirm S. Nun soll der Schirm nicht verkleinert werden, auf dem Schirm S wird aber die Beleuchtungsstärke viermal geringer. Dieser Nachteil gegenüber dem größeren

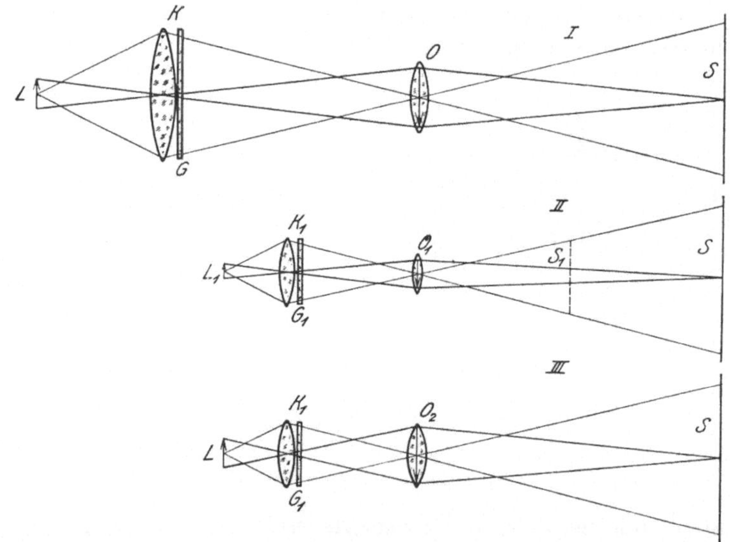

Abb. 13. Verkleinerung des Projektionssystems

System läßt sich nur dadurch ausgleichen, daß wir einen viermal stärkeren Lichtstrom in das System hineinschicken. Unter Erhaltung des optischen Systems kann dies mit Hilfe einer Lichtquelle L_1 von viermal größerer Leuchtdichte geschehen. Ein anderer Weg ist der, daß wir die Lichtquelle auf die alte Größe L bringen; dadurch wird aber eine Vergrößerung des Lichtquellenbildes L' (Raumwinkel A) hervorgerufen und in gleichem Maße müssen wir die Öffnung des Objektivs vergrößern (vgl. Abb. 13 III). Das gleiche gilt, wenn wir den Kondensor für die Aufnahme eines größeren Raumwinkels Ω fähig machen und die verkleinerte Lichtquelle L_1 näher an ihn heranbringen.

Eine Konzentrierung des Lichtes, wie der Laie sie sich häufig vorstellt, nämlich im Sinne einer Erhöhung der Leuchtdichte (Leuchtkraft), ist mit optischen Hilfsmitteln nicht erreichbar. Wir können nur die Winkelrichtung, unter der die Elemente des Lichtstromes gegeneinander verlaufen, ändern, sind aber nicht imstande, die Lichtstromelemente so gegeneinander zu versetzen, daß sie sich in ihrem weiteren Verlauf überdecken, also eins werden. Eine höhere Leuchtdichte zu bieten, ist Sache der Lichtquelle selbst. In dieser Hinsicht aber sind der Technik enge Schranken gesetzt, man muß daher den Ausgleich wenigstens zum Teil durch ein lichtstärkeres optisches System herbeizuführen suchen. Für die Kinoprojektion stellte man denn auch besondere Objektive, insbesondere PETZVAL-Objektive, her, welche die zur Glasbilderprojektion dienenden Instrumente an Lichtstärke erheblich übertreffen. In der Mikroprojektion konnte der Forderung nach hoher Lichtstärke — bis zu einem gewissen Grade wenigstens — ohneweiters genügt werden, da die Mikroskopie Objektive von großer Öffnung — je stärker die Vergrößerung, desto größer die Öffnung — aus einem anderen Grunde benötigte: weil nur auf diese Weise die gewünschte Auflösung zu erzielen war. Die drei Typen der Diaprojektion werden demgemäß charakterisiert durch die Form des Lichtstromtrichters zwischen Kondensor bzw. Ding und Objektiv, oder wir können auch sagen: durch das Größenverhältnis des Gesichtsfeldwinkels $2\,\omega'$ zum Objektivöffnungswinkel $2\,\alpha$. Die früher für die Kinoprojektion charakteristische zylindrische Form des Lichtstromtrichters ist heute allerdings überholt; man geht immer mehr zu dem sich erweiternden Trichter über, der für die Mikroprojektion kennzeichnend ist. Dies gilt seit der Einführung der hochkerzigen Projektionsglühlampe auch für die Glasbilderprojektion mit Objektiven von sehr langen Brennweiten.

In welchem Maße die an das System gestellten Anforderungen bei der Filmbild- und besonders bei der Mikroprojektion höhere sind

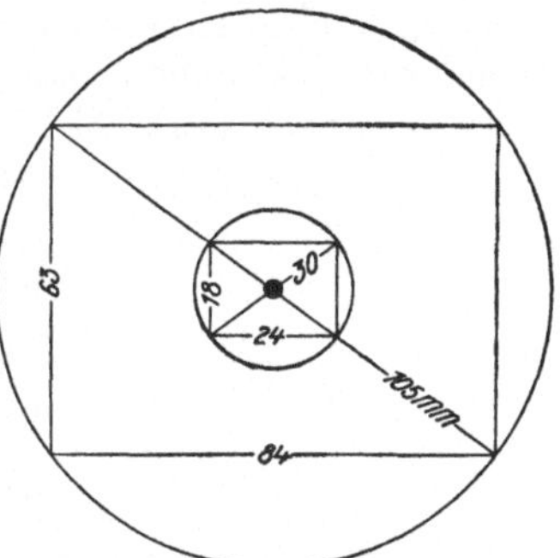

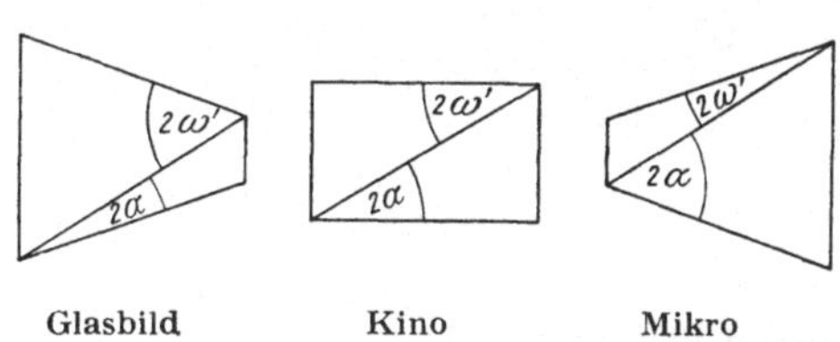

Abb. 14. Lichtstromtrichter zwischen Kondensor bzw. wiederzugebendem Ding und Objektiv bei der Glasbild-, Kino- und Mikroprojektion

Abb. 15. Vergleich zwischen Glasbild- und Filmbildgröße

als bei der Glasbilderprojektion, darüber wird man sich erst recht klar, wenn man einen Vergleich anstellt. Wir gehen aus von der normalen Glasbildgröße $8\frac{1}{2} \times 10$ cm, deren freier Ausschnitt der Norm nach so bemessen sein soll, daß er in einen Kreis von 105 mm Durchmesser hineinpaßt; er kann also beispielsweise zu 63×84 mm angenommen werden (Abb. 15). Stellen wir diesem Glasbild das Filmbildchen 18×24 mm gegenüber, das einem Kreis von 30 mm Durchmesser entspricht, so ergibt sich, daß letzteres der Fläche nach $12\frac{1}{4}$ mal kleiner ist. Das Projektionssystem hat hier also eine $12\frac{1}{4}$ mal größere Leistung zu vollbringen. Aus der Mikroprojektion greifen wir den Fall als Beispiel heraus (es ist keineswegs der Grenzfall), daß ein kreisförmiges Feld von 3 mm Durchmesser wiederzugeben sei. (Dieses ist in Abb. 15 veranschaulicht durch den kleinen Fleck in der Mitte.) Wenn hierbei ein gleich großes und gleich stark beleuchtetes Bild verlangt würde wie bei der Glasbilderprojektion, so müßte dem Apparat eine 1225 mal größere Leistung zugemutet werden.

Wenn bei dem verkleinert gedachten Bildwerfersystem die gleiche Lichtquelle angewandt wird wie bei dem großen System, so muß naturgemäß die Öffnung des Kondensors dieselbe bleiben, damit der aufgenommene Lichtstrom $\varphi = B\,L\,\Omega$ keinen geringeren Wert erhält (vgl. Abb. 13, II). Bei kleinerer Leuchtfläche L ist Ω entsprechend größer zu machen, d. h. die Lampe muß noch näher an den Kondensor herangebracht werden. Diese Forderung läßt sich in vielen Fällen praktisch nicht erfüllen. Man muß dann notgedrungen zu einem größeren

Kondensor greifen, der die Ausnutzung des erforderlichen Öffnungswinkels gestattet, und das Beleuchtungsverfahren entsprechend abändern.

Am einfachsten geht man in der Weise vor, daß man den wiederzugebenden Gegenstand G in einem solchen Abstand vom Kondensor anbringt, daß er durch den konvergenten Lichtstrahlenkegel gerade gleichmäßig ausgeleuchtet wird. Man trennt damit die Aperturwinkel von Lichtquelle und Objektiv, die beim Grundsystem gleich waren und mit den Scheiteln zusammenfielen. Hierbei tritt anschaulich zutage, daß der wiederzugebende Gegenstand G, wenn er kleiner ist als K, eine Vergrößerung der Objektivöffnung bedingt.

Unter der Voraussetzung, daß der ganze Lichtstrom den Gegenstand G gleichmäßig beleuchtet (was nur bei punktförmiger Lichtquelle und abweichungsfreiem Kondensor möglich wäre), können wir die oben benutzte Näherungsgleichung verwenden und schreiben $\varphi = B\,L\,\Omega = B\,K\,\Delta = B\,G\,A$.[1] Dies besagt, daß der Öffnungswinkel Ω bei einem großen Kondensor K genau so groß sein muß, wie bei einem kleinen Kondensor von der Größe G. In Wirklichkeit ist eine größere Kondensoröffnung erforderlich. Denn die durch die Flächenausdehnung der Lichtquelle verursachte Streuung, zu der noch die Abweichungen des Kondensors kommen, hat zur Folge, daß der Lichtkegel außerhalb des schraffierten Teiles (vgl. Abb. 16) eine schwächere Beleuchtung aufweist und

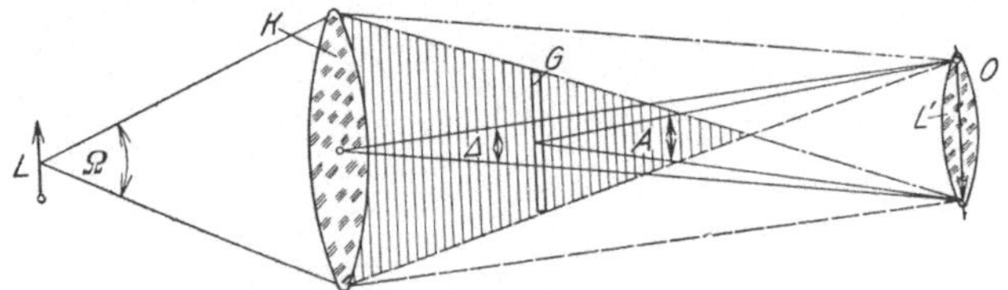

Abb. 16.   „Überspanntes" Grundsystem

daher für die Wiedergabe nicht ausgenutzt werden kann. Dieser Verlust läßt sich nur dadurch ausgleichen, daß man dem Kondensor eine größere Öffnung gibt. Ein kleiner Kondensor ist also, soweit er sich anwenden läßt, dem großen Kondensor gegenüber von Vorteil.

Das vom lichttechnischen Standpunkt aus unbefriedigende „überspannte System" wird vielfach bei universellen Bildwerfern angewandt, indem der für die Glasbilderprojektion vorgesehene große Kondensor auch für andere Projektionsarten (Bildband, Kino, Experiment, Mikro) benutzt wird. Man ist auf dieses überspannte Beleuchtungsverfahren angewiesen beim Projizieren mit Sonnenlicht, denn hier ist eine Steigerung der Beleuchtungsstärke nur durch einen größeren Kondensor zu erreichen, da man ja die Lichtquelle dem Kondensor nicht nähern kann.

Beim überspannten System befindet sich, wie beim nicht überspannten Grundsystem, das Objektiv am Orte des Lichtquellenbildes L'. Wenn nun der Fall eintritt, daß der wiederzugebende Gegenstand kleiner ist als der Objektivdurchmesser, so rückt der Gegenstand als kleinstes Glied an den Ort von L' als

---

[1] An welcher Stelle des Strahlenganges wir auch das Glasbild einsetzen, es wirkt stets gewissermaßen als ein Selbstleuchter, der mit der Leuchtkraft B unter dem Raumwinkel A gegen das Objektiv strahlt. In einer neueren lichttechnischen Abhandlung (Kinotechn. 12, 1930, S. 65) — die vorliegende Arbeit wurde 1927 niedergeschrieben — weist O. Reeb besonders darauf hin, daß die Leuchtdichte (Leuchtkraft) als Eigenschaft der Strahlung, nicht als ein der Lichtquelle fest anhaftender Begriff aufzufassen ist.

der engsten Stelle des Strahlenkegels und das Objektiv kommt in den divergenten Kegel. Dadurch wird das Beleuchtungsverfahren grundsätzlich geändert. Die Apertur ist nunmehr zum Gesichtsfeld geworden. Wir können die verlustbringende Streuung dadurch vermeiden, daß wir am Orte von L' eine Hilfskondensorlinse K_2 anbringen (vgl. Abb. 17), welche die Öffnung des Kondensors K_1 in das Objektiv abbildet und damit das Gesichtsfeld zur Apertur macht, so daß wir nach der Ausdrucksweise von WILH. VOLKMANN zwei miteinander verflochtene Abbildungsfolgen erhalten. Mit dieser Vervollkommnung erweitert sich der Spielraum des Verfahrens: es ist nicht mehr auf den Ausgangsfall beschränkt, daß G kleiner ist als das Objektiv.

Auch hier kann man die oben benutzte Näherungsgleichung für φ auf alle Glieder des Systems anwenden und zeigen, daß die Kondensoröffnung und damit der aufgenommene Lichtstrom φ dieselben sein würden, wenn die Beleuchtung mit dem einfachen Grundsystem erfolgte. Da durch die Vertauschung von Apertur und Gesichtsfeld der Öffnungswinkel des vom Kondensor kommenden Strahlenkegels gleich dem Öffnungswinkel des Objektivs wird, läßt sich hier die Beziehung zwischen den uns interessierenden Werten genauer formulieren. Wenn wir annehmen, daß alle Zonen des Kondensors in Übereinstimmung abbilden, so gilt (unter Benutzung der für die linearen Größen- und Flächenwinkel verwandten

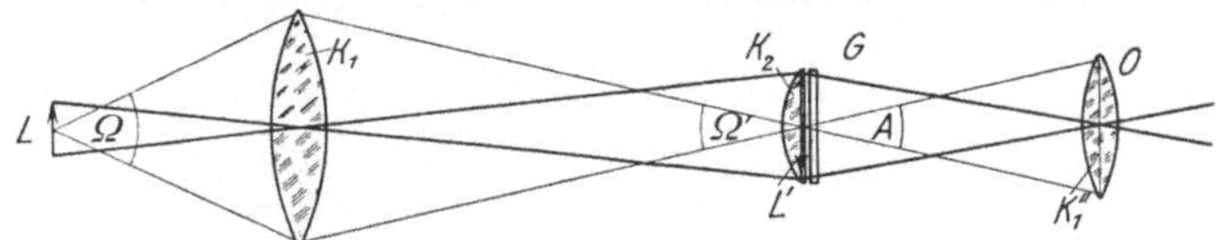

Abb. 17. Projektionsvorrichtung mit zweigliedrigem Beleuchtungssystem

kleinen Buchstaben) $\dfrac{\sin \omega}{\sin \omega'} = \dfrac{l'}{l}$. Nun ist $\omega' = \alpha$ und $l' = g$, mithin $\sin \omega =$

$= \dfrac{g}{l} \sin \alpha$, oder, wenn die Apertur des Kondensors gegeben ist und nach dem

Durchmesser der Lichtquelle gefragt wird, $l = g \dfrac{\sin \alpha}{\sin \omega}$. Bezüglich des Kondensordurchmessers hat man freie Hand. Eine Blende in der Ebene des Kondensors K_1 wirkt als Aperturblende. Das System läßt sich in der Weise auf das Grundsystem zurückführen, daß man Lichtquelle L nebst Kondensor K_1 als eine Einheit, also gewissermaßen K_1 als die Fassade der Lichtquelle ansieht.

Das zweigliedrige Beleuchtungssystem wird vielfach angewandt, und zwar sowohl in der Kinoprojektion, der Mikroprojektion, als auch in der experimentellen Projektion. Häufig läßt man dabei aber die Hilfskondensorlinse am Orte der Lichtquelle fort. In der Kinoprojektion hat man zumeist den Linsenkondensor K_1 durch einen Hohlspiegel ersetzt, der frei von Farbenabweichung ist und bei geringeren Lichtverlusten eine große Öffnung auszunutzen gestattet.

Da bei diesem System das Bild der Lichtquelle im Gesichtsfeld liegt, muß die Lichtquelle eine gleichmäßige Leuchtfläche besitzen, wie dies einigermaßen beim Krater der Bogenlampe, vor allem bei der Bandlampe und bei der Punktlichtlampe (Wolframbogenlampe) der Fall ist, oder es muß die Ungleichmäßigkeit der Leuchtfläche auf irgendeine Weise ausgeglichen werden. Bei der Projektionsglühlampe verdeckt man den Zwischenraum zwischen den Leuchtfäden durch das von einem Kugelspiegel entworfene Bild der Leuchtfäden; die dann noch im Lichtquellenbild verbleibende Ungleichmäßigkeit behebt der amerikanische Stufenkondensor in der Weise, daß seine einzelnen Zonen Lichtquellenbilder an gegeneinander versetzten Stellen entwerfen. Eine ähnliche Wirkung kann man durch Zerlegung des Kondensors in zwei oder mehrere Teile, die entsprechend gegeneinander verschoben werden, oder durch die Einschaltung von Prismenkörpern in den Strahlengang erreichen.

Der Sorge um einen homogenen Querschnitt des Lichtstromes am Orte des Lichtquellenbildes wird man enthoben, wenn man noch einen Schritt weitergeht und die Lichtquelle durch das Bild L' der Lichtquelle ersetzt, das man durch eine vorgesetzte Sammellinse bzw. Sammellinsensystem K_1 entwirft, die man in diesem Falle als Kollektor bezeichnet (Abb. 18). Auch hier ist am Orte von L' eine Hilfslinse, die Kollektivlinse K_2, anzubringen, durch welche die Öffnung des Kollektors K_1 auf der Kondensorlinse K_3 abgebildet wird. Eine Blende in der Ebene von K_1 wirkt als Gesichtsfeldblende, eine Blende in der Ebene von K_2 als Aperturblende. Man kann sich das System entstanden denken durch die Hintereinanderschaltung von zwei Grundsystemen.

Hier hat man es in der Hand, das Lichtquellenbild L' beliebig groß zu machen. Dadurch wird der Kondensor K_3 insofern entlastet, als sein Abstand von L' größer und demgemäß seine Öffnung kleiner wird. Für den Kollektor K_1 kann dabei hinsichtlich der Öffnung nichts gewonnen werden: wie die Anwendung der oben benutzten Näherungsformel auf die Glieder des Systems zeigt, muß auch hier K_1 einen ebensogroßen Öffnungswinkel haben, wie ihn unter gleichen Verhältnissen der Kondensor des Grundsystems aufweisen würde. Bei der größeren

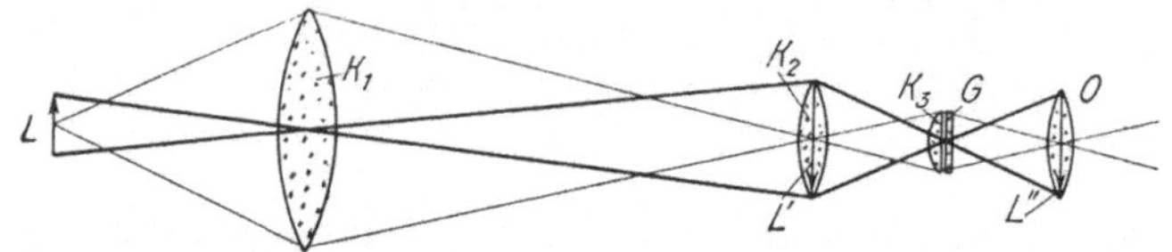

Abb. 18. Projektionsvorrichtung mit dreigliedrigem Beleuchtungssystem

Zahl der Glieder wirken naturgemäß Linsenabweichungen in viel höherem Maße störend, und zwar gilt dies besonders für den Kollektor. Einmal bringen die Abweichungen Streuverluste, zum anderen können sie die gleichmäßige Beleuchtung des Feldes sehr erschweren. In der Mikroprojektion, in welche A. Köhler dieses Beleuchtungsverfahren eingeführt hat, verwendet man daher als Kollektor nach Möglichkeit eine asphärische Linse oder ein korrigiertes Linsensystem. Bei stärkeren Mikroobjektiven leistet der Abbesche Kondensor sehr gute Dienste, den wir als eine Vereinigung von Kollektiv- und Kondensorlinse (K_2 und K_3) auffassen können. Wenn es gilt, das Licht auf ein sehr kleines Gesichtsfeld, kleiner als die zur Verfügung stehende Kondensorlinse K_3 zu konzentrieren, so ordnet man das Ding in entsprechendem Abstand vor der Linse an und entwirft darauf mit K_2 und K_3 das Bild von K_1. Diese „Überspannung" bedingt aber, genau so wie beim überspannten Grundsystem, eine größere Kollektoröffnung.

Zusammenfassend ist über die mehrgliedrigen Systeme zu sagen: sie sind weiter nichts als ein Notbehelf in solchen Fällen, wo das Grundsystem praktisch nicht anwendbar ist, weil die Lichtquelle dem Kondensor nicht hinreichend nahe gebracht werden kann. Die Arbeit des Transformierens wird verteilt. Darüber hinaus bieten die mehrgliedrigen Systeme keinen Vorteil, weder lichttechnisch noch optisch; sie schaffen nicht etwa die Möglichkeit, mit einer geringeren Kondensoröffnung die gleiche Leistung hervorzubringen. Im Gegenteil: mit dem größeren Aufwande ist auch ein größerer Verlust verbunden; daher wird man, soweit wie möglich, das Grundsystem anwenden.

B. Der episkopische Bildwurf

Dem episkopischen Bildwurf fällt die Aufgabe zu, undurchsichtige Gegenstände verschiedenster Art lichtbildlich wiederzugeben, und zwar in der Regel in vergrößertem Maßstabe. Der Gegenstand — meistens ein Papierbild, z. B. eine Ansichtskarte oder eine Abbildung in einem Buch — muß dazu von vorn, also mit auffallendem Licht, beleuchtet werden. Während nun bei der diaskopischen Projektion, wo die Beleuchtung mit durchfallendem Licht angewandt werden kann, das wiederzugebende transparente Ding (Glasbild) die Gestalt des Lichtstromes praktisch so gut wie gar nicht beeinflußt (die Wirkung des CALLIER-Effektes und die Beugungserscheinungen können wir im allgemeinen unberücksichtigt lassen) und daher Beleuchtungs- und Abbildungsvorgang genau aufeinander abgestimmt werden können, betätigt sich hier der wiederzugebende Gegenstand als optisches Element, indem er die auftreffenden Strahlen nach allen Richtungen diffus reflektiert und dadurch den aus dem Beleuchtungssystem kommenden Lichtstrom völlig umgestaltet. Durch diesen eigenwilligen Eingriff wird der Zusammenhang zwischen Beleuchtungs- und Abbildungsvorgang zerstört.

Die Beleuchtungsvorrichtung ist demgemäß unabhängig von der Beschaffenheit des Objektivs auszubilden, gleichgültig welches das Öffnungsverhältnis und die Brennweite des Objektivs ist: die Aufgabe des Beleuchtungssystems bleibt stets darauf gerichtet, der Oberfläche des wiederzugebenden Gegenstandes eine möglichst gleichmäßige, hohe Beleuchtungsstärke zu erteilen. Hierzu bedient sich man einer scheinwerferartigen Vorrichtung, die ein annähernd paralleles oder schwach divergentes Lichtstrahlenbündel auf die zu beleuchtende Fläche wirft. Sowohl ein Spiegelscheinwerfer als auch ein Linsenscheinwerfer ist geeignet. Insbesondere bei Lichtquellen mit ausgedehnter Leuchtfläche (Glühlampe) muß man die Scheinwerfervorrichtung recht nahe an den Gegenstand heranbringen, damit der durch Überstreuung verursachte Lichtverlust gering bleibt. Ein anderes Verfahren besteht darin, daß man auf der zu beleuchtenden Fläche das vergrößerte Bild der Lichtquelle entwirft. In diesem Falle wird der Abstand der Beleuchtungsvorrichtung von der Fläche sehr groß, da ja eine sehr starke Vergrößerung des Lichtquellenbildes verlangt wird. Man verwendet hier wie bei dem entsprechenden diaskopischen Verfahren die Spiegellampe. Die Lichtquelle muß eine gleichmäßige Leuchtfläche besitzen, wie dies beim Krater der Bogenlampe einigermaßen zutrifft; bei ungleichmäßiger Leuchtfläche müßte man eines der oben bei der diaskopischen Projektion besprochenen Hilfsmittel anwenden, um am Orte des Lichtquellenbildes eine hinreichend gleichmäßig beleuchtete Fläche zu erzielen.

Es ist am besten, den abzubildenden Gegenstand mit möglichst steil einfallendem Licht zu beleuchten, soweit dies das senkrecht über dem Gegenstand anzuordnende Objektiv zuläßt. Bei steilem Lichteinfall tritt aber leicht eine schädliche Oberflächenspiegelung ein, indem Strahlen, die an der glänzenden Oberfläche des Gegenstandes oder Bildes (glattes Kunstdruckpapier) regelmäßig reflektiert werden, in das Objektiv gelangen und zu Lichtflecken am Bildrande Anlaß geben. Diese Erscheinung zeigt sich in erhöhtem Maße bei Anwendung einer Glasplatte, gegen die man das Bild andrückt, um es in der Einstellebene flach zu halten. Man ist daher genötigt, die Strahlen unter einem so starken Winkel einfallen zu lassen, daß das reflektierte Licht nicht ins Objektiv gelangt. Die schräge Beleuchtung ist andererseits insofern unvorteilhaft, als sie eine ungleichmäßige Verteilung des Lichtes über die Fläche mit sich bringt: nach der entfernteren Seite breitet sich das Licht weiter aus und fällt daher in der Helligkeit ab; demgemäß schießt das Licht dort auch weiter über die zu beleuchtende Fläche hinaus. Das über die Fläche hinausgeworfene Licht kann nur zum Teil durch Gegenspiegel nutzbar gemacht werden. Eine gleichmäßigere Beleuchtung erzielt man durch Anwendung von zwei oder mehreren einander gegenüber angeordneten Lampen.

Für den Lichtstrom, den die Beleuchtungsvorrichtung (Linsen- oder Spiegelkondensor) beim episkopischen Bildwurf aufnimmt, gilt der gleiche Ausdruck wie bei der diaskopischen Projektion. Demgemäß ist die Stärke des Lichtstromes abhängig von der Leuchtdichte der Lichtquelle sowie vom Öffnungswinkel des Kondensors. Bei gegebener Lichtquelle kommt es darauf an, eine möglichst große Öffnung anzuwenden. Während nun bei der diaskopischen Projektion die Größe der Kondensoröffnung an die Größe der Objektivöffnung gebunden ist und es keinen Sinn hat, mit einer größeren Kondensoröffnung zu arbeiten, wenn das Objektiv das entworfene Lichtquellenbild nicht vollständig aufzunehmen vermag, ist bei der episkopischen Projektion eine solche Bindung nicht vorhanden: hier wird die Vergrößerung der Kondensoröffnung — vorausgesetzt, daß die Begleiterscheinungen (besonders sphärische Abweichung und Streuung) nicht zu schädlich werden — stets Gewinn bringen, gleichgültig welche Öffnung das Objektiv hat.

Der vom Kondensor aufgenommene und gegen den Gegenstand gerichtete Lichtstrom wird von diesem diffus reflektiert, so daß der Lichtstrom über einen Raumwinkel verteilt wird, der einer Halbkugel entspricht. Wenn der Lichtstrom zur Abbildung vollständig ausgenutzt werden soll, müßte das Objektiv einen Öffnungswinkel von 180^0 umfassen. Objektive von so hoher Leistung stehen nicht zur Verfügung; zudem würde bei ihrer Anwendung die Beleuchtung des Gegenstandes große Schwierigkeiten bieten, da sie, wie beim Opakilluminator des Mikroskops, durch das Objektiv hindurch erfolgen müßte. Bei den meist gebrauchten Episkopapparaten, die eine etwa 16×16 cm große Fläche wiedergeben und eine Brennweite von 30 bis 40 cm haben, geht man über eine Öffnung 1 : 3 nicht hinaus, verwendet aber mit Rücksicht auf die hohen Kosten einer so großen Öffnung in der Regel Objektive von 1 : 3,5 bis 1 : 5. Der in das Objektiv eintretende und zum Schirm weitergegebene Lichtstrom φ'' kann daher nur ein Bruchteil des vom Kondensor aufgenommenen Lichtstromes φ sein. Ist der Gegenstand vollkommen diffus reflektierend, so geht die Ausstrahlung nach dem gleichen Gesetz vor sich wie bei einer flächenförmigen Lichtquelle; es gilt also die Formel $\varphi'' = B'' \Sigma \pi \sin^2 \delta$, worin Σ die Größe der beleuchteten Fläche, B'' deren Leuchtkraft und δ den halben Öffnungswinkel des Objektivs bedeuten. Der gesamte, von der beleuchteten Fläche (unter 180^0, d. h. $\delta = 90^0$) ausgestrahlte Lichtstrom hat den Wert $\varphi' = B'' \Sigma \pi$. Mithin ist $\varphi'' = \varphi' \sin^2 \delta$. Nun ist wiederum $\varphi' = m \varphi$, worin m das diffuse Reflexionsvermögen (Albedo) ist. Also $\varphi'' = m \varphi \sin^2 \delta$. Wenn die gegen den Kondensor strahlende Lichtquelle flächenhaft ist, so können wir auch schreiben $\varphi'' = m B L \pi \sin^2 \omega \sin^2 \delta$. In diesen Formeln sind die Verluste im System nicht berücksichtigt. Diese sind nicht größer zu veranschlagen als beim gewöhnlichen Bildwerfer, wenn man bedenkt, daß der Kondensor hier meistens aus weniger Elementen besteht. Nehmen wir die Verluste im diaskopischen und episkopischen System als gleich groß an, so verhalten sich — vorausgesetzt, daß beide Systeme einen gleich großen Lichtstrom φ aufnehmen — die von ihnen gelieferten Schirmbeleuchtungsstärken wie $\dfrac{E''}{E} = \dfrac{\varphi''}{\varphi} = m \sin^2 \delta$. Da δ klein ist, können wir an Stelle von $\sin^2 \delta$ auch schreiben $\dfrac{1}{4}\left(\dfrac{d}{f_2}\right)^2$, worin d den Objektivdurchmesser und f_2 die Brennweite bedeuten.

Für ein Episkopobjektiv mit dem Öffnungsverhältnis $\dfrac{d}{f_2} = \dfrac{1}{3,5}$ und eine Albedo $m = 0,7$, d. h. also für den günstigen Fall, daß eine matte, rein weiße Fläche wiederzugeben ist, errechnet sich $\dfrac{E''}{E}$ zu ungefähr $\dfrac{0,7}{50} = $ rund $\dfrac{1}{70}$. Es wurde vorausgesetzt, daß die Beleuchtung in beiden Fällen mit einem gleich starken Lichtstrom erfolge. Bei der episkopischen Projektion kann nun aber ein größerer Lichtstrom nutzbar gemacht werden und alsdann gestaltet sich das Verhältnis naturgemäß weniger ungünstig. Der vom Episkopobjektiv aufgenommene Lichtstrom φ'' ist im Beispielsfalle gleich etwa 2 Prozent des gesamten von der Bildfläche zurückgestrahlten Lichtstromes φ'. Wenn das Objektiv das Öffnungsverhältnis 1:3 hat, erhöht sich der ausgenutzte Anteil auf etwa 3 Prozent.

Wenn von einem episkopischen Bildwerfer verlangt wird, daß er eine Schirmbeleuchtung von E'' Lux bei einer linearen Vergrößerung v liefert, so muß der wiederzugebende Gegenstand bestrahlt werden mit einer Beleuchtungsstärke $E' = \dfrac{4\,v^2\,E''}{m\,\tau\,\tau'} \left(\dfrac{f_2}{d}\right)^2$. Darin bedeutet τ die Durchlässigkeit des Objektivs, die höchstens zu 0,7 anzusetzen ist, und τ' die Reflexionsfähigkeit des Silberspiegels, die im günstigsten Falle 0,85 sein wird. Diesen beiden Zahlen entspricht ein Gesamtverlust von rund 40%. Es werde verlangt, daß die 16×16 cm große Bildfläche in einer Beleuchtungsstärke von 10 Lux auf einem 2×2 m großen Schirm wiedergegeben werde, und zwar bei Anwendung eines weißen Papiers mit der Albedo $m = 0,7$. Die Vergrößerung ist mithin $v = 12,5$. Das Objektiv habe wieder das Öffnungsverhältnis $\dfrac{d}{f} = \dfrac{1}{3,5}$. Es ergibt sich rund $E = 180\,000$ Lux. Bei der Berechnung des für diese Beleuchtung erforderlichen Lichtstromes muß man die unvermeidliche über die Fläche hinausgehende Streuung berücksichtigen, die einen Verlust von 40% bringen möge und also mit einem Faktor $\lambda = 0,6$ einzusetzen ist. Benützt man ferner eine Glasplatte zum Flachhalten des Bildes, so bringt diese, da sie zweimal durchlaufen wird, einen Verlust von etwa 15%; dieser wird in der Formel durch den Faktor $\nu = 0,85$ in die Erscheinung gebracht. (Die Längsausdehnung der beleuchteten Fläche Σ ist in Metern auszudrücken, also $= 0,16$ m). Es ist dann $\varphi = \dfrac{E'\,\Sigma}{\lambda\,\nu} = $ rund 9000 Lumen. Ein Lichtstrom von dieser Stärke muß aus dem Beleuchtungssystem austreten. Es leuchtet ein, daß dies mittels einer 500-Watt-Lampe, die bei 110 Volt einen Lichtstrom von 13000 Lumen liefert, nur unter sehr günstigen Bedingungen erreicht werden kann.

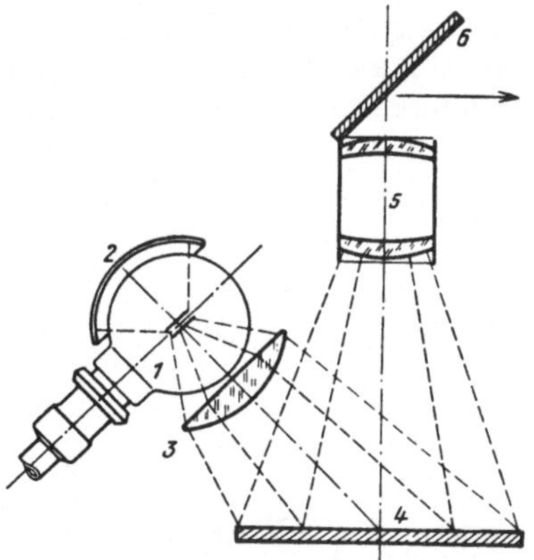

Abb. 19. Glühlampenepiskop mit Linsenkondensor. 1 Glühlampe, 2 Kugelspiegel, 3 Kondensorlinse, 4 wiederzugebender Gegenstand, 5 Objektiv, 6 Umkehrspiegel

In den Abb. 19 bis 22 sind verschiedene Arten der Episkopbeleuchtung veranschaulicht. Abb. 19 zeigt die Anwendung einer Glühlampe mit Kugelspiegel und Kondensorlinse; Abb. 20 die eines sehr günstig wirkenden Polyederspiegels, der die Lampe umfaßt und dessen einzelne plane Spiegelelemente so angeordnet sind, daß ein jedes das ganze Bildfeld mit Licht bedeckt. In Abb. 21 ist die Anwendung einer Bogenlampe mit Scheinwerferspiegel dargestellt, die das Licht über einen Spiegel (4) auf die Bildfläche (5) wirft. Zum Schutze gegen eine zu starke Erhitzung des Gegenstandes wird hier in der Regel ein

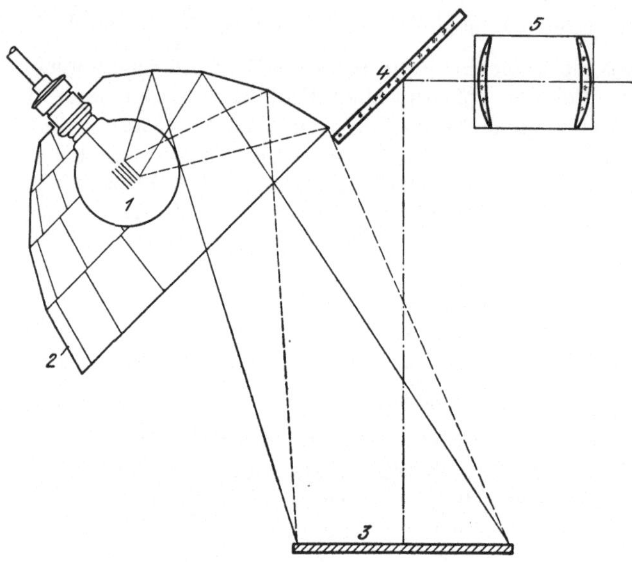

Abb. 20.   Glühlampenepiskop mit Polyederspiegel. 1 Glühlampe, 2 Polyederspiegel, 3 Bildfläche, 4 Umkehrspiegel, 5 Objektiv

Kühlgefäß (3) in den Strahlengang eingeschaltet.   Abb. 22 endlich veranschaulicht die im Kugelepiskop verwirklichte Beleuchtung mittels eines diffus reflektierenden Reflektors, der nach dem Prinzip der Ulbricht-Kugel hohlkugelartig ausgebildet ist und aus einem Belag von Magnesiumoxyd besteht.

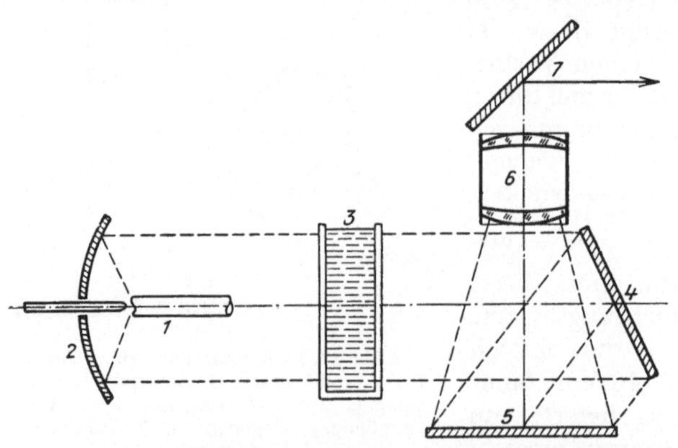

Abb. 21. Bogenlampenepiskop. 1 Kohlenstifte der Bogenlampe, 2 Scheinwerferspiegel, 3 Kühlgefäß, 4 Ablenkungsspiegel, 5 wiederzugebender Gegenstand, 6 Objektiv, 7 Umkehrspiegel

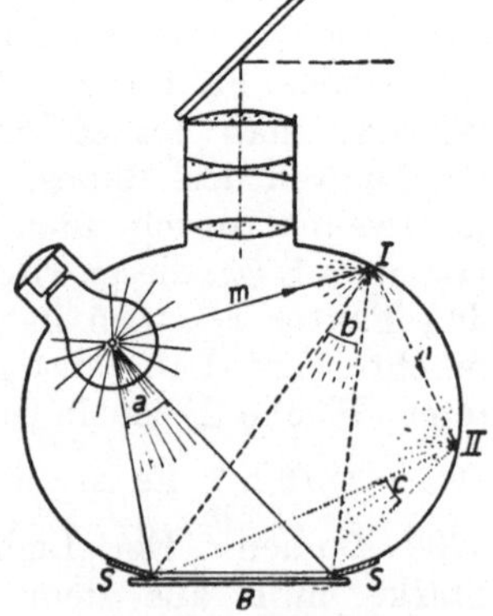

Abb. 22. Kugelepiskop. a = erste Bestrahlung des Bildes B; b = zweite Bestrahlung infolge der ersten diffusen Reflexion (I); c = dritte Bestrahlung infolge der zweiten Reflexion (II). Die Reflexionen wiederholen sich, bis das Licht aufgezehrt ist. Ein Ringspiegel SS verhütet, daß von diesen Stellen Licht ins Objektiv gelangt.

Zur Bestimmung der Beleuchtungsstärke, die bei diesem Apparat in der Bildebene herrscht, kann man ausgehen von der Formel des Kugelphotometers

$E = \dfrac{\Phi}{4\,r^2\,\pi} \cdot \dfrac{\varrho}{1-\varrho}$, worin r den Radius der Kugel und ϱ das Reflexionsvermögen der weißen Kugelfläche bedeuten. Es müssen in dieser Formel die Ausfälle berücksichtigt werden, welche die Öffnungen der Kugel (für Objektiv, Lampenfassungen, Bildfläche) verursachen. Diese Verkleinerung der Oberfläche um O wirkt gerade so, als wenn die ganze Kugeloberfläche F eine im gleichen Maße geringere Reflexionsfähigkeit $\varrho_1 = \dfrac{F-O}{F} \cdot \varrho$ hätte. Die Beleuchtungsstärke in der Bildebene ist demgemäß $E_1 = \dfrac{\Phi}{4\,r^2\,\pi} \cdot \dfrac{\varrho_1}{1-\varrho_1}$; sie hängt in sehr hohem Maße ab von dem Reflexionsvermögen des Reflektors.

Beim episkopischen Bildwurf erscheint das auf dem Schirm dargestellte Lichtbild seitenverkehrt, als Spiegelbild, es sei denn, daß man einen durchscheinenden Schirm anwendet, um das Lichtbild von der anderen Seite des Schirmes her betrachten zu lassen. Man richtet das Bild auf mit Hilfe eines Spiegels, der unter 45^0 in den Strahlengang entweder zwischen Objektiv und Schirm oder, wie in Abb. 20, zwischen wiederzugebendem Gegenstand und Objektiv eingeschaltet wird, so daß der abzubildende Strahlengang eine Abknickung um 90^0 erleidet. Diese Notwendigkeit der Abknickung nutzt man dahin aus, daß man die zu beleuchtende Fläche wagerecht anordnet, wodurch ein bequemes Auflegen von Bildern, Büchern usw. ermöglicht wird.

Der Umkehrspiegel muß vorderseitig versilbert sein; bei rückseitiger Versilberung würde man eine doppelte Spiegelung erhalten. Die versilberte Fläche muß ferner plan geschliffen und poliert sein, damit die Leistung des Objektivs nicht beeinträchtigt wird. Man pflegt die versilberte Fläche mit einem feinen Lacküberzug zu versehen, der die Silberschicht in gewissem Maße gegen schädliche Beeinflussungen schützt. Diese Lackschicht kann, sofern sie nicht gleichmäßig ist, die Bildschärfe allerdings herabsetzen.

III. Die Kontrastverhältnisse bei der episkopischen und diaskopischen Projektion

Das episkopisch dargestellte Lichtbild ist weniger kontrastreich als das diaskopisch dargestellte. Diese bei Anwendung des Epidiaskops zu beachtende Erscheinung ist nach WILH. VOLKMANN darauf zurückzuführen, daß die Druckerschwärze das darauffallende Licht keineswegs vollkommen absorbiert, vielmehr $^1/_{12}$ bis $^1/_{16}$ des Lichtes zurückwirft, das von den weißen Stellen des Papiers zurückgeworfen wird. „Die dunkelsten Stellen eines Bildes" — sagt VOLKMANN — „enthalten noch weiße Punkte, die hellsten Stellen noch schwarze Punkte. Die weißen Punkte hellen stärker auf, als die schwarzen verdunkeln. Außer dieser Ursache für die Minderung der Kontraste wirkt noch eine andere, nämlich die Reflexe an den Linsen des Objektives. Im episkopischen Schirmbild hat man daher nur das Kontrastverhältnis 1 : 8 zur Verfügung. Bei der diaskopischen Projektion hat man fast immer noch 1 : 32, manchmal noch 1 : 64 zur Verfügung. Man wird es zweckmäßig so einrichten, daß beide Arten von Bildern in ihren dunkelsten Zeichnungen etwa gleich hell abgebildet werden, dann ergibt sich für die hellsten Bildstellen in Diaprojektion eine 4- (bis 8-) mal so große Helligkeit als bei Epiprojektion. Rechnet man für Dia etwa 30 Lux auf dem Schirm (ohne Bild), so sind für Epi 4 bis 8 Lux auf dem Schirm (weißes Papier im Episkop) erwünscht."

IV. Die Lichtquelle

Welche Anforderungen an die Projektionslichtquelle gestellt werden, wurde oben ausgeführt. Als Lichtquelle dient heute in den meisten Fällen elektrisches Licht. Nur wo elektrischer Strom nicht zur Verfügung steht, greift man auf eine der anderen Lichtquellen zurück: Kalklicht, Azetylenlicht, Petroleumlicht, Spiritus- und Petrolglühlicht. Das elektrische Licht kommt in dreierlei Form zur Anwendung: als Bogenlicht, Glühlicht und sogenanntes Punktlicht (Wolframbogenlicht).

11. Das elektrische Bogenlicht wird dargestellt mittels zweier Kohlenstifte, die man mit den Polen der elektrischen Stromleitung verbindet, nachdem die Spannung durch geeignete Vorrichtungen (Widerstand, Transformator) auf die erforderliche Höhe gebracht wurde. Schließt man den Strom, indem man die Enden der Kohlenstifte zur Berührung bringt, und zieht sie dann wieder auseinander, so entsteht zwischen den Kohlenspitzen ein Lichtbogen, wobei die Spitzen in Weißglut versetzt werden. Bei Gleichstrom bildet sich an dem Ende der oberen mit dem positiven Pol verbundenen Kohle eine Vertiefung, „Krater", an dem gegenüberstehenden Ende der negativen Kohle dagegen eine Spitze. Die Lichtstärke des glühenden Kraters ist weitaus größer als die der Spitze; er ist die eigentliche Lichtquelle. Bei Wechselstrom zeigen beide Kohlenenden eine Kraterbildung und die Lichtstärke ist an beiden Stellen annähernd die gleiche.

Die Kohlen müssen in eine solche Stellung zueinander gebracht werden, daß ein möglichst großer Teil des gesamten Lichtstromes sich in den vom Kondensor umfaßten Raumwinkel ergießt. Gut bewährt hat sich sowohl für Gleichstrom als auch für Wechselstrom die Winkelstellung: obere Kohle wagerecht, untere senkrecht oder schwach geneigt (Abb. 23 I). Eine günstige Wirkung geben bei niedriger Amperezahl auch die spitzwinkelige (II) und die parallele Anordnung der Kohlen (III). Bei Gleichstrom verwendet man auch noch die alte Anordnung: beide Kohlen in einer Linie, Lampe rückwärts geneigt, untere Kohle etwas vorgerückt (IV). In allen Fällen muß der Lichtbogen so groß gehalten werden, daß der dem Kondensor zugekehrte leuchtende Krater freiliegt.

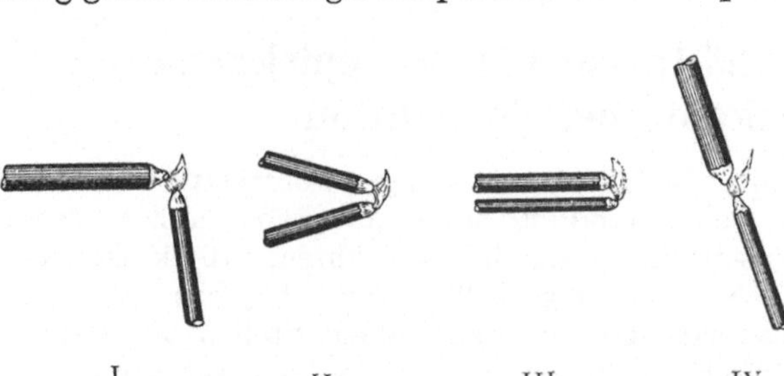

Abb. 23. Verschiedene Kohlenstellungen bei Projektions-Bogenlampen

Die Lichtstärke und das ruhige Brennen hängen in hohem Maße von der Beschaffenheit der Kohlenstifte ab. Man fördert die Bildung des Kraters bei Gleichstrom, also an der oberen, positiven Kohle, durch einen Docht aus weicherem Material. Als negative Kohle benutzt man an Stelle der Homogenkohle vielfach eine Kohle mit verkupfertem Docht, der sie besser leitend macht. Bei Wechselstrom benutzt man zwei Dochtkohlen, und zwar vorteilhaft solche mit Leuchtzusätzen. Diese setzen einerseits die Lampenspannung herab und verleihen andererseits dem Lichtbogen eine wesentlich höhere Leuchtkraft. Oben nimmt man hier gern eine abgeflachte Kohle, da diese weniger zur Nasenbildung neigt. Die Verschiedenartigkeit des Materials im Querschnitte der Dochtkohle hat zur Folge, daß die Lichtstärke in der Mitte (Docht) und am

Rand ungleich ist. Man bevorzugt daher insbesondere in der Mikroprojektion
die Anwendung von Homogenkohlen. Die Dicke der Kohlenstifte muß der
Stromstärke angepaßt werden. Bei Gleichstrom brennt die negative Kohle
doppelt so rasch ab wie die positive; um einen gleich raschen Abbrand zu
erzielen, gibt man der negativen Kohle einen entsprechend kleineren Durchmesser. Tabelle 2 mag einen Anhalt bieten.

Tabelle 2. Durchmesser zusammengehöriger
Kohlenstifte (negativ und positiv)

Stromstärke	Durchmesser der Kohlenstifte		
	bei Gleichstrom		bei Wechselstrom
	positiv	negativ	
5 Amp.	8	5	6
10 ,,	10	7	9
15—20 ,,	14	10	12
25—30 ,,	16	12	14
·30—40 ,,	18	13	16

Die Lichtstärke der Bogenlampe wächst mit der Stromstärke, steigt aber
schneller als diese. Bei Wechselstrom ist sie erheblich geringer als bei Gleichstrom. Man muß daher hier eine wesentlich höhere Stromstärke aufwenden.
Die Angaben verschiedener Autoren über die Lichtstärke sind zum Teil sehr
unterschiedlich. Tabelle 3 gibt Mittelwerte an.

Tabelle 3. Stromstärke und Lichtstärke bei Bogenlampen

	Stromstärke in Ampere					
	5	10	15	20	25	30
Lichtstärke in HK bei Gleichstrom	1000	2500	4500	6500	8500	11 000
Lichtstärke in HK bei Wechselstrom.......	400	700	1200	1800	2500	3500

Die Leuchtdichte des Kraters
der Gleichstrombogenlampe ist je
nach der Stromstärke etwa 90 bis
180 HK/mm² (bei der Sonne ungefähr 1500 HK/mm²). Auf jedes in
die Lampe geschickte Watt elektrischer Energie erhält man bei Gleichstrom ungefähr 15 Lumen, bei
Wechselstrom etwa 9 Lumen. Abb. 24
zeigt die vertikale Lichtverteilungskurve bei einer Gleichstromlampe mit
rechtwinkeliger Kohlenstellung.

Die Lichtbogenspannung beträgt bei Gleichstrom ungefähr 45
bis 50 Volt, bei Wechselstrom nur
etwa 30 Volt oder auch weniger, je

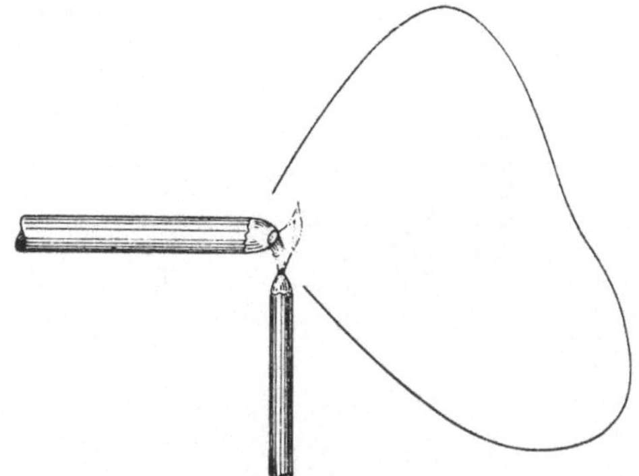

Abb. 24. Vertikale Lichtverteilungskurve bei einer
Gleichstrom-Bogenlampe mit rechtwinkeliger
Kohlenstellung

nach der Beschaffenheit der Kohlenstifte und je nach der Stromstärke; sie
steigt mit zunehmender Größe des Lichtbogens. Damit der Lichtbogen, wenn

er mit abbrennenden Kohlen größer wird, nicht sogleich abreißt, muß die Stromquelle eine höhere Spannung haben (wenigstens 65 Volt). Die zur Herabsetzung der Spannung erforderlichen Vorrichtungen (Widerstand bzw. Transformator) geben den Mehrbedarf der Lampe an Spannung auf Kosten von Stromstärke her.

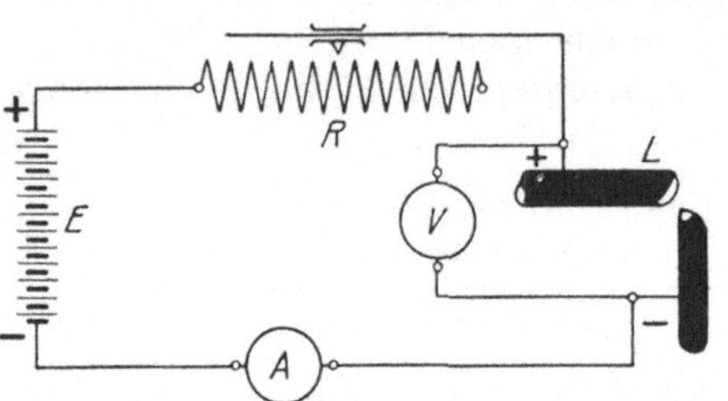

Abb. 25. Schaltweise der Bogenlampe bei Gleichstrom. *E* Stromquelle, *R* Widerstand, *L* Kohlenstifte, *V* Voltmeter, *A* Amperemeter

Von der Größe des Widerstandes hängt die durch den Bogenlampenkreis fließende Stromstärke (Amperezahl) ab, und zwar regelt sich diese nach dem Ohmschen Gesetz. Mit Hilfe von regelbaren Widerständen bzw. Transformatoren kann man die Stromstärke, während die Lampe brennt, innerhalb weiter Grenzen ändern. Bei Wechselstrom tut man gut, nach Möglichkeit einen Transformator zu benutzen, da dieser bedeutend sparsamer arbeitet als der verlustbringende Widerstand, auf den man bei Gleichstrom angewiesen ist. Abb. 25 und 26 veranschaulichen die Schaltweise der Bogenlampe bei Gleichstrom und Wechselstrom.

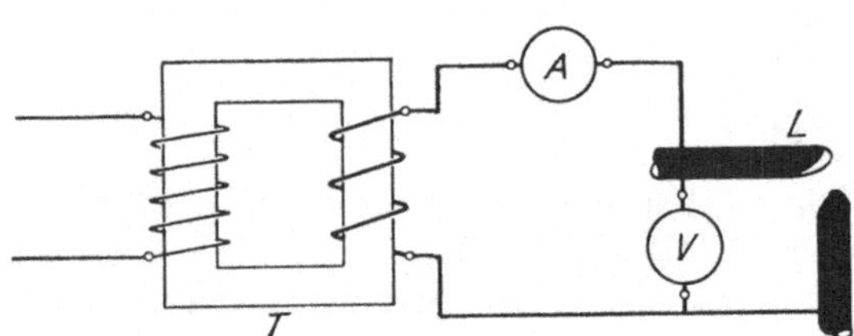

Abb. 26. Schaltweise der Bogenlampe bei Wechselstrom. *T* Transformator, *L* Kohlenstifte, *V* Voltmeter, *A* Amperemeter

Durch einen Gleichrichter (rotierender Gleichrichter oder Quecksilberdampfgleichrichter) kann man Wechselstrom in Gleichstrom verwandeln.

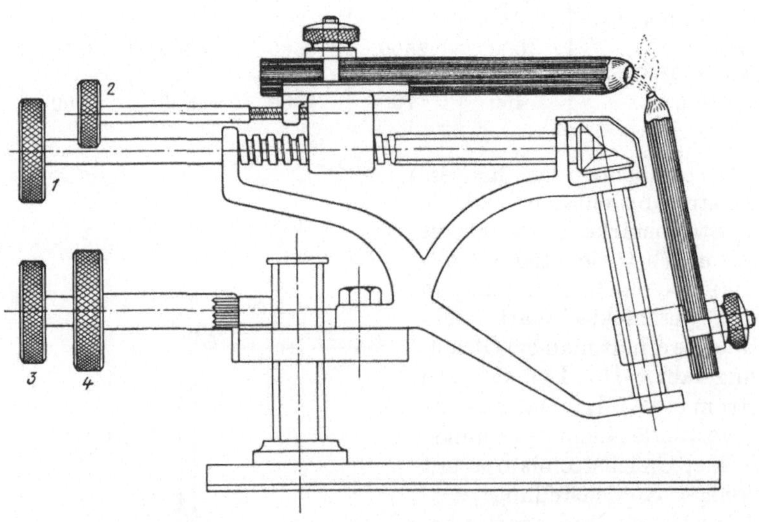

Abb. 27. Projektions-Bogenlampe mit Handeinstellung. 1 Trieb zum Nachstellen beider Kohlen, 2 Trieb für die obere Kohle, 3 Trieb für die Höheneinstellung, 4 Trieb für die Seiteneinstellung

Die Bogenlampe bewirkt entweder eine selbsttätige Nachstellung der abbrennenden Kohlenstifte oder sie verlangt ein Nachstellen mit der Hand. In den weitaus meisten Fällen werden Lampen mit Handeinstellung benutzt.

Selbsttätige Lampen erscheinen in bestimmten Fällen von Vorteil, z. B. bei Laboratoriumsarbeiten, wo man die Hände für andere Handgriffe frei haben will. Die selbsttätige Nachstellung erfolgt durch ein elektromagnetisches Werk, das auf die Änderung der Lichtbogenspannung reagiert, oder durch ein Uhrwerk, das auf einen bestimmten Kohlenabbrand eingestellt wird und unter Umständen eine Nachhilfe mit der Hand erfordert. Die Projektionsbogenlampen haben in der Regel Triebe zum Verstellen der einzelnen Kohlen, sowie zur Einstellung des Lichtbogens nach Höhe und Seitenrichtung. (Vgl. Abb. 27.) Sie werden in verschiedenen Ausführungen — je nach der Stellung der Kohlen zueinander — und in verschiedenen Größen — für niedrige und hohe Stromstärken — gebaut. Die besser ausgearbeiteten Beleuchtungsverfahren und lichtstärkeren Objektive, mit denen man heute arbeitet, gestatten mit geringerer Stromstärke auszukommen als früher; so genügen bei Gleichstrom in den meisten Fällen Stromstärken von 5 bis 15 Amp., bei Wechselstrom von etwa 10 bis 30 Amp.

12. Die Projektionsglühlampe. Für Projektionszwecke werden besondere gasgefüllte Metallfadenlampen (vgl. Abb. 28) hergestellt, deren gewendelter Leuchtfaden auf eine möglichst kleine Fläche zusammengefaltet ist. Je nach der Länge und Dicke des gewendelten Fadens bildet man eine, zwei oder mehrere (bis zu sechs) parallele Lagen. Der Leuchtfaden

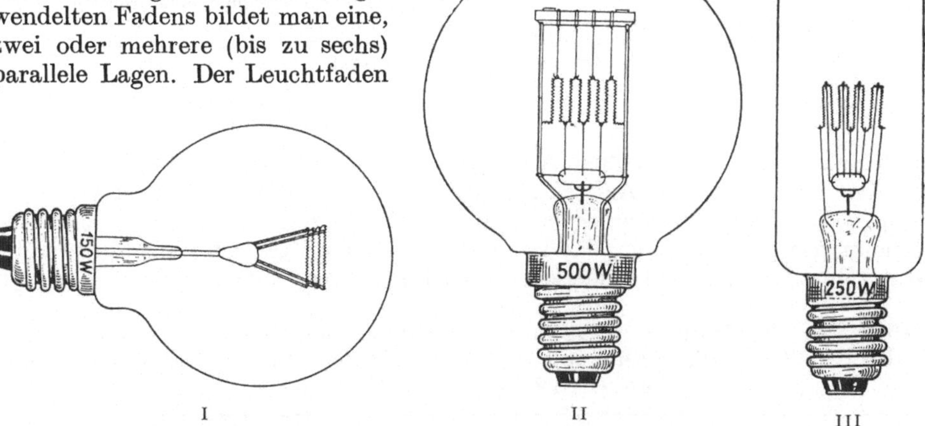

Abb. 28. Projektions-Glühlampen. I kugelförmige von wagerechter Brennlage, II kugelförmige Lampe von senkrechter Brennlage, III röhrenförmige Lampe (sog. Kinolampe)

wird bei gleicher Wattzahl um so länger und dünner, je höher die Voltzahl ist, Niedervoltlampen haben daher einen kleineren, dickeren Leuchtkörper mit größerer Leuchtdichte als die für 110 oder gar 220 Volt bestimmten Lampen; zudem sind sie weniger empfindlich gegen mechanische Beanspruchung. Die Lichtstärke der Lampe wächst naturgemäß mit der Wattzahl. Man kann die Lichtstärke wesentlich steigern durch höhere Belastung; allerdings setzt man dabei die Lebensdauer erheblich herab. So steigt bei 10% Überspannung der Lichtstrom um fast 35%, während die Lebensdauer um mehr als 70% abnimmt. Umgekehrt kann man durch Unterspannung bei geringerer Leistung die Lebensdauer steigern. Die ältere Ausführung der Kugellampen, die für 60 bis 3000 Watt, und zwar für wagerechte und senkrechte Brennlage gefertigt werden, ist auf eine durchschnittliche Brenndauer von 300 Stunden berechnet; die stärker belasteten Röhrenlampen (sogenannte Kinolampen von 100 bis 1000 Watt) und die kugelförmigen Episkoplampen sind auf 100 Stunden

Brenndauer berechnet. Die Kugellampen werden hergestellt für die normalen Netzspannungen, insbesondere also 110 und 220 Volt; die Röhrenlampen außerdem in Einzelausführungen für 30 Volt sowie 15 Volt. Für noch niedrigere Spannungen: 6 Volt, 8 Volt und 12 Volt, werden besondere kleine Lampen mit einem Verbrauch von 10 bis 100 Watt gefertigt. Die Lichtverteilung der Projektionslampen ist eine derartige, daß die größte Lichtstärke in der Richtung senkrecht zur Leuchtkörperfläche liegt (vgl. Abb. 29 und 30). Diese Richtung

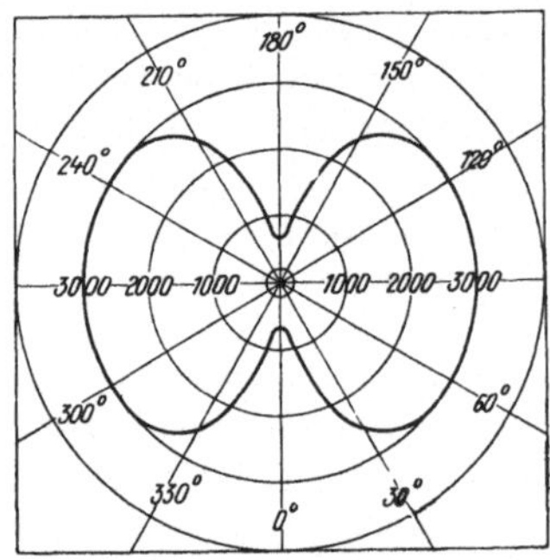

Abb. 29. Lichtverteilung einer röhrenförmigen Projektionslampe für 900 Watt 30 Volt in der Horizontalebene (nach Osram G. m. b. H.)

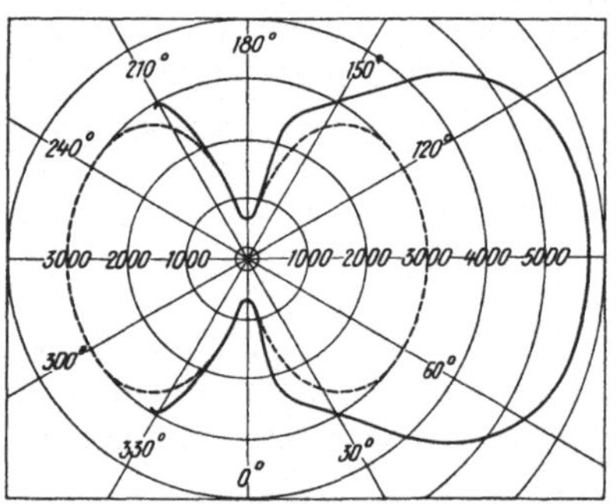

Abb. 30. Lichtverteilung einer röhrenförmigen Projektionslampe für 900 Watt 30 Volt mit kugelförmigem Hilfsspiegel (nach Osram G. m. b. H.). Die punktierte Kurve zeigt die Lichtverteilung der nackten Lampe

muß daher mit der optischen Achse des Bildwerfers zusammenfallen. Im folgenden ist eine kleine Aufstellung von Zahlen aus einer Liste der Osram G. m. b. H., Berlin, wiedergegeben, welche für die röhrenförmigen sogenannten Kinolampen gilt. Sie zeigt, daß die Leuchtdichte bei gleicher Voltzahl mit der Wattzahl zunimmt und andererseits bei niedrigerer Voltzahl erheblich steigt.

Tabelle 4. Beziehung zwischen Leuchtkörperfläche, Leuchtdichte, Voltzahl, Wattzahl und Lichtstrom in Hefnerlumen für Kinolampen der Osram G. m. b. H., Berlin

| Watt | 100 | 250 | 500 | 1000 | 500 | 600 | 600 |
Volt	110	110	110	110	110	30	15
Leuchtkörperfläche etwa mm	11×9	12×9	12×10	15×13	12×10	12×9	8×9
Leuchtdichte HK/mm²	1,8	5,7	12,5	17	12,5	18,5	28
Lichtstrom etwa Hefnerlumen	1750	5900	14000	25000	14000	17500	19000

Die Lumenzahl durch 10 dividiert ergibt die ungefähre mittlere horizontale Lichtstärke. Bei 220 Volt-Lampen ist der Lichtstrom 10 bis 15% geringer.

Auch die höchste hier erreichte Leuchtdichte (28 HK/mm²) ist nur ein Bruchteil von derjenigen der Bogenlampe; dazu kommt noch die Unregelmäßigkeit der Leuchtfläche. Wenn man die Glühlampe mit der Bogenlampe hinsichtlich ihrer Leistungsfähigkeit vergleicht, so muß man wohl beachten, daß die Glühlampe mit gleich großer Lichtstärke nach rückwärts strahlt und daß ein großer Teil des nach rückwärts gehenden Lichtstroms nutzbar gemacht werden kann: im Durchschnitt 60 bis 70%. Abb. 31 veranschaulicht eine röhrenförmige Lampe auf Einstellfuß mit kugelförmigem Hilfsspiegel; Abb. 32 zeigt die Anwendung einer solchen Lampe in einer Projektionsvorrichtung. Der Kugelspiegel wird so eingestellt, daß das von ihm entworfene Bild des Leuchtkörpers in die Zwischenräume des letzteren zu liegen kommt. Die Anwendung der Niedervoltlampe ist nach obigen Erörterungen über die lichttechnischen Verhältnisse in erster Linie für diejenigen Projektionsarten geboten, bei denen es gilt, kleine durchsichtige Dinge stark vergrößert wiederzugeben, also neben der Kinoprojektion besonders für die Mikroprojektion. Auch für die experimentelle Projektion ist sie wertvoll.

Eine besondere Art der Niedervoltlampe, die sich für die Mikroprojektion sehr gut eignet, ist die **Band- lampe**, bei welcher ein kleines Metallband eine gleichmäßig leuchtende Fläche

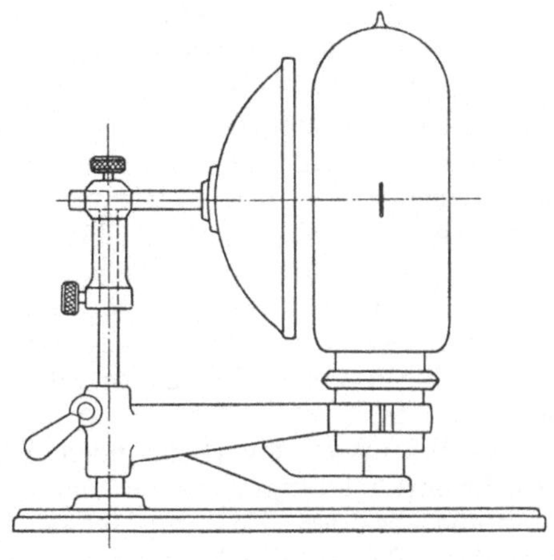

Abb. 31. Röhrenförmige Projektionslampe mit Einstellfuß und kugelförmigem Hilfsspiegel

abgibt. Sie wird in Röhrenform für 6 Volt 100 Watt hergestellt. Bei der Anwendung ist darauf zu achten, daß der Ampereverbrauch genau eingehalten wird.

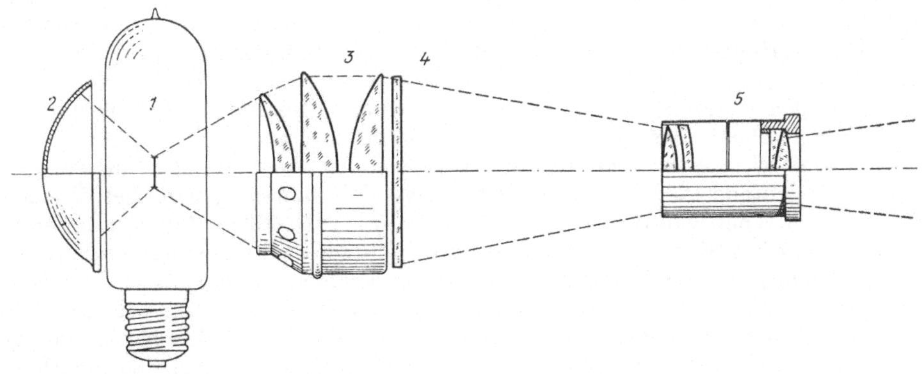

Abb. 32. Projektionsvorrichtung, bestehend aus röhrenförmiger Glühlampe (1) nebst kugelförmigem Hilfsspiegel (2), dreifachem Kondensor (3) und Objektiv (5). Vor dem Kondensor das Glasbild (4)

13. Die Punktlichtlampe (Wolframbogenlampe). Diese in neuerer Zeit ausgebildete Lampenform entspricht in der Wirkung der Bogenlampe. Als Elektroden dienen hier aber kleine Kugeln bzw. Halbkugeln aus Wolfram, die in einem mit Edelgas (Neon oder Argon) gefüllten Glaskolben untergebracht sind und den Vorzug genießen, nicht zu verbrennen. Die Schaltung erfolgt selbsttätig, und zwar bei Gleichstrom in der Weise, daß die der Anode federnd anliegende Kathode durch einen nach dem Einschalten des Stromes sich erwärmenden Bimetallstreifen abgezogen wird, wobei sich der Lichtbogen bildet und die Elektroden in Weißglut geraten. Die stärker glühende Anode gibt die Lichtquelle ab. Bei Wechselstrom wirkt bei der Berührungsschaltung noch eine Hilfselektrode mit. Hier haben beide Elektroden gleiche Lichtstärke; man wird

im allgemeinen nur eine davon als Lichtquelle verwenden. Wie bei der Bogenlampe ist hier die Anwendung eines Vorschaltwiderstandes erforderlich. Die
von der Osram G. m. b. H. gebauten Punktlichtlampen haben einen Spannungs-
abfall von 55 Volt und können bei Netzspannungen über 100 Volt benutzt werden.
Sie werden geliefert für Stromstärken von 2, von 4 und 7,5 Amp. mit einer maxi-
malen Lichtstärke (bezogen auf eine Elektrode) von 150, 350 und 1000 HK bei
Gleichstrom und von 100, 200 und 450 HK bei Wechselstrom. Die Lampen dürfen
in senkrechter, schräger und wagerechter Lage brennen, jedoch nicht mit dem
Sockel nach oben. Die Wolframbogenlampen der Philips-Glühlampen-Gesell-
schaft sind für Wechselstrom 190 bis 250 Volt bestimmt und werden für 1,3
und 2,5 Amp. geliefert. Brennlage senkrecht oder wagerecht.

Die Leuchtdichte der Lampen beträgt bei Gleichstrom etwa 15 bis 30 HK/mm²,
bei Wechselstrom etwa 15 bis 22 HK/mm². Die Lampen eignen sich dank der
gleichmäßigen Leuchtfläche vor allem für die Mikroprojektion und die Mikrophotographie.

14. Wärmeschutzvorkehrungen. Die sichtbare Strahlung der in der optischen
Projektionskunst angewandten Lichtquellen ist nur ein kleiner Teil der Gesamtstrahlung: bei der Glühlampe etwa 5 bis 6%, bei der Reinkohlenbogenlampe
etwa 9%. Die unsichtbare Strahlung, größtenteils in das Gebiet der langen
Wellen fallend, trägt erheblich dazu bei, die zu projizierenden Gegenstände
infolge von Absorption zu erwärmen. Schutzbedürftig sind vor allem Farbraster-
diapositive, Filmstreifen und mikroskopische Präparate. Bei den mehrgliedrigen
Projektionssystemen nach Abb. 17 und 18 kann man die schwächere Brechbarkeit der langwelligen Strahlen in der Weise zur Ausscheidung eines Teiles dieser
Strahlen benutzen, daß man den das Lichtquellenbild umgebenden Saum ultra-
roter Strahlen über die Öffnung der von ihm beleuchteten Linse hinausfallen
läßt. Dies Verfahren machte sich bereits 1837 Reade in der Mikroprojektion zu
nutze.[1] Die Anwendung eines Gitters, mittels dessen man einen Teil der ultraroten Strahlen durch Abbeugung ausscheiden kann, kommt praktisch nur für
die Stillstandsblende des Kinematographen in Betracht.

Ein sehr wirksames Schutzmittel ist Wasser; es absorbiert die langwelligen
Strahlen bedeutend stärker als die sichtbaren. Die Wirkung wird beträchtlich
erhöht durch einen Zusatz von Eisenchlorür und vor allem Ammoniumferro-
sulfat (Mohrsches Salz); sehr günstig ist auch eine schwache Lösung von Kupfer-
sulfat, der man, ebenso wie dem Eisensalz, einige Tropfen Salzsäure oder Schwefel-
säure beigibt, um die Lösung klar zu machen. Bei einer ½%igen Lösung ist die
schwach bläuliche Färbung kaum störend. Die Stärke der Absorption hängt
naturgemäß ab von der Zusammensetzung der Strahlung, die bei den einzelnen
Lichtquellen verschieden ist; daher gehen die in der Literatur zu findenden
zahlenmäßigen Angaben weit auseinander. Der Darstellung in Abb. 33 sind
die (gegenüber den Angaben anderer Autoren niedrigen) Zahlen von Joachim
und Schering[2] zugrunde gelegt, die sich bloß für die Wasserschicht ohne
Glaswandung verstehen und die bei Anwendung einer Gleichstrombogenlampe
20 Amp. mit Hohlspiegel und Kondensorlinse ermittelt wurden. Die senkrechte
Begrenzungslinie links soll mit ihrer Höhe den Wert der gesamten Strahlung
veranschaulichen, welche in das Wasser hineingeschickt wird; davon sei der
obere Teil (= 90%) unsichtbare Strahlung, der untere Teil (= 10%) sichtbare
Strahlung, wie dies bei der Bogenlampe ungefähr zutrifft. Die oberen Kurven

---

[1] F. Paul Liesegang, Zahlen und Quellen zur Geschichte der Projektionskunst und Kinematographie, S. 23.
[2] Kinotechn., 4, 1924, S. 92.

zeigen uns für die verschiedenen Schichtdicken die Absorption der unsichtbaren Strahlung an, während die entsprechenden unteren Kurven die Schwächung der sichtbaren Strahlung angeben.

Reines Wasser z. B. absorbiert in einer 10 cm dicken Schicht ungefähr 60% der unsichtbaren Strahlung und 17% der sichtbaren; dabei steigt der Anteil der letzteren an der Gesamtstrahlung von 10% auf über 20%. Bei der 1,0%igen Kupfersulfatlösung steigt der Lichtanteil für die gleiche Schichtdicke auf etwa 60%. Was diese Lösung leistet, kann bei entsprechend vergrößerter Schichtdicke auch mit reinem Wasser erreicht werden. Da das Wasser bei starker Erhitzung Luftblasen absetzt, die stören, zum mindesten aber lichtabsorbierend wirken, so verwendet man abgekochtes Wasser. Bei sehr starken Lichtquellen beugt man der übermäßigen Erhitzung des Wassers dadurch vor, daß man das Gefäß an die Wasserleitung anschließt und das Wasser ständig durchlaufen läßt. Die Absorptionsfähigkeit behält das Wasser auch bei hoher Temperatur

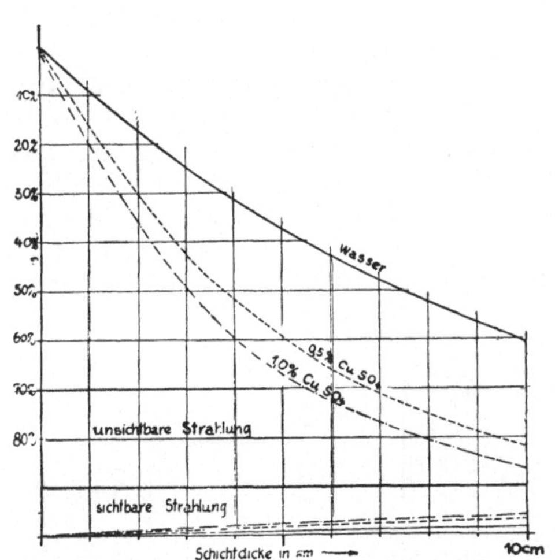

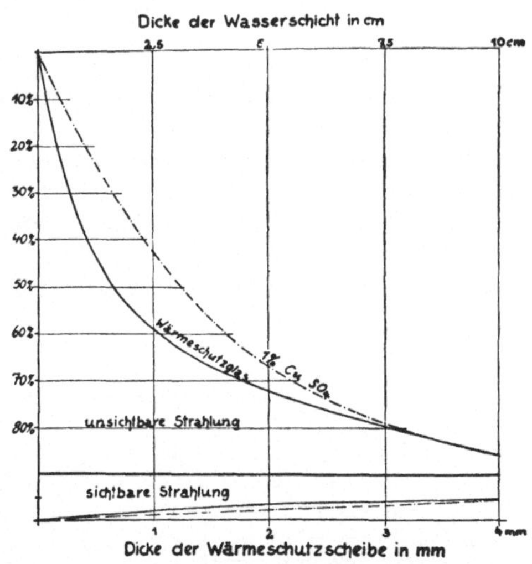

Abb. 33. Absorption der unsichtbaren und sichtbaren Strahlung in reinem Wasser sowie in einer 0,5%igen und einer 1%igen Kupfersulfatlösung

Abb. 34. Absorption der unsichtbaren und sichtbaren Strahlung in einem Wärmeschutzglas sowie in einer 1,0%igen Kupfersulfatlösung

bei, was sehr wichtig ist, ebenso das Glas. Wohl des hohen Siedepunktes halber hat man als Kühlflüssigkeit auch Glyzerin und Paraffinöl empfohlen. Die konzentrierte Alaunlösung, die man früher allgemein anwandte, wirkt nicht besser als reines Wasser. Das Kühlgefäß ordnet man möglichst an einer solchen Stelle des Strahlenganges an, an der die zur Beleuchtung dienenden Strahlen annähernd parallel verlaufen; es sollte so gebaut sein, daß man die Glaswandungen leicht reinigen kann.

Die Eigenschaft, die langwelligen Strahlen stärker zu absorbieren als die sichtbaren Strahlen, kommt auch einigen mit Metallsalzen versetzten Glasarten zu: den Nickeloxydgläsern und vor allem den Eisenoxydulgläsern.[1] Die Wirkung der wegen ihrer Bequemlichkeit heute besonders in der Filmstreifen- und Mikroprojektion vielfach angewandten Wärmeschutzgläser wird veranschaulicht durch die in Abb. 34 dargestellte Kurve, die auf Messungen von JAECKEL (ausgeführt mit Gleichstrombogenlampe 40 Amp.) beruht; sie gilt naturgemäß nur für eine Schmelze mit bestimmter Salzbeimengung. Zum Vergleich ist die Ab-

---

[1] G. GEHLHOFF, Lehrbuch der technischen Physik, Bd. III, Leipzig 1926, S. 397.

sorptionskurve der 1%igen Kupfersulfatlösung daneben gesetzt. Die beiden Kurven sind so aufeinander abgestimmt, daß einem Millimeter Glasdicke jeweils 2,5 cm Schichtdicke der Lösung entsprechen. Die Färbung der Gläser ist schwach grünlich blau.

Ein anderes Verfahren, das gefährdete projizierte Ding zu schützen, welchem der Vorzug zukommt, keinen Lichtverlust mit sich zu bringen, besteht in der Anwendung eines Kühlgebläses. Man hat es schon früher erfolgreich in der Mikroprojektion angewandt und benutzt es heute vornehmlich in der Kinoprojektion, in der episkopischen Projektion, sowie auch in der Glasbilderprojektion auf der Theaterbühne, wenn das Bild sehr lange stehen muß. Die meist zu stellende Anforderung ruhigen Laufes setzt der Leistung eine Grenze. Vielleicht ist das aus Kohlensäure hergestellte Trockeneis berufen, bei der Kühlung des Bildwerfers eine Rolle zu spielen.

V. Der Bildwerfer

Man kann unterscheiden zwischen Sonderapparaten, die für eine bestimmte Projektionsart dienen, kombinierten Apparaten, die zwei oder auch wohl drei Projektionsarten auszuführen gestatten, und Universal-Apparaten, die für alle Projektionsarten eingerichtet sind oder eingerichtet werden können. Im folgenden soll ein Überblick über die typischen Ausführungsformen gegeben werden.

15. Bildwerfer zur Glasbilderprojektion (Diaskopische Projektion, Makroprojektion). Der Bildwerfer vereinigt in sich sämtliche für die Wirkung erforderlichen Teile: Lichtquelle, Kondensor, Bildbühne mit Glasbild sowie Objektiv,

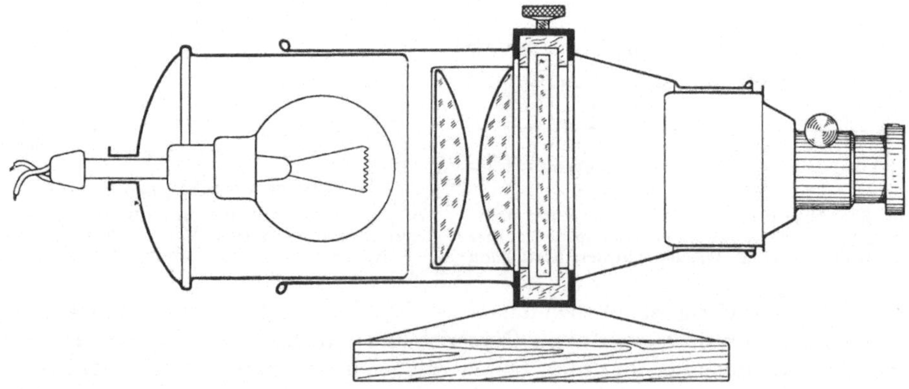

Abb. 35. Diaskopischer Bildwerfer mit eingebauter Lampe von waagrechter Lage

wozu noch ein Kühlgefäß kommen kann. In den Abbildungen sind einige Typen rein schematisch veranschaulicht. Die Lichtquelle ist mit dem Apparat fest verbunden oder sie ist auswechselbar, sei es gegen Lampen der gleichen Art oder der gleichen Gattung (z. B. Glühlampen von waagerechter Brennlage) oder endlich gegen beliebige andere Projektionslichtquellen. Im ersten Falle ist das Lampenhaus genau auf die Lichtquelle abgestimmt und dementsprechend von kleiner Form (vgl. Abb. 35 und Abb. 37); im letzten Falle haben wir ein geräumigeres Lampenhaus, das rückwärts offen ist oder sich öffnen läßt und eine Schlittenführung zum Einschieben von beliebigen Lampen besitzt (vgl. Abb. 36 und 38). Ähnlich steht es mit dem Objektiv insofern, als für die Anwendung anderer Objektive (insbesondere solcher von anderer Brennweite) entweder gar keine Möglichkeit oder ein mehr oder minder großer Spielraum geboten ist. Die Verbindung des Objektivs mit dem Apparatkörper erfolgt in den einfachsten Fällen durch ein festes Rohrstück. Einigen Spielraum bieten zwei ineinander verschiebbare Rohrstücke (Abb. 35), deren äußeres man auch wohl auf einem Schlitten laufen läßt. Für größeren Spielraum benutzt man einen Auszug mit Balgen (Abb. 36), der in der Regel mit einer Triebvorrichtung zum Scharfeinstellen des Objektivs versehen ist. Am meisten Spielraum bietet die Anwendung

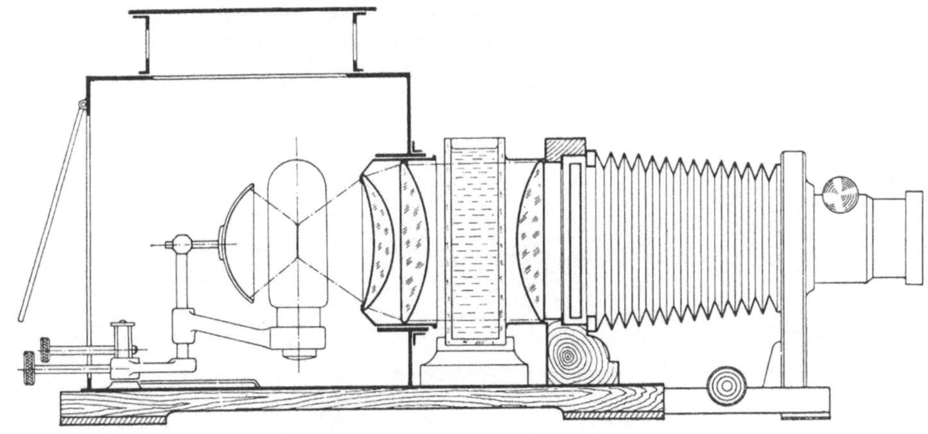

Abb. 36. Diaskopischer Bildwerfer mit Glühlampe in freiem Lampenhaus, nebst Kühlgefäß und Balgenauszug

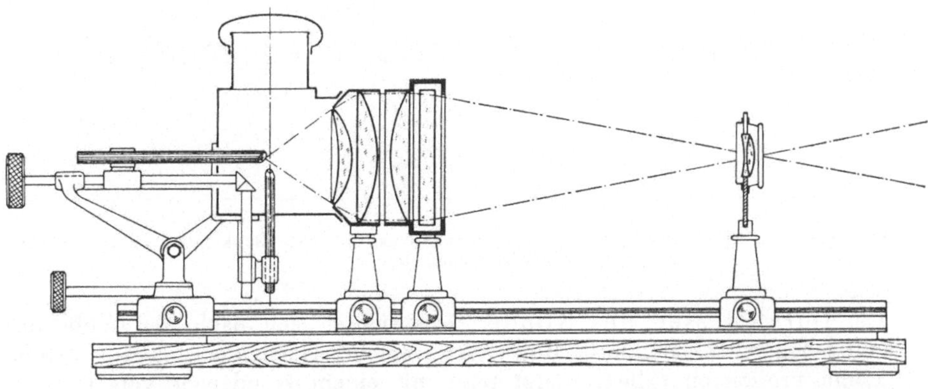

Abb. 37. Diaskopischer Bildwerfer mit Bogenlampe und prismatischer optischer Bank

einer optischen Bank, die aus einem eisernen Prisma mit darauf beweglichen Reitern (Abb. 37) oder aus zwei Holzwangen (Abb. 38) besteht. Der Bildwerfer mit optischer Bank läßt sich leicht mit Ansätzen für andere Projektionsarten ausrüsten und kann auf diese Weise den Grundapparat für eine universelle Einrichtung bilden. So haben wir innerhalb der Sonderapparate Abstufungen vom streng Individuellen bis zum Universellen.

Eine Abart der diaskopischen Projektion ist die Projektion horizontal liegender Gegenstände mit durchfallendem Licht, auch Vertikalprojektion genannt, da die optische Achse in vertikaler Richtung durch den wiederzugeben den Gegenstand geführt wird. Projektionsvorrichtungen dieser Art treten seltener selbständig auf, vielmehr meist als Ansatz oder in fester Verbindung mit einem diaskopischen oder episkopischen Bildwerfer. Abb. 38 zeigt einen Vertikalansatz, der auf der optischen Bank zwischen den Linsen des Glasbilderkondensors angeordnet ist. Der unter 45⁰ eingestellte Spiegel lenkt das annähernd zylindrische Strahlenbündel senkrecht nach oben ab. Klappt man diesen Spiegel um, so laufen die Strahlen geradeaus.

Die makroskopische Projektion stellt an die Lichtquelle die geringsten Anforderungen. In den meisten Fällen genügt eine Projektionsglühlampe von 250 oder 500 Watt. Nur in sehr großen Räumen oder für sehr dichte Diapositive muß man zu einer 1000 Watt-Lampe oder zu einer Bogenlampe greifen. Bei der 1000 Watt-Lampe ist ein Wärmeschutz kaum zu entbehren.

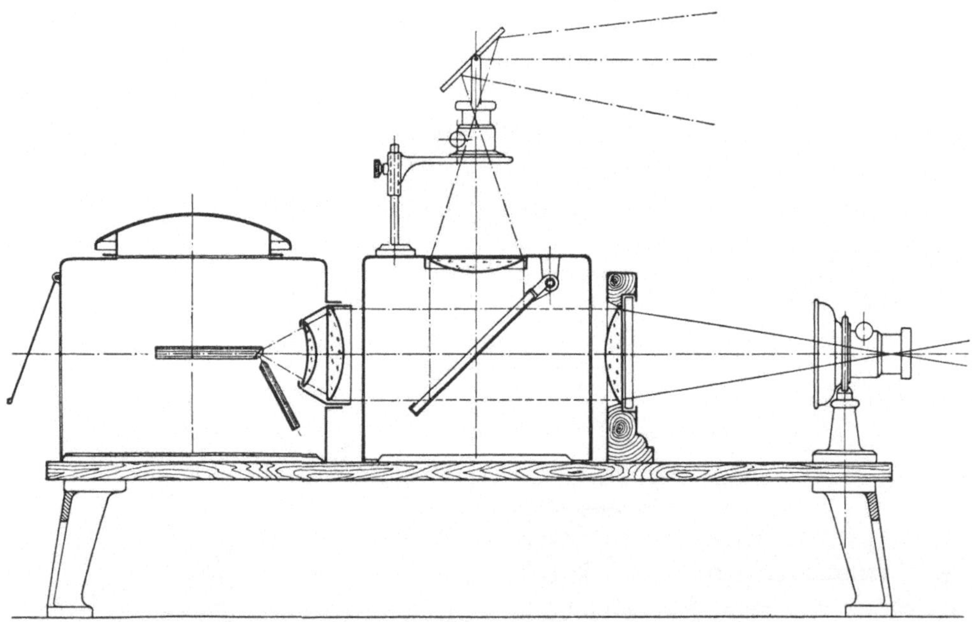

Abb. 38. Diaskopischer Bildwerfer mit freiem Lampenhaus, optischer Bank mit zwei Holzwangen und Vertikalkasten

Der Durchmesser des Kondensors richtet sich nach der Größe der wiederzugebenden Glasbilder. Bildwerfer, welche Glasbilder bis zur Größe 9 × 12 cm projizieren sollen, rüstet man mit einem Kondensor von 150 mm Durchmesser aus; wenn man die Platten bis in die äußersten Ecken ausleuchten will, geht man auf 160 mm. Die für die handelsüblichen Bildgrößen 8½ × 10 cm und 8¼ × 8¼ cm bestimmten Bildwerfer haben einen Kondensor von 115 mm Durchmesser. Zum Einbringen und Auswechseln der Glasbilder dient ein besonderer Bildhalter, der mit Einsatzrähmchen für die verschiedenen Bildgrößen versehen ist. Am meisten in Gebrauch ist der Schiebebildhalter. Recht praktisch ist aber auch der Fallbildhalter, den man in den Apparaten für die Lichtbildreklame gern anwendet. Fast ausschließlich in der Lichtbildreklame werden Bildwerfer mit selbsttätiger Bildwechslung benutzt, die aber auch eine Stillstandsvorrichtung für Vortragszwecke erhalten können.

16. Bildbandprojektoren. Zur Projektion der in neuerer Zeit sehr häufig benutzten Bildbänder werden kleine handliche Apparate in den Handel gebracht

(vgl. Abb. 39), die meist mit einer 100 Watt-Glühlampe versehen sind, sei es
von 30 Volt (Niedervoltlampe) oder 110 bzw. 220 Volt. Zur Ausleuchtung der
Bilder, welche die Größe der kinematographischen Filmbildchen, neuerdings
aber auch vielfach die doppelte Größe dieser Bildchen haben oder ohne Anwendung der Perforation auf 3 × 4 cm ge-
bracht werden, dient ein Kondensor von
4 bis 6 cm Durchmesser, für die Wiedergabe
ein Kinematographenobjektiv meist PETZVAL-
scher Konstruktion. Die Bilderwechselvor-
richtung ist sehr einfach: das Bildband wird
von der oberen Rolle durch das Bildfenster
zu der unteren Rolle geführt; durch Drehen
der unteren Rolle wird es jeweils um ein
Bild weiter gezogen. Wenn man stärkere
Glühlampen als 100 Watt verwendet, so ist
eine Wärmeschutzvorrichtung erforderlich, es
sei denn, daß man auf die möglichst vollkommene Ausnutzung der Lichtquelle verzichtet und sich mit einer geringeren
Kondensoröffnung begnügt. Die Bildband-

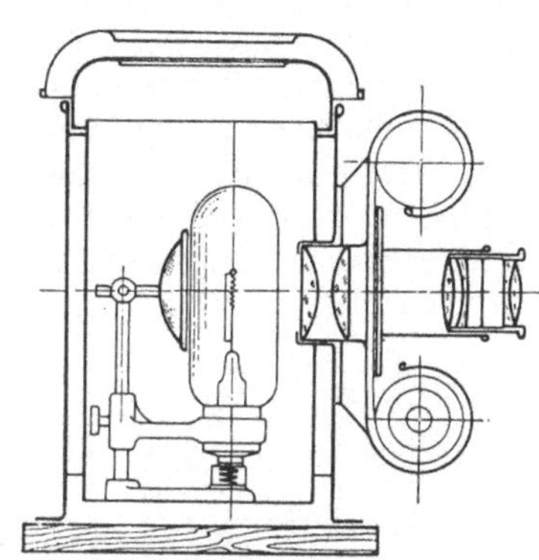

Abb. 39. Bildbandprojektor

Projektionsvorrichtung wird auch sehr oft als Ansatz bei epidiaskopischen
Apparaten angewandt. Für die Lichtbildreklame stellt man Projektoren her,
die ein endloses Band selbsttätig wechseln.

17. Mikroprojektionsapparate. Wenn es gilt, nicht nur schwächere, sondern
auch starke Mikroprojektionen durchzuführen (1000fach und stärker), so muß
man zur Bogenlampe greifen. Es ist dabei eine mehrgliedrige Kondensoranordnung

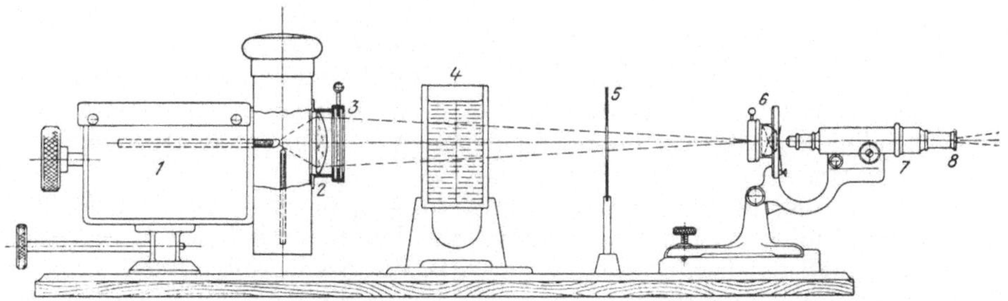

Abb. 40. Mikroprojektionsvorrichtung. 1 Bogenlampe, 2 Kollektor, 3 Irisblende, die als Gesichtsfeldblende wirkt, 4 Kühlgefäß, 5 Blendschirm zum Abhalten von störendem zerstreutem Licht,
6 ABBEscher Kondensor mit Irisblende, die als Aperturblende wirkt, 7 Mikroskop, 8 Okular. —
Der Abstand des leuchtenden Kohlenkraters vom Kollektor wird so geregelt, daß das vergrößerte
Bild des Kraters mitten auf der Irisblende des ABBEschen Kondensors liegt

anzuwenden; sehr vorteilhaft ist das oben besprochene KÖHLERsche Verfahren.
(Vgl. Abb. 40.) Für den Aufbau benutzt man entweder eine optische Bank, welche
Spielraum für die Einstellung der einzelnen Teile gegeneinander bietet, oder
einen schweren, die Teile fest miteinander verbindenden Fuß. Da die Leuchtdichte der Bogenlampe mit der Amperezahl nicht wesentlich steigt, so hat es
keinen Sinn, eine hohe Stromstärke anzuwenden. Der leuchtende Krater muß
so groß sein, daß bei dem zur Verfügung stehenden optischen System die Apertur des Objektivs voll ausgenutzt werden kann. Bei Gleichstrom kommt
man mit 5 bis 8 Amp. vollkommen aus, bei Wechselstrom mit 12 bis 15 Amp.
Ein Kühlgefäß ist vorzusehen. Der Hilfskondensor muß auswechselbar sein:

Abbescher Kondensor für hohe Objektivnummern, schwacher Hilfskondensor für die niedrigen Nummern. Es können die für die subjektive Beobachtung dienenden Mikroskopobjektive verwendet werden; zur Wiedergabe von Übersichtspräparaten werden lichtstarke Mikro-Anastigmate hergestellt. Es ist zu beachten, daß die gewöhnlichen Mikroskopobjektive zur Verwendung mit dem Okular, und zwar auf eine bestimmte Tubuslänge berechnet sind; die stärkeren Objektive müssen daher auch in der Projektion mit Okular benutzt werden, wenn sie die volle Leistung geben sollen. Man beschränkt sich im allgemeinen auf schwächere Okulare, da die stärkeren einen zu großen Lichtverlust bringen. Empfehlenswert sind die Projektionsokulare mit einstellbarer Augenlinse. Das zur Projektion verwendete Mikroskop entspricht seiner Einrichtung nach dem für den subjektiven Gebrauch bestimmten Instrument; es kann auch jedes gute

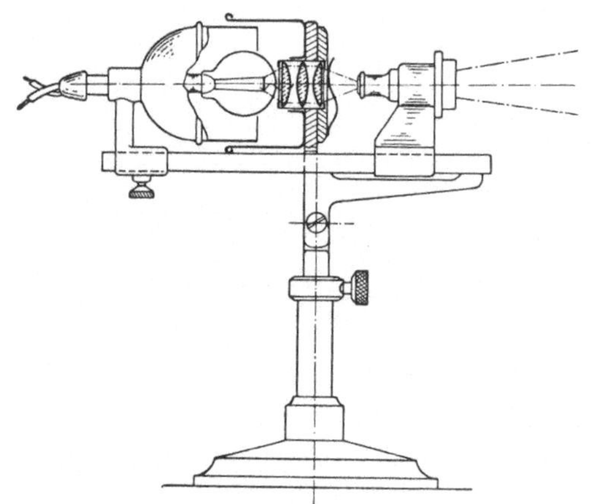

Abb. 41.   Kleiner Mikroprojektor mit Niedervoltlämpchen für schwächere Vergrößerungen

umlegbare Tischmikroskop für die Projektion benutzt werden. Beim Arbeiten ohne Okular engt der Tubus das Gesichtsfeld ein, es ist daher ein Instrument mit weitem Tubus vorzuziehen. Verwendet man das Mikroskop in senkrechter Richtung, wobei ihm das Licht durch den unter 45° eingestellten Beleuchtungsspiegel zugeführt wird, so muß es eine erhöhte Unterlage erhalten und mit einem Umkehrspiegel oder einem totalreflektierenden Prisma versehen werden. Wenn die Mikroprojektion mit polarisiertem Licht ausgeführt werden soll, so wird in den Lichtkegel, bevor dieser in den Hilfskondensor eintritt, ein Polarisator, sei es in Form eines Nicolschen Prismas oder des billigeren Glasplattensatzes eingebracht. Den Analysator-Nicol verbindet man mit dem Okular.

Schwache und mittlere Schirmvergrößerungen, bis zu etwa 500fach, kann man mit der Projektionsglühlampe bestreiten. Lampen mit hoher Leuchtdichte sind naturgemäß am besten geeignet, so z. B. die Niedervoltlampe 6 Volt, 100 Watt, namentlich in Bandform sowie auch die für die Kinoprojektion gebauten röhrenförmigen Niedervoltlampen von 30 Volt und 15 Volt. Die optische Anordnung ist die gleiche wie beim Bogenlicht. Bei Beschränkung auf schwächere Vergrößerungen (bis zu etwa 250fach) kann man auf die mehrgliedrige Kondensoranordnung verzichten und einen kleinen doppelten oder dreifachen Kondensor anwenden. Hier erzielt man schon mit einem kleinen Lämpchen von 6 Volt 25 Watt eine vorzügliche Wirkung. Der sich daraus ergebende handliche kleine Miniaturbildwerfer (Abb. 41) läßt sich ohneweiters durch Neigung um 90° auch in senkrechter Anordnung verwenden. Eine vorzügliche Lichtquelle für die Mikroprojektion ist naturgemäß auch die Punktlichtlampe (Wolframbogenlampe).

Die Mikroprojektion wird vielfach auch mit Hilfe von Ansätzen zu diaskopischen oder episkopischen Apparaten betrieben. Diese Ansätze können sowohl behelfsmäßige als auch vollwertige Vorrichtungen darstellen, je nachdem sie den Grundapparaten angepaßt oder selbständig ausgebildet sind.

18. Einrichtungen zur experimentellen Projektion. Wenn man von denjenigen Anwendungen der experimentellen Projektion absieht, wo es gilt,

Apparatanordnungen, Küvetten für elektrolytische Versuche u. dgl. vergrößert
wiederzugeben, und sich bei den Betrachtungen auf die optischen Versuchsanordnungen beschränkt, so kommt man im allgemeinen mit einer einfachen
optischen Ausrüstung von kleinem Durchmesser aus. Die zu beleuchtenden
Dinge, wie Spalte, Blenden usw., sind klein; sie stehen in der Regel der Größe
nach etwa zwischen den Objekten der schwachen Mikroprojektion und der Kinoprojektion. Im Vergleich zu diesen Projektionsarten wird hier eine weitaus
schwächere Vergrößerung verlangt; man kann daher vielfach zugunsten der
Einfachheit und Übersichtlichkeit der Anordnung auf die Möglichkeit, die Lichtquelle auf das beste auszunutzen, verzichten, d. h. Kondensoren und Objektive

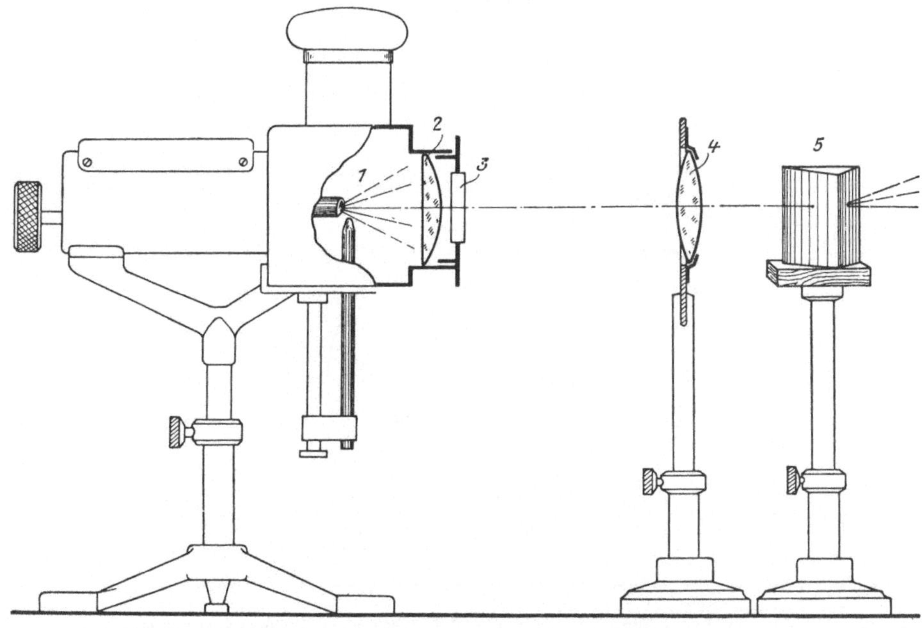

Abb. 42. Freier Aufbau der Versuchsanordnung (Spektrum-Darstellung) mit einer Experimentier-
Bogenlampe. 1 Lampe, 2 Kondensorlinse, 3 Spalt, 4 Objektivlinse, 5 Prisma

von viel geringerer Apertur anwenden. Da überdies für das Objektiv eine verhältnismäßig lange Brennweite in Betracht kommt, also nur ein kleiner Gesichtsfeldwinkel auszuzeichnen ist, reicht für die Wiedergabe in den meisten Fällen
eine einfache Sammellinse aus. Als Kondensor benutzt man eine oder zwei
Linsen von etwa 3 bis 6 cm Durchmesser. Bei einigen Versuchsanordnungen
kann es erwünscht oder erforderlich sein, als Kondensor ein korrigiertes System
anzuwenden, sei es eine asphärische Linse oder ein Objektiv; dies gilt insbesondere dann, wenn bei größerem Gesichtsfeld am Orte des Lichtquellenbildes eine
Blende anzubringen ist.

Für die experimentelle Projektion ist die Bogenlampe die geeignetste Lichtquelle; es hat sich aber gezeigt, daß in vielen Fällen die Bogenlampe erfolgreich
durch eine Glühlampe ersetzt werden kann, und zwar naturgemäß am besten
durch eine Niedervoltlampe. Der Apparat muß so eingerichtet sein, daß er vollkommenen Spielraum für den Aufbau der jeweils anzuwendenden Instrumente
bietet; man verwendet in der Regel eine optische Bank von dieser oder jener
Ausführungsart (vgl. Abb. 37 und 38). Manche Experimentatoren ziehen es vor,

die Versuche frei auf dem Experimentiertisch aufzubauen, wobei zum Tragen
der Linsen und sonstigen Teile sowie auch der Lampe die üblichen Metallstative
dienen. Mit dem Lampenhaus verbindet man dann lediglich den kleinen Kondensor (Abb. 42).

19. Der episkopische Bildwerfer. Entsprechend der unterschiedlichen Art
der Beleuchtung, die oben (vgl. Abb. 19 bis Abb. 21) beschrieben wurde, haben
sich hauptsächlich zwei Typen von episkopischen Bildwerfern entwickelt: das
Glühlampen- und das Bogenlampenepiskop. In den meisten Fällen ist der
Apparat heute epidiaskopisch, d. h. er ist mit einer Vorrichtung zur Projektion
von Glasbildern verbunden. Die am häufigsten benutzten Ausführungen der

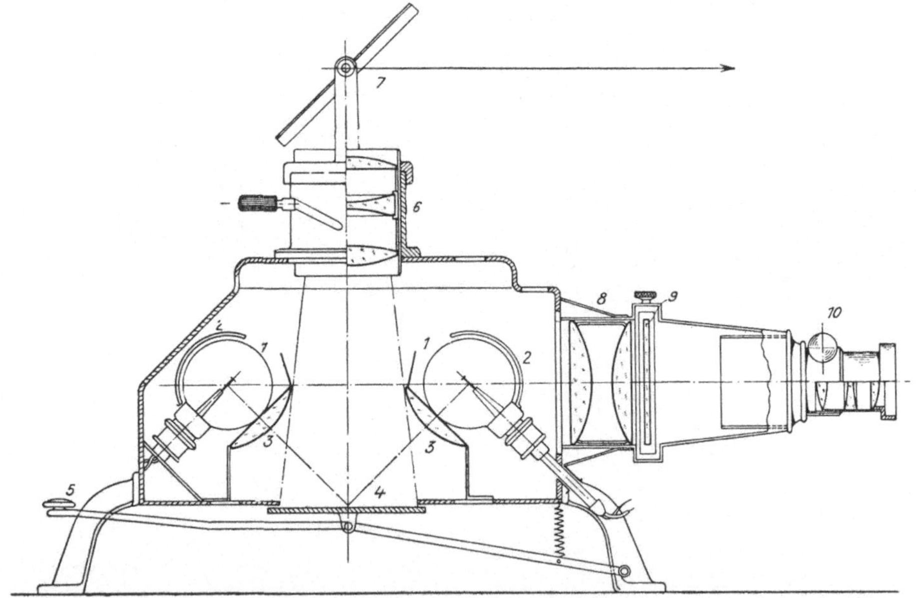

Abb. 43.   Glühlampen-Epidiaskop. 1 Lampen, 2 kugelförmige Hilfsspiegel, 3 Kondensorlinsen,
4 Auflagefläche für die zu projizierenden Gegenstände, 5 Hebel zum Niederdrücken der Auflagefläche, 6 Episkop-Objektiv, 7 Umkehrspiegel, 8 Kondensor für die Glasbilder-Projektion, 9 Bildbühne, 10 Diaobjektiv

Glühlampenepidiaskope (vgl. Abb. 43) haben eine oder zwei Lampen von 500 Watt,
die mit Hilfe von Kondensorlinsen und Reflektoren oder mit bloßen Reflektoren ein
etwa 16×16 cm großes Feld beleuchten. Der wiederzugebende Gegenstand
(Ansichtskarte, Abbildung in einem Buch u. dgl.) wird auf eine verstellbare
Auflageplatte gelegt, die sich unter dem Ausschnitt im Apparatboden befindet.
Das beleuchtete Papierbild hält man durch eine aufgelegte plane Glasscheibe
aus Hartglas in der Einstellebene flach; gleichzeitig bietet diese Scheibe Schutz
gegen Erwärmung, nach einiger Zeit muß die Scheibe aber, wenn sie zu stark
erhitzt ist, ausgewechselt werden. Neuerdings wendet man in den Epidiaskopen
vielfach ein Kühlgebläse an. Das zur Wiedergabe dienende anastigmatische
Objektiv hat eine Lichtstärke von 1 : 3 bis 1 : 5 und eine Brennweite von 30
bis 40 cm. Man entwirft damit auf einen Abstand von etwa 5 m ein 2 bis 2,5 m
großes Lichtbild. Die großen Lichtverluste im Apparat zwingen dazu, daß man
sich hier mit einer weitaus geringeren Schirmbeleuchtungsstärke begnügt als
bei der Diaprojektion. Man muß den Raum gehörig verdunkeln und eine gut
wirkende Auffangfläche verwenden. Mit Hilfe von lichtstarken Objektiven

längerer Brennweite kann man die episkopische Projektion auch auf eine größere Entfernung hin ausüben; man geht hier in den Brennweiten bis zu 80 cm und im Abstande bis zu etwa 15 m.

Beim Bogenlampenepidiaskop (vgl. Abb. 44) dient als Lichtquelle eine Bogenlampe von 30 bis 50 Amp., deren Krater gegen den Scheinwerferspiegel gerichtet

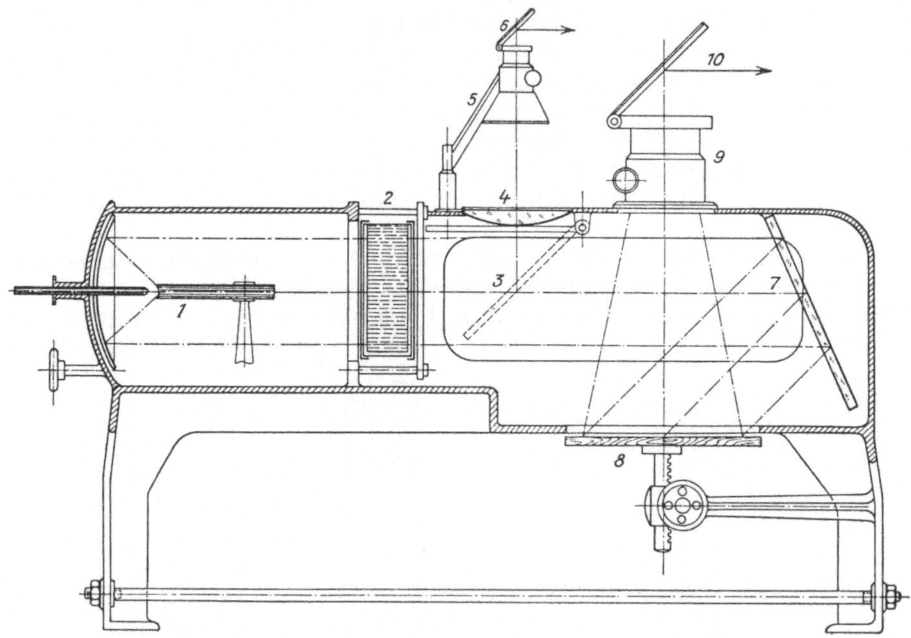

Abb. 44. Bogenlampen-Epidiaskop. 1 Bogenlampe mit Scheinwerferspiegel, 2 Kühlgefäß, 3 umlegbarer Spiegel, 4 Kondensorlinse für die Diaprojektion, 5 Diaobjektiv nebst Umkehrspiegel, 7 Beleuchtungsspiegel, 8 Auflagefläche, 9 Epiobjektiv, 10 Umkehrspiegel

ist, um mit dessen Hilfe auf dem Wege durch ein Kühlgefäß und über einen Ablenkungsspiegel das wiederzugebende Papierbild zu beleuchten. Die diaskopische Einrichtung wird hier in der Regel vertikal angeordnet. Um die Einrichtung in Tätigkeit zu setzen, legt man den im Strahlengang angeordneten Spiegel um 45⁰ um. Es kann mit dieser Dia-Einrichtung auch ein Projektionsmikroskop verbunden werden.

beleuchtet wird. Demgemäß muß der Schirm so wirken, daß allenthalben die Lichtkegel in breitere Kegel vom Winkel τ verwandelt und gleichzeitig gegen den Zuschauerraum konvergierend gemacht werden. Die Wirkungsweise des Schirmes hat
in letztgenannter Hinsicht Ähnlichkeit mit der des Kondensors, unterscheidet sich
davon aber wesentlich durch die Verbreiterung der Lichtkegel. Diese Streuung
läßt sich nicht durch ein einfaches optisches Hilfsmittel erreichen, der Schirm
muß zu diesem Zweck aus vielen kleinsten Elementen bestehen, die Punkt um
Punkt wirken, und zwar je nach der Art des Schirmes entweder brechend oder
reflektierend. Dabei ist dem Umstande Rechnung zu tragen, daß die Streuung in
senkrechter Richtung in der Regel eine andere, meist kleinere, sein muß als in
waagerechter Richtung. Ein dieser strengen Forderung einer genau dosierten
Streuung entsprechender Schirm kann praktisch nicht hergestellt werden, man
begnügt sich vielmehr damit, dem Ideal mit einfachen Mitteln möglichst nahezu-
kommen.

In den Fällen, wo ein reflektierender Schirm mit starker Streuung erforderlich
ist, verwendet man vorteilhaft eine ebene, mattweiße Fläche. Diese besitzt die
Eigenschaft, das darauffallende Licht nach allen Seiten hin nahezu gleichmäßig

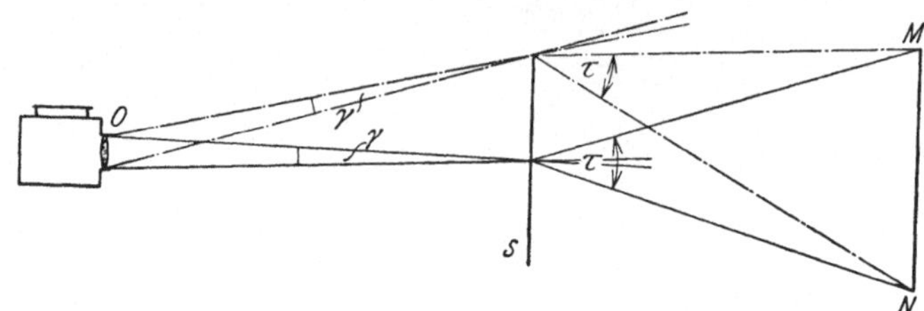

Abb. 45. Zur Wirkungsweise des Projektionsschirmes

zu zerstreuen, so daß die Leuchtkraft nach jeder Richtung ungefähr die gleiche
ist. Für eine vollkommen diffus reflektierende Fläche ist die Leuchtkraft
$B''' = \dfrac{m\,E}{\pi}$, worin E die vom Bildwerfer erzeugte Beleuchtungsstärke auf dem
Schirm und m ein Faktor (das diffuse Reflexionsvermögen oder die Albedo) ist,
welcher dem mit dem Vorgang verbundenen Verlust Rechnung trägt; er hat für
eine mattweiße Fläche im günstigsten Falle den Wert 0,7 bis 0,8. Da E in Lux,
auf qm berechnet, angegeben wird, liefert die Formel den Wert von B''' ebenfalls
auf qm. Wie die Reflexionskurve I in Abb. 46 zeigt, entspricht die Gipswand
annähernd dem Ideal des vollkommen diffusen Schirmes. Mattes weißes Papier
(Kurve II) ist nach vorne hin etwas heller; seine Helligkeit fällt nach den Seiten
hin ab, jedoch so wenig, daß ein Papierschirm für breite Räume sehr gut brauchbar
ist. Für die Mikroprojektion wird mattes Kunstdruckpapier als besonders geeignet empfohlen. Ähnlich wirkt die feste Mauerwand mit mattweißem Ölfarben-
anstrich, dem man nach K. Retlow folgende Zusammensetzung gibt: Man rührt
Zinkweiß und Bleiweiß zu gleichen Teilen mit gekochtem Leinöl und dreimal so
viel Terpentin an und setzt zuletzt gerade nur so viel Ultramarin oder Kobalt-
blau hinzu, daß die Farbmischung im Topf einen leichten bläulichen Schimmer
bekommt. Diese Mischung wird recht dünn und mindestens dreimal hintereinander auf glattem Kalkgrund aufgestrichen. Zur Herstellung eines aufroll-
baren weißen Leinenschirmes wird folgende Mischung empfohlen,[1] die einen
geschmeidigen Anstrich gibt und weniger zu Brüchen neigt: Glyzerin 375 g, ge-
bleichter Leim 375 g, Zinkweiß 750 g, heißes Wasser 4,5 l. Das angegebene

---

[1] Eders Jahrbuch f. Phot. u. Reprod., 1912, S. 30.

Mengenverhältnis reicht für eine 3 m² große Fläche. Es empfiehlt sich, den Stoff auf eine glatte Unterlage zu spannen und darauf trocknen zu lassen.

Das Gegenstück zum mattweißen Schirm ist ein Schirm mit hochglänzender Oberfläche. Abb. 46, IV, zeigt, daß ein glatter, mit Aluminiumbronze präparierter Schirm außerordentlich stark reflektiert und daher, von vorn gesehen, ein sehr helles Bild gibt; dagegen ist die Streuung bedeutend geringer, so daß ein solcher Schirm nur für einen ganz schmalen, langen Raum brauchbar ist. Man erhöht die Streuung des Aluminiumschirms in der Weise, daß man die Bronze auf einem rauhen, körnigen Schirm aufträgt (vgl. Abb. 46, III). Die gesamte reflektierte Lichtmenge ist beim glänzenden Schirm keineswegs größer als beim mattweißen Schirm; lediglich die Lichtverteilung ist eine andere. Der glänzende Schirm bietet die Möglichkeit, eine günstige Verteilung des Lichtes

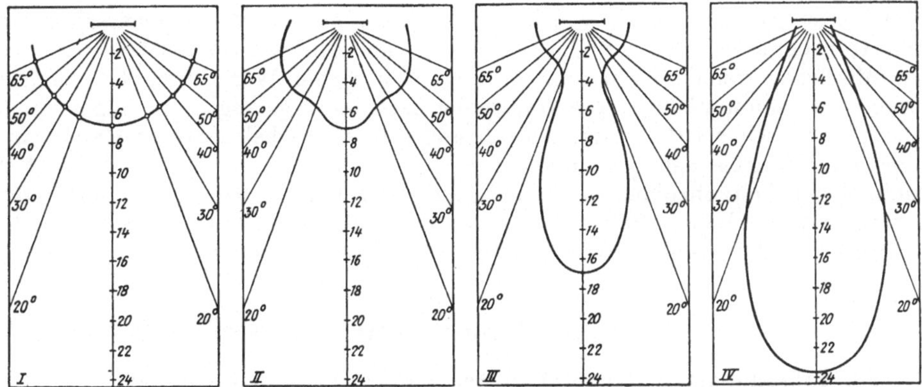

Abb. 46. Reflexionskurven nach K. RETLOW für Gipswand (I), mattes, weißes Papier (II), rauhe Aluminiumwand (III), glatte Aluminiumwand (IV)

in der Weise zu erzielen, daß man ihn mit feinen, senkrechten Riefelungen versieht, um in seitlicher Richtung eine hinreichend starke Streuung, nach oben und unten aber eine geringe Streuung zu erhalten. Wenn bei Anwendung eines glänzenden Schirmes die optische Achse des Apparates schief gegen den Schirm gerichtet ist, so wirft dieser das Licht entsprechend dem Reflexionsgesetz vorwiegend nach der anderen Seite des Lotes zurück. Man muß daher unter Umständen den Schirm geneigt anordnen, damit seine Wirkung voll ausgenutzt wird. In Amerika benutzt man zur Herstellung der Wände mit metallischer Oberfläche an Stelle der Aluminiumbronze vielfach Goldbronze. Ein anderes Verfahren besteht darin, daß man den Schirm mit einer Schicht feinster Glasstückchen versieht. Für Projektionen in kleinem Maßstab eignet sich auch ein vorderseitig mattierter Spiegel.

Als transportablen Schirm, besonders für die Reise, benutzt man am liebsten eine zusammenfaltbare Wand aus Schirting- oder Köperstoff, wenngleich diese in der Wirkung einer weiß gestrichenen, aber nur rollbaren Wand nachsteht. Der Wirkung einer geriefelten Aluminiumwand ist ähnlich ein Seidenschirm, dessen reflektierende Fäden senkrecht laufen. Es werden für alle diese Wände zerlegbare, leichte Gestelle angefertigt. Bei Wänden, die zum Aufrollen eingerichtet sind, läßt sich auf die Dauer die Bildung von Falten kaum vermeiden, namentlich wenn sie sehr breit sind. Am besten ist in allen Fällen das Einspannen der Wand in einen Rahmen, der mit Keilen zum Nachspannen versehen ist.

Zum Durchwerfen des Lichtbildes dient für kleinere Abmessungen eine Mattglasscheibe, Pausleinwand oder Pauspapier (letzteres in Breiten bis 1,45 m erhältlich), für größere Abmessungen eine Schirtingwand, die man durch Anfeuchten mit Wasser transparent macht. Ein Zusatz von etwas Glyzerin verhindert ein zu rasches Trocknen. Man kann die Wand mit Hilfe von Paraffinöl für immer transparent machen, sie läßt sich aber dann nicht mehr falten. Durch das Wasser bzw. Öl werden auch die Poren des Gewebes geschlossen, die andernfalls Anlaß zu einem grellen, scharfen Lichtfleck geben. Wenn ein breiterer Lichtschein verbleibt, so ist dies ein Zeichen dafür, daß die Streuung des Schirmes eine zu geringe ist.

Man hat sich vielfach bemüht, Tageslicht-Projektionsschirme herzustellen. Bemerkenswert ist der Versuch, das auf den Schirm fallende fremde Licht dadurch unschädlich zu machen, daß der transparente Schirm aus Glas oder Pauspapier geschwärzt wurde. In diesem Sinne wirkt übrigens schon ein sehr transparenter (also wenig streuender) Pauspapierschirm insofern, als das darauffallende fremde Licht zum größten Teil seinen Weg durch den Schirm nimmt und somit nicht in die Augen der Beschauer gelangt. Im allgemeinen empfiehlt es sich bei Projektionsvorführungen in einem beleuchteten Raum, das fremde Licht nach dem Schirm sowie auch gegen die Augen der Beschauer hin nach Möglichkeit abzublenden. Die sogenannte Tageslichtprojektion erfordert naturgemäß eine höhere Beleuchtungsstärke, die aber die durch das fremde Licht bewirkte Fälschung der Tonwerte nicht auszugleichen vermag.

VII. Aufstellung und Handhabung des Bildwerfers

20. Prüfung der Stromverhältnisse. Bevor man den Bildwerfer an die Stromleitung anschließt, muß man sich davon überzeugen, daß die Lampe bzw. der vorgeschaltete Widerstand oder der Transformator der Netzspannung angepaßt sind, sowie daß der Querschnitt der Leitung und die Sicherung hinreichend stark sind. Bei kleinen Stromkreisen ist unter Umständen auch eine Prüfung des Zählers erforderlich, und zwar hinsichtlich der abzunehmenden Amperezahl. In allen Fällen muß man berücksichtigen, ob im gleichen Stromkreis zeitweise auch andere Lampen mitbrennen. Wenn das Netz gelegentlich stärkeren Überspannungen ausgesetzt ist, wie dies bei Überlandzentralen vielfach eintritt, so tut man gut, die Glühlampen bzw. den Vorschaltwiderstand auf eine etwas höhere Voltzahl zu berechnen.

21. Aufstellung des Apparates. Der Bildwerfer sollte möglichst so aufgestellt werden, daß die optische Achse senkrecht gegen die Mitte des Schirmes gerichtet ist. Diese Forderung wird in Hörsälen mit ansteigenden Bänken meist wenigstens annähernd erfüllt, wenn der Apparat oben hinter der letzten Bank angeordnet wird. Bei einer Aufstellung im Mittelgang ist in der Regel eine schwache Neigung nach oben notwendig. Manchmal wird gewünscht, daß der Dozent den Apparat selbst bedienen kann, ohne den Raum vor dem Auditorium zu verlassen. Dazu benutzt man eine vertikale Projektionseinrichtung, die man in der Mitte vor der ersten Bankreihe aufstellt, um das Bild schräg nach oben auf einem entsprechend nach unten geneigten Schirm zu entwerfen. Ein anderes, oft benutztes Verfahren besteht darin, den Apparat vor der ersten Bank nahe bei der Zimmerwand anzubringen und das Bild schräg zur Zimmerecke herüberzuwerfen, vor welcher ein aufrollbarer Schirm aufgehängt wird. Wenn mit dem Projektionsapparat experimentiert wird und die Versuchsanordnungen selbst sichtbar gemacht werden sollen, so gehört der Apparat auf jeden Fall vor das Auditorium.

22. Die Abmessungen des Schirmes. Diese werden vielfach zu groß genommen. Im allgemeinen genügt es, wenn seine Breite ein Sechstel der Raumlänge beträgt. Vgl. DIN-Blatt 108. Von der ersten Bankreihe aus muß das ganze Bild ohne Anstrengung zu übersehen sein. Andererseits muß die Vergrößerung so stark sein, daß auch die Fernsitzenden die Einzelheiten erkennen können Wenn für einen Sitzplatz das Verhältnis zwischen Schirmabstand a dieses Platzes und der Schirmbildgröße b den Wert $\frac{a}{b} = n$ hat, so erscheint dem Beschauer das Lichtbild unter dem gleichen Winkel wie das Originalbild o, wenn er das Lichtbild aus dem Abstand $x = n \cdot o$ betrachtet. Wird nun verlangt, daß x einen bestimmten Wert, z. B. 25 cm, nicht überschreitet, so errechnet sich daraus für o ein Maximalwert $o = \frac{x}{n}$; bei festgelegten Werten von x und o ergibt sich die Verhältniszahl $n = \frac{x}{o}$. (Vgl. „Mängel bei Lichtbildervorträgen", ZS. d. Ver. deutsch. Ing. 1918, S. 692.) Diese Forderungen müssen, wie Dr. Wilhelm VOLKMANN besonders hervorgehoben hat, auch bei der episkopischen Projektion berücksichtigt werden.

Für die Verdunklung des Raumes richtet man in physikalischen Hörsälen meist ein Rouleau aus dichtem Stoff ein, das in einem Holzrahmen läuft. Sehr gut bewährt haben sich auch zweiteilige Vorhänge aus lichtdichtem Material; sie müssen gut übereinander greifen und an den beiden Seiten der Fensteröffnung auf Leisten befestigt werden. Ein billiger Behelf sind leichte Holzrahmen mit Lederpapier, die vor die Fenster gestellt werden. Es ist für den Dozenten außerordentlich wertvoll, wenn er den Raum selbst rasch aufhellen kann. Ich empfehle, dazu eine hinreichend lange, bewegliche Schnurleitung mit Druckbirne anzulegen, die mit einer nicht zu starken Glühlampe in Verbindung steht.

23. Die Handhabung des Bildwerfers. Die Handhabung des Bildwerfers beschränkt sich bei den Apparaten mit fest eingebauter Glühlampe — von dieser Art sind durchweg die neueren Epidiaskope — auf das Einsetzen der Bilder und das Scharfeinstellen des Objektivs. Die Glasbilder sind mit dem Kopf nach unten einzusetzen; Schicht (d. h. Deckglasseite, auf der sich die Aufschrift befindet) gegen das Licht, beim Durchwerfen des Lichtbildes ist die Schichtseite dem Schirm zuzuwenden. Zum Scharfeinstellen des Objektivs dient ein Zahn- oder Schneckentrieb. Bei vielen Apparaten ist das Objektiv in ein Rohrstück eingeschraubt, welches in ein etwas weiteres Rohrstück eingeschoben ist; es ist dann manchmal notwendig, zum Zwecke des Scharfeinstellens das Innenrohr etwas herauszuziehen, was häufig übersehen wird. Wenn die Lichtquelle im Lampenhaus beweglich angeordnet ist, muß sie zentriert werden. Dazu stellt man zunächst das Objektiv, nachdem die Lampe angeschlossen ist, auf ein eingesetztes Glasbild scharf ein, nimmt dann das Glasbild heraus und richtet nun die Lampe durch Vor- und Zurückschieben, durch Verstellen der Höhe und Seite nach so ein, daß das Bildfeld gleichmäßig weiß, ohne Schatten und ohne farbige Ränder, erscheint. Wenn dies durchaus nicht gelingen sollte und entweder ein gelbroter oder ein blauer Rand oder ein blauer ringförmiger Fleck verbleibt, so ist die Öffnung des Objektivs zu klein oder die Brennweite des Kondensors paßt nicht zum Objektiv. Die Linsen des Objektivs und des Kondensors müssen von Zeit zu Zeit mittels eines weichen sauberen Lappens von Staub befreit werden.

VIII. Das Glasbild

Ursprünglich verwandte man handgemalte Glasbilder. 1848 stellten die Gebr. Langenheim in Philadelphia erstmalig Diapositive her. Die Anwendung der Photographie wurde seit Einführung des Gelatinetrockenverfahrens eine allgemeine. Die älteren Diapositivverfahren werden fabrikmäßig nur noch vereinzelt in den Ursprungsländern ausgeübt: das Albuminverfahren in Frankreich, das nasse Kollodiumverfahren und der Woodbury-Druck in England; der Pigmentdruck fast gar nicht mehr. In neuerer Zeit hat man immer mehr erkannt, daß neben der Photographie doch auch die Zeichnung ein wertvolles Hilfsmittel zur Anfertigung von Laternbildern ist. Man benutzt vorteilhaft gelatinierte Glasplatten, auf die man mit Tusche und Tinte (schwarzer und farbiger) schreiben und zeichnen kann wie auf Papier.

Zum Kolorieren der Laternbilder benutzt man heute hauptsächlich Anilinfarben. Die Gelatineschicht wird vorher angefeuchtet; sonst gelingt es nicht, Flächen einigermaßen gleichmäßig anzulegen. Bei den älteren Diapositivverfahren wurde die Anilinfarbe von der Schicht nicht angenommen; daher war man hier auf transparente Ölfarben angewiesen. Während man mit den Anilinfarben nur Farbtöne auflegt, gestatten die Ölfarben ein richtiges Ausmalen; man kann damit zu schwache Konturen aufbessern, fehlende einsetzen.

Auf das fertige Diapositiv wird ein Schutzglas (Deckglas) gelegt und mit ersterem durch einen rundum geklebten Papierstreifen verbunden. Zuvor überzeuge man sich, ob die Gelatineschicht durch und durch trocken ist (also nicht nur äußerlich), denn die Umklebung verhindert ein weiteres Trocknen der Schicht und diese kann durch die Erhitzung im Apparat zum Schmelzen gebracht werden. In Zweifelsfällen verklebe man die Platte einstweilen nur auf zwei Seiten.

Der DIN-Ausschuß hat im Januar 1923 auf Blatt DIN 108 die Plattengröße 85 × 100 mm quer als Einheitsgröße festgelegt. Die Vorschrift für die Ausnutzung der Bildfläche, die durch einen Kreis von 105 mm Durchmesser begrenzt werden sollte, wurde in dem November 1929 erneuerten Normenblatt dahin abgeändert, daß das Größtmaß 73 × 88 mm möglichst ganz ausgenutzt werden soll, daß es sich aber empfiehlt, wichtige Teile der Darstellung nicht in die Ecken auszudehnen, die der vom Kondensor 115 mm Durchmesser ausgeleuchtete Bildkreis 105 mm Durchmesser abschneidet. Die Dicke des gedeckten Diapositivs soll 3 mm nicht überschreiten. Für die Beschriftung ist auf der Vorderseite unten ein weißer Papierstreifen vorgesehen.

IX. Die Anwendungen des Bildwerfers

Der Bildwerfer wird vornehmlich im Unterricht und Vortragssaal als Hilfsmittel zur Veranschaulichung angewandt. Zu Hause, in der Familie und in der Gesellschaft ist dieser Apparat eine unerschöpfliche Quelle der Unterhaltung, besonders in den Händen des Amateurphotographen, der seine eigenen Aufnahmen damit vorführt. Auf der Straße, im Schaufenster, im Varieté steht er im Dienste der Reklame und zaubert wirkungsvolle Ankündigungen auf das Trottoir, auf einen Hausgiebel, einen Schirm oder einen Vorhang. Im Theater fällt dem Bildwerfer die Aufgabe zu, die „Effekte" darzustellen: ziehende Wolken, aufloderndes Feuer, Schneefall, Regenbogen u. dgl., und zwar geschieht dies mit Vorrichtungen, die aus der alten Nebelbilderkunst übernommen wurden. In neuerer Zeit wird auf der Bühne häufig auch das gemalte Prospektbild durch die Projektion ersetzt. Dem Maler ist der Bildwerfer ein wertvolles Werkzeug, wenn es gilt, nach einem kleinen Entwurf ein vergrößertes Wandbild oder ein Panorama auszuführen. In gleicher Weise erleichtert er dem Zeichner die Arbeit, Konstruktionszeichnungen u. dgl. auf einen größeren Maßstab zu bringen. Dem Kunstgewerbler bietet der Bildwerfer in Verbindung mit kaleidoskopartigen Vorrichtungen durch wechselnde Zusammenstellungen von Farben oder Formen reiche Anregung zur Schaffung neuer Muster. Im wissenschaftlichen Laboratorium und im Werkstattlaboratorium endlich ergänzt der Bildwerfer die subjektive Beobachtung beim Untersuchen und Prüfen von Materialien und Fabrikationsgegenständen. Für die Ausführung bestimmter Arbeiten, so für die Prüfung von Gewinden, für die Trichinenschau u. a. werden besondere Projektionsapparate gebaut.

X. Besondere Projektionsverfahren

24. Die stereoskopische Projektion. Diese kann so ausgeübt werden, daß man die beiden Teilbilder nebeneinander oder übereinander auf dem Schirm entwirft, um sie dann durch ein Stereoskop zu betrachten. Es sind dazu prismatische oder spiegelnde Vorrichtungen ausgearbeitet worden, die sich ebenso wenig eingebürgert haben wie das ANDERTONsche Verfahren mit polarisiertem Licht.[1] Man hält sich meist an das d'ALMEIDAsche Verfahren, nach welchem die Teilbilder mit komplementärfarbigem Licht (rot und blaugrün) so projiziert werden, daß sie sich im Lichtbild überdecken, um dann durch farbige Brillen betrachtet zu werden. Man kommt auch mit einem einfachen Bildwerfer aus, wenn man nach dem Vorgange von PETZOLD die Teilbilder in den Komplementärfarben kopiert und aufeinander legt. Die stereoskopische Projektion bietet nur für eine Stelle des Raumes die perspektivisch richtige Wiedergabe. Vgl. den Beitrag Stereophotographie von L. E. W. VON ALBADA in diesem Band.

25. Die Projektion in den natürlichen Farben. Man bedarf hierzu eines dreifachen Bildwerfers nach Art der alten Nebelbilderapparate. Die drei Teilbilder werden mit den zugehörigen Filtern rot, grün bzw. blau versehen und einander genau überdeckend mit 3 Projektionsapparaten projiziert. IVES hat eine Vorrichtung ausgearbeitet, die mit einem Apparat auszukommen gestattet; vgl. den Beitrag Praxis der Farbenphotographie von E. J. WALL in Bd. VIII dieses Handbuches.

26. Die Panorama-Projektion. Diese Art der Projektion ist wiederholt mit Hilfe einer Reihe von kreisförmig angeordneten Bildwerfern ausgeführt worden, die Lichtbild an Lichtbild auf den Rundschirm setzten. Versuche, das Panorama mit einem System darzustellen, sind mißlungen.

XI. Die photographischen Vergrößerungsapparate

Die Kunst des Vergrößerns negativer Aufnahmen deckt sich hinsichtlich des optischen Teiles der Aufgabe mit der Kunst der Glasbilderprojektion. Es bestehen aber doch Unterschiede: zunächst solche quantitativer Art insofern, als beim Vergrößern in der Regel ein weitaus kleinerer Maßstab einzuhalten ist als beim Projizieren und insofern, als hier eine geringe Beleuchtungsstärke durch eine entsprechend längere Belichtung ausgeglichen werden kann, was bei der Projektion nicht möglich ist. Zum anderen haben wir einen Unterschied qualitativer Art, der darin besteht, daß die Kunst des Vergrößerns eine möglichst genaue Wiedergabe der Tonwerte verlangt, während man bei der Projektion von Glasbildern auf diese Forderung meist stillschweigend verzichtet. Tatsächlich ist mit der Glasbilderprojektion eine erhebliche Entstellung der Tonabstufungen verbunden. Das kommt so: Die vollkommen durchsichtigen Teile der Platte beeinflussen den

---

[1] Vgl. F. PAUL LIESEGANG, Wissenschaftliche Kinematographie, Düsseldorf 1920, S. 197.

Strahlengang in sehr geringem Maße; der durch den Punkt x laufende Lichtkegel wird vom Objektiv O ganz aufgenommen (Abb. 47). An einer gedeckten Stelle y der Platte hingegen erleidet das auffallende Licht durch die Silberkörnchen eine mehr oder minder starke Streuung, und das Objektiv nimmt von dem zerstreuten Licht nur einen Teil auf; infolgedessen wird der Tonwert dieser Plattenstelle zu dunkel wiedergegeben. Das Lichtbild zeigt stärkere Kontraste, als sie das Glasbild an sich bietet: es wirkt zu hart. Von diesem Fehler ist die episkopische Projektion frei. Hier streuen alle Bildpunkte. Dieser Umstand trägt dazu bei, daß die episkopischen Lichtbilder weicher wirken als projizierte Glasbilder. Getönte und ausgemalte Glasbilder kommen auf dem Schirm weniger hart heraus, weil bei ihnen die hellen Stellen eine gewisse Streuung ausüben. In noch höherem Grade gilt dies von Farbrasterdiapositiven.

Wenn man nun die diaskopische Projektionsvorrichtung zum Vergrößern von Negativen benutzt, so verhalten sich die Negative in gleicher Weise wie die schwarz-weißen Glasbilder: es tritt der beschriebene Callier-Effekt auf und das Bild wird zu hart. In welcher Weise man den Fehler behebt, mag Abb. 48 veranschaulichen. Denken wir uns die durch den Pfeil angedeutete Lichtquelle L

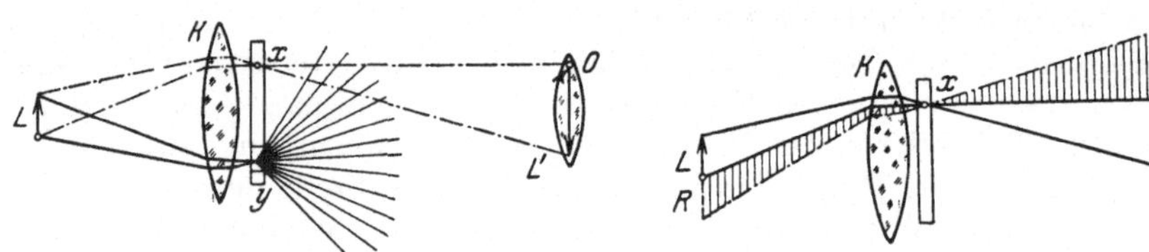

Abb. 47. Erläuterung des Callier-Effektes   Abb. 48. Wirkungsweise einer größeren Leuchtfläche

nach unten hin vergrößert, so liefert die zusätzliche Leuchtfläche R den schraffierten Lichtkegel, der bei einer glasklaren Bildstelle x über das Objektiv hinweggeht. An einer dichten Bildstelle findet dagegen Streuung statt, d. h. der rechte Teil des schraffierten Kegels, der nach R' hinzielt, verbreitert sich; infolgedessen gelangt ein Teil des abgestreuten Lichtes ins Objektiv und wirkt aufhellend. Bis zu welchem Maß die Vergrößerung der Lichtquelle, die naturgemäß nach allen Seiten hin vorzunehmen ist, von Nutzen ist, hängt von dem Streuwinkel an der getroffenen Bildstelle und von der Objektivöffnung ab. Auf jeden Fall muß die Lichtquelle so groß sein, daß auch für die dichteste, am stärksten streuende Bildstelle ein vollständiger Ausgleich des Streuverlustes stattfindet. Das Verfahren geht im Grunde also darauf hinaus, das scharf gestrahlte Licht des Projektionsapparates durch hinreichend stark zerstreutes Licht zu ersetzen. Callier hat gefunden, daß die dichten Stellen im Negativ im gestrahlten (parallelen) Licht im Mittel $1\frac{1}{2}$ mal dichter wirken als im zerstreuten Licht.

Da die Technik geeignete Lichtquellen mit hinreichend großer Leuchtfläche nicht zur Verfügung stellt, muß man sich solche künstlich schaffen. Ein einfaches Hilfsmittel besteht darin, in einigem Abstande vor der Projektionslampe eine Mattglasscheibe anzubringen. Jedes von einem Lichtpunkt P gegen die Mattglasscheibe M geworfene Strahlenbündel wird von dieser mehr oder minder stark zerstreut, und zwar mit solcher Wirkung, als wenn der durch die Streuung hervorgerufene Lichtkegel von einer (scheinbaren) Leuchtfläche $a\,b$ käme: Die Mattscheibe täuscht eine mehr oder minder große Leuchtfläche vor, der ein reelles Lichtquellenbild $a'\,b'$ entspricht (Abb. 49). Eine mattierte Glühbirne, wie sie manchmal zum Vergrößern benutzt wird, wirkt naturgemäß wie eine unmattierte Birne mit einer unmittelbar davor angebrachten unbeweglichen Mattglasscheibe. Ebenso wie bei den Streukegeln fällt auch bei der scheinbaren

Leuchtfläche die Lichtstärke nach dem Rande hin ab. Die Größe der scheinbaren Leuchtfläche wächst mit dem Abstand der Mattscheibe von der Lichtquelle, während gleichzeitig ihre Leuchtkraft und somit auch die Beleuchtungsstärke auf dem Schirm abnehmen. Eine bewegliche Mattscheibe, deren Abstand von der Lampe man ändern kann, bietet mithin die Möglichkeit, die Stärke der Streuung zu regeln und sie in jedem Falle hinreichend groß zu machen, ohne das Licht unnötig stark zu dämpfen. Die Streuung erhält den höchsten Wert, wenn man die Mattscheibe zwischen Kondensor und Negativ anordnet. Es muß ein ausreichender Abstand vom Negativ verbleiben, damit nicht die Kornstruktur der Scheibe im Bilde zum Vorschein kommt. Eine Milchglasscheibe streut so

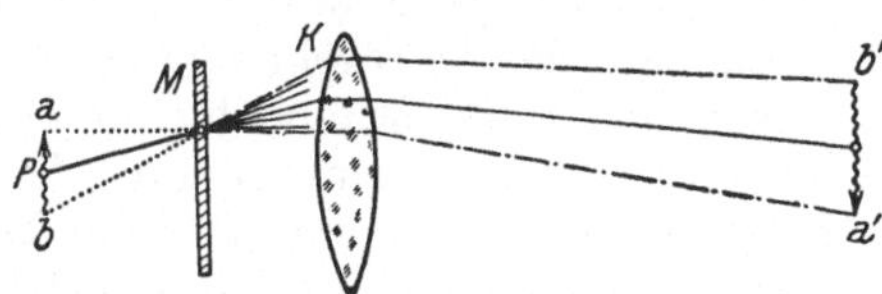

Abb. 49. Wirkungsweise der Mattglasscheibe

stark, daß man ohne Kondensor arbeiten kann, was bei großen Plattenabmessungen eine wesentliche Verbilligung der Apparatur bedeutet, aber sie setzt die Belichtungszeit erheblich herab. Vielfach verwendet man lieber zwei Mattglasscheiben im Abstand von mehreren Zentimetern voneinander, eine größere rauhe und eine kleinere feine — letztere nächst dem Negativ. Die Streuwirkung wird verstärkt durch einen geeignet gestalteten Reflektor, den man bis zur Mattscheibe vorziehen kann.

Man kann sich eine große Leuchtfläche auch in der Weise schaffen, daß man eine diffus reflektierende Fläche kräftig und gleichmäßig beleuchtet, wozu man, besonders wenn die Fläche eben ist, wenigstens zwei Lampen benötigt. Diese werden seitlich angeordnet und so abgeblendet, daß sie das Negativ nicht unmittelbar bestrahlen. Man erhält eine gute diffuse Reflexion durch einen Anstrich mit Zinkweiß-Leimfarbe oder einen Belag von Magnesiumoxyd, der durch brennendes Magnesiumband erzeugt wird. Wenn die Fläche hinreichend groß ist, kann auch hier der Kondensor entbehrt werden; die Fläche muß mindestens so groß sein,

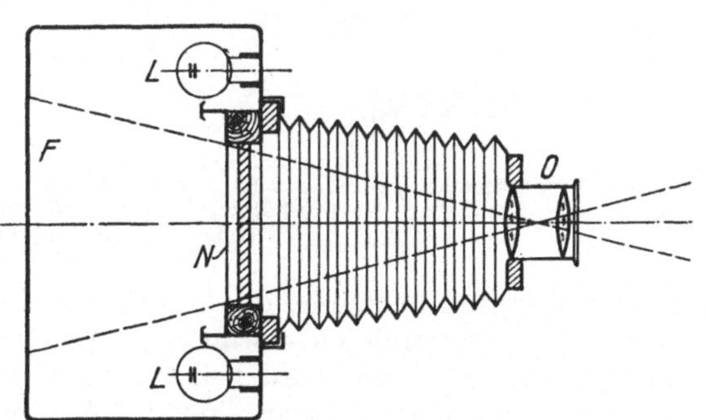

Abb. 50. Vergrößerungsvorrichtung mit indirekter Beleuchtung, L Glühlampen, F mattweiße Fläche, N Negativ, O Objektiv

daß, vom Objektiv aus gesehen, das Negativ bis in die äußersten Ecken durch die Fläche gedeckt erscheint (Abb. 50). Die Einschaltung einer Mattscheibe erweist sich auch hier als vorteilhaft insofern, als sie das nach den Seiten hin gestreute Licht zum Teil ins Objektiv ablenkt und so für die Abbildung mit nutzbar macht; man braucht dann auch die Lampen nicht streng gegen das Negativ abzudecken. Gibt man der Fläche eine zylindrisch gebogene Form, so werden die beiden Lampen zur Erzielung einer gleichmäßigen Beleuchtung vorteilhaft in der Zylinderachse angeordnet. Am günstigsten wirkt die vom Kugelepiskop übernommene Hohlkugelform. Vielfach verbindet man das direkte Beleuchtungsverfahren mit dem indirekten in der Weise, daß man die unmittelbar gegen die Mattglas- oder Milchglasscheibe strahlende Lampe mit einem diffus reflektierenden Reflektor umgibt. Als natürliche diffuse Lichtquelle benutzt man auch die freie Himmelsfläche.

Die Anwendung einer sehr großen Leuchtfläche bietet noch weitere Vorteile: etwaige Retuschen auf der Glasseite des Negativs, die sich bei scharf gestrahltem Licht im vergrößerten Bilde abzeichnen, werden durch das zerstreute Licht überstrahlt und von der Wiedergabe ausgeschlossen. Ebenso können die Störungen, welche Fingerabdrücke, Kratzer und sonstige Beschädigungen oder Unregelmäßigkeiten der Schicht im Bilde hervorrufen, durch das zerstreute Licht erheblich gemildert oder ganz behoben werden. Wenn nämlich die Beschädigung oder Unregelmäßigkeit eine derartige ist, daß die Schicht dort eine prismatische Wirkung ausübt, so werden die zum Objektiv zielenden Strahlen abgelenkt. Es kommt nur wenig oder gar kein Licht von der betreffenden Stelle ins Objektiv und sie erscheint im Bilde dunkel. Erfolgt die Beleuchtung mit zerstreutem Licht, so wird durch die prismatische Wirkung Licht ins Objektiv abgelenkt, das sonst vorbeilaufen würde. (Schäden dieser Art kann man

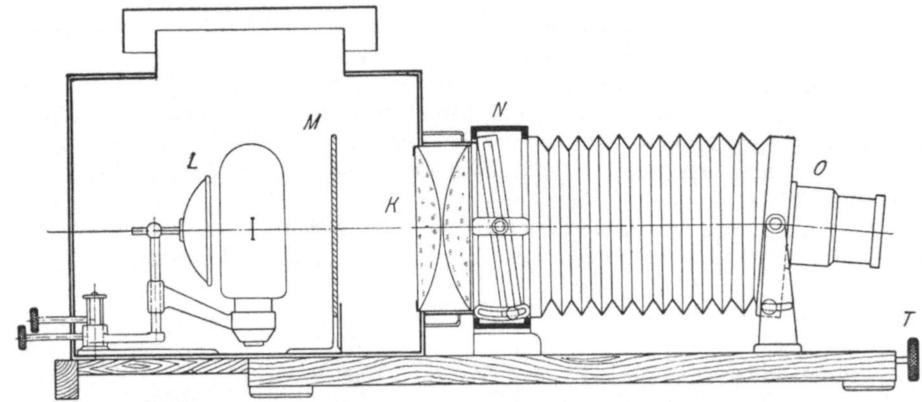

Abb. 51. Vergrößerungsapparat mit Kondensor. L Lichtquelle, M verschiebbare Mattglasscheibe, K Kondensor, N neigbare Negativbühne, O neigbares Objektiv, T Trieb zum Scharfeinstellen bei feststehendem Objektiv

häufig auch durch Lackieren der Schicht abhelfen.) Endlich ermöglicht das zerstreute Licht die zuweilen erwünschte Anwendung einer Objektivblende. Bei scharf gestrahltem Licht wird beim Abblenden des Objektivs das Bildfeld ungleichmäßig beleuchtet; daran sind die Abweichungen des Kondensors schuld.

27. Die Ausführung des Vergrößerungsapparates. Die zur Herstellung von Vergrößerungen dienenden Apparate unterscheiden sich im wesentlichen einmal durch die Art der Beleuchtung (direkt, indirekt, gemischt oder Tageslicht), zum anderen durch die Art des Aufbaues (wagerecht oder senkrecht). Während die Kondensorapparate in der Regel für eine wagerechte Verwendung hergerichtet werden, sind die senkrechten Anordnungen durchweg kondensorlos. Als Lichtquelle dienen heute in den meisten Fällen Projektionsglühlampen. Die Kondensorapparate werden in verschiedenen Ausführungen ähnlich den Glasbildwerfern hergestellt. Sie haben entweder eine eingebaute Glühlampe von wagerechter Brennlage oder ein hinten offenes Lampenhaus zur Aufnahme von Lichtquellen aller Art, Rohrauszug für das Objektiv oder Balgenauszug. Den Kondensor nimmt man vielfach, um das Negativ bis in die Ecken ausbeleuchten zu können, etwas größer als beim Bildwerfer: 16 cm Durchmesser für 9 × 12 cm und 23 cm Durchmesser für 13 × 18 cm. Wesentlich ist die Mattglasscheibe, die nach den obigen Erörterungen am besten zwischen Lampe und Kondensor verschiebbar angebracht wird. Das Objektiv muß gut korrigiert, vor allem auch photographisch korrigiert sein, d. h. die Korrektur muß sich auch auf die für unser Auge unsichtbaren Strahlen beziehen, soweit sie aktinisch wirksam sind. Dies ist bei den Projektionsobjektiven meist nicht der Fall. Bei Anwendung einer starken Lichtquelle achte man darauf, daß die Irisblende aus Stahl, nicht aus Ebonit o. dgl. ist. Während der Balgenauszug mit Objektiv bei Bildwerfern nach vorn sich ausziehen läßt, ist es bei Vergrößerungsapparaten vorteilhaft, wenn das Objektiv fest stehen bleibt und das Negativ sich bei der Einstellung nebst Lampenhaus nach rückwärts verschiebt (vgl. Abb. 51).

Man kann dann viel leichter die Einstellung auf einen bestimmten Maßstab vornehmen. Wenn der Apparat und die Auffangfläche für das lichtempfindliche Papier (Reißbrett) auf einem gemeinsamen Laufbrett angebracht werden, auf dem eines von beiden verschiebbar ist, so bringt man auf dem Brett Marken für die Einstellungen auf 1 mal, 2 mal, 3 mal usw. Vergrößerung an. Der Abstand von Marke zu Marke ist genau gleich der Objektivbrennweite. Soll mit der Vergrößerung gleichzeitig eine etwaige Verzerrung des Negativs behoben werden, so muß die Auffangfläche um eine wagerechte bzw. senkrechte Achse neigbar sein. Damit die Entzerrung nicht nur bei einem einzigen bestimmten Maßstab sich ausführen läßt, ist es erforderlich, daß auch die Negativbühne um eine wagerechte bzw. senkrechte Achse geneigt werden kann. Durch eine entsprechende Neigung des Objektivs korrigiert man hierbei nach dem SCHEIMPFLUGschen Prinzip die Scharfeinstellung (vgl. Bd. VII dieses Handbuches). Die Kondensorapparate bieten den Vorteil, daß man sie auch zur Projektion benutzen kann. Umgekehrt ist nicht jeder Glasbildwerfer ohneweiters auch zum Vergrößern geeignet; es ist vor allem zu berücksichtigen, daß in letzterem Falle das Objektiv einen wesentlich längeren Auszug beansprucht.

Neben den Kondensorapparaten mit wagerechter optischer Achse werden heute vornehmlich kondensorlose Apparate von senkrechter Bauart verwendet, die das vergrößerte Bild nach unten auf dem wagerecht angeordneten Reißbrett entwerfen, infolgedessen bequem zu handhaben sind und weniger Raum beanspruchen. Sie werden entweder mit einem an der Wand zu befestigenden Gestell ausgerüstet, das ein Hoch- und Tiefstellen des Apparates gestattet, oder aber mit einer Tragstütze versehen, die sich an einen Tisch anklammern läßt oder den Apparat mit dem Reißbrett zu einem Ganzen verbindet (vgl. Abb. 52). Die gleichmäßige diffuse Beleuchtung wird geliefert durch eine Glühlampe von senkrechter Brennlage in Verbindung mit einem geeignet gebogenen, regel-

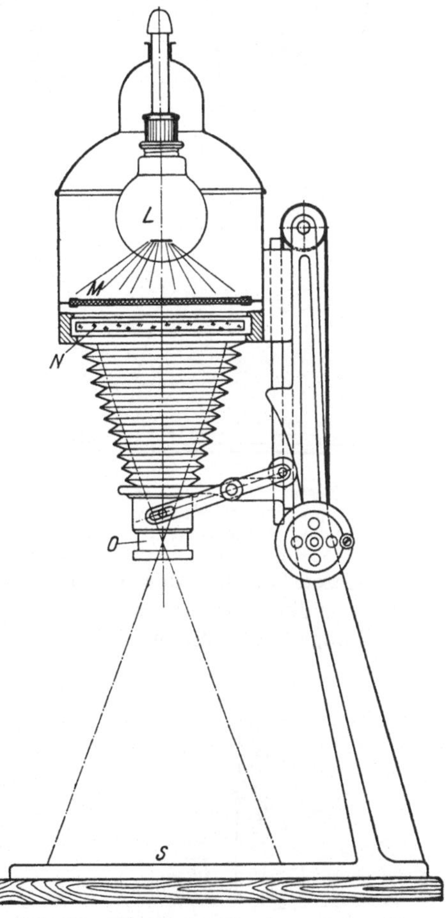

Abb. 52. Vertikaler kondensorloser Vergrößerungsapparat. L Lampe, M Milchglas oder Mattglasscheibe bzw. -scheiben, N Negativbühne, O Objektiv mit selbsttätiger Scharfeinstellung, S Bildfläche.

mäßig oder diffus reflektierenden Reflektor, der zugleich die Lampenhauswandung bildet; dazu kommen je nach der Anordnung eine oder zwei Mattglasscheiben oder eine feine Milchglasscheibe. Der Apparat läßt sich an der Tragfläche zwecks Einstellung auf verschiedene Vergrößerungen verschieben. Bei verschiedenen Modellen ist mit dieser Verschiebung eine selbsttätige Scharfeinstellung des Objektivs verbunden, und zwar verfolgt man dabei das Prinzip, welches vor mehr als 100 Jahren Robertson bei seinem fahrbaren Projektionsapparat anwandte: das Objektiv erhält durch eine Kurvenbahn eine solche Bewegung, daß seine Abstände einerseits vom Negativ, andererseits von der Auffangfläche (der Gleichung einer Sammellinse entsprechend) stets konjugiert sind. Dadurch wird das Arbeiten mit dem Gerät sehr bequem gemacht.

28. Tageslicht-Vergrößerungsapparate. Diese Geräte werden in Kastenform hergestellt, und zwar entweder unverstellbar für ein bestimmtes Vergrößerungsmaß (Abb. 53) oder mit Einstellvorrichtung. Es werden hier meist billigere, stark abgeblendete Objektive benutzt. Die Tageslichtapparate sind wenig beliebt, einmal weil sie den Ausblick auf eine hinreichend große freie Himmelsfläche erfordern, der in der Stadt nicht allenthalben zu Gebote steht, fernerhin weil die Belichtungszeit infolge der wechselnden Beleuchtung schwieriger zu beurteilen ist und endlich weil man damit nur am Tage arbeiten kann. Um diese Beschränkungen zu beheben, hat man Belichtungsansätze dazu hergestellt, die

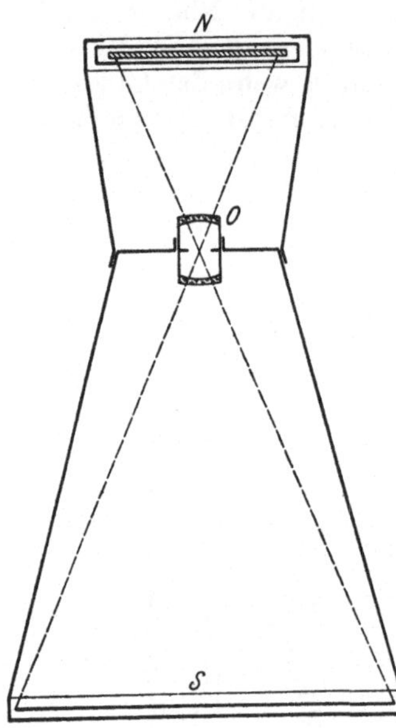

Abb. 53. Fester Tageslicht-Vergrößerungsapparat. N Negativ, O Objektiv, S Bildfläche

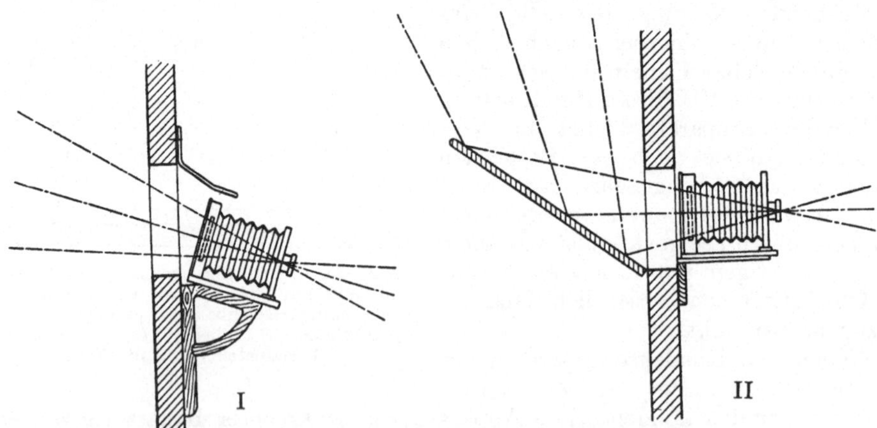

Abb. 54. Vergrößerungsvorrichtungen für Tageslicht. I mit direkter Beleuchtung, II unter Anwendung einer spiegelnden oder diffus reflektierenden Fläche

aus einer Glühlampe mit Reflektor und Mattglas bestehen. Derartige Ansätze werden auch vielfach zu photographischen Kameras gefertigt, wodurch diese in Vergrößerungsapparate verwandelt werden können. Man macht das Tageslicht zum Vergrößern auch in der Weise nutzbar, daß man in einem als Dunkelkammer hergerichteten Zimmer gegen eine entsprechend große Öffnung der Fensterverdunklung eine Kamera anbringt. Die Kamera ist mit dem frei eingesetzten Negativ schräg nach oben gegen den Himmel zu richten (Abb. 54, I). Es empfiehlt sich, über dem Negativ eine feine Mattglasscheibe anzuordnen. Man kann die Kamera auch wagerecht aufstellen und das Licht durch einen entsprechend geneigten Spiegel zuführen (Abb. 54, II), den man, wenn der Ausblick gegen den Himmel weit genug ist, durch eine diffus reflektierende Fläche ersetzt.

29. Die Handhabung des Vergrößerungsapparates. Diese ist bei den kondensorlosen Ausführungen insofern einfacher, als hier die Lampe nicht zentriert zu werden braucht. Ist bei einem Kondensorapparat ein Abblenden erforderlich und wird dabei trotz gut zentrierter Lampe die Beleuchtung ungleichmäßig, so muß man für eine stärkere Streuung des Lichtes sorgen. Die Belichtungszeiten legt man am besten ein für allemal für eine bestimmte Vergrößerung mit Hilfe einiger verschieden dichter Musternegative systematisch fest, indem man jedes Negativ streifenweise verschieden langen Belichtungen aussetzt. Zur Ausführung der Belichtung ist eine Druckbirne sehr praktisch. Die Aufstellung des Apparates einschließlich der Auffangfläche muß so gesichert sein, daß nicht während der Belichtung eine Erschütterung durch vorbeifahrende Lastwagen o. dgl. erfolgen kann. Abhilfe dagegen bietet das Schwingstativ, wie es bei Reproduktionsapparaten angewandt wird.

Bezüglich photographischer Vergrößerungsapparate vgl. auch Bd. II dieses Handbuches (Die photographische Kamera von K. PRITSCHOW).

Literaturverzeichnis

BEHRENS, W., Notizen über optische Projektion. ZS. f. wiss. Mikr., Bd. 16, 1899, S. 183. — CHRISTIANSEN, CHR., Der Bildwerfer und seine Hilfsgeräte. Berlin: Bildwart Verlags-Gen., 1926. — ERFLE, H., Beiträge. Die Scheinwerfer und die Bildwerfer. Die Beleuchtungseinrichtungen für Mikroskope, Mikroprojektion und Mikrophotographie in CZAPSKI-EPPENSTEIN, Grundzüge der Theorie optischer Instrumente nach ABBE, 3. Aufl. Leipzig: J. A. BARTH, 1924. — GEORGI, J., Apparatebau und Arbeitsmethoden in der Mikroprojektion, Stuttgart: Franckhsche Verlagsbuchhdl. 1925. — v. HANFFSTENGEL, G., Das technische Lichtbild, Berlin 1930. — HALBERTSMA, N. A., Die Ausnutzung des Lichtes der Projektionslichtquellen. Phot. Korr., Bd. 54, 1917, S. 8 u. 57. — DERSELBE, Die Lichttechnik des Projektionsapparates, Phot. Korr., Bd. 54, 1917, S. 305. — KÖHLER, A., Ein lichtstarkes Sammellinsensystem für Mikroprojektion. ZS. f. wiss. Mikr., Bd. 19, 1903, S. 417. — DERSELBE, Übersicht über die optische Einrichtung des Projektionsmikroskopes. ZS. f. wiss. Mikr., Bd. 39, 1922, S. 225. — KRÜSS, H., Die Abhängigkeit der Helligkeit von Projektions- und Vergrößerungsapparaten von ihren optischen Bestandteilen. Phot. Rundsch., Bd. 15, 1901, S. 133 u. 154. — DERSELBE, Messung der Helligkeit von Projektionsapparaten. EDERS Jahrb. f. Phot. u. Reprod., Bd. 17, 1902, S. 39. — DERSELBE, Projektion im auffallenden und durchfallenden Licht. EDERS Jahrb. f. Phot. u. Reprod., Bd. 22, 1908, S. 25. — LEHMANN, H., Über einen neuen Projektionsschirm mit metallischer Oberfläche. Verhandl. d. D. Physik. Ges., Bd. 11, 1909, S. 123. — LIESEGANG, F. P., Versuche über die Absorption der Wärmestrahlen im Projektionsapparat. Phys. ZS., Bd. 11, 1910, S. 1019. — DERSELBE, Der Projektionsapparat in der Schule. Centralztg. f. Opt. u. Mech., Bd. 38, 1917, S. 60, 72, 87, 98, 111, 122, 134. — DERSELBE, Die Anwendung des Analysatorschirmes in der Mikroprojektion, Deutsch. Opt. Wochenschr., Bd. 8, 1922, S. 768. — DERSELBE, Zahlen und Quellen zur Geschichte der Projektionskunst und Kinematographie (Sonderdruck). 1926. — LIESEGANG, P. ED., Die Projektionskunst. 12. Aufl. Leipzig: M. EGER, 1909. — NEUHAUS, R., Lehrbuch der Projektion. 2. Aufl. Halle a/S.: W. KNAPP, 1908. — PFAUNDLER, L., Zur Optik des Projektions- und Vergrößerungsapparates. Eders Jahrb. f. Phot. u. Reprod., Bd. 22, 1908, S. 3. — Retlow, K., Die Projektionswand. Filmtechnik, Bd. 2, 1926, S. 518. — Derselbe, Zur Beurteilung der Projektionswand. Filmtechnik, Bd. 3, 1927, S. 67. — Schrott, P., Über Projektionsschirme und ihre Helligkeitsverhältnisse. Phot. Rundsch., Bd. 27, 1913, S. 313. — Sonnefeld, C. A., Die Hohlspiegel. Berlin: Union Deutsche Verlagsges., 1926. — Stolze, F., Handbuch des Vergrößerns. 4. Aufl. (bearb. von P. Thieme), 1. Teil. Halle a/S.: W. Knapp, 1922. — Volkmann, W., Die Linsenoptik in der Schule. Berlin: J. Springer, 1927. — Wimmer, P., Praxis der Makro- und Mikroprojektion. Leipzig: E. A. Seemann, 1910. — Derselbe, Mikroprojektion im Unterricht. Leipzig: E. A. Seemann, 1926. — Wychgram, E., Über neue Prinzipien der Mikroprojektion. ZS. f. wiss. Mikr., Bd. 31, 1914, S. 218.

Nachtrag. Joachim, H., Die Helligkeitsverteilung bei der optischen Abbildung ebener Strahler. ZS. f. techn. Physik, Bd. 12, 1931, S. 133. — Volkmann, W., Die elektrische Schulausrüstung (Heft 12 d. Mitt. d. Pr. Hauptstelle f. d. naturw. Unterr.), Leipzig: Quelle u. Meyer, 1930.

Manzsche Buchdruckerei, Wien IX

Reprinted in Hungary
Szegedi Nyomda
1992

Abb 65
Straßenszene, f — 75 mm

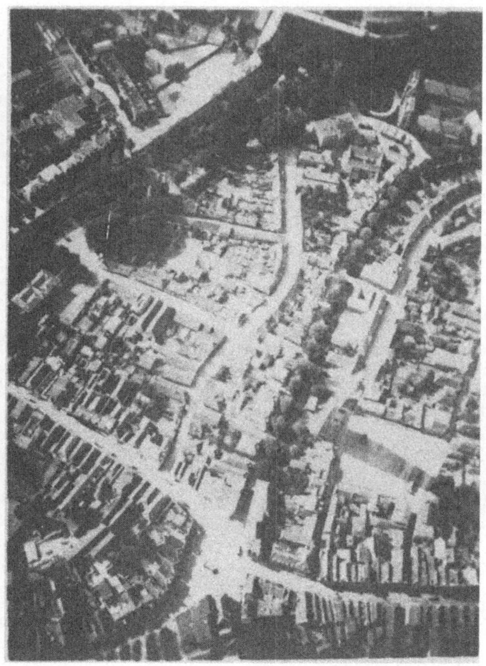

Abb. 81

Stereoskopische Aufnahme aus dem Flugzeug aus einer Höhe vön 500 m,
Basis 50 m, f — 90 mm

Abb. 139

Schneeglöckchen, 3mal vergrößert, Text S. 54, Aufnahme von H. VAN WINKOOP

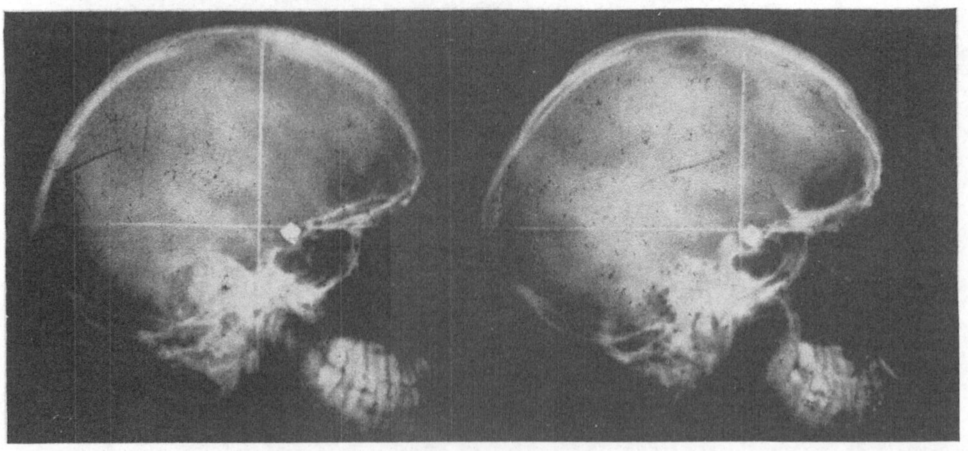

Abb. 140

Verkleinerte Röntgenstereoaufnahme einer Kugel im Kopfe eines lebenden Menschen, Text S. 96
Aufnahme von Prof. Dr. J. VAN EBBENHORST TENGBERGEN

Verlag von Julius Springer, Wien